通用智能与大模型丛书

具身智能
原理与实践

林倞　张瑞茂　吴贺丰　著

电子工业出版社
Publishing House of Electronics Industry
北京·BEIJING

内 容 简 介

本书采用系统化的知识架构，共分为 8 章，内容编排遵循由浅入深、循序渐进的原则，旨在为读者构建具身智能领域的理论体系与实践方法的完整认知框架。同时，本书聚焦具身智能领域的最新进展，详细介绍了具身智能的前沿成果和面临的核心挑战，并对具身智能的发展趋势进行了展望，旨在为研究者提供有价值的参考和启发。

无论是初涉该领域的学习者，还是致力于深入研究的学术工作者，本书均可作为其在具身智能领域开展理论探索与实践创新的重要参考。

未经许可，不得以任何方式复制或抄袭本书之部分或全部内容。
版权所有，侵权必究。

图书在版编目（CIP）数据

具身智能原理与实践 / 林倞，张瑞茂，吴贺丰著.
北京：电子工业出版社，2025.6（2025.8 重印）. --（通用智能与大模型丛书）. --ISBN 978-7-121-50266-8

Ⅰ. TP18

中国国家版本馆 CIP 数据核字第 20256HN487 号

责任编辑：郑柳洁
印　　刷：北京宝隆世纪印刷有限公司
装　　订：北京宝隆世纪印刷有限公司
出版发行：电子工业出版社
　　　　　北京市海淀区万寿路 173 信箱　　邮编：100036
开　　本：787×980　1/16　　印张：18.5　　字数：448 千字
版　　次：2025 年 6 月第 1 版
印　　次：2025 年 8 月第 2 次印刷
定　　价：119.00 元

凡所购买电子工业出版社图书有缺损问题，请向购买书店调换。若书店售缺，请与本社发行部联系，联系及邮购电话：(010) 88254888，88258888。
质量投诉请发邮件至 zlts@phei.com.cn，盗版侵权举报请发邮件至 dbqq@phei.com.cn。
本书咨询联系方式：zhenglj@phei.com.cn，(010) 88254360。

序　言

自从达特茅斯会议以来，人工智能（AI）一直按照艾伦·图灵在经典论文"Computing Machinery and Intelligence"中展望的两条发展路径前进：一是聚焦一切抽象的活动，如棋类竞赛；二是给机器装上感官，教会机器用语言交流。人工智能沿着第一条路径，于1962年击败了跳棋冠军，1997年击败了国际象棋冠军，2016年击败了围棋冠军，2022年ChatGPT展现出惊人的语言能力震惊世界。受限于技术发展，第二条路径近二十年才尝试着展开：工业机器人、人形机器人、无人驾驶、四足机器人逐渐在制造业、国防、交通、智能家居等领域崭露头角。

人工智能现在发展到什么阶段了？还需要新的范式吗？

中国人有一个高级的夸人的词，是孔子说的，叫作文质彬彬。什么是文质彬彬？"质胜文则野，文胜质则史。文质彬彬，然后君子。"当前的第一条路径，AI"文胜于质"，给出"长篇大论"，但有时是"幻觉"；第二条路径，AI"质胜于文"，无条件执行命令，但"不懂变通"。如何让AI既足够聪明又有强大的执行力呢？

认知科学与哲学界基于对人类智能的研究提出"延展心智"（The Extended Mind）理论，主张智能不是孤立于大脑的，而是分布在大脑、身体与环境之间的。让人工智能拥有与物理世界互动的实体，在物理世界中进行学习和进化，这就是最近引起广泛讨论的"具身智能"。具身智能被认为是人工智能迈向新范式的关键转折，是机器从离散符号计算走向连续世界交互的关键路径。

如何实现具身智能呢？当前的研究主要分为三条路径。

第一条路径是延续以ChatGPT为代表的"离身智能"的成功，使语言模型从"理解世界"走向"行动于世界"。第二条路径是突破人形机器人，以波士顿动力的Atlas、特斯拉的Optimus为代表，打造通用的劳动力智能体。第三条路径以物联网"感—联—知—控"为核心，通过更细粒度、更高精度、更实时的感知与物理世界交互，从万物智联到智能涌现。

具身智能会从哪条路径开始突破呢？

林俊教授是国际人工智能领域的科研领军人物之一，我经常与他在国际计算机学会（ACM）的各种会议上讨论，向他请教。林俊教授深耕人工智能前沿技术与产业化实践，凭借深厚的学术基础与产业洞察，在本书中系统阐述了他对具身智能的理论基础与实践路径的思考，为探索下一代人工智能范式提供了极具价值的方向。

2025年，中国的幻方量化唤醒了DeepSeek，美国的OpenAI发布了GPT-4.5。对我们这一代人来说，2500年前的豪言壮语，面对即将"文质彬彬"走来的具身智能，都一笔勾销了！

刘云浩

清华大学全球创新学院院长
ACM中国理事会荣誉主席

前　言

写作目的

近年来，具身智能作为前沿科技领域的重要概念，正日益受到学术界与产业界的广泛关注。值得关注的是，在 2025 年全国两会期间，"具身智能"作为新兴科技关键词首次被纳入《政府工作报告》，这标志着其在科技领域的战略价值已获得国家层面的认可。从本质上看，具身智能体现了人工智能技术与机器人技术的深度融合，其核心在于实现智能算法与物理载体的有机统一。这一技术范式通过赋予机械系统感知环境、逻辑推理和自主决策的能力，构建起连接数字世界与物理世界的关键纽带。正如《具身智能——人工智能的下一个浪潮》开篇所述，具身智能揭开了人类驯服机器的科学路径[1]。因此，具身智能也被视为通向通用人工智能的关键路径。近期，随着 DeepSeek 等大语言模型技术的快速发展，人工智能迎来了新的发展时代，这也为具身智能的研究与应用带来了前所未有的机遇。《具身智能原理与实践》一书的创作，旨在全面梳理这一领域的发展脉络，捕捉最新动态，并为读者提供系统的研究路径和实践指导。

本书的编写源于对教育需求的深刻洞察。随着技术的快速演进，具身智能已成为连接理论与实践、学术与产业的重要桥梁，吸引了越来越多的关注。因此，本书系统化地梳理了具身智能的发展历史及主流的技术方案，并提供从理论到应用的完整知识框架，以帮助读者全面理解具身智能的核心概念，助力初学者构建完善的知识体系。与此同时，本书聚焦具身智能领域的最新进展，详细介绍了具身智能的前沿成果和面临的核心挑战，并对具身智能的发展趋势进行了展望，旨在为研究者提供有价值的参考和启发。本书还阐述了仿真环境下的实践方案，通过整合具体的技术实现路径与工程应用中的关键问题，为读者提供了将理论知识有效转化为实践能力的指导框架。

综上所述，本书致力于构建一个系统化、多维度的具身智能知识体系，旨在满足不同层次读者的学术需求与实践诉求。无论是初涉该领域的学习者，还是致力于深入研究的学术工作者，本书均可作为其在具身智能领域开展理论探索与实践创新的重要参考。通过系统研读本书，读者不仅能深入理解具身智能的核心理论框架与技术范式，还可获得实践层面的启发，从而有效应对该领域的研究挑战，把握该领域发展的前沿趋势与创新机遇。

内容组织架构

本书采用系统化的知识架构，共分为 8 章，内容编排遵循由浅入深、循序渐进的原则，旨在为读者构建具身智能领域的理论体系与实践方法的完整认知框架。

第 1 章作为导论部分，系统阐释了具身智能的概念内涵、理论构成、发展历程及应用场景，不仅为初学者提供了该领域的全景式认知图谱，也为后续的深入探讨奠定了基础。

第 2 章聚焦具身智能的基础技术体系，重点介绍了三维空间表征、强化学习方法及大模型技术等核心内容。这些基础技术构成了当前具身智能相关算法的理论支柱，深入理解这些技术是把握后续内容的关键前提。

第 3 章至第 7 章构成了本书的核心技术部分，分别从感知、导航、操控、规划与协作等五个维度，系统地介绍了具身智能的关键技术体系。各章不仅梳理了技术的发展演进脉络，还结合最新的研究进展，对当前的技术前沿进行了全面的阐述。通过对这些技术的细致剖析，读者不仅能建立对具身智能核心技术的系统性认知，还可深入思考其在实践应用中的潜在价值与现实挑战。

第 8 章以实践为导向，重点探讨了具身智能在仿真平台中的实现路径。本章通过引入具体的案例，指导读者在仿真环境中实现从技术认知到实践应用的能力跃迁，并通过实践反哺核心技术的学习，完成学习闭环。

致谢

本书的撰写与出版正值具身智能技术迅猛发展的关键时期。在这一技术变革浪潮中，我们既见证了学术界理论范式的快速迭代，也目睹了工业界创新应用的突破性进展。面对庞杂的技术体系与快速演进的知识版图，为确保本书内容的系统性与前瞻性，我们得到了来自各方的鼎力支持。

首先，我们要向为本书提供专业建议的专家学者致以诚挚的谢意。他们的真知灼见为本书的理论框架构建与内容体系优化提供了重要指导。特别感谢参与资料收集与整理工作的实验室团队成员麻家骅、刘秉琪、王超群、秦逸然、孙瑜好和王子烨等，他们凭借扎实的专业素养和严谨的治学态度，为本书的素材整理与内容完善做出了重要贡献。同时，我们要衷心感谢电子工业出版社的编辑团队在审校过程中付出的辛勤努力。他们严谨的专业态度与细致的工作作风，显著提升了本书的学术规范性与内容准确性，为最终成书的质量提供了有力保障。最后，我们要感谢所有读者，感谢你们对本书的关注与支持。你们的反馈和建议将成为我们不断改进和完善的动力。

本书是集体智慧的结晶，凝结了许多人的心血。鉴于相关技术领域发展迅猛且涉及的内容和技术路线纷繁复杂，在撰写的过程中难免有疏漏之处，肯请各位专家、读者批评指正。希望本书的出版能为读者带来启发，并为相关领域的发展贡献一份力量。

读者服务

微信扫码回复：50266
- 加入本书读者交流群，与更多读者互动。
- 获取【百场业界大咖直播合集】(持续更新)，仅需 1 元。

目 录

第 1 章 具身智能概述 ... 1

1.1 具身智能的内涵与重要性 ... 1
- 1.1.1 具身智能的基本概念 ... 2
- 1.1.2 具身智能的发展历程 ... 3
- 1.1.3 与其他概念的区别与联系 ... 4

1.2 具身智能系统的核心组成 ... 7
- 1.2.1 具身智能中的感知 ... 7
- 1.2.2 具身智能中的规划 ... 8
- 1.2.3 具身智能中的操控 ... 9
- 1.2.4 安全性与可靠性 ... 9

1.3 具身智能产业现状与挑战 ... 10
- 1.3.1 在新型农业领域的应用 ... 10
- 1.3.2 在工业制造领域的应用 ... 11
- 1.3.3 在新兴服务领域的应用 ... 12
- 1.3.4 技术层面与应用层面的挑战 ... 13
- 1.3.5 时代赋予的新机遇 ... 15

第 2 章 具身智能基础技术 ... 17

2.1 三维视觉概述 ... 17
- 2.1.1 三维表达方式 ... 17
- 2.1.2 NeRF 技术 ... 20
- 2.1.3 三维高斯泼溅 ... 25

2.2 强化学习概述 ... 31
- 2.2.1 什么是强化学习 ... 31
- 2.2.2 价值学习 ... 33
- 2.2.3 策略学习 ... 43
- 2.2.4 模仿学习 ... 46

2.3 大模型技术初探 ... 49
- 2.3.1 大语言模型基本概念与架构 ... 50
- 2.3.2 大语言模型核心训练技术 ... 58

目 录

- 2.3.3 视觉与多模态基础模型 63

第 3 章 感知与环境理解 69
- 3.1 视觉感知 69
  - 3.1.1 视觉传感器及其特性 70
  - 3.1.2 三维物体检测与识别 71
  - 3.1.3 三维视觉定位 78
  - 3.1.4 物体位姿估计 86
  - 3.1.5 物体可供性识别 95
- 3.2 触觉感知 103
  - 3.2.1 触觉传感器及其特性 103
  - 3.2.2 基于触觉的物体识别 104
  - 3.2.3 基于触觉的滑移检测 105
- 3.3 听觉感知 106
  - 3.3.1 听觉传感器及其特性 106
  - 3.3.2 声音源定位技术 107
  - 3.3.3 语音识别技术 108
  - 3.3.4 语音分离技术 111
- 3.4 本体感知 113
  - 3.4.1 本体感知传感器及其特性 113
  - 3.4.2 本体运动控制 114
  - 3.4.3 本体平衡维护 115
  - 3.4.4 本体惯性导航 117

第 4 章 视觉增强的导航 118
- 4.1 视觉导航的基础 118
  - 4.1.1 导航的基本概念 118
  - 4.1.2 环境的表示方法 119
  - 4.1.3 视觉导航的分类 122
  - 4.1.4 挑战与机遇 124
- 4.2 视觉同步定位与建图 125
  - 4.2.1 视觉 SLAM 的基本原理 125
  - 4.2.2 端到端视觉 SLAM 130
  - 4.2.3 隐式生成视觉 SLAM 132
  - 4.2.4 动态环境中的视觉 SLAM 135
- 4.3 基于多模态交互的导航 138
  - 4.3.1 基于视觉—语言模型的导航 139

		4.3.2　面向问答的导航 · 144
		4.3.3　通过对话进行导航 · 146
4.4	**面向复杂长程任务的导航** · 148
		4.4.1　长程任务的数据获取与基准测试 · 149
		4.4.2　面向长程任务的导航模型 · 151

第 5 章　视觉辅助的操控技术　155

5.1　具身操控任务概述 · 155

5.1.1　操控任务的基本概念 · 156

5.1.2　仿真数据基准与评测 · 158

5.1.3　真实场景数据集 · 163

5.1.4　统一标准的大规模具身数据集 · 168

5.2　用于具身操控的经典方案 · 171

5.2.1　基于自回归模型的方案 · 171

5.2.2　基于扩散模型的方案 · 175

5.3　基于预训练大模型的方法 · 180

5.3.1　视觉—语言—动作模型 · 181

5.3.2　多模态大模型 + 概率生成模型 · 186

5.4　基于世界模型的方法 · 188

5.4.1　世界模型的基本概念 · 189

5.4.2　基于隐式表达的方案 · 190

5.4.3　基于显式表达的方案 · 193

第 6 章　视觉驱动的任务规划　196

6.1　具身任务规划初探 · 196

6.1.1　任务规划的基本概念 · 197

6.1.2　基于技能库的增量式规划 · 199

6.1.3　基于交互反馈的闭环规划 · 202

6.2　面向复杂任务的规划与纠错 · 205

6.2.1　任务检索增强与重新规划 · 205

6.2.2　多任务依赖关系与优先级判定 · 208

6.3　基于空间智能的时空规划 · 213

6.3.1　空间智能的基本概念 · 213

6.3.2　基于时空限制的规划 · 215

第 7 章　多智能体交互 221
7.1　多智能体系统概述 221
7.1.1　多智能体系统的基本组件 222
7.1.2　多智能体系统的组织形式 223
7.1.3　多智能体系统任务执行 225
7.2　多智能体通信 226
7.2.1　通信的内容表示 227
7.2.2　通信的基础范式 229
7.3　多智能体协作 231
7.3.1　基于预训练大模型的方法 232
7.3.2　基于世界模型的方法 238

第 8 章　仿真平台入门 241
8.1　Isaac Sim 概述 241
8.1.1　NVIDIA Omniverse 平台介绍 241
8.1.2　NVIDIA Isaac Sim 及其组件介绍 242
8.1.3　使用 Isaac Sim 进行机器人开发 244
8.2　Isaac Sim 与 Isaac Lab 的安装指南 245
8.2.1　Isaac Sim 的安装流程 245
8.2.2　Isaac Lab 的安装流程 247
8.2.3　资产加载失败问题与解决方案 249
8.3　掌握 Core API：构建机械臂仿真环境实战指南 250
8.3.1　开发模式选择与介绍 250
8.3.2　使用 Task 类模块化仿真 256
8.3.3　使用控制器控制机器人 260
8.3.4　使用 Standalone 模式运行仿真 262
8.4　Isaac Sim 仿真与开发进阶 263
8.4.1　场景构建进阶：添加相机传感器 263
8.4.2　使用 Isaac Replicator 实现仿真数据生成 265
8.4.3　Isaac Sim 与 ROS 结合进行仿真开发 270

参考文献 275

第 1 章　具身智能概述

在人工智能的发展历程中，人类始终致力于赋予机器"智能"，使其能够像人类一样感知、思考与行动。从最早的符号主义理论到联结主义方法，再到当前的大模型时代，人工智能已取得诸多成就。然而，这些成就大多局限于数字世界，机器在物理世界中的表现仍显不足。正如艾伦·图灵在 1950 年提出的经典问题"机器是否能思考"中指出的，他设想的人工智能的终极形式是能够与环境交互、进行自主规划与行动的智能体。在数字世界中，这一目标在很大程度上已经得到实现。然而，在真实的物理世界中，要达成这一目标，还需要具身智能（Embodied Artificial Intelligence，EAI）的支持。近年来，具身智能作为人工智能领域的新范式，正在引领一场深刻的变革。随着大模型技术与具身本体相关研究的迅猛发展，具身智能正处于一个新的历史起点，不仅有望突破传统人工智能的局限，更有可能成为实现通用人工智能（Artificial General Intelligence，AGI）的关键路径。

本章将从具身智能的基本内涵及其在人工智能领域的重要性出发，回顾其发展历程，分析当前产业的现状与未来前景，并探讨其所面临的挑战与机遇。具体而言，本章涵盖以下内容。

（1）**具身智能的内涵与重要性**：本节将介绍具身智能的基本概念，回顾具身智能的发展历程，并通过对比分析，阐释具身智能与相关概念（如离身智能、人形机器人、智能体、通用人工智能等）的区别和联系，明确具身智能独特的价值与定位。

（2）**具身智能系统的核心组成**：本节将简要介绍具身智能系统的核心组成要素，包括感知模块、规划模块与操控模块，并简要阐述安全性和可靠性对具身系统的重要性及其实现路径。

（3）**具身智能产业现状与挑战**：产业应用对具身智能的发展具有推动作用，不仅提供了多样化的应用场景，还加速了相关技术的迭代与创新。本节将从农业、工业和服务业三个领域简述具身智能在产业转型中的核心价值，并从技术与应用的双重视角探讨当前阶段具身智能的发展面临的主要挑战。

通过本章的介绍，读者将对具身智能有全面的认识，为理解后续章节中更深入的技术内容奠定基础。

1.1　具身智能的内涵与重要性

在当今科技飞速发展的时代，人工智能已逐渐渗透到我们生活的方方面面。从智能手机的语音助手到自动驾驶汽车，人工智能的应用正不断拓展我们的想象边界。然而，这些智能应用大多局限于数字领域，它们在物理世界中的表现仍不尽人意。试想一下，如果机器能够像人类一样，在物理世界中自由行动、感知和学习，那将是怎样的一种景象？这种将智能与物理实体相结合的新型人工智能范式，正是我们即将探讨的具身智能。具身智能不仅有望弥补传统人工智能在物理世界中的不足，还可能为实现通用人工智能开辟新的道路。从本节开始，让我们一同踏上这段探索之旅，揭开具身智能的神秘面纱。

1.1.1 具身智能的基本概念

具身智能是指具备物理本体的人工智能系统，通过多模态感知（如视觉、触觉、听觉等）实时获取环境信息，并依托自主规划与决策能力，结合物理执行功能，在动态变化的环境中完成复杂任务并与物理世界持续交互的技术范式。

本体是指智能系统的物理载体或实体结构，即机器或设备本身。本体是具身智能与物理世界交互的基础平台，包括硬件架构、传感器、执行器及计算单元等组成部分。如图 1.1 所示，具身智能体本体的形态可以根据具体任务需求呈现多样化设计，如人形机器人、机械臂、轮式机器人、四足机器人等，其核心功能在于通过感知模块获取环境信息，并依托智能系统生成决策规划，进而与环境进行交互。

(a) 人形机器人　　(b) 机械臂　　(c) 轮式机器人　　(d) 四足机器人　　(e) 仿生机器人

图 1.1　具身智能体本体的不同形态

智能系统作为具身智能的核心组成部分，是一种集感知、规划与执行能力于一体的综合计算体系。智能系统的技术架构主要包含三个关键模块：认知理解模块，负责高层语义解析与任务规划；视觉感知模块，负责构建环境的时空表征；运动控制模块，借助学习的方法精准地执行动作。这三个模块类似于生物智能系统中的大脑、眼睛和小脑。三者通过紧密协同，实现高效、安全、实时的动作规划与执行，从而确保各类物理任务的高效完成。近年来，随着多模态大语言模型（如 ChatGPT[2]、DeepSeek[3] 等）的快速发展，智能系统在多模态信息理解与推理领域取得了显著进展[4-7]，相关技术的进步为具身智能体在环境感知、任务规划与物理执行能力的提升方面打下了坚实的技术基础，推动了具身智能从理论探索向实际应用的跨越。尽管如此，如何实现上述三个模块间的最优协同仍是一个亟待解决的关键问题，目前已成为学术界和产业界共同关注的核心研究方向。

交互是指通过操控物理本体实现具身任务的过程，它是具身智能的核心目标与价值体现。智能系统基于多模态感知信号生成行动指令，驱动物理本体执行动作并与环境进行动态交互。在此过程中，交互产生的实时反馈信息（如环境变化、任务状态等）被系统持续捕获与分析，进而优化智能体的环境感知精度、任务执行效率及自适应能力，形成"感知—规划—执行—反馈"的闭环迭代，推动具身智能在复杂场景中持续进化。

与其他人工智能范式相比，具身智能强调了本体性与环境互动在智能实现中的核心作用。例如，传统的符号主义人工智能（Symbolic AI）侧重于高层次的逻辑推理与问题解决，却忽视了身体在认知过程中的基础性作用。与之不同，具身智能将身体与环境视作认知系统的有机组成部分，认为智能的实现不仅依赖抽象计算，更需通过物理本体与环境的实时交互来完成。这种整体化的智能观念突破了传统人工智能的数字世界的边界，为构建更加贴近现实需求的智能系统提供了实践基础。

1.1.2 具身智能的发展历程

具身智能的演进是机器人技术与智能技术深度融合的产物。从技术发展轨迹看，机器人技术经历了从早期的工业自动化向多形态、多功能方向的转型，其应用范围已拓展至仿生机器人、服务机器人等多个领域。与此同时，以人工智能为核心的智能技术取得了突破性进展，特别是深度学习（Deep Learning）和强化学习（Reinforcement Learning）等技术的成熟，为机器人系统赋予了环境感知、自主规划决策和持续学习等关键能力，使其在复杂环境下的适应性得到显著提升。值得注意的是，近年来，大规模预训练模型的兴起为具身智能的发展注入了强劲的动力，显著提升了具身智能体在自然语言理解、多模态感知、任务规划及本体操控等方面的能力，为具身智能相关技术的持续演进，以及具身智能在更广泛领域的应用提供了技术支撑。

回溯具身智能的发展历程，其演进过程大致可分为四个主要阶段：理论萌芽期、范式转型期、技术积累期和突破应用期。这一发展轨迹不仅清晰地展现了机器人技术与人工智能技术的深度融合过程，也反映了相关领域研究范式的重大转变。

在**理论萌芽期**（20 世纪 50 年代—20 世纪 80 年代），人工智能领域经历了从概念提出到初步探索的关键阶段。1950 年，艾伦·图灵在其开创性论文 "Computing Machinery and Intelligence"[8] 中首次系统地探讨了机器智能的可能性，提出了著名的图灵测试，为人工智能奠定了理论基础。1956年，达特茅斯会议的召开正式确立了人工智能作为独立研究领域的地位。随后，符号主义范式主导了这一时期的研究方向，代表性成果包括逻辑理论家、通用问题求解器和专家系统等。这些理论进展为具身智能的发展奠定了重要的思想基础。与此同时，逻辑规则算法的进步推动了机器人技术的早期探索。1954 年，麻省理工学院开发的可编程机械臂标志着机器人技术正式起步。尽管这一时期的机器人尚未具备智能特征，但其开创性的设计与实践为后来具身智能的研究与应用提供了关键的技术基础与发展方向。然而，符号主义在处理感知任务时依然面临着显著局限。

范式转型期（20 世纪 80 年代—20 世纪 90 年代）。人工智能研究范式在该阶段有了较为明确的发展。1986 年，反向传播算法的提出推动了联结主义的发展[9]。该算法通过实现多层神经网络的高效训练，激发了其自身处理复杂模式识别任务的潜力，为具身智能在感知能力上的提升开辟了新的技术路径。与此同时，罗德尼·布鲁克斯提出的行为主义人工智能对传统的符号主义提出了挑战。他主张通过简单的感知—行动机制实现智能行为，强调智能应从机器与环境的交互中自然涌现[10]。上述理论与技术的发展对具身智能的发展产生了深远的影响，如：1990 年，麻省理工学院开发的 Kismet 机器人具备听觉、视觉和本体感受等多模态感知能力；1991 年，布鲁克斯开发的六腿机器人 Genghis 展示了基于简单行为规则的自主行走能力，验证了行为主义方法的可行性[11]。

技术积累期（20 世纪 90 年代—2022 年）。这一阶段是人工智能技术快速发展的时期。计算机视觉、自然语言处理和机器学习等领域取得了突破性的进展，特别是 2012 年深度学习在 ImageNet[12] 竞赛中的成功，标志着人工智能进入新的发展阶段。强化学习算法的突破（如 DQN[13]、AlphaGo[14] 等），为智能决策提供了新方法。这些技术进步为具身智能的发展注入了强大动力。例如，计算机视觉和传感器技术的进步增强了具身智能体多模态的感知能力，使其能更准确地理解和响应环境信息；深度学习与强化学习方法的结合提升了具身智能体依据环境理解进行规划决策的能力。在这一时期，仿生机器人技术取得了显著进展，以波士顿动力公司开发的"大狗"和"Atlas"为代表的机器人展示了其在复杂地形条件下的运动能力。同时，服务机器人进入实用阶段，索尼的 AIBO 机器狗（1999 年）和 iRobot 的 Roomba 扫地机器人（2002 年）的出现，标志着具身智能走进人们的日常生活。

突破应用期（2022 年至今）。在这一时期，以大语言模型（Large Language Model，LLM）的突破性进展为标志性事件，人工智能技术迎来了深刻的范式转换。以 ChatGPT 为代表的大语言模型展现出卓越的知识理解与生成能力，不仅推动了自然语言处理领域的革新，更通过多模态扩展与任务泛化能力，为具身智能的发展注入新的动力。相关技术的发展对具身智能产生了革命性的影响。2023 年，VoxPoser[15] 和 PaLM-E[16] 等模型将大语言模型的多模态能力成功应用于机器人环境感知和任务规划，显著提升了机器人对自然语言指令的理解和执行能力。同年，英伟达发布的多模态具身智能系统 VIMA[17] 展示了机器人在复杂任务中的执行能力。2024 年，人形机器人技术取得了突破性的进展：OpenAI 与 Figure 合作开发的人形机器人具备听、说及执行多样化任务的能力；特斯拉的 Optimus 人形机器人预计于 2025 年实现工业部署，标志着具身智能在工业应用领域进入新阶段。这些进展表明，大语言模型、多模态大模型与机器人技术的深度融合正在重塑具身智能的发展轨迹，为未来智能系统的演进开辟了新的可能性。

1.1.3 与其他概念的区别与联系

1. 具身智能与离身智能的区别

当前，人工智能领域的快速发展引发了一项重要的学术共识：通用人工智能的实现不能仅依赖单一算法模型的突破，而必须以数字信息空间与物理现实世界的系统性对齐和深度整合作为基础性前提。这一理论观点的形成，部分源于对科幻电影《黑客帝国》中呈现的哲学命题的思考。影片中构建的主角尼奥在数字矩阵中具备超常能力，却在物理现实中受限于普通人类的生理机能。这一艺术化的思想实验为我们提供了重要的启示：通过将数字空间的智能潜能转换为物理世界的实际能力，可突破人类认知边界。因此，弥合数字空间与物理世界之间的智能差异，是实现通用人工智能的关键。

具身智能与离身智能（Disembodied AI）[18]代表了两种智能范式。具身智能强调智能的实现依赖物理本体与环境的动态交互与深度耦合，需实现自主行动与动态适应。离身智能则侧重通过计算模型与数据处理实现智能行为，依赖数据驱动与模式识别，与物理环境交互有限。这种根本性差异使二者在运作机制及应用场景上呈现出明显的差异。

在运作机制方面，**具身智能**的核心在于智能体与物理环境之间的紧密耦合。它通过物理传感器和执行器与外部世界进行实时交互，能够动态感知环境变化并做出适应性响应。例如，自主移动机器人通过激光雷达和视觉传感器感知周围环境，并通过机械臂执行抓取任务。这种智能范式强调具身性在智能行为中的基础性作用，认为"感知—规划—执行—反馈"这个循环是智能涌现的关键机制。相比之下，**离身智能**完全脱离物理本体的限制，主要运行在抽象的计算环境中。它通过算法模型和海量数据处理实现智能功能，如深度学习驱动的自然语言处理系统通过分析文本数据的统计规律来理解语义，而不依赖任何物理感知器。离身智能的优势在于其强大的计算能力和对高维复杂数据的处理能力。

从应用场景看，**具身智能**更适用于需要与物理世界进行直接交互的任务领域。例如，在自动驾驶系统中，智能体需要实时处理多模态传感器数据并做出毫秒级的决策；在外科手术机器人领域，系统需要精确地控制机械臂，完成亚毫米级操作。这些场景都要求智能系统具备实时感知和动态响应物理环境变化的能力。相比之下，**离身智能**在数据密集型任务和虚拟交互场景中表现出显著的优势。例如，在智能客服系统中，基于自然语言处理的对话引擎可以同时处理数千个会话；在知识图谱构建中，离身智能系统能够从海量的非结构化数据中提取语义关系并构建大规模知识网络。

综上所述，具身智能和离身智能在运作机制和应用场景上各具特色。具身智能侧重本体与物理环境的智能交互，特别适用于动态的、复杂的物理任务；离身智能则通过计算模型实现抽象信息的智能处理，在处理复杂数据任务方面具有优势。随着人工智能技术的发展，这两种智能范式的融合有可能催生新一代的混合智能系统，在保持物理交互能力的同时具备强大的计算推理能力，从而推动人工智能向更高级的形态演进。

2. 具身智能与机器人、智能体之间的关系与区别

具身智能、机器人和智能体是人工智能领域的三个紧密相关又存在本质区别的概念。它们既在理论内涵、功能特性、实现机制和应用范式等方面呈现出独特之处，又存在深层次的关联。

具身智能是一种强调智能体与物理环境通过本体进行交互的技术范式。该范式认为，智能的涌现离不开具身性的支撑，即通过物理本体与环境的动态耦合实现认知和决策。具身智能的核心在于"本体—环境"的协同作用，强调通过具身交互实现智能行为。例如，一个具身智能系统通过多模态传感器（如视觉、触觉、本体感觉）感知环境状态并基于感知信息驱动做出规划，进而驱动执行器（如机械臂、移动平台）完成目标任务。

机器人在早期通常是指具备机械结构、传感器与执行器的物理实体，其核心功能是通过预设

的程序或简单的反馈机制完成特定的物理操作（如工业机械臂、自动吸尘器）。早期的机器人仅作为物理工具存在，缺乏自主决策能力。随着智能技术的进步，现代机器人已演变为在物理本体基础上集成感知、决策规划与控制执行模块的智能系统，能够通过环境交互实现动态的任务执行（如自主导航机器人、手术机器人）。这类机器人具备一定程度的自主性与环境适应性。从定义可以看出，机器人是具身智能的典型载体，即具身智能通过机器人的物理本体实现与环境的实时交互。同时，具身智能是机器人的高阶能力体现，现代机器人依赖具身智能实现自主性（如动态避障、多任务规划），而早期的机器人仅需预设规则即可运行。这种演进不仅反映了机器人从工具到智能体的转变，也凸显了具身智能在提升机器人的自主性与适应性过程中的核心作用。

智能体是一个普适性概念，指代任何能够感知环境、自主决策并执行行动以实现预定目标的实体。根据是否具备具身性，智能体可分为具身智能体和离身智能体。智能体的核心特征在于其自主性与目标导向性，通过信息感知、逻辑推理与任务执行的闭环实现智能行为。智能体的实现方式具有高度多样性，既可以基于具身智能理论构建物理实体（如工业机器人），也可以基于离身智能理论实现虚拟助手（如聊天机器人），具体形式取决于其应用场景与功能需求。

总的来说，具身智能为机器人提供了重要的理论基础，阐明了本体在智能实现中的核心作用；机器人作为具身智能的物理载体，为智能体理论提供了实践和验证的平台；智能体的概念统一了具身智能和离身智能的理论框架，为人工智能系统的设计提供了普适性的指导原则。这三个概念的协同发展，推动了人工智能从抽象计算到具身交互的范式转变。

3. 具身智能与通用人工智能之间的关联

具身智能与通用人工智能之间呈现出既相互区别又紧密关联的复杂关系。**具身智能**的核心在于通过物理本体的具身性在动态环境中完成复杂任务。其中，本体的感知能力、规划决策能力、运动执行能力及环境反馈机制共同构成了智能行为的基础。这种智能形式与生物智能的进化机制高度相似，体现了智能发展过程中具身认知的核心特征，即智能的涌现依赖物理本体与环境的实时交互与动态耦合。相比之下，**通用人工智能**代表了一个更为宏观和根本性的研究目标，旨在构建具有跨领域通用性的智能系统，能在多样化的场景中展现出类似人类水平的认知能力和问题解决能力。通用人工智能不仅要具备处理语言、逻辑和抽象数据的能力，还要实现在动态开放环境中的自主学习、适应性决策和多任务执行能力。这种通用性要求使通用人工智能超越了特定领域或物理形态的限制，致力于实现真正意义上的类人智能。

对比二者的本质特征：具身智能强调智能实现的物理基础，注重通过身体与环境的实时交互来解决具体任务，其智能表现高度依赖物理具身性，而通用人工智能追求智能的通用性和抽象性，不强调特定的物理本体形式；具身智能的研究重点在于从感知到执行的协调机制，以及与之相关的环境适应能力，而通用人工智能更关注跨领域知识的表示、迁移和推理能力，力求构建具有广泛适应性的通用智能架构。

当然，具身智能与通用人工智能之间也存在深层次的关联。具身智能被认为是实现通用人工智能的重要途径：首先，具身智能提供了与物理世界交互的能力，使智能系统可以通过环境交互获取感知数据与经验知识；其次，具身智能在感知与执行之间依赖通用人工智能提供的规划与决策能力，而环境反馈进一步优化了通用人工智能的决策机制；最后，具身智能的环境适应性与自主学习能力为通用人工智能的通用性提供了关键的技术支撑。与此同时，通用人工智能的理论框架为具身智能从特定任务能力向通用智能形态的演进提供了方向。这种相互促进的关系表明，二者的协同发展有望为人工智能的突破开辟新的路径。

1.2 具身智能系统的核心组成

1.2.1 具身智能中的感知

在具身智能系统中，感知模块发挥着至关重要的作用，其功能类似于生物体的感官系统，负责实现环境的多模态感知泛化。感知模块的核心功能涵盖对象识别、位置定位、场景理解、环境重建和状态监测等。以仓储物流场景为例，感知模块的具体功能体现如下：对象识别功能使机器人能够准确地辨识环境中的各类物体，如包装箱、货架和托盘等，为后续操作提供必要的信息支持；位置定位功能确保机器人能够精确地确定自身及目标对象的位置，为导航和路径规划奠定基础；场景理解功能使机器人能够分析环境中物体的空间布局、货物堆放状态及人员活动情况，进而评估存储状况和货架利用率；环境重建功能通过生成环境三维模型，为货物导航方案的规划提供空间参考；状态监测功能通过传感器数据实时跟踪环境的温度、湿度和照明等状态参数，以便及时发现并解决潜在的故障和问题。

从技术发展轨迹看，具身智能中感知的实现正在经历改变。

在早期发展阶段，感知模块主要采用多个算法集成的技术路线，针对特定场景执行不同的感知任务。这一阶段的具身智能体通常在有限任务、结构化场景和规范化数据的约束下，利用目标检测、图像分割、姿态估计、三维重建等"小模型"完成场景感知任务。然而，这种技术范式普遍面临泛化能力不足、可扩展性有限及误差累积等挑战。

近年来，大模型技术取得了突破性的进展，具身智能的感知开始向统一技术框架演进。这种新型框架在通用性和泛化性方面展现出显著的优势。大模型通过整合具有不同感知功能的模块，充分发挥其内在的知识理解和表达能力，实现了自然语言交互和无缝的多模态信息处理与转换。具体而言，视觉基础模型（Visual Foundation Model，VFM），如 CLIP[19]、MVP[20]、R3M[21]等，为大模型提供了预训练的视觉表达，显著增强了其视觉辅助信息获取能力；视觉—语言模型（Vision Language Model，VLM）能够处理包括图像、三维数据和状态信息在内的多模态数据，将现实世界的数据转化为可被大语言模型理解的形式，有效弥合了语言符号指令与视觉感知信息之间的语义鸿沟。此外，动态学习作为大语言模型和视觉—语言模型重要的学习策略，为模型引入了时间维度的动态变化信息，从而提升了模型的视觉表达丰富度。例如，3D-VLA[22]模型通过结合视觉—语言模型和三维世界模型的视觉生成能力，模拟和预演环境的动态变化及其与行动后果之间的关联。

随着多模态处理能力的持续提升，具身智能系统能够融合语言、视觉、听觉和触觉等多种感官信息，从而更好地适应动态环境并执行未见任务。这种多模态信息的深度融合不仅显著提高了具身智能体的自主性和适应性，也为其在复杂环境中执行任务提供了坚实的技术基础。通过这种先进的多模态感知泛化能力，具身智能系统能够更全面、更准确地理解和响应其所处的环境，进而在各类应用场景中展现出更高的效率和灵活性。

1.2.2 具身智能中的规划

具身智能系统的规划模块是实现机器智能决策的核心，在提升机器决策能力和模拟人类思维方面发挥着关键作用。规划任务基于感知模块提供的环境信息，主要实现高级任务规划和推理分析两大功能，其推理效果与感知能力密切相关。以北京大学开发的视觉导航系统 PixelNav[23] 为例，该系统通过强大的多模态大模型提取动态变化的环境中的视觉语义特征和物体线索等多视角感知信息，实现了对任意类别物体的导航任务规划和策略推理，充分展示了先进感知技术对规划任务的重要支撑作用。

从技术演进的角度看，早期的规划方法主要依赖人工编程决策和强化学习算法设计。这些方法在环境状态可控的条件下能够完成简单的任务决策，但其局限性显而易见：首先，在面对动态变化的环境和未知情况时，适应能力较差，难以有效应对环境的不确定性和复杂性；其次，需要大量人工干预进行编程和参数调整，严重限制了灵活性和可扩展性；最后，在处理大规模、多目标和复杂任务分配问题时，常出现资源冲突和效率低下的情况。

随着深度学习技术的突破，基于深度学习的任务规划方法应运而生[24-25]。这类方法通过训练高效的预测网络，能够直接基于观察到的环境信息（如图像和指令）生成子动作或子状态序列。相较于传统方法，深度学习技术具有两大优势：一是规避了传统任务规划语言需要人工建模的局限性；二是通过神经网络预测显著提升了规划效率。以自动驾驶领域为例，深度学习技术使系统能够准确感知环境中的车辆、行人和交通信号等要素，结合任务规划算法生成最优驾驶路径，有效地应对复杂的交通场景。然而，这类方法在处理高度复杂的任务时仍面临挑战，如过长的规划过程易导致模型遗忘问题、泛化能力有待提升。

大模型技术的快速发展为具身智能的规划任务带来了巨大的变革[26-27]。以大模型为核心的智能规划决策系统能够根据环境和任务需求的变化实时调整策略，通过持续获取感知信息和积累行动经验优化决策过程，从而高效协调和控制各功能模块。得益于大规模互联网数据的预训练，大模型展现出强大的思维链推理能力，能够模拟人类完成复杂的任务分解与决策，显著提升了具身智能在动态环境中的适应性与执行效率。典型案例为俄亥俄州立大学开发的 LLM-Planner[26] 系统，其采用高级和低级双层规划策略：高级规划器利用大语言模型将用户任务描述转化为自然语言规划；低级规划器将子任务转化为具体的行动指令。此外，Inner Monologue[28] 系统通过将视觉检测结果整合到大语言模型提示词中对规划进行优化。这些创新研究表明，大模型在具身智能规划任务中展现出巨大的应用潜力，不仅显著提高了规划的灵活性和适应性，也为应对复杂环境的挑战提供了新的解决方案。

1.2.3 具身智能中的操控

操控模块是具身智能系统的核心组成部分，旨在提升机器人在复杂环境中的自主行动能力，使其能够执行精细的动作。通过精确的操控，具身智能体可完成行进、物体操作与交互等任务。例如，家庭移动机器人可将衣服从客厅移至洗衣房，工业搬运机器人可实现物品分拣与搬运。操控能力的提升不仅显著提高了生产效率，也拓展了具身智能体在各领域的应用范围。

在具身智能操控任务研究中，强化学习长期占据主导地位。该方法通过智能体与环境的交互试错，基于奖励机制优化动作策略。然而，强化学习在未知环境中存在显著的泛化差距，难以将已学经验有效地迁移至新场景。为了解决这一问题，研究者开始探索将强化学习与 Transformer 架构结合的方法。例如，Q-Transformer[29] 通过在大规模多样化的真实世界数据集上训练 Transformer 模型，能够自动积累经验并快速适应不同的任务。这种方法显著提高了机器人在未知环境中的适应能力，增强了其自主行动能力。近期，大模型技术作为强化学习的辅助工具被引入，以突破其发展瓶颈。一方面，大语言模型（如 GPT-4）被用于设计或优化深度强化学习的奖励策略，避免了人工设计策略函数的烦琐过程。例如，EUREKA[30] 利用 GPT-4 自主设计的奖励函数，在 83% 的任务中优于人类专家设计的奖励，使具身智能体能够完成诸如转笔、打开抽屉、抛球接球等复杂任务。另一方面，大模型的先验知识和多模态信息提取能力能够有效解决强化学习方法中的低样本效率问题。

此外，视觉—语言—动作（Vision-Language-Action，VLA）大模型的提出扩展了大模型的应用范围，实现了从语言到可执行动作指令的直接转换。在实践中，视觉—语言—动作大模型将互联网知识、物理世界概念与运动信息放入统一框架，直接依据自然语言描述生成可执行的动作指令。例如，Prompt2Walk[31] 通过结合语言与运动信息，使用大模型直接输出关节的角度；VIMA[17] 通过多模态输入提示学习操作动作；RT-2[32] 采用模仿学习范式，将视觉—语言模型与机器人运动数据融合，直接生成可被机器人识别的操作指令。

尽管这些方法在提升机器人操控能力方面取得了显著进展，但仍面临高成本的挑战。例如，谷歌 RT-1[33] 的数据收集使用了 13 个机器人，耗时长达 17 个月。这表明，尽管具身智能操控任务研究已取得一定成果，但仍需进一步探索以降低成本并提高效率，如减少数据收集与训练开销、增强泛化能力及提高样本效率。

1.2.4 安全性与可靠性

具身智能系统的安全性和可靠性是其发展的基石，对保障人类安全、确保任务高效执行及提升用户对机器人的信任度至关重要。在人机交互频繁的环境中，这些特性显得尤为关键，因为它们将直接影响人机协作的效率和安全性，以及人类对具身智能体的信任度。

具身智能系统的安全性体现在以下几个层面。

（1）**算法模型的安全性**：这是确保具身智能体能够准确地理解环境及指令，安全可靠地进行规划的基础。算法模型的安全性不仅涉及对抗样本和数据毒化等传统人工智能领域的威胁，还可能受到模型架构缺陷或训练数据偏差的影响。

（2）**传感器和执行器的安全性**：传感器和执行器作为具身智能系统的"感官"和"肢体"，其安全性至关重要。例如，传感器可能受到干扰或攻击，导致错误的感知信息输入；执行器可能因故障或恶意操控而执行危险动作。

（3）**人机交互的安全性**：在人机协作场景中，交互的安全性尤为重要。例如，机器人在执行任务时可能因误判人类意图或动作而引发事故。

基于上述考虑，为保障具身智能系统的安全性，需要从多个方面进行综合考量与设计。

（1）**任务拆解与规划的安全性**：长序列任务的安全性是具身智能机器人安全性的首要考量指标。在任务拆解过程中，必须确保子任务的安全性，避免生成危险的或不符合法律和道德的子任务。例如，在具身智能体执行复杂任务时，需要防止其在挥舞刀叉时靠近人体或在飞行时靠近电缆等危险行为。

（2）**子任务执行过程的安全性**：此方面的安全性问题更多地属于传统机器人安全的范畴。例如，需要完善系统保护程序，确保具身智能体在出现突发情况时可以急停和限位、防止具身智能体与人类发生剧烈碰撞等。

（3）**硬件安全防护**：构建冗余设计、电磁干扰防护、电源安全和硬件漏洞检测与修复模块等，防止硬件失效、硬件入侵等安全威胁。

（4）**物理安全与伦理规范**：通过物理安全设计、柔性设计及伦理与法律规范的构建，防止具身智能体伤害人类身体和心理。

通过综合考量，可以有效提升具身智能系统的安全性和可靠性，从而在复杂的人机交互环境中实现高效、安全的协作。

1.3 具身智能产业现状与挑战

在 1.2 节中，我们探讨了具身智能的内涵与重要性，分析了其在人工智能领域的独特地位与潜力。目前，具身智能已经从理论研究走向实际应用，并以前所未有的速度融入各产业，展现出广阔的应用前景和商业价值，为经济发展注入了新的动力。在本节中，我们将介绍具身智能在一些领域的具体应用及其发展趋势，探讨这一技术是如何推动产业变革、提升社会效率与智能化水平的。

1.3.1 在新型农业领域的应用

根据最新市场调研数据显示，2024 年中国智慧农业市场规模已达千亿元，预计未来五年将以年均 15% 以上的增长率持续扩张。在这一发展进程中，具身智能技术作为智慧农业体系的核心组成部分，已从实验室研究阶段成功过渡到规模化应用阶段，在农业生产和加工等多个领域实现了深度渗透。随着技术的持续迭代和成熟，具身智能有望在更广泛的农业场景中发挥关键作用，为农业现代化转型提供强有力的技术支撑。

在相关领域，**具身智能的核心价值在于通过智能化和自动化技术的深度融合，实现农业生产效率的显著提升、资源利用的精准优化及人力成本的系统性降低，从而推动传统农业向现代化、智能化方向转型升级**。例如，大疆创新科技有限公司构建的大疆智慧农业平台可以快速生成农田、果园的高清影像，分析作物生长情况，指导农机自动化作业并监管作业质量，实现农业数字化与智能化管理。睿尔曼公司开发的超轻量仿人机械臂集成在可移动轨道系统中，实现了温室环境下种植、管理和采摘作业的全流程自动化，显著提升了农业设施的生产效率。

在农业加工环节，具身智能通过多模态感知技术（包括机器视觉、触觉反馈、力觉感知等）的集成应用，实现了农产品加工过程的智能化和精准化。中科原动力研发的智农采摘机器人，实现了温室环境下番茄、樱桃等经济作物高效、精准的无人化采摘作业，有效地解决了传统农业面临的劳动力短缺和采摘效率低下等问题。温州农业具身智能体重点实验室开发的丘陵山区果蔬机械化设备，通过集成先进的智能感知系统和自适应控制算法，实现了复杂地形条件下的高效、稳定作业。在果蔬加工环节，基于深度学习的视觉识别技术与机器人执行系统结合，实现了农产品自动分级、智能去皮、精准切割等工序，不仅大幅提升了加工效率，还有效保证了产品质量的一致性和稳定性。

这些创新应用表明，具身智能技术正在重塑传统农业的生产模式和加工流程，为农业的智能化升级提供了新的技术范式和发展路径。随着技术的进步和应用场景的拓展，具身智能有望在更广泛的农业领域发挥其独特优势，推动农业现代化向更高水平发展。

1.3.2 在工业制造领域的应用

全球工业机器人市场正处于快速增长阶段。2023 年，全球工业机器人安装量达到 52.6 万台。其中，中国市场以 27.6 万台的安装量占全球总量的 52.5%，凸显了中国在全球工业机器人市场的主导地位。在这一发展进程中，具身智能技术赋能的工业机器人已在工业制造的多个关键环节实现深度应用，涵盖自动化装配、精密焊接、智能喷涂及物料搬运等领域。例如，优艾智合通过创新的"一脑多态"模型，实现了具身智能系统在复杂工业环境中的自主任务切换和全场景协同，已在电力、能源等战略性行业实现了规模化部署。市场研究机构预测显示，2035 年，全球智能机器人市场的总体可用市场（TAM）规模将达到 380 亿美元，年出货量将突破 140 万台。全球垂直领域 AI 应用市场规模预计在 2030 年达到 471 亿美元，其中工业制造作为核心应用领域，正在加速向智能化生产和全流程自动化方向转型升级。

具身智能在工业制造领域的核心价值在于通过智能化、柔性化和人机协作的技术范式，实现生产效率的显著提升、运营成本的有效降低、生产灵活性的增强及安全性的全面提升，从而推动制造业向高端化、智能化方向转型升级。在机械制造领域，具身智能技术的应用已取得显著成效。特斯拉的 Optimus 人形机器人已在其超级工厂中实现电池模块的精准搬运、复杂环境下的自主导航等目标，展示了具身智能在工业场景中的强大应用潜力。富士康的智能工厂通过部署具身智能机器人系统，实现了 24 小时不间断生产，在提升产能的同时将产品次品率降低 30% 以上。在仓储物流领域，自主移动机器人（Autonomous Mobile Robot，AMR）已实现大规模应用，通过与智能仓储管理系统（Warehouse Management System，WMS）的深度集成，实现了物料自动分拣、智能搬运和精准配送的全流程自动化，使物流效率提升 40% 以上。优艾智合开发的 ARIS 机器人在海拔 5000 米的青藏高原变电站通过多传感器融合技术和自适应导航算法，将设备巡检效率提升 60%，显著降低了人工巡检的安全风险。

在一些化学工业生产场景中，具身智能相关技术在提升生产效率的同时显著降低了生产过程中的安全风险。施罗德公司开发的油气化工区域智能巡检机器人，能够在复杂的工业环境中对油气管道、储罐区、设备间等关键区域进行自主巡检，通过集成红外测温、非接触式泄漏检测和深度学习图像识别等技术，实现了对管道泄漏、设备腐蚀和运行状态异常的实时监测，同时可以应对高温、高压和有毒环境。中诺智联研发的无人智能巡检机器人系统，通过视觉、嗅觉、听觉、触觉等多模态感知技术的协同应用，在化工高危环境中实现了室内外一体化巡检，显著降低了人工巡检的漏检率和误检率，提升了化工生产的安全性和可靠性。这些创新应用表明，具身智能技术正在重塑传统工业制造模式，为工业制造业的智能化转型提供了新的技术范式和发展路径。

1.3.3　在新兴服务领域的应用

根据市场研究机构的分析与预测，全球具身智能市场在未来几年将保持显著增长，年均复合增长率预计超过 20%。在中国市场，这一趋势尤为突出，受到产业结构调整、人口老龄化加剧及消费升级等多重因素的驱动，预计将形成一个规模庞大且持续扩张的市场需求空间。特别是在新兴服务领域，具身智能的市场规模与渗透率将持续提升，展现出巨大的发展潜力。

在家庭服务领域，具身智能的核心目的在于通过智能化技术重构传统家政服务模式，**实现家务劳动的自动化、个性化和高效化，从而显著提升家庭生活质量**。智元机器人开发的 Figure 02 具备自然语言理解和复杂任务执行能力，能够完成包括环境清洁、衣物洗涤和餐食准备在内的多项家务劳动，有效减轻家庭成员的日常负担。日本的 LOVOT 机器人通过个性化情感交互设计，为家庭成员提供定制化的陪伴体验。谷歌与斯坦福大学联合研发的 Mobile ALOHA 2 系统，通过高精度运动控制技术实现了烹饪全流程自动化操作，展示了具身智能在家庭服务中的巨大潜力。

在医疗卫生领域，具身智能的核心目标是通过智能化技术**提升医疗服务的精准性、安全性和可及性，优化医疗资源配置，改善患者的治疗体验**。智能分诊系统通过整合电子健康记录（Electronic Health Record，EHR）和可穿戴设备数据，实现了患者症状的智能化分析和精准分诊。达芬奇手术机器人系统在微创手术中展现出卓越的操作精度和灵活性。NAO 和 QTrobot 等社交辅助机器人通过交互式训练方案，有效提升了自闭症儿童的社交能力，并为认知障碍患者提供了持续的情感支持，显著改善了患者的治疗体验和生活质量。

在交通物流领域，具身智能的核心价值在于通过智能化技术实现**物流全流程的自动化、智能化和高效化，显著提升行业运营效率**。小马智行开发的"虚拟司机"技术平台已实现多场景应用，累计完成近 4000 万千米的自动驾驶路测，覆盖出租车、货运、公共交通和环卫等多个领域。中邮科技推出的智能无人投递车系统，作为"最后一公里"配送的创新解决方案，已在多个城市开展试点应用，展现出显著的效率优势。科捷智能科技股份有限公司提供的智能物流解决方案，已在全球 17 个国家成功实施 1000 多个集成项目，服务范围涵盖快递物流、电商零售和新能源等多个行业，充分体现了具身智能技术在提升物流效率、降低运营成本方面的显著优势。

这些创新应用表明，具身智能技术正在深刻改变传统服务行业的运营模式，为各领域的智能化转型提供新的技术范式和发展路径。随着技术的进步和应用场景的拓展，具身智能有望在更广泛的服务领域发挥其独特优势，推动社会服务体系的智能化升级。

1.3.4 技术层面与应用层面的挑战

1. 技术层面的挑战

数据层面：数据匮乏仍然是制约具身智能突破的主要瓶颈。首先，收集并标注高质量、多样化的具身数据仍然是一项艰巨的任务。与依赖互联网数据的大模型不同，具身智能所需的数据涉及动态环境中的复杂交互，这使数据收集昂贵且复杂。例如，家庭服务机器人需要适应各种家庭环境和任务，这就要求其能够从大量的家庭环境数据中学习完成任务的能力。然而，获取广泛、高质量和多样化的数据面临巨大挑战。其次，由于任务的复杂性和多样性，数据量与性能增长之间的关系尚不明确。即使能够获取大量真实数据并有效标注它们，数据量的增加如何才能转变为稳步提升的性能也是一个需要探索的问题。最后，仿真数据与真实数据之间存在显著的差距。物理、光照和交互过程的差异使仿真数据与真实数据之间的差距难以弥合，如何综合利用这两类数据仍然是一个未解的问题。可以预见，建立仿真数据与真实数据的标准化映射协议，解决传感器噪声、材质属性偏差等跨域干扰是当前解决上述问题的有效途径。

模型层面：具身模型的智能化水平仍需全面提升。首先，模型架构与物理场景适配性不足。2024 年被业界定义为人工智能发展的"阶跃式元年"，其中，一个重要标志就是多模态大模型的全面崛起。然而，以 DeepSeek 为代表的现有大模型体系，其设计范式仍主要基于传统的自然语言处理任务优化，缺乏针对物理世界交互需求的系统性架构设计。其底层技术框架仍延续静态数据建模范式，并未发生本质革新。这一局限性导致其在具身应用场景中面临严峻挑战，即物理智能的实现不仅需要解决多模态感知、动态环境规划、实时控制等核心问题，还需优化大小模型协同机制，其复杂度远超传统 AI 任务的范畴。

其次，当前，任务分解机制仍面临关键性技术瓶颈。主流大语言模型普遍采用自回归架构，其基于概率生成的固有特性导致在长周期任务执行过程中存在显著的逻辑一致性衰减和信息丢失等问题。例如，在需要多步骤协作的工业应用场景中，当模型需要处理复杂任务链时，往往难以确保任务执行的时序连贯性和逻辑完整性。

再者，世界模型的抽象能力受限。物理交互要求具身智能体掌握因果关系、动态演变等深层认知，而当前的大模型通过海量文本训练构建的"世界模型"仍存在结构性缺陷：一方面，其对物理实体动态变化（如物体形变、环境扰动）的实时响应能力不足；另一方面，基于语言符号的抽象知识难以直接映射至物理空间的行为规则，导致泛化能力受限。

最后，模型的推理速率较低，尚未实现从感知到执行的快速映射，难以支持实时规划与决策。这与人类在处理多样化任务时兼具灵活性与效率的能力存在显著差距。此外，为了使基于仿真数据的预训练与基于物理世界数据的微调形成闭环，还需要从数据生态和模型架构两个维度协同攻克以下难题。其一是系统解耦问题，需建立异构机器人统一仿真框架，确保不同形态的机器人系统（如双足仿人机器人与多自由度机械臂）能够在该框架中实现独立行为建模和动态协作仿真。其二是软硬件分离问题，需开发硬件无关的算法框架，以实现模型在不同机器人平台间的低成本或零成本迁移与快速部署。同时，提升模型在不同机器人形态谱系间的泛化能力。

系统层面：具身智能系统在标准化、适配性和可靠性等方面有待进一步完善。首先，具身智能系统的硬件和软件平台种类繁多，缺乏统一的标准和规范。这种多样性导致开发者在适配不同系统时面临较高的技术门槛和成本。例如，现有的机器人操作系统（如 ROS）虽然应用广泛，但其依赖大量的开源组件，所以常常因兼容性问题或版本升级导致系统不稳定。因此，亟需建立统一的开发框架和标准化工具链，以降低适配难度并提升开发效率。其次，单一模型适配多种硬件本体仍面临显著挑战。具身智能的普适性要求其核心认知能力（如物理世界理解、环境交互逻辑与任务决策框架）应独立于硬件，并可通过跨本体数据协同训练实现模型增强。然而，不同的硬件本体在外观形态、计算架构、传感器模态及通信带宽等方面存在异构性，导致模型在跨平台适配时面临性能衰减与兼容性冲突，现有系统尚未突破硬件特性与认知普适性之间的解耦难题。最后，随着具身智能系统在复杂环境中的应用，模型的可靠性和安全性问题日益突出。当前，系统在动态环境中的故障率较高，且模型的发展趋向于使用端到端的范式，决策过程往往缺乏透明性，难以追溯问题的根源。因此，如何在保证模型高效输出的同时提升系统的可靠性、安全性及问题可溯源性，是一个亟待解决的挑战。

伦理价值层面：技术发展与伦理价值的深度融合是具身智能落地的必要条件。首先，隐私与数据安全是具身智能技术面临的首要伦理挑战。具身智能系统在运行过程中需要实时采集、传输和处理大量环境与用户数据，这些数据的敏感性使隐私保护成为关键问题。因此，如何在数据驱动与隐私保护之间建立平衡，是具身智能技术必须解决的伦理难题。其次，伦理与价值观的编码是具身智能技术面临的另一大挑战。具身智能系统在动态环境中需要做出实时决策，而这些决策往往涉及复杂的伦理权衡。然而，将人类的伦理原则（如功利主义与义务论）转化为可计算的决策逻辑仍存在显著的技术瓶颈。如何在模型中嵌入普适且可解释的伦理规则是一个跨学科的难题。最后，透明性与模型可解释性是具身智能技术在高敏感领域应用的关键挑战。在高敏感领域（如医疗、司法等），用户对具身智能系统的决策透明性与可解释性提出了更高的要求。然而，当前部分技术的"黑箱"特性使决策过程难以被理解，可能引发用户不信任或关键决策错误。要想解决这一问题，需要开发新的算法工具并构建标准化的解释框架，以确保决策逻辑透明且可验证。

2. 应用层面的挑战

产业链层面：具身智能产业的规模化发展亟需全产业链的提升与高效协同。具身智能产业链**上游环节**主要涉及具身智能的核心技术研发，包括感知、决策、控制等关键算法的突破，以及硬件（如传感器、执行器）的创新。然而，当前上游研发面临两大挑战：一是核心技术（如多模态感知融合、实时规划与决策）尚未完全成熟，难以满足复杂场景的需求；二是缺乏统一的技术标准与协议，导致不同研发机构的技术成果难以兼容，阻碍了产业链的协同发展。**中游环节**聚焦于具身智能系统的集成与优化，涉及软件和硬件的深度协同与适配。然而，中游面临的主要挑战在于：一是硬件平台（如机器人本体、传感器模块）的多样性与异构性，使软件算法在不同硬件上的适配成本高昂；二是在系统集成过程中，感知、决策与执行模块的协同效率较低，难以实现实时性与稳定性的平衡。这些问题限制了具身智能系统的整体性能与可靠性。**下游环节**关注具身智能技术的商业化落地与规模化应用。然而，下游面临的核心挑战包括：高昂的部署与维护成本，使技术难以在中小型企业或消费级市场中普及；应用场景的碎片化需求（如家庭服务、工业制造、医疗护理等）对技术的定制化提出了更高的要求，增加了开发的难度；用户对技术可靠性、安全性的高期望与当前技术成熟度之间的差距，导致市场接受度有限。

人才与生态层面：人才培养和生态构建的步伐仍需加快。跨学科高端人才的匮乏限制了技术进步的速度。具身智能需要融合机器人学、人工智能、认知科学和工程学等多领域知识，而当前就业市场上具备跨学科背景的专业人才稀缺，难以满足日益增长的技术需求。此外，生态系统的成熟度不足进一步提高了技术应用的难度。由于缺乏统一的技术标准和开发框架，不同系统之间的兼容性与协同性较差，导致生态碎片化。这种碎片化不仅推高了开发成本，还限制了技术的规模化落地。因此，加快跨学科人才培养、构建开放协同的生态系统，是推动具身智能技术广泛应用的关键路径。

1.3.5　时代赋予的新机遇

综观前文论述可以清晰地看到，具身智能技术正处于一个蓬勃发展的关键时期。在本节中，我们将系统剖析我国在发展具身智能方面所具备的差异化竞争优势。这些优势的形成，既得益于持续的技术创新积累，也植根于中国独具特色的市场规模优势和完善的产业生态系统。具体而言，我国在市场需求、人才储备、产业集群和政策支持等方面展现出显著的发展潜力，这些要素的有机结合为具身智能的本土化发展提供了得天独厚的成长土壤。

1. 首驱动力：结构性人口变迁催生智能化刚需

我国正处于人口结构深度变革的历史节点，这种变革正在重塑产业发展的底层逻辑。国家统计局数据显示，2024 年全国人口自然增长率已经降至 −0.99‰，总人口萎缩的趋势依然没有得到改善。与此同时，老龄化进程持续加速，预计到 2035 年 60 岁以上人口占比将突破 4.2 亿，占总人口比重攀升至 30% 以上区间。这一双重压力催生出两大不可逆趋势：第一，劳动年龄人口总量持续减少，中国发展研究基金会预测到 2035 年将出现 8000 万量级的劳动力缺口；第二，新生代劳动者就业观念发生根本性转变，2000 年之后出生的劳动者对重复性、高危性岗位的排斥率较高。这种结构性矛盾为具身智能创造了大量的应用场景及行业需求，大量的智能机器人开始替代传统人工。值得关注的是，这种替代不仅包括简单的人力置换，还包括通过人机协同的模式实现生产效率的范式升级。

2. 创新要素集聚：加速发展全球领先的智能产业创新生态

在人才培养方面，尽管跨学科高端人才仍然存在较大缺口，但令人欣慰的是，我国已有近 400 所高校开设了机器人相关专业，并且正在积极通过产教融合的模式推动多层次专业人才的培养。在产业生态建设方面，近年来我国智能机器人产业发展迅猛。截至 2024 年 12 月，我国智能机器人产业的企业数量已达 45.17 万家。这一庞大的企业群体不仅推动了产业的蓬勃发展，还吸引了全球顶尖人才，尤其在长三角、珠三角等经济发达地区，已逐步形成完整且富有活力的创新产业链。同时，资本市场为技术创新提供了持续且强劲的动力。据财联社创投通的数据统计，仅在 2023 年至 2025 年 3 月 5 日期间，共有 1171 家机器人相关企业完成了 1623 起融资，投融资总额达到 217.77 亿元。在此过程中，政府引导基金、产业资本及风险投资共同构建了多元协同的投融资格局。这种创新要素的深度集聚，产生了显著的乘数效应，形成了"教育—研发—产业"的良性循环，为技术迭代和产业升级提供了持久的动能。

3. 产业集群优势：构建具身智能发展的生态系统优势

我国在具身智能领域已形成全球领先的产业集群优势，这一优势主要体现在以下三个关键维度。

（1）完善的制造业配套体系。依托全球最完整的制造业配套体系，我国的企业能够实现从研发到量产的快速转化。

（2）供应链与市场的区位优势。我国机器人相关领域的产业集群主要集中在交通便利、市场活跃的区域。这种靠近供应链与终端客户的双重便利，使企业能够充分利用区位优势，降低物流成本，提升对市场需求的响应速度，增强市场竞争力。

（3）地方政府的政策支持。在相关行业较为发达的区域，地方政府正在通过信贷支持、财政补贴等政策工具构建完善的支持体系。更值得关注的是，这种集群发展模式正在形成"技术突破—成本下降—市场扩大—再投入"的良性循环。以深圳市为例，《2023 年深圳市机器人产业发展白皮书》显示，2023 年深圳市机器人产业链的总产值为 1797 亿元，较 2021 年的 1644 亿元增长了 8.7%。这种生态系统优势不仅提升了我国企业的国际竞争力，更为具身智能技术的快速迭代提供了理想的产业化环境。

4. 政策体系支撑：构建具身智能发展的制度优势

我国已建立全方位、多层次的具身智能政策支持体系，形成了中央与地方协同推进的战略格局。在国家层面，《"十四五"机器人产业发展规划》明确提出，到 2025 年，将我国建设成为全球机器人技术创新的策源地、高端制造的集聚地、集成应用的新高地。这一规划为我国机器人产业的发展设定了清晰的战略目标，明确了产业发展的总体方向。为了推动上述目标的具体实施，工信部等十七部门共同发布了《"机器人+"应用行动实施方案》。该方案系统规划了制造业、医疗健康、案例应急和极限环境应用等十大重点领域的示范应用场景，为机器人产业的发展提供了明确的方向指引，确保政策的落地实施具有可操作性和针对性。在中央政策的引领下，全国多个省级行政区积极出台配套实施方案，形成了上下联动、协同共进的政策合力。在技术层面，各类政策强调支持多模态大模型、5G 边缘计算、数字孪生等前沿技术的融合创新，推动机器人技术与新一代信息技术深度结合，为产业发展注入了强大动力。

纵观我国的产业发展史，我们在智能手机、轨道交通、新能源汽车等领域已多次实现跨越式发展。当前，具身智能作为融合人工智能与实体经济的战略性领域，兼具市场需求、创新要素、产业基础和政策支持等多重优势，是我国培育新发展动能、构建可持续竞争力的关键赛道。我们有理由相信，我国能在新一轮人工智能浪潮中再次实现产业突破。

第 2 章 具身智能基础技术

2.1 三维视觉概述

2.1.1 三维表达方式

在具身智能领域,三维视觉通过提供物体和场景的直观结构表达,显著增强了智能体的空间理解能力,成为支持智能体在复杂环境中进行导航和互动操作的关键技术。在三维视觉中,对物体的表达主要分为**显式**和**隐式**两种方法。其中,显式表达方法直接构建和操作三维模型,隐式表达方法则通过数学函数来描述三维空间中的形状和结构。

1. 显式表达方法

如图 2.1 所示,常见的显式表达方法主要包括**体素**、**点云**和**网格**三种形式。体素可用于精确模拟和分析复杂环境中的障碍物,帮助智能体规划路径从而实现自主避障。点云用于环境感知和深度学习,通过捕捉大量的空间数据点帮助智能体更好地理解其所处的三维空间。网格常见于图形渲染和视觉模拟中,用以创建详细和有真实感的三维模型,从而提高智能体的视觉识别和交互质量。

图 2.1 基于体素、点云和网格的显式表达方法

1)体素

体素(Voxel)是三维空间中的基本单元。类似于二维图像中的像素,体素将空间划分成规则的三维网格,每个单元格存储空间中某一位置的属性值(如颜色、密度)。给定一个三维空间,体素可以表示为

$$V(i,j,k) \in \{0, 1\}$$

其中，i, j, k 是体素的三维坐标，$V(i,j,k)$ 表示在该体素处是否存在物体（1 为存在，0 为不存在）。

获取方式：体素数据一般通过三维扫描技术获取，即利用扫描设备获取内部结构的分层切片影像，进而组合成三维体积。此外，体素可以通过计算机图形学中的体积建模方法生成，如使用三维建模软件或基于体积的渲染算法。

优势：体素具有高空间分辨率，能够有效描述三维空间中每个位置的细节特征，特别适合需要进行内部结构分析的领域，如医学成像和地质勘探。此外，体素的数据结构相对简单，可直接用于计算机图形学中的渲染和操作。

局限性：体素的局限性主要在于其高存储需求和计算复杂性。由于体素需要对三维空间中的每个位置进行精确表示，所以，随着分辨率的增大，其数据量会迅速增加，而这将占用大量存储空间。与此同时，这种数据量和计算复杂性增加了实时处理和渲染的难度。此外，由于体素的分辨率是固定的，这限制了其在表现结构细节方面的精度，所以可能在处理复杂边缘或精细特征时出现信息丢失的问题。

2）点云

点云（Point Cloud）表现为三维空间中的一些点的集合，每个点 $\boldsymbol{p}_i$ 捕获了物体表面某个位置的相关属性，通常包括坐标 (x_i, y_i, z_i)、颜色值 c_i、强度 I_i 等。一个点云可用数学符号表示为

$$P = \{\boldsymbol{p}_i\}, \quad \boldsymbol{p}_i = (x_i, y_i, z_i, c_i, I_i), \quad i \in \{1, 2, \cdots, n\}$$

其中，n 表示点云中点的数量。

获取方式：点云数据一般通过激光扫描仪（如 LIDAR）或深度相机获取。这些设备通过发射光线或激光束，并测量返回信号的时间差或强度来捕捉三维空间中的点坐标。其中，激光扫描仪通常用于大范围扫描，如建筑物、地形和城市景观的测绘，深度相机则适用于较小尺度的物体扫描，如工业检测和机器人感知。

优势：与体素相比，点云不依赖任何预定义的网格结构。点云提供了一种更为直接和灵活的方式来记录和表达不规则的空间分布，这使它特别适合从实际物体或场景中快速生成三维数据（如通过激光扫描或立体视觉系统）。

局限性：由于点云数据的不规则性和非结构性，对它的处理和分析需要使用复杂的算法。点云数据不直接提供物体的表面或体积信息，通常需要进行额外处理才能用于进一步的分析或可视化，如表面重建或网格化。此外，点云数据的质量和密度不均匀，可能影响最终应用的精度和效果。

3）网格

网格（Mesh）是由顶点、边和面构成的三维几何结构，用于表示三维物体的表面。网格的基本数据结构是三角形面片，每个面片由三个顶点和三条边组成。通过三角剖分算法，任何复杂的表面都可以用三角网格来表示。一个给定三维模型的网格可以表示为

$$M = (V, E, F)$$

其中，$V = \{\boldsymbol{v}_1, \boldsymbol{v}_2, \cdots, \boldsymbol{v}_n\}$ 是顶点集，每个顶点 $\boldsymbol{v}_i$ 是一个三元组 (x_i, y_i, z_i)，表示在三维空间中的坐标；$E = \{(\boldsymbol{v}_i, \boldsymbol{v}_j) \mid \boldsymbol{v}_i, \boldsymbol{v}_j \in V\}$ 是边集，每个边由两个顶点定义，表示顶点之间的连接关系；$F = \{(\boldsymbol{v}_i, \boldsymbol{v}_j, \boldsymbol{v}_k) \mid \boldsymbol{v}_i, \boldsymbol{v}_j, \boldsymbol{v}_k \in V\}$ 是面集，每个面由三个或更多的顶点定义，表示网格的表面。

获取方式：网格一般通过三维建模软件、计算机图形算法或三维扫描设备生成。三维建模软件（如 Blender 或 Maya）允许用户手动创建和编辑网格结构，自动化算法（如三角剖分或 Marching Cubes 算法）可用于从体素数据或点云生成网格。此外，三维扫描设备（如结构光扫描仪或激光扫描仪）能够捕捉物体表面的几何数据，并将其转换为网格形式。

优势：网格能够精确描述复杂的三维表面，包括细微的几何细节和复杂的拓扑结构，因此在高精度场景中表现出色。网格的数据结构（顶点、边和面）便于计算和操作，支持渲染、动画和物理模拟等多种图形处理。网格具有灵活的形变和编辑能力，适应性强，可广泛应用于从静态模型到动态变形对象的三维建模领域。

局限性：对于高度复杂或动态变化的形状，创建和实时更新网格模型往往非常耗时。由于网格模型的高分辨率会显著增加其处理难度，所以在处理大型数据集时，网格优化和简化变得尤为困难。此外，不当的简化可能导致细节损失，影响精度。

2. 隐式表达方法

隐式表达方法主要通过数学函数来定义三维物体，即不直接存储几何体的表面或体积数据，而是通过函数的等值面来描述物体的边界。这种表达方法特别适用于形状复杂、拓扑结构多变的对象。在隐式表达方法中，空间中的任意点可以通过函数值来判断其相对于物体边界的位置，使几何操作（如布尔运算、平滑和变形）更为便捷和高效。常见的隐式表达方法包括占用函数和符号距离函数，如图 2.2 所示。

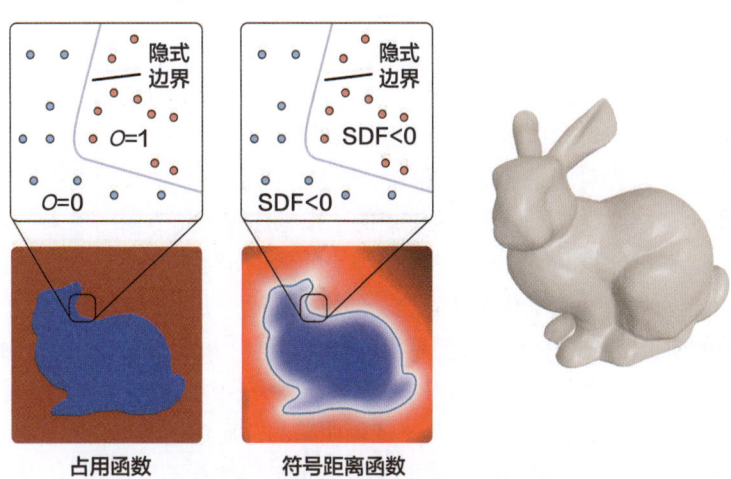

图 2.2 基于占用函数和符号距离函数的隐式表达方法

1）占用函数

占用函数（Occupancy Function）用于表示三维空间中某个点是否属于物体内部，其通常表达为如下二值函数

$$O(x,y,z) = \begin{cases} 1 & \text{若该点被物体占据} \\ 0 & \text{若该点未被占据} \end{cases}$$

在应用中，通常将空间划分为三维网格，判断网格中的每个点是否被物体占据。这种表示方法简单、直观，常用于物体体积的表示和一些图形学应用，如体素化建模和二值空间划分。

2）符号距离函数

符号距离函数（Signed Distance Function，SDF）用于表示三维空间中的每个点到最近物体表面的距离，并通过符号区分点在物体内部还是外部。SDF 在三维重建和表面细化中有广泛应用。

定义：符号距离函数定义为

$$\text{SDF}(x,y,z) = \begin{cases} d(x,y,z) & \text{若该点在物体外部} \\ 0 & \text{若该点在物体表面} \\ -d(x,y,z) & \text{若该点在物体内部} \end{cases}$$

其中，$d(x,y,z)$ 是点到物体表面的欧氏距离。

SDF 可以精确表示物体的几何形状及其内部结构，广泛应用于三维重建和物体表面细化任务，可通过生成高精度的物体边界实现复杂场景的重建。

2.1.2 NeRF 技术

Neural Radiance Fields（NeRF）[34] 是一种基于深度学习的技术，专为新视角合成（Novel View Synthesis，NVS）任务设计，其核心目标是通过少量的二维图像观察数据来隐式建模三维场景，生成从未见过的视角的逼真图像。这种新视角合成任务本质上以三维空间的表示为基础，通过从不同的视角观察同一场景来生成新的图像。NeRF 针对该任务提出了有效的解决方案，即通过神经网络对三维场景的颜色和体积密度进行隐式建模。

具体来说，NeRF 首先对场景的每条观察光线进行均匀采样，生成一系列沿光线方向分布的三维采样点。对每个采样点，神经网络接收该点的三维坐标和视角方向的输入，输出对应的 RGB 颜色值和体密度值。通过体积渲染方法，这些采样点的颜色和体密度信息会沿光线进行加权累积，累积的权重取决于体密度值和该采样点在光线上的位置。这个加权过程确保在光线穿过不同介质（如透明或不透明材质）时场景中的遮挡关系得以准确表达，从而为每条光线生成对应的像素值。对场景中的所有光线进行这些操作，使 NeRF 最终能够将三维场景渲染为二维图像。

相较于传统的三维重建方法，NeRF 并不依赖明确的几何建模或网格化表示，而是通过神经网络在三维空间上连续建模。这种隐式建模方式使 NeRF 能够在不依赖预定义几何形状的情况下生成逼真的三维结构和纹理细节。此外，由于 NeRF 具有处理光照、材质变化及复杂遮挡关系的

能力，所以它在视角稀疏的情况下仍能生成真实度极高的图像，这大幅减少了对训练数据的需求。正是这种基于神经网络的建模方式，使 NeRF 在新视角合成任务中展示出效率和精度优势，在处理复杂场景和合成细节纹理时表现尤为出色。

1. NeRF 的基本原理：辐射场与神经辐射场

在辐射测量学（Radiometry）中，空间点的辐射值描述了该点在单位面积和单位立体角内，从特定方向发射的辐射功率。以图 2.3 为例，两条光线代表不同的观察角度，其对应的观测颜色值存在较大差异：一个是 (209, 195, 187)，另一个是 (126, 87, 68)。这意味着，空间中任意一点的辐射值不仅取决于该点的物理特性，还会随观察角度的变化而变化。在 NeRF 中，辐射场被重新定义为一个关于颜色和体密度的函数

$$F_\theta(x, y, z, \theta, \phi) \to (R, G, B, \sigma) \tag{2.1}$$

其中，函数 F_θ 以空间中任意点的位置坐标 (x, y, z) 及观察方向 (θ, ϕ) 作为输入，输出该点在观察方向 (θ, ϕ) 下的颜色值 (R, G, B) 和体密度值 σ。在这里，体密度用于编码场景中的透明度和遮挡关系。体密度值 σ 表示在光线方向上某点的密度或不透明度（通俗地说，就是该点是否存在物体，以及该物体是否透光），它会影响光线在该点被吸收或穿透的程度。

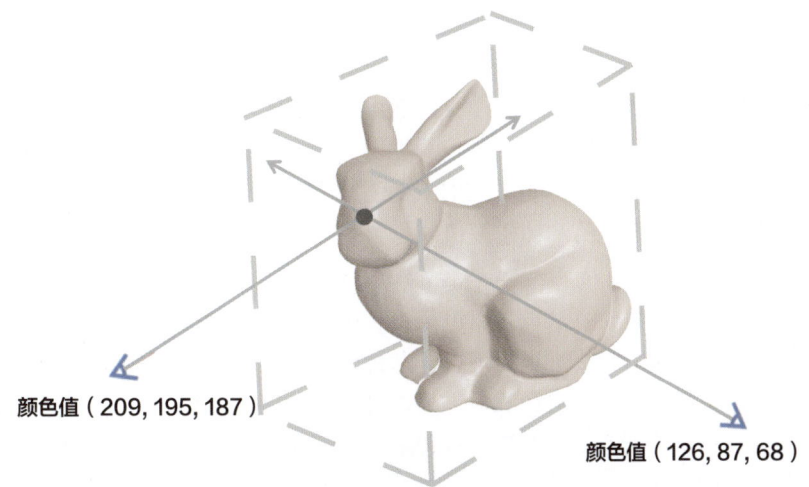

图 2.3 两条光线代表不同的观察角度[35]

值得说明的是，NeRF 采用神经网络（具体为多层感知机，即 MLP）来拟合这一辐射场 F_θ，这种建模方式也被称为**神经辐射场**。神经网络强大的函数拟合能力使 NeRF 能够精准地捕捉场景的细节，以极高的分辨率生成不同视角下的图像。此外，由于神经网络是一种参数化的表示方式，所以 NeRF 通过调整网络权重而非存储大量的显式几何数据来构建三维场景。这种高效、紧凑的表示方式显著提升了存储效率，即使存储资源有限，也可以实现复杂三维场景的高质量建模与渲染。

2. NeRF 的基本架构

NeRF 的工作流程如图 2.4 所示。

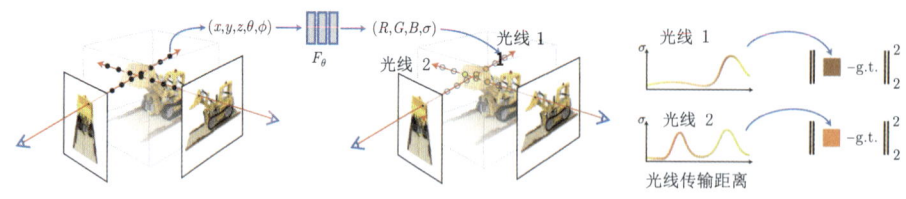

图 2.4 NeRF 的工作流程[34]

首先，对每个像素，NeRF 沿其对应的光线方向进行一系列空间点采样。这个采样过程是从像素到场景的一条直线，称为光线。为了在这条光线上获得足够的信息，NeRF 通常采用均匀采样和分层采样的策略。均匀采样即在光线上等距采集多个三维空间点，以确保每段距离内的场景信息都能被捕捉。分层采样则在粗略估计的重要区域内进一步采样，以获取更多细节。这种多层次的采样策略不仅可以覆盖光线上不同距离的空间点，还能精准地捕捉到光线在复杂结构上的细节变化。每个采样点包含其在三维空间中的位置坐标 (x, y, z) 和光线方向信息 (θ, ϕ)，为后续步骤提供了必要的输入信息。

接着，NeRF 利用神经网络将这些采样点的位置和观察方向映射到相应的辐射值，即颜色值 (R, G, B) 和体密度值 σ。具体来说，NeRF 构建了一个 MLP 作为神经网络的核心部分，该网络接收采样点的三维坐标和光线方向信息，并对其进行处理：输入的三维坐标 (x, y, z) 和光线方向信息 (θ, ϕ) 被嵌入一个高维特征空间，通过位置编码（Positional Encoding）扩展到不同的频率，从而增强神经网络对高频细节的学习能力；MLP 通过多层非线性变换，将这些高维特征映射到辐射值输出层，输出每个点的颜色值和体密度值。

获取空间中各点的辐射值 (R, G, B, σ) 后，NeRF 实际上已经拥有了构建三维场景所需的全部视觉信息。接下来，通过渲染算法，可以渲染出从指定视角观察到的二维图像。这一渲染过程的核心是对每个像素所对应的光线进行处理，即通过融合沿光线方向各采样点的颜色值，计算出最终的像素颜色值。为了实现这一点，我们需要设计合理的融合方案。NeRF 的融合思路源于对光线传输中能量衰减现象的模拟，即在传输过程中，光线的能量会被沿途物体削弱，削弱程度随着物体不透明度的增加而增加。具体而言，NeRF 采用加权累积的方式对各采样点的颜色值进行融合，累积的权重由该点的体密度值（不透明度）σ 决定，即采样点的体密度越高，意味着该点在光线上起到的遮挡作用越强，该点的颜色值对最终像素值的影响越大，其后各点的颜色值对最终像素值的影响越小（被遮挡）。通过这种融合方案，NeRF 能够逼真地模拟光线在复杂三维场景中的传播行为，实现具有高度真实感的像素颜色值计算。

以上便是 NeRF 的整体工作流程。接下来，我们将深入探讨每个模块的细节，以便读者更全面地理解 NeRF 的核心原理。

1）光线采样

在三维空间中，物体的分布通常较为稀疏，因此，如果沿一条光线均匀地采样多个点，那么绝大部分采样点可能会落在空白空间中，只有少数点对最终的渲染结果有显著影响。为了提高采样效率并将资源集中到影响较大的区域，理想的采样策略应在对渲染结果影响更显著的区域进行更密集的采样。然而，在初始阶段，由于对空间中体密度值分布缺乏先验知识，无法直接确定重要区域，所以，NeRF 设计了一种分层采样策略，通过两阶段学习逐步获得对重要区域的更高精度采样。具体而言，NeRF 首先通过均匀采样点训练一个粗糙网络（Coarse Network），以初步估计空间中体密度值的概率分布。粗糙网络基于均匀分布的采样点生成体密度值输出，为光线上每个采样点分配一个权重概率密度值，从而提供场景中物体位置的初步信息。然后，NeRF 利用这个粗糙的概率密度分布，对光线上影响较大的区域进行重采样，并生成新的用于训练精细网络（Fine Network）的采样点。在精细网络中，采样点的分布密度基于粗糙网络的输出结果，从而在影响较大的区域实现了更高分辨率的采样。在实际应用中，两个阶段的采样点会一起用于渲染，形成最终的像素值。通过这种分层采样策略，NeRF 能够在初步探测的基础上提升采样密度和渲染精度。实验结果表明，分层采样方法与单一网络的均匀采样策略相比，可以显著提升渲染质量，并在 PSNR（峰值信噪比）上提高约 1 dB，从而增强所生成图像的细节和真实性。

2）NeRF 神经网络架构

如图 2.5 所示，NeRF 的主要网络架构通常由 8 到 12 个全连接层组成，每层的输出维度为 256。该网络的输入包括位置编码后的空间坐标 $\gamma(\boldsymbol{x})$ 和视角方向 $\gamma(\boldsymbol{d})$，二者分别用于捕捉采样点的空间位置和观察方向的信息。

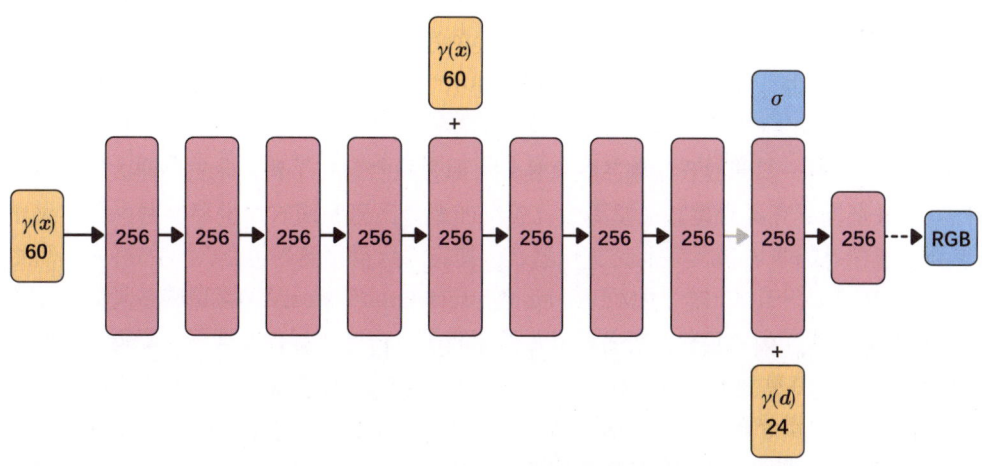

图 2.5　NeRF 的主要网络架构[34]

具体来说，NeRF 首先对三维空间坐标 $\boldsymbol{x}$ 进行位置编码 $\gamma(\boldsymbol{x})$，将其变换为更高维的特征空间（通常维度为 60）。这种位置编码方法能够以不同频率表示坐标信息，从而增强网络对高频细节的学习能力。编码后的 $\gamma(\boldsymbol{x})$ 被输入 MLP 进行处理，经过数层后输出一个体密度值 σ，用以表示该采样点的体密度或透明度。

接下来，网络将视角方向 $\boldsymbol{d}$ 进行位置编码后得到 $\gamma(\boldsymbol{d})$，通常维度为 24。这个经过编码的方向向量与中间层特征相结合，用于预测该采样点在特定观察方向上的 RGB 颜色值。具体而言，视角信息的引入使网络能够建模光照方向的变化，从而更准确地生成不同视角下的颜色信息。

需要特别强调的是，NeRF 的训练方式主要基于像素级别的监督，即每个训练样本不是整张图像，而是图像中的单个像素。对每个像素，NeRF 从相机位置沿该像素方向发射一条光线，在光线上采样多个点并估计各点的颜色值和体密度值。通过对所有采样点的颜色值进行加权累积，NeRF 最终生成该像素的颜色值。这种细粒度的训练策略使 NeRF 能够从多视角的训练数据中高效地学习复杂场景中的几何结构和光照分布。

3）体渲染与光线积分

体渲染是 NeRF 生成逼真场景的核心技术，它通过精细模拟光线传输中的能量衰减现象（也可以理解为光线与场景中物体表面的交互）渲染出高度逼真的图像。具体来说，对每个像素，NeRF 在利用图 2.5 所示的神经网络预测光线上各采样点的颜色值和体密度值信息后，对这些采样点的颜色值进行沿光线的加权累积（也称为**光线积分**），最终确定对应像素的 RGB 颜色。

$$C(r) = \int_{t_\mathrm{n}}^{t_\mathrm{f}} T(t)\sigma(r(t))c(r(t),\boldsymbol{d})\mathrm{d}t \tag{2.2}$$

其中，光线 $r(t)$ 从相机出发，沿时间 t 的方向不断传播。$\sigma(r(t))$ 和 $c(r(t),\boldsymbol{d})$ 分别表示神经网络预测出的沿光线 $r(t)$ 的颜色和体密度值分布（实际上就是光线上各采样点的颜色值和体密度值）。NeRF 假定空间内只有近平面与远平面之间的区域中存在物体，将光线到达近平面和远平面的时间分别记为 t_n 和 t_f。式 (2.2) 的物理含义可描述为：NeRF 渲染过程实际上是对光线上的颜色值分布 $c(r(t),\boldsymbol{d})$ 进行积分（累积）；积分的权重由 $\sigma(r(t))$ 和 $T(t)$ 组成，前者描述的是当前位置的不透明度，当前位置越不透明，其对最终像素值的影响越大；后者描述的是光线上处于当前位置之前的所有位置的不透明度，这些位置越透明，则当前位置对最终像素值的影响越大。具体形式为

$$T(t) = \exp\left(-\int_{t_\mathrm{n}}^{t}\sigma(s)\,\mathrm{d}s\right) \tag{2.3}$$

其中，积分区间为 $[t_\mathrm{n},t]$，$T(t)$ 表示当前位置之前的所有位置，其作为式 (2.2) 的系数真正反映了光线传输过程中的能量衰减现象。例如，图 2.4 中的光线 1 体密度分布，其沿光线方向出现第一个波峰时意味着该位置存在场景物体，函数 $T(t)$ 在此时大幅衰减对应的是光线不能穿透物体；图 2.4 中的光线 2 体密度分布，虽然其存在两个波峰，但函数 $T(t)$ 在第一个波峰处已大幅衰减，后续波峰的作用微乎其微。这也与光传输现象相符。

3. NeRF 的训练

在训练阶段（如图 2.6 所示），首先加载多视角拍摄的二维图像及其对应的相机位姿，形成训练集标签。随后，初始化 MLP 以开始对三维场景建模，具体来说，就是根据相机位姿，从相机

中心向每个图像像素投射光线，并在光线上进行多点采样。每个采样点的三维位置经过位置编码转化为高维特征向量，以便捕捉高频细节信息。接下来，将这些位置的编码后的采样点输入 MLP 网络中，输出该点的体密度值 σ 和 RGB 颜色值，并利用体积渲染算法，对每条光线上的所有采样点的颜色值进行加权累积，生成该光线对应的像素颜色值。通过计算生成的像素颜色值与真实图像像素颜色值之间的 L_2 损失（式 2.4），优化 MLP 的权重参数，从而逐步提高模型对三维场景的表示精度。

$$\mathcal{L} = \sum_{r \in R} \left\| \hat{C}_c(r) - C(r) \right\|_2^2 \tag{2.4}$$

其中，R 指样本图像中所有像素对应的光线集合，$\hat{C}_c(r)$ 为像素颜色标签值，$C(r)$ 为由 NeRF 生成的像素颜色值。整个训练过程反复进行，直至模型收敛，最终实现对三维场景的高质量隐式建模。这种基于多视角数据的逐像素训练方式，使 NeRF 能够准确捕捉场景中的几何结构与光照变化。

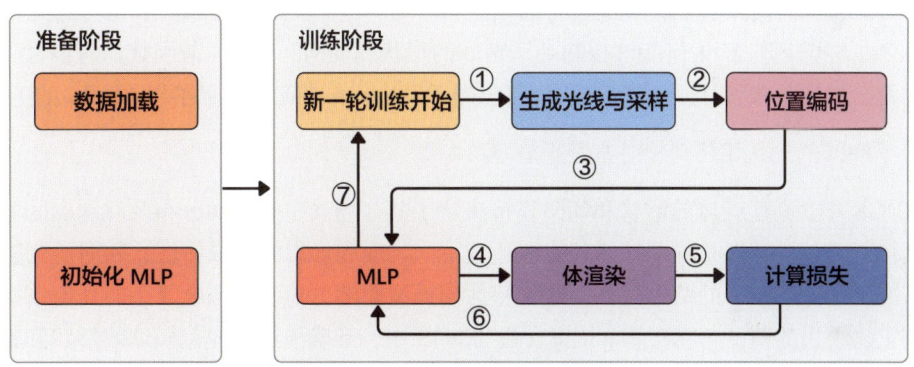

图 2.6　NeRF 的训练流程[35]

2.1.3　三维高斯泼溅

三维高斯泼溅（3D Gaussian Splatting，3DGS）[36] 将高斯分布与点云数据相结合，通过高斯核函数对空间点的贡献进行加权，从而创建连续的体素化场景表示。针对初始稀疏点云中的每个点 $\boldsymbol{p}_i$，可以通过高斯核（省略常数因子）将其映射为场景空间中的椭球状影响分布 $G_i(\boldsymbol{x})$，具体定义如下。

$$G_i(\boldsymbol{x}) = \exp\left(-\frac{1}{2}(\boldsymbol{x} - \boldsymbol{p}_i)^{\mathrm{T}} \boldsymbol{\Sigma}^{-1}(\boldsymbol{x} - \boldsymbol{p}_i)\right) \tag{2.5}$$

在这里，点 $\boldsymbol{p}_i$ 的坐标充当均值，决定椭球的位置；$\boldsymbol{\Sigma}$ 为协方差矩阵，用于刻画椭球的形状和朝向。3DGS 优化的主要目标之一就是通过不断调整 $\boldsymbol{p}_i$ 和 $\boldsymbol{\Sigma}$ 的值，对每个椭球的位置、形状和朝向进行优化，使其最终能够精确拟合三维场景。

在确定每个椭球的位置、形状和朝向后，3DGS 进一步利用球谐函数来拟合椭球表面上指定属性的分布，如颜色值或其他传感器特征。这一拟合过程为每个椭球建立一个细致的属性模型，能够高精度地刻画椭球在场景中的物理与视觉特征。具体而言，通过球谐函数的多项式形式，3DGS

可以对复杂的颜色值分布进行逼近，使其在椭球表面上的变化更加平滑和自然，从而提升场景的视觉真实感。

拟合完成后，3DGS 通过式 (2.6) 将每个椭球状属性分布在三维体素网格上进行加权混合处理，最终生成一个连续的场景属性分布：

$$f(x) = \sum_i w_i G_i(\boldsymbol{x}) \tag{2.6}$$

其中，w_i 是对应椭球的权重参数，反映了该椭球对邻近体素的影响程度。式 (2.6) 确保了每个椭球的影响随着其与目标体素之间的距离逐渐减弱，从而在场景空间中形成平滑过渡的分布。在完成对属性分布的加权混合后，3DGS 结合投影和栅格化等后处理操作，最终渲染出高度逼真的场景图像。

总体而言，3DGS 通过创建和优化椭球集及其上的属性模型，有效地捕捉了场景的几何、光学等物理特征，从而确保整个渲染过程的细粒度和高逼真度。上述关于 3DGS 的介绍遗留了两个问题，即"协方差矩阵 $\boldsymbol{\Sigma}$ 为何能够控制高斯椭球的形状和朝向"和"球谐函数如何拟合以颜色值为代表的复杂属性分布"。接下来对这两个问题进行讨论，并在此基础上给出 3DGS 的工作流程。

1. 高斯椭球的形状和朝向：协方差矩阵 $\boldsymbol{\Sigma}$

在 3DGS 中，高斯椭球的形状和朝向直接决定了其在场景中的空间分布及对周围区域的影响范围。具体而言，椭球形状的调整使其能够适应不同尺度和形态的场景特征，朝向的调整则确保椭球能够准确地与场景中的结构对齐。这种特性使模型能够更精确地拟合复杂的几何结构，从而提升最终重建结果的精度与真实感。因此，在 3DGS 中，准确描述并控制椭球的形状和朝向，对于提高重建结果的视觉质量至关重要。

对于高斯椭球，其形状和朝向可通过协方差矩阵 $\boldsymbol{\Sigma}$ 来描述。这主要基于多元高斯分布的特性：在任意多元高斯分布中，协方差矩阵不仅决定了数据分布的形状（分布的伸展方向和尺度），还决定了主轴的方向。这种数学特性恰恰可以被用来控制高斯椭球在场景中的形状和朝向，下面对其进行简要解释。

我们引入多元高斯分布的性质，即对于任意多元高斯分布

$$\boldsymbol{x} \sim \mathcal{N}(\boldsymbol{\mu}, \boldsymbol{\Sigma}) \tag{2.7}$$

其仿射变换依然服从高斯分布

$$\boldsymbol{A}\boldsymbol{x} + \boldsymbol{b} \sim \mathcal{N}(\boldsymbol{A}\boldsymbol{\mu} + \boldsymbol{b}, \boldsymbol{A}\boldsymbol{\Sigma}\boldsymbol{A}^{\mathrm{T}}) \tag{2.8}$$

其中，$\boldsymbol{A}$，$\boldsymbol{b}$ 分别为对应的变换矩阵。根据以上性质，我们可以将任意多元高斯分布（椭球）$\boldsymbol{x} \sim \mathcal{N}(\boldsymbol{\mu}, \boldsymbol{\Sigma})$ 看作标准多元高斯分布（球）$\boldsymbol{x} \sim \mathcal{N}(\boldsymbol{0}, \boldsymbol{I})$ 的仿射变换。为了凑出对应的仿射变换矩阵，首先对该协方差矩阵 $\boldsymbol{\Sigma}$ 进行矩阵分解，此时有

$$\boldsymbol{\Sigma} = \boldsymbol{U}\boldsymbol{\Lambda}\boldsymbol{U}^{\mathrm{T}} \tag{2.9}$$

其中，$U^{\mathrm{T}}U = I$，Λ 为对角矩阵。进一步分解 Λ，有

$$\Sigma = U\Lambda^{\frac{1}{2}}\Lambda^{\frac{1}{2}}U^{\mathrm{T}} = U\Lambda^{\frac{1}{2}}\left(U\Lambda^{\frac{1}{2}}\right)^{\mathrm{T}} = AA^{\mathrm{T}} = AIA^{\mathrm{T}} \tag{2.10}$$

类比式 (2.7) 和式 (2.8)，$A = U\Lambda^{\frac{1}{2}}$ 就是从标准多元高斯分布到该多元高斯分布的仿射变换矩阵。在几何上，标准多元高斯分布可以被理解为多维空间中的单位球体。在上述变换过程中，$\Lambda^{\frac{1}{2}}$ 为对角矩阵，控制单位球体沿不同坐标轴的缩放，以决定变换后的椭球形状；正交矩阵 U 负责旋转变换，以控制椭球的朝向。通过这样的分解，我们可以理解协方差矩阵 Σ 是如何决定椭球的整体形状和朝向的。基于这一特性，3DGS 模型通过优化协方差矩阵 Σ 不断调整椭球的形状与朝向，以适应场景中的不同几何结构。

2. 高斯椭球的颜色值：球谐函数

在 3DGS 中，高斯椭球表面的颜色值分布不仅反映了光照的反射特性，还能展现场景中不同材质的微妙差异。通过精细调整颜色值分布，模型可以在复杂的光照条件下捕捉到更为丰富的色彩变化，从而有效增强重建结果的真实感。3DGS 对颜色值分布的动态控制，使高斯椭球能够灵活适应多种光照环境和表面特性，真实呈现阴影、反射及色彩渐变等细节，最终让重建结果更贴近真实世界的光学效果。

为实现这一目的，3DGS 使用球谐函数（Spherical Harmonics）[37] 作为基函数来表示颜色值分布。球谐函数是一组定义在三维球面上的正交基函数，广泛应用于三维球面上的信号表示。

在数学上，球谐函数 $Y_l^m(\theta, \phi)$ 的定义基于球坐标系 (θ, ϕ)。其中，l 表示阶数，决定球谐函数的分辨率（复杂程度），$l \geqslant 0$；m 是相对于阶数的参数，$-l \leqslant m \leqslant l$，表示该阶数下球谐函数的数量；$\theta$ 和 ϕ 分别表示球坐标的纬度角（方位角）和经度角（极角）。球谐函数作为三维球面分布的正交基函数，具有独特的数学性质。我们能够通过这样的正交函数组来表示球面上的复杂信号。这一理念与傅里叶级数在一维周期信号表示中的应用类似，通过将球面信号投影到一组正交的基函数上，球谐函数可以实现对任何球面分布的高效拟合。基于这些正交基函数 $Y_l^m(\theta, \phi)$，我们很容易就能将复杂的球面分布 $c(\theta, \phi)$ 表示为关于基函数组的系数向量 β，即

$$\beta = \{\beta_l^m\}, \quad l \in L \text{ 且 } m \in M(l) \tag{2.11}$$

其中，β_l^m 表示在拟合球面分布 $C(\theta, \phi)$ 过程中，阶数 l 中的第 m 个球谐函数 $Y_l^m(\theta, \phi)$ 所对应的系数。

$$C(\theta, \phi) = \sum_{l \in L} \sum_{m \in M(l)} \beta_l^m Y_l^m(\theta, \phi) \tag{2.12}$$

在式 (2.12) 中：L 表示所制定的阶数集合（与傅里叶级数类似，我们只能利用有限阶数的球谐函数进行球面分布的拟合，阶数集合越大，对复杂球面分布的拟合就越精确，但计算复杂度也会相应增加）；$M(l)$ 表示阶数 l 所对应的球谐函数集合。

在 3DGS 中，模型通过优化系数 β 的值动态调整球面各区域的颜色值，使其能够与场景中

的光照条件和表面特征相匹配。

3. 基本流程

在介绍 3DGS 的基本概念之后，本节给出 3DGS 算法的基本流程（如图 2.7 所示），按顺序对其中各步骤进行详细讨论。

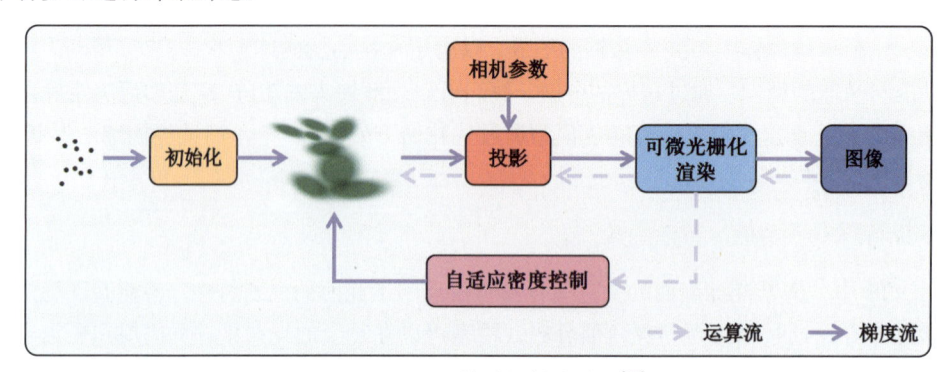

图 2.7　3DGS 算法的基本流程[36]

1）初始化

3DGS 算法的初始化旨在生成稀疏点云，为构建高斯椭球集提供初始位置。该算法提供了两种初始化方法，其中一种是利用 SfM（Structure from Motion）[38-39] 算法处理多视角图像，以生成初始稀疏点云，并作为后续优化的基础。SfM 算法的具体步骤如图 2.8 所示。

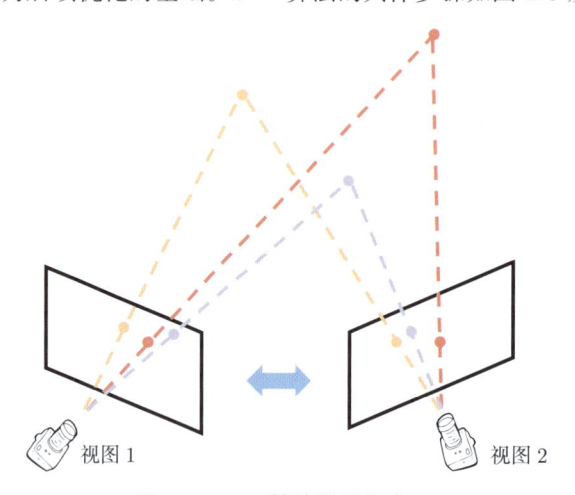

图 2.8　SfM 算法的具体步骤

（1）对每个视图进行**特征点提取**，从图像中识别关键点以参与后续的匹配过程。

（2）进行**特征点匹配**，将多视角图像分为若干组，每组包含两张视图，在组内进行特征点匹配以确定不同视角中同一物体的对应关系。

（3）运用**三角测量**技术，利用特征点匹配的结果计算出相应场景中空间点的三维坐标，进而形成初步的点云数据。

（4）通过**点云融合**，将从不同视图组获得的点云数据合并，生成最终的稀疏点云。

另一种初始化方法是在空间中随机选择一些点来构建稀疏点云，并将其用于后续优化。尽管不同的初始化策略对算法收敛速度的影响不同，但值得庆幸的是，3DGS 算法简洁而高效，即使是随机生成的点云，在大多数情况下也能够迅速收敛至较高质量的重建结果。这种灵活性使 3DGS 在处理多样化场景时具有较强的适应性与鲁棒性。

2）创建三维高斯椭球集

本步骤的主要目的是基于初始稀疏点云生成一组三维高斯椭球。每个椭球的位置由点云中的点坐标决定，其形状和朝向则由协方差矩阵加以描述。在初始阶段，通常将协方差矩阵设为单位矩阵，以生成标准尺寸且无方向偏移的椭球。随后，协方差矩阵将通过与点云及周围环境关系的优化调整，更准确地表达局部结构特征。椭球的透明度由参数 α 控制。在初始设定中，α 通常为常数值，从而使所有椭球具有一致的透明度。在后续阶段，根据光照和遮挡等因素，可以动态调整该参数，以增强视觉效果和真实感。颜色值通过球谐函数拟合来确定。在初始阶段，可以采用均匀的基函数系数生成基础的颜色值分布。随后，基于场景的光照条件及材质特性优化球谐系数，以更好地反映细致的颜色变化和光照效果。

3）投影

投影的主要目的是基于相机参数建立三维空间坐标与特定视角下二维平面坐标之间的映射关系。借助这一映射，3DGS 可以将重建的三维对象投影到二维图像上，并确保投影在平面上依旧能呈现出深度感和空间感。通常，投影结合了透视投影和正交投影两种方式。透视投影通过模拟人眼的视角效果，使远近物体的大小比例符合视觉习惯，从而增强空间感和沉浸感；正交投影则以平行视角投影，不受距离影响，能够更准确地展现对象的真实比例和形状。

4）可微光栅化渲染

渲染的主要目的是将所有椭球特征投影到二维平面上，以获取准确的像素值。在渲染过程中，3DGS 依然要遵循光线传播过程中的衰减现象，即椭球对像素的影响权重与其透明度和距离成像平面的远近有关。具体而言，距离成像平面近的椭球比距离成像平面远的椭球享有更高的影响权重；不透明椭球比透明椭球享有更高的影响权重。基于这一原则，3DGS 在渲染前要对高斯椭球按照与成像平面的间距进行预排序，并根据预排序结果对椭球进行如下混合加权计算。

$$C_{x,y} = \sum_{i \in N} \left(c_i a_i \prod_{j=1}^{i-1} (1 - a_j) \right) \tag{2.13}$$

其中，x、y 分别代表像素横、纵坐标，$C_{x,y}$ 为对应的像素值，N 表示能够影响该像素的有序椭球集合，c_i 和 a_i 分别表示空间点所对应的颜色值和透明度。所有像素按照坐标顺序排列后，可获得新视角成像 $\boldsymbol{I}$，即

$$\boldsymbol{I} = [C_{x,y}]_{0 \leqslant x < W,\ 0 \leqslant y < H} \tag{2.14}$$

其中，W 和 H 分别表示图像的宽和高。为了加速渲染，3DGS 将整个图像划分成大小为 16 像素 × 16 像素的瓦片（Tile），每个瓦片内部执行如上所述的可微光栅化渲染过程。这种设计充分利用了 CUDA 的线程结构，使整个图像的光栅化渲染可以按瓦片并行执行。

5）训练过程与参数优化

训练过程实际上是针对每个椭球参数的优化过程。由于 3DGS 的表示效率极高，所以其损失函数的设计也不复杂：

$$\mathcal{L} = (1-\lambda)\mathcal{L}_1\left(\boldsymbol{I}, \hat{\boldsymbol{I}}\right) + \lambda\mathcal{L}_{\text{D-SSIM}}\left(\boldsymbol{I}, \hat{\boldsymbol{I}}\right) \tag{2.15}$$

其中，$\boldsymbol{I}$ 和 $\hat{\boldsymbol{I}}$ 分别表示重建后的新视角影像及其标签。在实际测试过程中，λ 通常取 0.2。整个训练的速度非常快，迭代 7000 轮后，已经可以实现非常好的效果。

在每次迭代中，首先根据式 (2.15) 计算出对应损失，然后根据式 (2.14) 和式 (2.13) 将其梯度回传以更新椭球参数。下面主要说明梯度回传将会更新哪些参数。

根据式 (2.13)，梯度将被回传到椭球颜色值 c_i 和透明度 a_i 上，其中椭球颜色值 c_i 又会根据式 (2.12) 将损失梯度回传到系数向量 $\boldsymbol{\beta}$ 上。此外，式 (2.13) 中的参数 N 表示能够影响该像素的有序椭球集合，它由椭球位置 $\boldsymbol{p}_i$、形状和朝向（协方差矩阵 $\boldsymbol{\Sigma}_i$）决定，因此，损失梯度可以通过 N 回传到 $\boldsymbol{p}_i$ 和 $\boldsymbol{\Sigma}_i$ 上。经过上述分析，在整个 3DGS 训练过程中，被优化的参数主要包括点云坐标 $\boldsymbol{p}_i$、协方差矩阵 $\boldsymbol{\Sigma}_i$、球谐函数系数向量 $\boldsymbol{\beta}$ 和透明度 a_i。

6）自适应密度控制

如图 2.9 所示，3DGS 能够在训练过程中自适应地控制点云的密度，从而在复杂区域增加点云密度以捕捉更多细节，同时在简单区域减少密度以节省计算资源。通过自适应密度控制，3DGS 能够有效地平衡建模精度与计算效率，从而提升整体建模质量。这个过程是针对 3DGS 的初始点云结构设计的。在预热阶段结束，进入正式训练时，每迭代 100 轮就会检查空间中 3DGS 的重建状态。具体而言，通过以下步骤优化点云分布，可以提升模型的合理性和精确性。

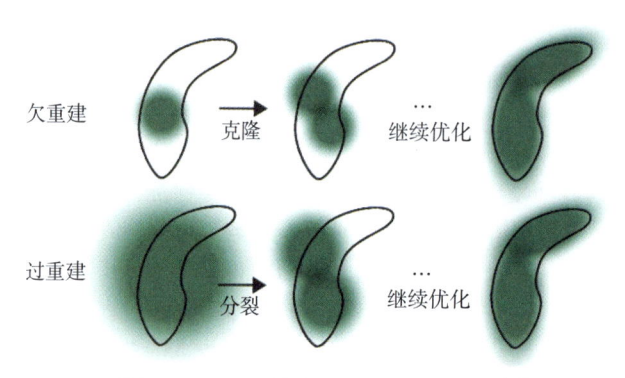

图 2.9　3DGS 的自适应密度控制方法[36]

- 若某个三维高斯函数的透明度过低或体积过大，则表明该高斯函数对整体模型的贡献较小或影响过于广泛，不利于精确建模。此时，应将其从模型中移除，以减少冗余并提高计算效率。

- 若当前三维高斯函数的规模小于所需目标，则表明该区域处于欠重建状态。此时，需要通过复制并添加新的三维高斯函数来补足原有区域，使模型更加准确地覆盖该点云分布。
- 若目标规模小于当前三维高斯函数的实际规模，则表明该区域处于过重建状态。此时，应将该三维高斯函数拆分，以确保模型能够更细致地描述该区域的点云分布。

通过一系列的调整，可以在训练过程中不断优化三维高斯函数的分布，使模型在不同区域内达到合适的精度和合理的空间覆盖，最终更好地实现点云的精确重建。

2.2 强化学习概述

2.2.1 什么是强化学习

强化学习（Reinforcement Learning，RL）是一种基于智能体与环境交互的学习方法，智能体通过试错的方式不断从环境中获取反馈（奖励或惩罚），以优化其行为策略，最终实现任务目标。与其他机器学习方法不同，强化学习并不依赖明确的监督信号，而是通过行动的长期回报进行策略学习。这一方法尤其适用于动态和不确定性较高的环境，尤其在具身智能领域，强化学习能有效帮助机器人或智能体在与物理世界的交互过程中获得自适应行为的能力。

图 2.10 展示了一个典型的机器人运动任务。我们将机器人的运动空间划分为网格，其中：白色网格表示机器人可以到达的区域；浅黄色网格表示路障，即机器人无法进入的区域；机器人的任务是从起点运动到终点。本节将基于该场景深入讨论强化学习中的基本概念。

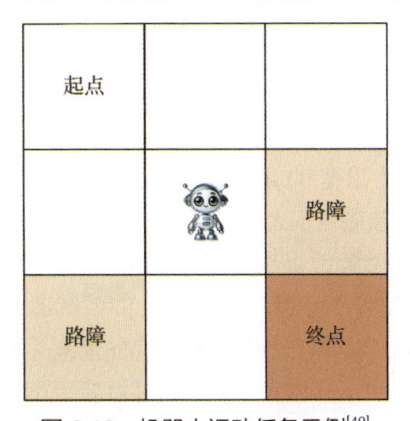

图 2.10　机器人运动任务示例[40]

（1）**智能体**（Agent）：智能体是指学习并做出决策的主体。对于图 2.10 中的示例，表现为运动机器人。

（2）**环境**（Environment）：环境是指智能体所在的外部世界。对于图 2.10 中的示例，表现为机器人所处的网格空间。

（3）**状态**（State）：状态是指环境在特定时刻的表征，是智能体能够从环境中获取的信息，记为 s。对于图 2.10 中的示例，表现为如图 2.11（左）所示的所有位置网格 $\{s_0, s_1, \cdots, s_9\}$。

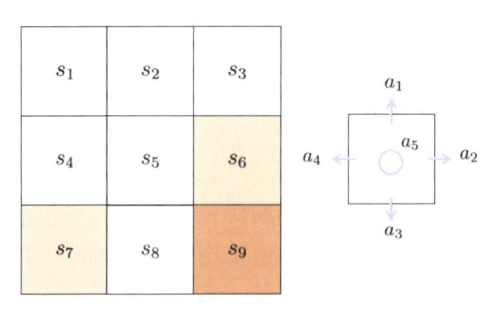

图 2.11 智能体的状态（左）和动作（右）

（4）**动作**（Action）：动作是指智能体在每个状态下可以采取的行为，记为 a。对于图 2.10 中的示例，状态所对应的动作可表现为如图 2.11（右）所示的各方向运动 $\{a_1, a_2, \cdots, a_5\}$。动作会影响状态的变化，如机器人在状态 s_5 采取动作 $\{a_1, a_2, \cdots, a_5\}$ 时会分别运动到 $\{s_2, s_6, \cdots, s_5\}$。

（5）**奖励**（Reward）：奖励是指环境对智能体动作的反馈信号，通常用于评估智能体在当前状态下所选择的动作是否有助于实现其目标，记为 r。奖励的取值可以为正，也可以为负。对于图 2.10 中的示例，当机器人处于状态 s_5 并采取向下的动作（a_3）时，该动作使其更接近目标状态 s_9，因此会获得一个正的奖励。然而，若机器人选择向左或向上移动（对应于动作 a_4 和 a_1），那么它将远离目标 s_9，因此会获得一个负的奖励。尤其当机器人选择向右移动（a_2）时，它将碰撞障碍物 s_6，并可能因此受损，因此其奖励将显著低于其他动作。

（6）**策略**（Policy）：策略定义了智能体在给定状态下选择动作的规则，记为 $\pi(a \mid s)$。策略可以是确定性的，即在指定状态下只能选择一个固定的动作。对于图 2.10 中的示例，定义如下策略：

$$\pi(a_1 \mid s_5) = 0, \quad \pi(a_2 \mid s_5) = 0, \quad \pi(a_3 \mid s_5) = 1, \\ \pi(a_4 \mid s_5) = 0, \quad \pi(a_5 \mid s_5) = 0 \tag{2.16}$$

表示当机器人处于状态 s_5 时，只能选择向下的动作 a_3。当然，策略可以是随机的，即机器人在指定状态下依一定概率选择不同动作，也就是定义如下策略：

$$\pi(a_1 \mid s_5) = 0.2, \quad \pi(a_2 \mid s_5) = 0, \quad \pi(a_3 \mid s_5) = 0.4, \\ \pi(a_4 \mid s_5) = 0.2, \quad \pi(a_5 \mid s_5) = 0.2 \tag{2.17}$$

（7）**轨迹**（Trajectory）和**回合**（Episode）：回合是指智能体从一个起始状态开始，通过一系列动作与环境交互，最终达到某个终止状态的整个过程。对于图 2.10 中的示例，红色虚线表示机器人从起点运动至终点的一条轨迹，具体可描述为

$$s_1 \xrightarrow[r_{1,2}]{a_2} s_2 \xrightarrow[r_{2,3}]{a_3} s_5 \xrightarrow[r_{5,3}]{a_3} s_8 \xrightarrow[r_{8,2}]{a_2} s_9 \tag{2.18}$$

其中，$r_{i,j}$ 表示在状态 s_i 下采取动作 a_j 获得的奖励。从式 (2.18) 可以看出，这条轨迹是有限长的，我们也称这种轨迹为**回合**。为了将有限长轨迹和无限长轨迹统一起来，我们可以认为智能体

在到达终点 s_9 后循环执行动作 a_5 以保证其状态不变，此时可将上述有限长轨迹扩至如下无限长轨迹：

$$s_1 \xrightarrow[r_{1,2}]{a_2} s_2 \xrightarrow[r_{2,3}]{a_3} s_5 \xrightarrow[r_{5,3}]{a_3} s_8 \xrightarrow[r_{8,2}]{a_2} s_9 \xrightarrow[r_{9,5}]{a_5} s_9 \xrightarrow[r_{9,5}]{a_5} s_9 \xrightarrow[r_{9,5}]{a_5} \cdots \qquad (2.19)$$

（8）**回报**（Return）与**折扣回报**（Discounted Return）：回报是指智能体在一个轨迹中所获奖励的总和，记为 u。对于式 (2.19)，其回报具体为

$$u = r_{1,2} + r_{2,3} + r_{5,3} + r_{8,2} + r_{9,5} + r_{9,5} + \cdots \qquad (2.20)$$

而折扣回报是在回报的基础上引入折扣因子 $0 < \gamma \leqslant 1$，使智能体更关注当前奖励，同时适当考虑未来奖励。对于式 (2.19)，其折扣回报具体为

$$u = r_{1,2} + \gamma\, r_{2,3} + \gamma^2\, r_{5,3} + \gamma^3\, r_{8,2} + \gamma^4\, r_{9,5} + \gamma^5\, r_{9,5} + \cdots \qquad (2.21)$$

在熟悉了强化学习的基本概念后，接下来我们将深入探讨如何使智能体在环境中学会采取最优策略完成指定任务。例如，在图 2.10 中，对应的目标就是引导智能体通过最短的路径移动至目标位置（Target）。为了实现这一目标，智能体需要具备有效的决策能力，而这一过程可以通过多种学习方法实现。我们后续将分别介绍价值学习、策略学习和模仿学习，这三种方法分别采用不同的机制优化智能体的行为选择，以帮助其在复杂的环境中逐步接近最优决策。

2.2.2 价值学习

价值学习的核心是通过对环境的观测和交互，学习一个用于评估各状态（或状态—动作对）的优劣程度（主要是是否有利于完成任务）的价值函数。价值越高，意味着该状态（或状态—动作对）对智能体完成任务越有利，在制定策略时，智能体将倾向于选择能够到达这些状态（或状态—动作对）的动作。以图 2.10 中的场景为例，若当前智能体处于状态 s_5，那么，相比于状态 s_6，智能体倾向于选择能够到达状态 s_8 的动作，原因在于状态 s_8 能够在不碰到障碍物的同时更快到达目标状态 s_9（所谓"更有价值"）。上述示例定性地反映出：价值函数能够指导策略的制定。这就是价值学习的主要思想，即通过学习价值函数评估各状态的优劣程度，进而指导智能体的策略构建与优化。基于此，本节将给出价值函数的具体定义，并在此基础上探讨智能体如何求解价值函数及如何利用价值函数指导策略的优化。

1. 价值函数与贝尔曼方程

价值函数分为状态价值函数和动作价值函数两种形式，分别用于评估状态和状态—动作对的优劣程度。为了便于理解，我们先给出一个具体轨迹。

$$S_0 \xrightarrow[R_0]{A_0} S_1 \xrightarrow[R_1]{A_1} \cdots \xrightarrow[R_{t-1}]{A_{t-1}} S_t \xrightarrow[R_t]{A_t} S_{t+1} \xrightarrow[R_{t+1}]{A_{t+1}} \cdots \qquad (2.22)$$

其中，S_t、A_t 和 R_t 分别表示 t 时刻智能体的状态、动作和所获奖励。在这里需要说明的是，所有符号均大写以表示随机变量（对应地，小写符号表示确定性量）。在此基础上，讨论价值函数的

定义。

（1）**状态价值函数** $V^\pi(s)$：表示在状态 s 下，智能体遵循策略 π 时，能够获得的回报期望。具体形式如下。

$$G_t = \sum_{k=0}^{\infty} \gamma^k R_{t+k} = R_t + \gamma R_{t+1} + \gamma^2 R_{t+2} + \cdots \tag{2.23}$$

$$V^\pi(s) = \mathbb{E}_\pi\left[G_t \mid S_t = s\right] \tag{2.24}$$

其中，G_t 表示在状态 S_t 下的回报，为随机变量；$\mathbb{E}_\pi$ 表示在策略 π 下的期望值。$V^\pi(s)$ 越大，表示从状态 $S_t = s$ 出发能够获得越多的回报。

（2）**动作价值函数** $Q^\pi(s, a)$：表示在状态 s 下采取动作 a 后，当智能体遵循某策略 π 时，能够获得的回报期望。具体形式如下。

$$Q^\pi(s, a) = \mathbb{E}_\pi\left[G_t \mid S_t = s, A_t = a\right] \tag{2.25}$$

$Q^\pi(s, a)$ 越大，表明当处于状态 $S_t = s$ 时，选择动作 $A_t = a$ 能够获得越多的回报。通过估计 $Q^\pi(s, a)$，智能体可以在每个状态下选择能够带来更高回报的动作（制定更优的策略）。从式 (2.24) 和式 (2.25) 可以看出，状态价值函数 $V^\pi(s)$ 与动作价值函数 $Q^\pi(s, a)$ 之间的关系为

$$V^\pi(s) = \sum_{a \in \mathcal{A}(s)} \pi(a \mid s) Q^\pi(s, a) \tag{2.26}$$

其中，$\mathcal{A}(s)$ 为当前状态 s 可能的动作集合。可以看出，状态价值是基于策略 π 所选择的动作价值的加权平均。

在明确价值函数的定义后，我们开始推导其数学解析形式——贝尔曼方程（Bellman Equation）。贝尔曼方程是求解价值函数的核心工具，也是价值学习过程中不可或缺的关键公式。为了节省篇幅，本节仅给出状态价值函数对应的贝尔曼方程（至于动作价值函数的贝尔曼方程，其推导过程类似）。接下来，我们将从状态价值函数 $V^\pi(s)$ 的定义出发给出贝尔曼方程。

$$V^\pi(s) = \mathbb{E}_\pi\left[G_t \mid S_t = s\right] \tag{2.27}$$

$$= \mathbb{E}_\pi\left[R_t + \gamma G_{t+1} \mid S_t = s\right] \tag{2.28}$$

$$= \underbrace{\mathbb{E}_\pi\left[R_t \mid S_t = s\right]}_{\text{瞬时价值}} + \gamma \underbrace{\mathbb{E}_\pi\left[G_{t+1} \mid S_t = s\right]}_{\text{未来价值}} \tag{2.29}$$

从式 (2.27) 到式 (2.28) 的转换主要基于式 (2.23)，即

$$G_t = R_t + \gamma R_{t+1} + \gamma^2 R_{t+2} + \cdots = R_t + \gamma(R_{t+1} + \gamma R_{t+2} + \cdots) = R_t + \gamma G_{t+1} \tag{2.30}$$

式 (2.28) 和式 (2.29) 都可称为状态价值函数对应的贝尔曼方程，其主要描述了当前状态价值与后续状态的价值之间的递归关系。现解释式 (2.29) 中"瞬时价值"和"未来价值"的具体含义。"瞬时价值"指的是在状态 s 下，智能体遵循策略 π 能够获得的单步奖励的期望。它是智能体执行一

步的结果，与后续步骤无关，具体形式如下。

$$\mathbb{E}_\pi [R_t \mid S_t = s] = \sum_{a \in \mathcal{A}(s)} \pi(a \mid s) \mathbb{E}[R_t \mid S_t = s, A_t = a] \qquad (2.31)$$

$$= \sum_{a \in \mathcal{A}(s)} \pi(a \mid s) \sum_{r \in \mathcal{R}(s,a)} p(r \mid s, a) r \qquad (2.32)$$

其中，$\mathcal{A}(s)$ 表示当前状态 s 对应的动作集合，$\mathcal{R}(s,a)$ 表示当前状态 s 采取动作 a 时对应的奖励集合，$p(r \mid s, a)$ 表示当前状态 s 采取动作 a 时获得奖励 r 的概率。"未来价值"指的是从当前状态 s 的下一状态 S_{t+1}（在这里，我们并不确定下一状态的具体值，因此应该用随机变量来表示）开始，智能体遵循策略 π 所获得的折扣回报，具体形式如下。

$$\mathbb{E}[G_{t+1} \mid S_t = s] = \sum_{s' \in \mathcal{S}} \mathbb{E}[G_{t+1} \mid S_t = s, S_{t+1} = s'] p(s' \mid s) \qquad (2.33)$$

$$= \sum_{s' \in \mathcal{S}(s)} \underbrace{\mathbb{E}[G_{t+1} \mid S_{t+1} = s']}_{v^\pi(s')\text{的定义}} p(s' \mid s) \quad (\text{马尔可夫性}) \qquad (2.34)$$

$$= \sum_{s' \in \mathcal{S}(s)} v^\pi(s') p(s' \mid s) \qquad (2.35)$$

$$= \sum_{s' \in \mathcal{S}(s,a)} v^\pi(s') \sum_{a \in \mathcal{A}(s)} p(s' \mid s) \pi(a \mid s) \qquad (2.36)$$

其中，$\mathcal{S}(s,a)$ 表示当前状态 s 采取动作 a 所对应的下一时刻状态取值的集合。$p(s' \mid s, a)$ 表示当前状态 s 采取动作 a 时能够到达状态 s' 的状态转移概率。经过上述推导，我们给出贝尔曼方程的具体解析式。

$$V^\pi(s) = \sum_{a \in \mathcal{A}(s)} \pi(a \mid s) \sum_{r \in \mathcal{R}(s,a)} p(r \mid s, a) r + \gamma \sum_{a \in \mathcal{A}(s)} \pi(a \mid s) \sum_{s' \in \mathcal{S}(s,a)} p(s' \mid s, a) v^\pi(s')$$

$$= \sum_{a \in \mathcal{A}(s)} \pi(a \mid s) \left(\sum_{r \in \mathcal{R}(s,a)} p(r \mid s, a) r + \gamma \sum_{s' \in \mathcal{S}(s,a)} p(s' \mid s, a) v^\pi(s') \right) \qquad (2.37)$$

其中，$V^\pi(s)$ 和 $V^\pi(s')$ 是未知量，分别表示当前状态价值与下一时刻状态价值。奖励概率 $p(r \mid s, a)$ 和状态转移概率 $p(s' \mid s, a)$ 由环境决定，我们一般统称其为**环境模型**。从贝尔曼方程中可以看出，当前状态价值 $V^\pi(s)$ 与瞬时奖励 r 和下一时刻的状态价值 $V^\pi(s')$ 密切相关，这将成为策略 $\pi(a \mid s)$ 优化的基础，将在"贝尔曼最优方程"小节详细讨论。值得注意的是，贝尔曼方程是针对所有状态的线性方程组，而非单个方程。

回顾图 2.10 中的示例，首先我们制定如下策略。

$$\pi(a_2 \mid s_5) = 0.5, \quad \pi(a_3 \mid s_5) = 0.5$$
$$\pi(a_3 \mid s_6) = 1$$
$$\pi(a_2 \mid s_8) = 1 \tag{2.38}$$
$$\pi(a_5 \mid s_9) = 1$$

为了便于理解，我们对其进行可视化（如图 2.12 所示）。其中，奖励概率和状态转移概率由环境决定，分别为式 (2.39) 和式 (2.40)。

$$p(r = -1 \mid s_5, a_2) = 1, \quad p(r = 0 \mid s_5, a_3) = 1$$
$$p(r = 1 \mid s_6, a_3) = 1$$
$$p(r = 1 \mid s_8, a_2) = 1 \tag{2.39}$$
$$p(r = 1 \mid s_9, a_5) = 1$$

$$p(s_6 \mid s_5, a_2) = 1, \quad p(s_8 \mid s_5, a_3) = 1$$
$$p(s_9 \mid s_6, a_3) = 1$$
$$p(s_9 \mid s_8, a_2) = 1 \tag{2.40}$$
$$p(s_9 \mid s_9, a_5) = 1$$

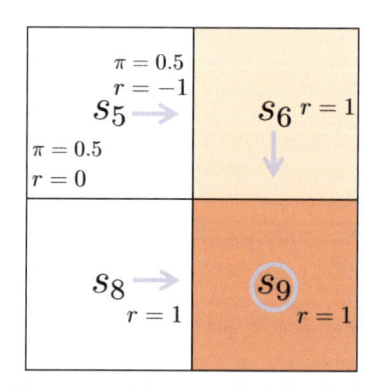

图 2.12 对式 (2.38) 策略的可视化

注意，式 (2.39) 和式 (2.40) 并未列出 0 值概率，如 $p(r = 10 \mid s_5, a_2) = 0$ 或 $p(s_1 \mid s_5, a_2) = 0$ 表示在状态 s_5 下执行动作 a_2，只能获得值为 -1 的奖励，不可能得到其他奖励值；同样，在状态 s_5 下执行动作 a_2，只能转移到状态 s_6，不可能转移到其他状态（如 s_1）。在制定好策略的基础上，我们求解各状态的价值函数，即直接将式 (2.38)、式 (2.39)、式 (2.40) 代入贝尔曼方程（式 (2.37)），有

$$v^\pi(s_5) = 0.5\left[0 + \gamma v^\pi(s_8)\right] + 0.5\left[-1 + \gamma v^\pi(s_6)\right]$$
$$v^\pi(s_6) = 1 + \gamma v^\pi(s_9)$$
$$v^\pi(s_8) = 1 + \gamma v^\pi(s_9) \tag{2.41}$$
$$v^\pi(s_9) = 1 + \gamma v^\pi(s_9)$$

由此可以看出，贝尔曼方程并不是针对单一状态的方程，而是关于所有状态的方程组。联立上述方程组，即可得到

$$v^\pi(s_9) = \frac{1}{1-\gamma}$$
$$v^\pi(s_8) = \frac{1}{1-\gamma}$$
$$v^\pi(s_6) = \frac{1}{1-\gamma} \tag{2.42}$$
$$v^\pi(s_5) = -0.5 + \frac{\gamma}{1-\gamma}$$

令 $\gamma = 0.9$，有

$$v^\pi(s_9) = 10, \quad v^\pi(s_8) = 10, \quad v^\pi(s_6) = 10, \quad v^\pi(s_5) = -0.5 + 9 = 8.5 \tag{2.43}$$

以上展示了如何通过贝尔曼方程求解给定策略 π 下各状态的价值。

2. 贝尔曼最优方程

继续回顾价值学习中介绍的例子：若当前智能体处于状态 s_5，那么，相比于状态 s_6，智能体倾向于选择能够到达状态 s_8 的动作，原因在于状态 s_8 能够在不碰到障碍物的同时更快到达目标状态 s_9。虽然在式 (2.43) 中，状态 s_6 和 s_8 价值相同，但状态 s_5 的价值不只与这两个"下一时刻状态价值"有关，还与其对应的瞬时奖励有关。例如，从式 (2.41) 中的第一个子式可以看出，在针对状态 s_5 制定策略 π' 时，若分给能到达状态 s_8 的动作 a_3 更高的概率

$$\pi'(a_2 \mid s_5) = 0, \quad \pi'(a_3 \mid s_5) = 1$$
$$\pi'(a_3 \mid s_6) = 1$$
$$\pi'(a_2 \mid s_8) = 1 \tag{2.44}$$
$$\pi'(a_5 \mid s_9) = 1$$

那么式 (2.41) 中第一个子式将变成

$$v^{\pi'}(s_5) = [0 + \gamma v^\pi(s_8)] = 9 \tag{2.45}$$

其中，$\gamma = 9$。对于状态 s_5，策略 π' 比策略 π 更优，其对应的价值函数 $v^{\pi'}(s_5)$ 也比 $v^{\pi}(s_5)$（对比式 (2.43) 和式 (2.45)）更优。

上述例子反映了价值学习的主要思想，即通过最大化价值函数指导策略的调优，使机器人能够以最高期望累积奖励完成任务。在数学上，可被具体化为以下贝尔曼最优方程。

$$\begin{aligned} V^{\pi^*}(s) &= \max_{\pi \in \Pi} V^{\pi}(s) \\ &= \max_{\pi \in \Pi} \sum_{a \in \mathcal{A}} \pi(a \mid s) \underbrace{\left(\sum_{r \in \mathcal{R}} p(r \mid s, a) r + \gamma \sum_{s' \in \mathcal{S}} p(s' \mid s, a) V^{\pi}(s') \right)}_{\text{式 2.37}} \\ &= \max_{\pi \in \Pi} \sum_{a \in \mathcal{A}} \pi(a \mid s) \underbrace{Q^{\pi}(s, a)}_{\text{式 2.26}} \end{aligned} \tag{2.46}$$

通过上式，我们便能求解得到最优价值函数 $V^{\pi^*}(s)$，其对应的策略即为最优策略 π^*。下面我们将讨论如何对上述贝尔曼最优方程求解，以得到最优策略。

3. 策略迭代和价值迭代：基于环境模型的价值学习

策略迭代（Policy Iteration）和价值迭代（Value Iteration）是求解贝尔曼最优方程的两种方式。我们之所以将其归类为"基于环境模型的价值学习"算法，是因为这类方法要求贝尔曼最优方程中的环境模型（奖励概率和状态转移概率）已知，此时贝尔曼最优方程具有明确的解析表达式。然而，在实际应用中，智能体很难获得所谓的环境模型，此时我们一般选择使用大量样本对其进行拟合，这部分内容将在后续几个小节进行介绍。

1）策略迭代

策略迭代首先基于当前策略 π_k 获取所有状态的价值函数，以衡量所有状态在当前策略 π_k 上的优劣程度，然后根据各状态价值函数找到当前策略 π_k 中可能存在的更优动作选择，用此更优的动作选择更新当前策略 π_k，形成新的策略 π_{k+1}。显然，这一求解思路分以下几步。

（1）**策略评估**：求出当前策略 π_k 对应的状态价值函数 $V^{\pi_k}(s)$。这一步本质上是求解如下贝尔曼方程。

$$V^{\pi_k}(s) = \sum_{a} \pi_k(a \mid s) \underbrace{\left(\sum_{r} p(r \mid s, a) r + \gamma \sum_{s'} p(s' \mid s, a) V^{\pi_k}(s') \right)}_{Q^{\pi_k}(s, a)} \tag{2.47}$$

需要注意的是，在复杂的智能体任务中，我们很难获得贝尔曼方程的解析解形式。在大多数情况下，我们需要通过迭代的方式求解贝尔曼方程。

（2）**策略改进**：基于当前策略 π_k 对应的所有状态价值函数 $V^{\pi_k}(s)$ 优化策略

$$\pi_{k+1}(a \mid s) = \arg\max_{\pi} \sum_{a} \pi_k(a \mid s) \underbrace{\left(\sum_{r} p(r \mid s, a)r + \gamma \sum_{s'} p(s' \mid s, a)V^{\pi_k}(s') \right)}_{Q^{\pi_k}(s, a)} \tag{2.48}$$

上式中的 $\arg\max \pi$ 运算符可被分解为

$$a_k^*(s) = \arg\max_{a} Q_k(s, a) \tag{2.49}$$

在此基础上，可将策略制定为

$$\pi_{k+1}(a \mid s) = \begin{cases} 1 & \text{如果 } a = a_k^*(s) \\ 0 & \text{如果 } a \neq a_k^*(s) \end{cases} \tag{2.50}$$

即先根据当前策略 π_k 对应的所有状态价值函数找到对各状态最有利的动作 $a_k^*(s)$，然后在制定策略时给该动作分配最大的概率，即式 (2.50)。

（3）**循环迭代**：策略 π_k 将随着迭代轮数的增加而不断优化。

2）价值迭代

策略迭代以双重迭代的方式工作，即需要多次迭代以生成最优策略，且在每轮迭代中还需要迭代求解贝尔曼方程。价值迭代与策略迭代的主要区别在于价值迭代算法将贝尔曼方程的多次迭代求解简化为一次迭代估计。其算法流程如下。

（1）**策略更新**：在迭代初期，价值迭代为所有状态随机初始化一个状态价值函数估计值，然后以此更新策略 π_k，得到新的策略 π_{k+1}。更新方式与策略迭代算法中的策略更新方式一致，即找到所有状态可能的最优动作，利用它指导策略 π_k 的更新（如式 (2.50)）。需要注意的是，这里的 $V_k(s)$ 与 $Q_k(s, a)$ 只是估计值，并不具备"策略 π_k 对应的价值函数"的意义，因此不能写作 $V^{\pi}(s)$ 与 $Q^{\pi}(s, a)$。

$$\pi_{k+1}(a \mid s) = \arg\max_{\pi} \sum_{a} \pi(a \mid s) \underbrace{\left(\sum_{r} p(r \mid s, a)r + \gamma \sum_{s'} p(s' \mid s, a)V_k(s') \right)}_{Q_k(s, a)} \tag{2.51}$$

（2）**价值更新**：根据新的策略 π_{k+1}，通过下式为所有状态更新状态价值。

$$V_{k+1}(s) = \sum_{a} \pi_{k+1}(a \mid s) \underbrace{\left(\sum_{r} p(r \mid s, a)r + \gamma \sum_{s'} p(s' \mid s, a)V_k(s') \right)}_{Q_k(s, a)} \tag{2.52}$$

注意：式 (2.52) 并非贝尔曼方程。在贝尔曼方程中，状态价值函数 $V^{\pi_k}(s)$ 和 $V^{\pi_k}(s')$ 均未知，且和策略 π_k 对应；而在式 (2.52) 中，估计值 $V_k(s')$ 已知，策略 π_{k+1} 已知，只有 $V_{k+1}(s)$ 未知。

（3）**循环迭代**：策略 π_k 将随着迭代轮数的增加而不断优化。

4. 蒙特卡洛方法在价值学习中的应用

在工程实践中，环境很难被精确建模（包括奖励概率和状态转移概率），因此无法获取贝尔曼方程的解析表达式。此时，我们无法求解价值函数 $V^{\pi_k}(s)$。基于此，我们引入蒙特卡洛（Monte Carlo）思想，从环境中多次采样近似价值函数，以此作为指导来优化策略。从上述分析可以看出，蒙特卡洛方法与策略迭代和价值迭代的主要区别在于价值函数的求解，即策略迭代通过贝尔曼方程的多次迭代求解价值函数，价值迭代基于贝尔曼方程的一次迭代估计价值函数，蒙特卡洛方法通过采样数据估计价值函数。此类方法可划分为以下两个步骤。

（1）**策略评估**：如式 (2.24) 和式 (2.25) 所示，价值函数本身定义为回报的期望。根据大数定理，智能体通过多次与环境交互记录每个状态—动作对的回报，并将这些回报的算术平均值作为动作价值函数的估计，具体如下。

$$\hat{Q}^{\pi_k}(s,a) \approx \frac{1}{N}\sum_{i=1}^{N} g_i^{\pi_k}(s,a) \tag{2.53}$$

其中，$g_i^{\pi_k}(s,a)$ 是第 i 次从状态 s、动作 a 开始以策略 π_k 进行采样的回报，N 是采样次数。利用式 (2.26) 可以求出状态价值函数。

（2）**策略改进和循环迭代**：策略改进和循环迭代与策略迭代算法中的对应步骤完全相同，这里不再赘述。

5. 时序差分法在价值学习中的应用

上述蒙特卡洛方法需要从环境中采集整条轨迹的回报数据。也就是说，蒙特卡洛方法在每次迭代中需要等待整个轨迹完成，才能对价值函数进行估计。这种依赖完整轨迹的特性将严重降低对策略的更新效率。相比之下，时序差分方法（Temporal Difference Learning，TD）不需要等待整条轨迹完成，而是通过每一步的采样数据进行价值估计，这显著提高了对策略的优化效率，因此在价值学习中具有重要的应用价值。

本节首先通过一个例子说明时序差分法的原理，然后介绍两个经典 TD 算法——Sarsa[41] 和 Q-Learning[42]。这两个算法在本质上利用时序差分法求解给定策略下的贝尔曼方程和贝尔曼最优方程，前者需要结合策略优化步骤才能获取最优策略，而后者可直接获得最优策略。

1）时序差分方法的基本原理

假设我们有一个模型 $Q(s,d;\theta)$，其中 s 是起点，d 是终点，θ 是参数。模型 Q 可以预测开车出行的时间开销。这个模型一开始不准确，甚至是纯随机的，但随着使用者数量的增加，模型得到更多数据、进行更多训练，结果就会越来越准。那么，该如何训练这个模型呢？我们设置如图 2.13 所示的场景进行详细说明。

在该场景中，用户从北京出发，前往上海。临行前，模型给出预测总耗时为 14 小时，即

$$\hat{q} \stackrel{\text{def}}{=} Q(\text{"北京"}, \text{"上海"}; \theta) = 14 \tag{2.54}$$

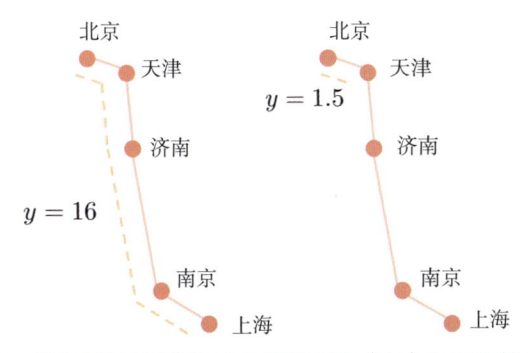

图 2.13　出行时间预测任务中的蒙特卡洛（左）与时序差分（右）

首先给出蒙特卡洛方法。当用户结束行程时，会把实际驾车时间 q 反馈给模型。基于预测值和实际值的差距，模型 Q 可借助梯度下降法进行自我修正。如图 2.13（左）所示，假设用户到达上海后，记录中的实际总耗时 y 为 16 小时。此时，便可以建立二者损失：

$$L(\theta) = \frac{1}{2}\left[Q(s,d;\theta) - y\right]^2 \tag{2.55}$$

最后，利用梯度下降法完成模型参数 θ 的更新：

$$\begin{aligned}\nabla_\theta L(\theta) &= (\hat{q} - y) \cdot \nabla_\theta Q(s,d;\theta) \\ \theta &\leftarrow \theta - \alpha \cdot \nabla_\theta L(\theta)\end{aligned} \tag{2.56}$$

其中，α 为梯度下降法中的迭代步长。

与蒙特卡洛方法直到整个行程结束才给出反馈不同，时序差分法会在旅途中就将所记录的当前耗时反馈给模型，供其进行自我修正。如图 2.13（右）所示，当用户到达中间地点天津时，记录到当前实际耗时为 1.5 小时。此时，用户将该耗时反馈给模型，迫使模型再做一次从天津到终点上海的预测耗时（设其为 11 小时）。此时，模型可以生成从北京到上海的实际总耗时的估计值：

$$\hat{y} = 1.5 + Q(\text{"天津"},\text{"上海"};\theta) = 1.5 + 11 = 12.5 \tag{2.57}$$

模型以此为标签进行自我修正：

$$\begin{aligned}L(\theta) &= \frac{1}{2}\left[Q(s,d;\theta) - \hat{y}\right]^2 \\ \nabla_\theta L(\theta) &= (\hat{q} - \hat{y}) \cdot \nabla_\theta Q(s,d;\theta) \\ \theta &\leftarrow \theta - \alpha \cdot \nabla_\theta L(\theta)\end{aligned} \tag{2.58}$$

对比式 (2.56)，在本例模型的自我更新过程中，蒙特卡洛方法以实际总耗时 y 作为标签，而时序差分法以实际总耗时的估计值 $\hat{y}$ 作为标签。以估计值 $\hat{y}$ 作为标签是否有效呢？答案是肯定的，因为 $\hat{y}$ 是包含事实成分（本例中从北京到天津的实际耗时）的。随着迭代的进行，事实成分在估计值中的占比越来越高，最终无限接近蒙特卡洛方法中的实际总耗时 y。

2）Sarsa 算法

Sarsa 算法本质上利用时序差分思想拟合动作价值函数 $Q^\pi(s, a)$，其原理来自动作价值函数对应的贝尔曼方程。在这里，我们从定义出发对该方程进行简单引入。根据式 (2.25)，有

$$Q^\pi(s, a) = \mathbb{E}_\pi \left[G_t \mid S_t = s, A_t = a \right] \tag{2.59}$$

$$= \mathbb{E}_\pi \left[R_t + \gamma G_{t+1} \mid S_t = s, A_t = a \right] \tag{2.60}$$

$$= \mathbb{E}_\pi \left[R_t + \gamma \underbrace{\mathbb{E}_\pi \left[G_{t+1} \mid S_{t+1} = s', A_{t+1} = a' \right]}_{\text{期望的性质}} \mid S_t = s, A_t = a \right] \tag{2.61}$$

$$= \mathbb{E}_\pi \left[R_t + \gamma Q^\pi(s', a') \mid S_t = s, A_t = a \right] \tag{2.62}$$

Sarsa 是 state-action-reward-state-action 的首字母缩写，表明其在与环境的交互中，采集 $(s_t, a_t, r_t, s_{t+1}, a_{t+1})$ 作为一组数据，用于动作价值函数的估计。与出行时间预测类似，Sarsa 算法也需要不断优化模型，以逼近真实的动作价值函数。

在每次迭代中，Sarsa 算法采集一组数据 $(s_t, a_t, r_t, s_{t+1}, a_{t+1})$，利用其中的 (s_t, a_t) 和 (s_{t+1}, a_{t+1})，模型能够预测动作价值函数 $\hat{Q}^\pi(s_t, a_t)$ 和 $\hat{Q}^\pi(s_{t+1}, a_{t+1})$。此时，模型在状态—价值对 (s_t, a_t) 上存在两个动作价值函数：一个是不包含任何真实成分的 $\hat{Q}^\pi(s_t, a_t)$，另一个是包含部分真实成分的 $r_t + \gamma\, \hat{Q}^\pi(s_{t+1}, a_{t+1})$。此时，模型优化的方向应该是使模型输出的动作价值函数 $\hat{Q}^\pi(s_t, a_t)$ 偏向包含部分真实成分的 $r_t + \gamma\, \hat{Q}^\pi(s_{t+1}, a_{t+1})$，即

$$\hat{Q}^\pi(s_t, a_t) \leftarrow \alpha \hat{Q}^\pi(s_t, a_t) + (1 - \alpha) \left[r_t + \gamma\, \hat{Q}^\pi(s_{t+1}, a_{t+1}) \right] \tag{2.63}$$

3）Q-Learning 算法

与 Sarsa 算法不同，Q-Learning 算法本质上利用时序差分思想拟合最优动作价值函数 $Q^\pi(s, a)$，其原理来自动作价值函数对应的贝尔曼最优方程。在这里，我们从定义出发对该方程进行简单引入。

$$Q^{\pi^*}(s, a) = \max_{\pi \in \Pi} Q^\pi(s, a) \tag{2.64}$$

$$= \mathbb{E}_\pi \left[\max_{\pi \in \Pi} G_t \mid S_t = s, A_t = a \right] \tag{2.65}$$

$$= \mathbb{E}_\pi \left[R_t + \gamma \max_{a' \in \mathcal{A}(s')} G_{t+1} \mid S_t = s, A_t = a \right] \tag{2.66}$$

$$= \mathbb{E}_\pi \left[R_t + \gamma \max_{a' \in \mathcal{A}(s')} \mathbb{E}_\pi \left[G_{t+1} \mid S_{t+1} = s', A_{t+1} = a' \right] \mid S_t = s, A_t = a \right] \tag{2.67}$$

$$= \mathbb{E}_\pi \left[R_t + \gamma \max_{a' \in \mathcal{A}(s')} Q^\pi(s', a') \mid S_t = s, A_t = a \right] \tag{2.68}$$

Q-Learning 算法采集 (s_t, a_t, r_t, s_{t+1}) 作为一组数据，值得注意的是，(s_t, a_t) 用来估计不包

含任何真实成分的最优动作价值函数 $\hat{Q}^{\pi^*}(s,a)$，与之对应的 (r_t, s_{t+1}) 用于估计包含部分真实成分的最优动作价值函数 $r_t + \gamma \max_{a' \in \mathcal{A}(s_{t+1})} Q^{\pi}(s_{t+1}, a')$。此时，结合上述两部分，模型优化的方向为

$$\hat{Q}^{\pi^*}(s_t, a_t) \leftarrow \alpha \hat{Q}^{\pi^*}(s_t, a_t) + (1-\alpha) \left[r_t + \gamma \max_{a' \in \mathcal{A}(s_{t+1})} Q^{\pi}(s_{t+1}, a') \right] \tag{2.69}$$

4）将神经网络引入 TD 方法——深度 Q 网络

深度 Q 网络（Deep Q-Network，DQN）[43] 其实是将神经网络引入 Q-Learning 算法，以代替 Q-Learning 中用于估计最优动作价值函数的模型。其核心原理与 Q-Learning 算法一样，区别仅在于更新方式，既然引入了神经网络作为最优动作价值函数拟合的工具，就要用神经网络的更新手段——梯度下降法对其进行参数更新。

具体而言，就是对采集到的一组数据 (s_t, a_t, r_t, s_{t+1}) 进行参数更新，(s_t, a_t) 用于估计不包含真实成分的最优动作价值函数 $\hat{Q}^{\pi^*}(s, a, \theta)$，$(r_t, s_{t+1})$ 用于估计包含真实成分的最优动作价值函数

$$\hat{y} = r_t + \gamma \max_{a' \in \mathcal{A}(s_{t+1})} Q^{\pi}(s_{t+1}, a', \theta)$$

此时，模型利用这两个估计值的误差来引导神经网络参数（θ）的更新，即

$$\begin{aligned} L(\theta) &= \frac{1}{2} \left[\hat{Q}^{\pi^*}(s_t, a_t) - \hat{y} \right]^2 \\ \nabla_\theta L(\theta) &= (\hat{Q}^{\pi^*}(s_t, a_t) - \hat{y}) \cdot \nabla_\theta \hat{Q}^{\pi^*}(s_t, a_t) \\ \theta &\leftarrow \theta - \alpha \cdot \nabla_\theta L(\theta) \end{aligned} \tag{2.70}$$

这与前述驾车耗时示例的参数更新方式一致。

2.2.3 策略学习

不同于通过估计价值函数来引导策略优化的价值学习，策略学习（Policy Learning）直接优化策略本身。策略学习将最优策略的求解定义为一个以最大化回报为目标的最优化问题。具体来说，策略学习通常采用参数化的方法来表示策略，并通过调整这些参数，使所选策略在给定任务中的预期回报最大。这种直接优化策略的方式，省去了价值学习中估计价值函数的步骤，可以更直接地适应环境的动态变化。本节介绍策略学习的目标函数，并讨论优化该目标函数的常用方法——REINFORCE 算法和演员—评论家算法。

1. 策略学习的目标函数

从式 (2.46) 可以看出，如果一个策略是当前智能体任务的最优策略，那么在该策略下，所有智能体状态的价值函数均应达到最大值，具体如下。

$$V^{\pi^*}(s) \geqslant V^{\pi}(s), \quad \pi \in \Pi \text{ 且 } s \in \mathcal{S} \tag{2.71}$$

其中，Π 表示当前智能体任务的策略集合，$\mathcal{S}$ 表示当前智能体能到达的状态集合。该式给出了最优策略的性质，即对于所有状态，其在最优策略下的价值比在其他任何策略下的价值都大。

基于此，我们便很容易得到策略的优化目标，具体为

$$\begin{aligned}
\arg\max_{\theta} J(\theta) &= \arg\max_{\theta} V^{\pi_\theta} \\
&= \arg\max_{\theta} \sum_{s \in \mathcal{S}} d(s) V^{\pi_\theta}(s) \\
&= \arg\max_{\theta} \mathbb{E}_{S \sim d}[V^{\pi_\theta}(S)]
\end{aligned} \tag{2.72}$$

为了方便书写，本节将策略写作 $\pi_\theta = \pi(a \mid s; \theta)$，表示此时具体的策略将由参数 θ 决定。上式通过优化所有状态的平均价值来保证各状态价值最大。在这里，$d(s)$ 表示状态分布，满足

$$0 \leqslant d(s) \leqslant 1 \quad \text{且} \quad \sum_{s \in \mathcal{S}} d(s) = 1 \tag{2.73}$$

其最简单的形式是均匀分布。

现对该目标函数的梯度进行简单推导。首先，对式 (2.26) 使用链式法则求导可得

$$\begin{aligned}
\frac{\partial V^{\pi_\theta}(s)}{\partial \theta} &= \frac{\partial}{\partial \theta} \sum_{a \in \mathcal{A}} \pi(a \mid s; \theta) Q^{\pi_\theta}(s, a) \\
&= \sum_{a \in \mathcal{A}} \frac{\partial \pi(a \mid s; \theta)}{\partial \theta} Q^{\pi_\theta}(s, a) + \underbrace{\sum_{a \in \mathcal{A}} \pi(a \mid s; \theta) \frac{\partial Q^{\pi_\theta}(s, a)}{\partial \theta}}_{\text{过于复杂，下式直接忽略}} \\
&\approx \sum_{a \in \mathcal{A}} \pi(a \mid s; \theta) \frac{1}{\pi(a \mid s; \theta)} \frac{\partial \pi(a \mid s; \theta)}{\partial \theta} Q^{\pi_\theta}(s, a) \\
&= \sum_{a \in \mathcal{A}} \pi(a \mid s; \theta) \frac{\partial \ln \pi(a \mid s; \theta)}{\partial \theta} Q^{\pi_\theta}(s, a)
\end{aligned} \tag{2.74}$$

式 (2.74) 可写为如下期望形式。

$$\frac{\partial V^{\pi_\theta}(s)}{\partial \theta} \approx \mathbb{E}_{A \sim \pi(\cdot \mid s; \theta)} \left[\frac{\partial \ln \pi(A \mid s; \theta)}{\partial \theta} \cdot Q^{\pi_\theta}(s, A) \right] \tag{2.75}$$

由此可得平均价值函数 $\hat{V}_\pi(s)$ 的梯度：

$$\begin{aligned}
\nabla_\theta J(\theta) &= \frac{\partial \mathbb{E}_{S \sim d}[V^{\pi_\theta}(S)]}{\partial \theta} \\
&= \mathbb{E}_{S \sim d}\left[\frac{\partial V^{\pi_\theta}(S)}{\partial \theta} \right] \\
&\approx \mathbb{E}_{S \sim d}\left[\mathbb{E}_{A \sim \pi(\cdot \mid S; \theta)}\left[\frac{\partial \ln \pi(A \mid S; \theta)}{\partial \theta} \cdot Q^{\pi_\theta}(S, A) \right] \right]
\end{aligned} \tag{2.76}$$

通过解析求出上述期望是不可能的，原因在于我们并不知道状态 S 的概率分布；即使知道，并且能够通过求和或者定积分求出期望，其计算量也很大。因此，在工程实践中，我们一般采用蒙特卡洛方法对其进行近似，即从环境中观测到一个状态 s，然后根据当前策略模型预测动作

$$a \sim \pi(\cdot \mid s; \theta) \tag{2.77}$$

计算梯度：

$$\delta(s, a; \theta) \stackrel{\text{def}}{=} Q^{\pi_\theta}(s, a) \cdot \nabla_\theta \ln \pi(a \mid s; \theta) \tag{2.78}$$

进一步利用梯度上升法（这里是最大化问题）来更新参数 θ。

$$\theta \leftarrow \theta + \alpha \cdot \delta(s, a; \theta) \tag{2.79}$$

在这里，α 为更新步长。

现在对式 (2.78) 进行进一步说明。$\pi(a \mid s; \theta)$ 部分由策略学习中的策略模型来拟合，具体方法是策略模型通过对参数 θ 的学习，不断优化策略，因此，这部分是已知的。但是，$Q^{\pi_\theta}(s, a)$ 是未知的。接下来我们将讨论如何对这部分求解。这就引出了策略学习中的两个经典算法——REINFORCE 算法和演员—评论家算法。前者主要利用蒙特卡洛思想近似 $Q^{\pi_\theta}(s, a)$，后者主要利用神经网络 $Q(s, a, \beta)$ 来拟合 $Q^{\pi_\theta}(s, a)$。

2. REINFORCE 算法

为了拟合 $Q^{\pi_\theta}(s, a)$，我们回顾一下动作价值函数的定义：

$$Q^{\pi_\theta}(s, a) = \mathbb{E}_{\pi_\theta}[G_t \mid S_t = s, A_t = a] \tag{2.80}$$

其中，

$$G_t = \sum_{k=0}^{\infty} \gamma^k R_{t+k} = R_t + \gamma R_{t+1} + \gamma^2 R_{t+2} + \cdots \tag{2.81}$$

即动作价值函数，它是在指定策略 π_θ 下，从状态—动作对 (s, a) 开始的回报期望。REINFORCE 算法[44] 采用蒙特卡洛思想，即我们可以从环境中采集回报样本

$$\hat{Q}_{s, a} = \sum_{k=0}^{\infty} \gamma^k r_{t+k} = r_t + \gamma r_{t+1} + \gamma^2 r_{t+2} + \cdots \tag{2.82}$$

作为动作价值函数的无偏估计。此时，策略梯度式 (2.78) 可被近似为

$$\delta(s, a; \theta) \stackrel{\text{def}}{=} \hat{Q}_{s, a} \cdot \nabla_\theta \ln \pi(a \mid s; \theta) \tag{2.83}$$

利用梯度上升法（式 (2.79)）即可对参数 θ 进行更新，以指导策略的优化。

3. 演员—评论家算法

演员—评论家（Actor-Critic）算法[45]直接利用神经网络 $Q(s, a, \beta)$ 来近似当前策略 π_θ 下的动作价值函数 $Q^{\pi_\theta}(s, a)$，β 是网络参数（我们称此网络为价值网络）。

对于式 (2.77)，模型由状态 s 预测得到动作 a，然后将动作 a 输入价值网络，预测出动作价值函数 $\hat{Q}(s, a, \beta)$。此时，策略梯度式 (2.78) 可被近似为

$$\delta(s, a; \theta) \stackrel{\text{def}}{=} \hat{Q}(s, a, \beta) \cdot \nabla_\theta \ln \pi(a \mid s; \theta) \tag{2.84}$$

利用梯度上升法（式 (2.79)）即可对参数 θ 进行更新，以指导策略的优化。

这里存在一个问题：价值网络参数 β 如何优化，以实现准确的动作价值函数估计？由于价值网络拟合的是动作价值函数，因此，我们使用 Sarsa 算法对其进行参数更新。首先，从环境中获取数据 $(s_t, a_t, r_t, s_{t+1}, a_{t+1})$。然后，利用其中的 (s_t, a_t) 和 (s_{t+1}, a_{t+1})，模型能够预测动作价值函数 $\hat{Q}(s_t, a_t, \beta)$ 和 $\hat{Q}(s_{t+1}, a_{t+1}, \beta)$。此时，模型优化的方向应该是使模型输出的动作价值函数 $\hat{Q}(s_t, a_t, \beta)$ 和包含部分真实成分的 $\hat{y} = r_t + \gamma\, \hat{Q}(s_{t+1}, a_{t+1}, \beta)$ 之间存在误差。我们用此误差来更新价值网络参数 β，即

$$L(\beta) = \frac{1}{2} \left[\hat{Q}(s_t, a_t, \beta) - \hat{y} \right]^2 \tag{2.85}$$

$$\nabla_\beta L(\beta) = (\hat{Q}(s_t, a_t, \beta) - \hat{y}) \cdot \nabla_\beta \hat{Q}(s_t, a_t, \beta) \tag{2.86}$$

$$\beta \leftarrow \beta - \alpha \cdot \nabla_\beta L(\beta) \tag{2.87}$$

2.2.4 模仿学习

模仿学习（Imitation Learning, IL）是一种通过模仿专家行为来学习智能体策略的方法。与强化学习不同，模仿学习不依赖智能体与环境的奖励信号，而是通过直接学习专家的行为模式推导出合适的策略。这种方法在那些无法明确定义奖励函数或者奖励信号稀疏的环境中优势显著。模仿学习的目标是通过观察专家的示范行为学习到专家的决策规则，并将其应用于相似的任务中。

与强化学习的比较：在强化学习中，智能体通过与环境的交互获得奖励信号，不断调整策略以获得最大化回报。而模仿学习通过专家的示范数据直接学习策略，无须设计复杂的奖励函数。因此，尽管模仿学习在那些难以定义奖励的任务中有较大优势，但也依赖高质量的专家演示数据。另外，强化学习的优势在于它能够通过探索不断改进策略，以适应更广泛的任务场景。

1. 行为克隆

行为克隆（Behavioral Cloning）[46]是最简单的模仿学习，其重点在于智能体通过观察和分析专家的演示数据，直接学习到一个策略网络 $\pi(a \mid s; \theta)$。行为克隆的本质是监督学习（在离散动作任务中表现为分类，在连续动作空间中表现为回归）。对于行为克隆，我们要事先从环境中构建数据，每组数据由状态 s 和动作 a 组成，记作

$$\mathcal{X} = \{(s_1, a_1), (s_2, a_2), \cdots, (s_n, a_n)\} \tag{2.88}$$

对于给定的状态 s_i，策略网络可预测其动作

$$\hat{a}_i \sim \pi(\cdot \mid s_i; \theta) \tag{2.89}$$

行为克隆鼓励策略网络的决策接近人类专家做出的动作，此时可定义损失函数

$$L(s, a; \theta) \stackrel{\text{def}}{=\!=} \frac{1}{2} [\hat{a}_i - a_i]^2 \tag{2.90}$$

损失函数越小，策略网络的决策就越接近人的动作。用梯度下降法更新 θ：

$$\theta \leftarrow \theta - \alpha \nabla_\theta L(s, a; \theta) \tag{2.91}$$

其中，α 为迭代步长。

与强化学习的比较：行为克隆与强化学习存在显著差异。强化学习通过让智能体与环境交互，根据环境反馈的奖励来引导策略网络的改进，其目标是最大化预期回报。行为克隆则不需要智能体与环境直接交互，而是基于预先准备的、包含人类动作的数据集，通过模仿人类行为来优化策略网络，使网络的决策更接近人类的决策。行为克隆的本质是一种监督学习方法（包括分类和回归），而不是强化学习方法，因为它并不依赖环境的反馈信号。此外，行为克隆的策略模型的探索能力相对较弱。由于人类在生成数据时不会探索不常见或奇特的动作和状态，所以数据集中的状态和动作往往缺乏多样性。这种特性可能带来两个问题：一是模型的整体性能较差，在超出数据集覆盖范围的情况下表现尤为明显；二是出现"错误累积"效应，即如果模型当前选择的动作 a_t 不够理想，则可能导致进入罕见的状态 s_{t+1}，从而使模型在该状态下的决策能力进一步降低。

2. 逆强化学习

逆强化学习（Inverse Reinforcement Learning，IRL）[47] 是模仿学习的一种高级方法。强化学习是在已知奖励函数的情况下，通过最大化累积奖励来学习最优策略；而逆强化学习的任务是根据给定的示例行为（如专家的行为演示），逆向推断出隐含的奖励函数。逆强化学习的核心思想在于假设观察到的行为是最优行为，换句话说，示例行为是最大化某个（未知）奖励函数的结果。通过学习这一奖励函数，可以生成与专家行为相似的策略，并将其进一步应用到新任务或不同的环境中。接下来，我们通过如图 2.14 所示的走格子示例来讨论反推奖励的可行性。图中的格子展示了一局游戏的状态，其动作空间是 $\mathcal{A} = \{上, 下, 左, 右\}$。我们认为人类专家给出的游戏策略 π 是当前奖励模型（未知）下的最优策略；紫色箭头表示策略 π 做出的决策。既然 π 是最优策略，那么沿着紫色箭头走可以使回报最大化。由此我们可以做出以下推断。

- 到达红色格子有正奖励 r_+，原因是智能体会尽量通过红色格子。到达红色格子的奖励只能被收集一次，否则智能体会反复回到红色格子。
- 到达橙色格子有负奖励 $-r_-$，原因是智能体会尽量避开橙色格子。智能体穿越两个橙色格子只为到达红色格子，说明 $r_+ \gtrsim 2r_-$。

- 到达终点有正奖励 r_*，原因是智能体会尽力走到终点。
- 智能体尽量走最短路线，说明每走一步就有一个负奖励 $-r_\rightarrow$。但是 $r_\rightarrow$ 比较小，否则智能体不会绕路到达红色格子。

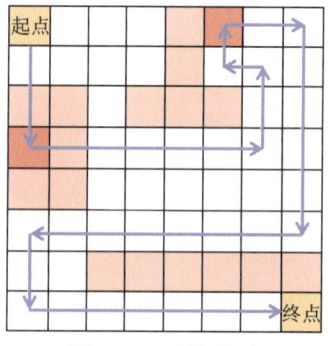

图 2.14　反推奖励

注意，从智能体的运动轨迹中，只能大致推断出奖励函数，而不可能推断出奖励 r_+、$-r_-$、r_*、$r_\rightarrow$ 的具体值。把四个奖励的数值同时乘以 10，根据新的奖励训练策略，最终学到的最优策略与原来的策略相同，这说明最优策略对应的奖励函数是不唯一的。

从上例可以看出，从人类专家身上学到奖励模型 $R(s,a;\rho)$ 是可行的。假设我们用专家数据学到了奖励模型 $R(s,a;\rho)$，便可用此模型直接对策略模型预测出的动作 a 进行评估。在这里，可以类比 Actor-Critic 算法来理解 IRL：Actor-Critic 算法通过学习一个价值网络 $Q(s,a;\rho)$ 为策略模型的学习提供依据，而 IRL 通过学习一个奖励网络 $R(s,a;\rho)$ 为策略模型的学习提供依据。前者价值网络的学习基于强化学习，后者奖励网络的学习基于人类专家数据。

假设通过策略模型的决策，智能体得到如下轨迹：

$$s_1, a_1, s_2, a_2, \cdots, s_n, a_n$$

奖励模型分别对这些状态—动作对预测奖励 $\hat{r}_t$，可以得到回报

$$\hat{u}_t = \hat{r}_t + \hat{r}_{t+1} + \cdots \tag{2.92}$$

接下来，可以用如式 (2.83) 和式 (2.79) 所示的 REINFORCE 算法更新策略网络参数。

3. 生成对抗模仿学习

生成对抗模仿学习（Generative Adversarial Imitation Learning，GAIL）[48] 是一种结合生成对抗网络（Generative Adversarial Network，GAN）[49] 和模仿学习的算法，旨在从专家示例中学习策略，使智能体的行为尽可能接近专家行为。GAIL 的目标是通过生成对抗训练，从专家的轨迹中推断出与专家策略相似的策略。在了解 GAIL 之前，我们有必要简述生成对抗网络的基本原理。

生成对抗网络的思想源于"零和博弈"，它由两个神经网络组成，即生成器（Generator）和

判别器（Discriminator）。生成器（如图 2.15 左所示）的输入为高斯噪声图 s，据此生成图像，记作 $G(s;\theta)$，其中 θ 为生成器参数。判别器（如图 2.15 右所示）的输入为图像 x，输出二值概率（"0" 代表 "假"，"1" 代表 "真"），记作 $D(x;\phi)$，其中 ϕ 为判别器参数。

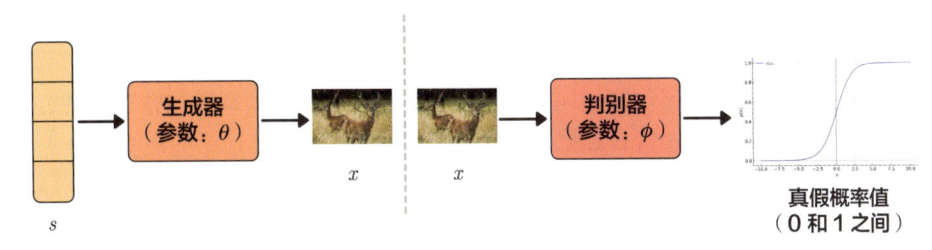

图 2.15　生成对抗网络的生成器（左）与判别器（右）

生成器负责生成新的数据样本，并试图欺骗判别器，使其难以分辨生成的数据和真实数据。因此，其损失函数为

$$L(s;\theta) = \ln[1 - D(G(s;\theta);\phi)] \tag{2.93}$$

而判别器的任务是区分生成的数据和真实数据，通过输出真假概率来判断输入数据的真实性。因此，其损失函数为

$$F(x^{\text{real}}, x^{\text{fake}};\phi) = \ln[1 - D(x^{\text{real}};\phi)] + \ln D(x^{\text{fake}};\phi) \tag{2.94}$$

在训练过程中，生成器和判别器相互对抗，生成器试图提高生成数据的真实性，判别器则不断提升对真假数据的辨别能力。通过这种对抗性的训练过程，GAN 最终能够生成与真实数据分布非常接近的样本。利用上述思想，GAIL 以策略网络作为生成器，根据状态 s 生成动作 a；判别器负责判断当前动作 a 到底是生成的，还是源自专家数据。具体来说，GAIL 用生成器生成行动

$$a \sim \pi(a \mid s;\theta) \tag{2.95}$$

其判别器用于判断动作是生成的（概率为 "0"）还是源自专家数据（概率为 "1"）：

$$\hat{p} \sim D(\{0, 1\} \mid s, a, \phi) \tag{2.96}$$

生成器和判别器的损失函数分别如式 (2.93) 和式 (2.94) 所示。GAIL 通过不断优化生成器和判别器，使策略网络（生成器）能够生成更接近人类专家的策略。

2.3　大模型技术初探

在具身智能的发展中，大模型的引入尤为重要。它们通过大规模数据训练，帮助系统理解和适应复杂的物理环境。早期的大模型主要面向视觉和语言两种模态，即语言大模型和视觉大模型。前者擅长自然语言处理任务，能够从文本数据中提取丰富的语义信息；后者则专注于图像和视频的理解。近年来，随着多模态数据融合研究的兴起，越来越多的大模型开始整合视觉、语言、触

觉等多模态数据，以构建更为全面的感知体系。这种趋势促进具身智能系统向更加智能化、协同化的方向发展，为实现具身智能的高度自主性奠定了基础。

本节首先介绍大语言模型。虽然这类模型最初主要应用于自然语言处理领域，但其模型架构和设计理念对整个智能体多模态感知具有深远影响。我们将探讨大语言模型的基本概念与架构，以及其核心训练技术，揭示这些技术如何提高模型对复杂多模态数据的理解能力。随后，我们会介绍视觉与多模态基础模型，展示其如何实现对视觉、语言等信息的理解和整合。最后，我们将引入"世界模型"这一概念，探索其如何帮助具身智能系统在动态环境中完成自适应决策。

2.3.1 大语言模型基本概念与架构

近几年，大语言模型取得了显著的发展，并在自然语言处理领域引起了广泛关注。这些模型的强大之处在于其对语言的深刻理解和生成能力，使其在多种任务中表现出色，如机器翻译、文本生成、问答系统等。本节将深入探讨大语言模型的核心架构及其演变历程，重点介绍 Transformer 模型及基于 Transformer[50] 的两个重要扩展：BERT[51] 和 GPT[2]。Transformer 作为一种基于自注意力机制的模型，突破了传统循环神经网络的限制，奠定了大语言模型的架构基础。BERT 和 GPT 则分别在双向编码和单向生成方面对 Transformer 架构进行了创新和改进，使其在不同任务上表现卓越。理解这些模型的基本概念和架构，将为我们进一步探索现代自然语言处理技术打下坚实的理论基础。

1. Transformer

Transformer 模型是由 Vaswani 等人于 2017 年提出的一种基于自注意力机制的深度学习模型，最初用于机器翻译等自然语言处理任务。与传统的循环神经网络（RNN）或卷积神经网络（CNN）不同，Transformer 依靠注意力机制来并行处理整个序列信息，从而避免了对序列数据逐步处理的依赖。基于这一并行处理的特性，Transformer 迅速成为许多预训练大模型（如 BERT 和 GPT）的基础架构。

1）Transformer 的整体结构

如图 2.16 所示，Transformer 的整体结构分为两部分：编码器（Encoder）和解码器（Decoder）。编码器主要负责将输入序列转换成具有语义表示的隐藏状态，解码器则利用编码器生成的隐藏状态预测输出序列。

如图 2.17 所示，通过一个机器翻译示例讨论 Transformer 编码器和解码器的工作流程。

（1）**编码阶段**：输入句子 "Hello, world!" 中的每个词首先被送入编码器。编码器负责捕捉句子中各个词之间的相互关系，进而生成包含输入句子全部信息的隐层表示。该隐层表示在解码阶段是固定的，不随解码过程而变化。

（2）**解码阶段**：解码器接收编码器生成的隐层表示，并以此为基础，以自回归（Auto-regressive）的方式逐步生成目标语言的输出序列。具体而言，解码器的输入包括一个起始符 ⟨s⟩ 和已生成的部分目标序列（进而预测下一个词）。例如，在生成"你好，世界！"这一序列时，解码器在每个时间步生成当前词（如"你""好"），综合编码器输出的全局信息和已生成的目标词，逐步生成完整的翻译结果。在每一步，解码器都会对当前词的概率分布进行预测，并选择概率最高的词作为当前输出，持续解码，直至生成完整的目标句子。

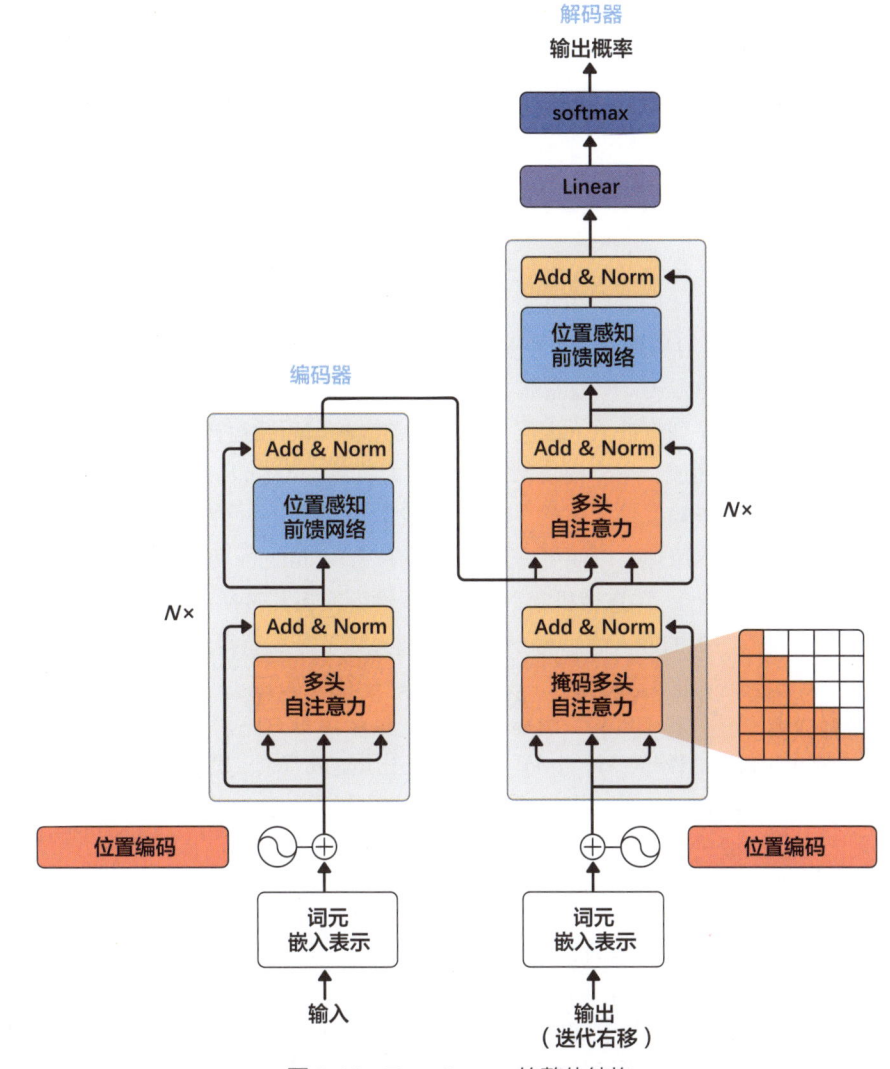

图 2.16　Transformer 的整体结构

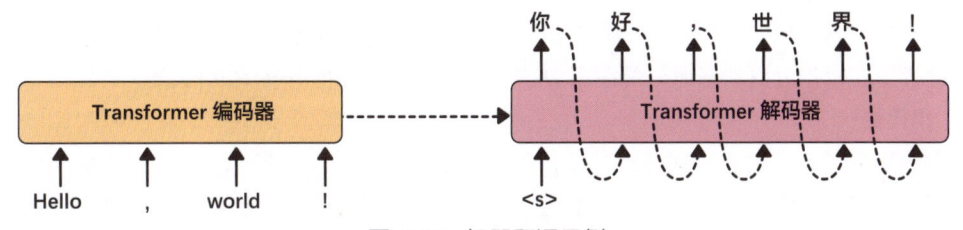

图 2.17　机器翻译示例

在 Transformer 中，由于编码器和解码器的结构不包含循环或卷积操作，因此模型本身不具备序列顺序的位置信息。为了解决这一问题，Transformer 使用**位置编码**（Positional Encoding）为输入数据引入位置信息，使模型能够理解序列中各个位置的相对顺序。位置编码是一组向量，其维度与嵌入向量相同，通过将位置编码向量与输入向量相加或相乘，模型可以在训练过程中获取关于顺序的上下文信息。位置编码主要有两种实现方式：固定位置编码和可学习位置编码。Transformer 使用的是如下基于正弦和余弦函数的固定位置编码。

$$\text{PE}(pos, 2i) = \sin\left(\frac{pos}{10000^{2i/d_{\text{model}}}}\right), \quad \text{PE}(pos, 2i+1) = \cos\left(\frac{pos}{10000^{2i/d_{\text{model}}}}\right) \tag{2.97}$$

其中，pos 表示序列中的位置索引，i 表示嵌入维度中的维度索引，d_{model} 表示嵌入维度的大小。在这些公式中，每个位置 pos 的编码由正弦函数和余弦函数生成向量表示。正弦和余弦的频率不同，使编码在不同维度上具有周期性。这种编码方式的特点在于，相邻的编码差异较小，而远距离的编码差异较大。通过这种方式，模型能够学习位置编码中的位置信息，捕捉序列中的相对顺序。

经过位置编码的输入序列将被输入编码器和解码器以参与后续运算，编码器和解码器分别由多个相同结构的模块堆叠而成，每个模块都基于**注意力机制**（Attention），以便模型能够有效地捕捉输入序列中的长距离依赖关系。因此，在详细介绍 Transformer 的编码器和解码器之前，我们要了解注意力机制的基本原理，以便更好地理解其在 Transformer 架构中的核心作用。对于输入序列中的每个词（或位置），注意力机制首先通过线性变换将其转换为查询向量 $\boldsymbol{Q}$、键向量 $\boldsymbol{K}$ 和值向量 $\boldsymbol{V}$。假设输入序列的嵌入表示为 $\boldsymbol{X}$，可以通过如下公式获得这三种向量。

$$\boldsymbol{Q} = \boldsymbol{X}\boldsymbol{W}^Q, \quad \boldsymbol{K} = \boldsymbol{X}\boldsymbol{W}^K, \quad \boldsymbol{V} = \boldsymbol{X}\boldsymbol{W}^V \tag{2.98}$$

其中，输入序列的嵌入表示 $\boldsymbol{W}^Q$、$\boldsymbol{W}^K$、$\boldsymbol{W}^V$ 分别是用于生成查询、键和值的权重矩阵。接下来，注意力机制通过计算查询和键之间的相似度来确定注意力权重。这个相似度反映了查询和键之间的关联度，用于指导模型在计算时应关注输入序列的哪些部分。具体而言，注意力机制通过以下公式获得注意力分布。

$$\text{Attention}(\boldsymbol{Q}, \boldsymbol{K}, \boldsymbol{V}) = \text{softmax}\left(\frac{\boldsymbol{Q}\boldsymbol{K}^{\text{T}}}{\sqrt{d_k}}\right)\boldsymbol{V} \tag{2.99}$$

式中，$\boldsymbol{Q}\boldsymbol{K}^{\text{T}}$ 生成了一个矩阵，其中的所有元素都表示查询和键之间的相似度。为了避免点积值过大，进而导致 softmax 函数输出的梯度过小，式 (2.99) 引入了缩放因子 $\sqrt{d_k}$（其中 d_k 是键向量的维度）。经过缩放，将相似度矩阵通过 softmax 函数归一化，得到每个位置的注意力权重。接着，将这些权重与值向量 $\boldsymbol{V}$ 相乘，从而对 $\boldsymbol{V}$ 中的元素进行加权求和，得到最终的注意力输出。通过这种机制，模型可以动态地分配注意力，重点关注与当前任务有关的信息。

2）编码器

编码器是负责处理输入序列并将其转化为潜在表示的模块。如图 2.16 所示，编码器由多个相同的编码器层堆叠而成，每层的结构相同且包含两个主要的子层：多头自注意力（Multi-Head Self-Attention）和用于位置感知的前馈神经网络（Feed-Forward Neural Network, FFN）。编码器层之间通过残差连接（Residual Connection）和层归一化（Layer Normalization）相互作用。下面将对编码器的各部分进行详细介绍。

（1）**多头自注意力机制**：相较于单一的自注意力机制，多头自注意力通过并行计算多个注意力头来捕捉更多样化的语义信息。具体来说，多头自注意力机制首先将输入向量表示 $\boldsymbol{X}$ 分别投影到不同的线性子空间中，生成多个查询、键和值向量。

$$\boldsymbol{Q}_i = \boldsymbol{X}\boldsymbol{W}_i^Q, \quad \boldsymbol{K}_i = \boldsymbol{X}\boldsymbol{W}_i^K, \quad \boldsymbol{V}_i = \boldsymbol{X}\boldsymbol{W}_i^V, \quad i = 1, 2, \cdots, N \tag{2.100}$$

其中，$\boldsymbol{W}_i^Q$、$\boldsymbol{W}_i^K$、$\boldsymbol{W}_i^V$ 分别是第 i 个头的查询、键和值的权重矩阵，N 是注意力头的数量。接着，对每个头独立计算自注意力，将查询、键、值向量代入自注意力机制：

$$\boldsymbol{h}_i = \text{Attention}(\boldsymbol{Q}_i, \boldsymbol{K}_i, \boldsymbol{V}_i) = \text{softmax}\left(\frac{\boldsymbol{Q}_i \boldsymbol{K}_i^\text{T}}{\sqrt{d_k}}\right)\boldsymbol{V}_i \tag{2.101}$$

每个头 $\boldsymbol{h}_i$ 的输出表示该子空间中的注意力分布。然后，将所有头的输出拼接在一起，并通过一个线性变换生成多头注意力的最终输出。

$$\text{MultiHead}(\boldsymbol{Q}, \boldsymbol{K}, \boldsymbol{V}) = \text{Concat}(\boldsymbol{h}_1, \boldsymbol{h}_2, \cdots, \boldsymbol{h}_N)\boldsymbol{W}^O \tag{2.102}$$

其中，$\boldsymbol{W}^O$ 是用于将拼接后的结果映射回原始维度的权重矩阵。通过这种多头机制，模型可以在不同的子空间中独立学习注意力分布，以同时捕捉序列中多个层次的关系。这种多样化的表示显著增强了模型在处理复杂序列关系时的表达能力，使其能够更有效地捕获全局和局部依赖信息。

（2）**前馈神经网络**：在 Transformer 的编码器层中，每个位置的向量表示都会通过一个独立的前馈神经网络进行非线性变换和映射。前馈神经网络由两个全连接层（Fully Connected Layer）和一个非线性激活函数（通常是 ReLU）组成，它的主要作用是通过对输入的线性变换和非线性激活，进一步提升模型的特征提取和表达能力。首先，将输入向量 $\boldsymbol{x}$ 通过一个线性变换映射到更高维度的空间。接着，使变换的结果通过一个非线性激活函数，以增强模型的拟合能力。最后，将激活后的输出通过另一层线性变换映射回原始维度，生成最终的输出表示。具体公式如下。

$$\text{FFN}(\boldsymbol{x}) = \text{ReLU}(\boldsymbol{x}\boldsymbol{W}_1 + \boldsymbol{b}_1)\boldsymbol{W}_2 + \boldsymbol{b}_2 \tag{2.103}$$

（3）**残差连接和层归一化**：在 Transformer 的编码器层中，前馈神经网络子层与多头自注意力子层一样，也采用了残差连接和层归一化的组合结构。残差连接将输入 $\boldsymbol{x}$ 与上述 FFN 的输出相加，以确保输入信息能够在深层网络中高效传播。

$$\text{Output} = \text{LayerNorm}(\boldsymbol{x} + \text{FFN}(\boldsymbol{x})) \tag{2.104}$$

这种组合结构可以使模型更稳定地进行深层训练，防止梯度消失，并有效提高模型的泛化能力和鲁棒性。前馈神经网络通过对每个位置的特征进行非线性变换，进一步丰富了序列表示，使模型能够捕获更复杂的语义信息。

3）解码器

解码器是负责将编码器生成的隐藏表示转化为输出序列的模块。如图 2.16 所示，解码器也由多个结构相同的解码器层堆叠而成，每层包含三个主要的子层：掩码多头自注意力机制（Masked Multi-Head Self-Attention）、编码器-解码器注意力机制（Encoder-Decoder Attention）和前馈神经网络。这些子层通过残差连接和层归一化结合在一起。其中，前馈神经网络与残差连接和层归一化模块的结构在编码器中讨论过，下面介绍其余部分。

（1）**掩码多头自注意力**：在解码器中，第一个子层是掩码多头自注意力机制。这个子层与编码器的多头自注意力机制类似，但在解码器生成时需要确保因果性，即在生成第 t 个位置的词时，仅依赖该位置之前的输出。为了实现这一目标，掩码多头自注意力在多头自注意力机制的基础上，引入掩码矩阵来屏蔽未来的时间步，具体公式如下。

$$\text{MaskedAttention}(\boldsymbol{Q}, \boldsymbol{K}, \boldsymbol{V}) = \text{softmax}\left(\frac{\boldsymbol{Q}\boldsymbol{K}^{\text{T}}}{\sqrt{d_k}} + \boldsymbol{M}\right)\boldsymbol{V} \tag{2.105}$$

其中，$\boldsymbol{M}$ 是掩码矩阵，其本质上是一个上三角掩码矩阵，用于将注意力分数中未来位置的值设为负无穷，使其 softmax 结果为零。这种机制保证了生成序列的因果性（在生成序列的第 t 个位置的词时，不会考虑第 $t+1$ 个或之后的词），从而使解码器在训练时模拟推理的过程。具体而言，在推理阶段，解码器实际上是逐步生成序列的，每一步生成的结果都只依赖已经生成的内容。而在训练阶段，掩码多头自注意力机制通过掩码矩阵对未来时间步的屏蔽，实现了与推理阶段类似的条件独立性，即在每一步训练中，模型只能看到当前步之前的词。因此，这种机制通过强制模型只依赖过去的词语进行预测，使其更符合实际应用中的生成方式，从而提高了训练效果的可靠性和生成过程的稳定性。

（2）**编码器-解码器注意力**：第二个子层是编码器-解码器注意力机制，它允许解码器在生成输出时参考编码器生成的隐藏状态。这一层通过标准的多头注意力机制实现，但其查询向量 $\boldsymbol{Q}$ 由解码器生成，键和值向量 $\boldsymbol{K}$ 和 $\boldsymbol{V}$ 则由编码器生成。这种结构使解码器能够将输入序列的信息引入生成过程，从而更好地预测输出。

2. BERT

BERT（Bidirectional Encoder Representations from Transformers）是由谷歌提出的一种基于 Transformer 架构的语言模型。如图 2.18 所示，BERT 完全基于 Transformer 的**编码器**部分，而没有使用其解码器。编码器结构的优势在于其自注意力机制能够捕获输入序列的双向上下文信息，这使 BERT 能够在同一层内利用来自句子左右两侧的词信息预测目标词，增强了对上下文的理解。为了使模型能够理解上下文的双向依赖，BERT 采用以下两个任务对模型进行预训练。

（1）**掩码语言模型**（Masked Language Model，MLM）：MLM 是一种类似完形填空的任务，其目标是预测输入序列中被随机掩盖的单词。具体来说，在训练时用特殊的掩盖符 [MASK] 随机替换输入序列中的部分单词，然后让模型预测这些被掩盖的单词。这个任务能够让模型学会利用上下文信息，预测当前词的语义和语法角色。在实现方面，BERT 在每个输入序列中随机选择 15%

的词进行掩码处理，处理方式主要有三种：有 80% 的概率替换为 [MASK] 标记；有 10% 的概率替换为词表中的任意一个随机词；有 10% 的概率保持原词不变，即不替换。模型需要根据剩余的上下文来预测被上述三种方式掩码的词。现举例讨论预测过程。假设输入序列为 $(x_1, x_2, \cdots, x_n)$，其中一些位置（如 x_i）被替换为 [MASK]，模型在训练时的目标是预测这些位置上原始的词。此过程通过最大化被掩码词的预测概率来进行。

$$\mathcal{L}_{\text{MLM}} = -\sum_{i \in \text{masked}} \log P(x_i | X_{\text{masked}}) \tag{2.106}$$

其中，X_{masked} 表示包含 [MASK] 标记的输入序列。通过掩码语言模型，BERT 能够在无监督数据中学习丰富的上下文信息。模型可以同时利用左侧和右侧的上下文，使其获得的词向量表示能够更好地适应双向语境，这在下游任务中表现出了显著的效果。

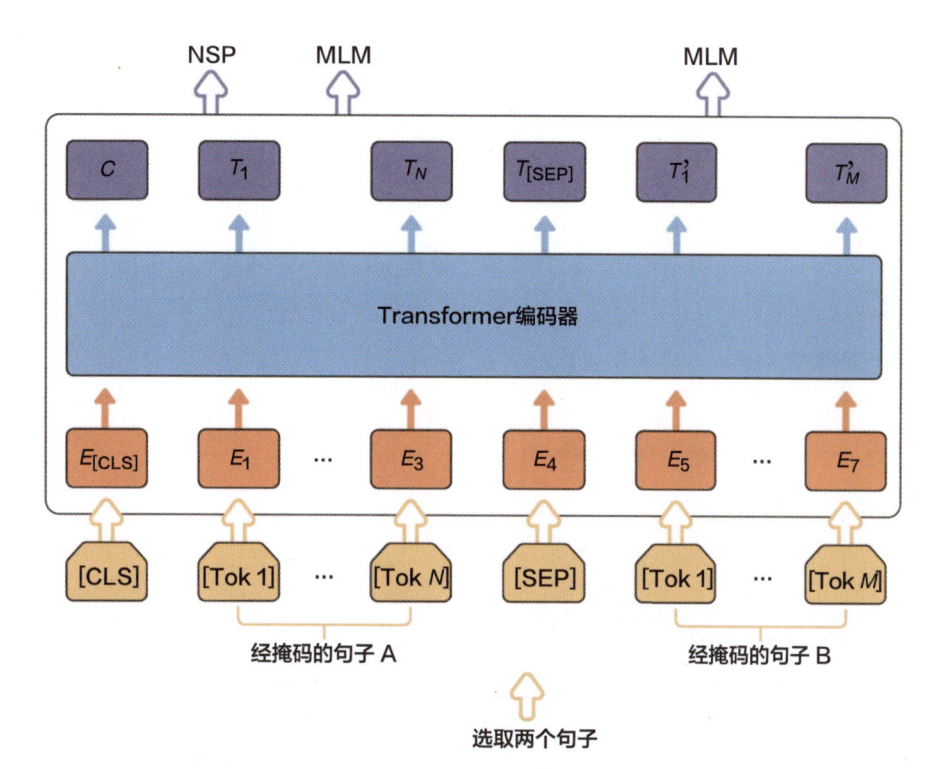

图 2.18　BERT 模型整体架构及训练方式[51]

（2）**下一句预测**（Next Sentence Prediction，NSP）：在 MLM 预训练任务中，模型可以通过上下文信息还原被掩盖的单词，从而学到具有上下文敏感性的文本表示。然而，对于像阅读理解和文本蕴含这类需要同时处理两段文本的任务，仅依靠 MLM 任务无法显式地捕捉文本之间的关联性。例如，在阅读理解中，模型需要同时对文章和问题进行建模，才能找到相关答案；在文本蕴含任务中，模型需要分析两段文本（如前提和假设）之间是否存在蕴含关系。为了解决这类问题，除了 MLM 任务，BERT 引入了第二个预训练任务：NSP 任务。NSP 任务的目的是判断两个句子是否相邻。具体来说，将两个句子输入模型，其中一个是前文，另一个是后文，然后让模型判断这两个句子是否紧密相关。通过该任务，模型能够学会理解句子之间的关系类型，如因果关系、转折关系等。具体步骤如下。

第 1 步：数据准备。BERT 的输入包括两个句子 (A, B)。在 50% 的情况下，句子 B 是句子 A 后的真实句子；在另外 50% 的情况下，句子 B 是从其他文档中随机抽取的句子。

第 2 步：预测任务：模型的任务是预测句子 B 是否为句子 A 的下一句。BERT 会输出一个二分类结果：是否为"下一句"。该任务通过最大化预测的正确概率进行：

$$\mathcal{L}_{\text{NSP}} = -\sum_j \log P(\text{is\_next}_j | A_j, B_j) \tag{2.107}$$

第 3 步：分段编码（Segment Embeddings）：为区分句子 A 和 B，BERT 使用了分段编码。句子 A 的标记被添加一个编码为 0 的向量，句子 B 的标记被添加一个编码为 1 的向量。这一编码使模型能够识别输入序列中的句子边界，学习不同句子之间的关系。

BERT 的训练目标是同时最小化 MLM 损失和下一句预测（NSP）损失。

$$\mathcal{L} = \mathcal{L}_{\text{MLM}} + \mathcal{L}_{\text{NSP}} \tag{2.108}$$

通过联合训练这两个任务，BERT 在无监督数据中学到了大量的上下文信息和句子关系知识，因此能够很好地适应包括文本分类、问答系统和语言推理在内的各种下游任务。

3. GPT 系列模型

与 BERT 不同，GPT（Generative Pre-trained Transformer）系列模型[2, 52-53] 是基于 Transformer **解码器**的生成型语言模型。解码器的优势在于，其单向结构使 GPT 系列模型在给定序列的前文信息时，可以顺序地生成下一个词，以自回归的方式逐步生成整个序列。GPT 系列模型的训练任务是一个标准的语言模型任务，即给定前文，预测下一个词。正是这种架构和训练方式，使 GPT 系列模型尤其适用于生成任务，如文本生成、对话系统等。具体而言，GPT 系列模型的训练目标是最大化每个位置的下一个词的条件概率，从而在无监督学习中掌握上下文的语言特征。假设训练数据为一个序列 $(x_1, x_2, \cdots, x_n)$，GPT 系列模型学习每个位置的条件分布 $P(x_i|x_1, x_2, \cdots, x_{i-1})$，使模型能够在给定前文的情况下预测下一个词。这一训练任务的损失函数为

$$\mathcal{L}_{\text{LM}} = -\sum_{i=1}^{n} \log P(x_i|x_1, x_2, \cdots, x_{i-1}) \tag{2.109}$$

在实际训练中，GPT 系列模型使用大量的文本数据，以无监督的方式进行预训练。通过语言模型训练任务，GPT 系列模型学习了丰富的上下文信息，并具备了自然语言生成能力。

图 2.19 展示了 GPT 系列模型的发展历程。随着 GPT-1 到 GPT-3 模型规模的逐步扩大，其语言理解和生成能力显著提升，从而在各类自然语言处理任务上取得了突破性进展，推动了大规

模预训练模型在业界的应用。此后，GPT-4 及后续版本进一步引入图像处理能力，实现了跨模态的文本与图像联合分析，扩展了模型的适用场景，并促进多模态 AI 技术快速发展。

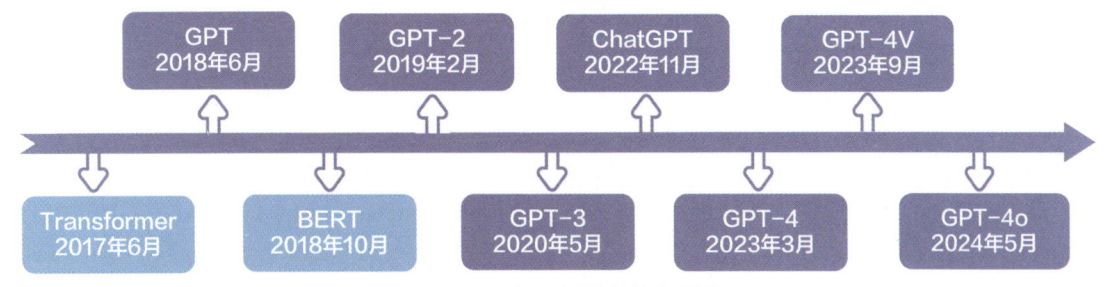

图 2.19　GPT 系列模型的发展历程

（1）GPT：首次展示了在大规模无监督预训练后进行微调的效果，其训练数据包括多样化的文本来源，涵盖了大量书籍和网站数据。模型通过逐步生成文本，展现出一定的语言理解和生成能力，这是基于无监督预训练和微调技术的一个显著进步。

（2）GPT-2[52]：GPT-2 显著扩展了模型的规模，参数量达到 15 亿。GPT-2 使用更大的文本数据集，提升了模型在理解、推理和生成方面的能力。与 GPT 相比，GPT-2 展现了更强的连贯性和一致性，在生成长文本及模仿人类写作风格方面表现出更加优越的性能。

（3）GPT-3[53]：GPT-3 拥有更为庞大的 1750 亿参数量，是 GPT-2 的 100 多倍。GPT-3 在模型规模和数据集方面实现了跨量级增长，这使它可以完成更复杂的任务，包括编程、问答、翻译等。另外，GPT-3 在少样本学习和零样本学习场景中表现出色，即在无须微调的情况下仅凭少量的示例便可以完成许多任务，这使 GPT-3 成为极具通用性和适应性的语言模型。

（4）ChatGPT：ChatGPT 是 GPT-3.5 系列中的一种模型变体，它通过对话格式进行训练，能够更好地进行多轮对话和互动。ChatGPT 的显著特点是针对人类用户的日常对话进行优化，尤其在内容过滤和响应安全性上有所增强。此外，ChatGPT 在生成回答时的上下文保持能力比之前的版本更强，通过微调和大量对话数据的训练，能够提供更自然和连续的对话体验，展示了对话系统的实际应用潜力。

（5）GPT-4：GPT-4 进一步提升了模型的多模态能力，可以处理文本和图像输入。与 GPT-3 相比，GPT-4 在理解复杂语境、进行逻辑推理及产生更具创意的输出方面有显著的进步。GPT-4 增强了跨领域的知识掌握和理解能力，适用于更广泛的任务，并在模型可靠性和一致性上进行了优化。同时，GPT-4 支持更大的上下文窗口，能够处理更长的输入文本，使模型在生成较长文本时具有更强的上下文关联能力。

（6）GPT-4V：GPT-4V 是 GPT-4 的一个扩展版本，增加了图像处理能力，允许用户通过图像输入进行交互。GPT-4V 不仅可以对文本进行处理，还能理解图像内容，为多模态应用场景（如图像描述、对象识别等）提供支持。这一能力使 GPT-4V 在教育、辅助工具、可视化信息提取等领域拥有更多应用场景，同时展示了跨越文本和视觉信息处理的潜力。

（7）GPT-4o：GPT-4o 是一个更为通用的多模态模型，具备处理文本、图像、音频和视频的能力，使 GPT-4o 成为真正的多模态交互模型。GPT-4o 的设计旨在全面提升人机交互体验，如在语音交流时能快速响应，接近人类对话的速度。GPT-4o 强调实时交互，并在语音理解和视频内容处理上表现出色，可用于更丰富和复杂的应用场景，模型不仅能进行文本生成，还能有效处理和理解各种形式的多媒体内容。

4. LLaMA 模型

OpenAI 公司的 GPT 系列模型在发布后，对业界产生了深远影响，促使众多科技公司加大对大语言模型的研究与投资，Meta 的 LLaMA[54]（Large Language Model Meta AI）正是其中的代表。与 GPT 系列相似，LLaMA 基于 Transformer 的解码器架构，并在此基础上进行了一系列改进，以提高模型的高效性和可扩展性。

LLaMA 的训练目标是深度理解文本中的语义和上下文信息，致力于提供一个高效、可扩展的语言模型。它推动了语言生成技术的进步，为业界提供了更多高质量的文本生成方案，同时促进了语言模型训练效率、资源消耗等方面的讨论。LLaMA 模型的预训练数据大约包含 1.4 万亿个 token，其中：7B 和 13B 版本使用了 1 万亿个 token 进行训练，33B 和 65B 版本则使用了 1.4 万亿个 token。对于大部分数据集，模型在训练过程中仅见过一次，唯有 Wikipedia 和 Books 两个数据集的内容见过两次。表 2.1 展示了 LLaMA 预训练数据集的比例和分布情况，其中涵盖 CommonCrawl、Books 等多个不同领域的数据。

表 2.1 LLaMA 预训练数据集[54]

数据集	数据占比	训练周期（个）	内存
CommonCrawl	67.0%	1.10	3.3 TB
C4	15.0%	1.06	783 GB
GitHub	4.5%	0.64	328 GB
Wikipedia	4.5%	2.45	83 GB
Books	4.5%	2.23	85 GB
arXiv	2.5%	1.06	92 GB
StackExchange	2.0%	1.03	78 GB

2.3.2 大语言模型核心训练技术

大模型的成功在很大程度上受益于其训练技术的进步，这将直接影响模型的泛化能力与适应性。随着技术的发展，研究人员提出了许多创新的训练方法与策略，以进一步提升模型的性能。这些技术不仅增强了模型在文本生成任务上的表现，也为多模态数据处理（如图像、文本、音频等的融合）搭建了坚实的框架。本节将介绍几种核心的训练技术，包括提示学习、上下文学习、微调策略、思维链，以及强化学习与人类反馈技术。

1. 提示学习

提示学习（Prompt Learning）是一种通过向模型提供自然语言提示（Prompt）以引导其生成特定输出的技术，其核心思想在于通过设计适当的提示，激发模型生成特定的结果，而无须对模型本身进行调整。下面，我们借助一个关于"情感分析"的例子来分析提示学习的大致过程。

如图 2.20 所示，我们首先构造一个合适的模板，即 "[x] 总之，它是一部 [z] 的电影。"，其中 [x] 表示输入内容，[z] 表示待预测的情感词汇。然后，在提示阶段，将输入句子"我喜欢这部电影。"填入模板并形成提示句，模型的任务是预测出合适的词来填充 [z]。在预测阶段，模型填入了"有趣"，得到完整句子"我喜欢这部电影。总之，它是一部有趣的电影。"。通过这样的学习方式，模型就可以将"我喜欢这部电影。"映射为积极情感，从而完成情感分类任务。从这个例子可以看出，提示学习涉及以下两个核心步骤。

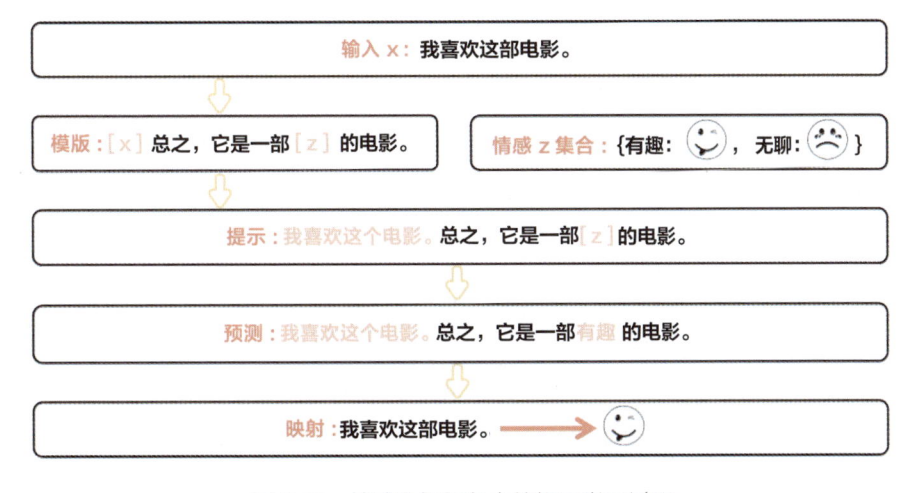

图 2.20　情感分析任务中的提示学习过程

（1）**设计提示**：提示可以是完整的自然语言句子，也可以是带有占位符或未填充的模板，分为硬提示（Hard Prompting）和软提示（Soft Prompting）两种。硬提示是指使用自然语言直接提供提示。例如，在文本分类任务中，可以使用"这个句子的情感是正面的还是负面的？"作为提示，引导模型生成答案。硬提示的优点在于简单、直观，可以直接用自然语言描述任务意图，但有时难以设计有效的提示。软提示不直接使用自然语言，而通过向量或特定的嵌入（embedding）来优化提示。这种方法通常需要结合一些微调过程，特别是在小样本场景中，能够为模型提供更加精确的指导。软提示的设计一般比较复杂，常用于少样本学习或在大规模训练中进一步调整模型的性能。

（2）**填充或生成答案**：模型根据提示生成相应的答案。大语言模型使用上下文窗口中的提示来推断所需的任务类型，并输出匹配的文本结果。这使得提示学习适用于问答、翻译、分类等多种任务。

2. 上下文学习

上下文学习（In-Context Learning, ICL）是一种让模型通过输入示例推断任务需求并生成相应的答案的方法，它允许模型通过给定的少量示例，理解并适应新的任务要求。这一特性极大地扩展了模型在不同任务中的适用性，并提高了模型在未知任务上的通用性。如图 2.21 所示的日期格式化任务，该任务将"年 – 月 – 日"格式的输入转换成"月！日！年"格式，其中年为四位数，月和日为两位数。

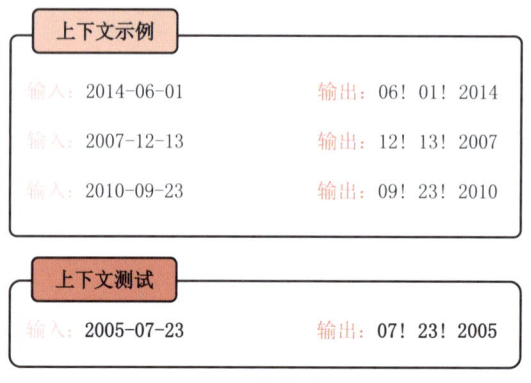

上下文示例

输入：2014-06-01　　　输出：06！01！2014

输入：2007-12-13　　　输出：12！13！2007

输入：2010-09-23　　　输出：09！23！2010

上下文测试

输入：2005-07-23　　　输出：07！23！2005

图 2.21　日期格式化任务

模型通过给出的三个示例理解任务需求，最终对待测试日期"2005-07-23"进行了正确的转换。上述例子很好地诠释了上下文学习的思想，即在给定一个包含示例和问题的输入时，模型能够利用这些示例推断出一种通用的模式，并将其应用于新的任务。当模型接收到输入格式为"示例输入—示例输出"的对齐方式时，便能够理解所给任务的格式和模式，然后根据这个模式生成相应的答案。因此，通过在输入中放置任务说明和少量示例，模型可以在推理阶段即时适应任务，而无须单独的训练过程。

上下文学习机制有以下几种模式。

（1）**零样本学习**（Zero-Shot Learning）：模型在没有任何示例的情况下完成任务。通常，用户仅提供一个指令或问题描述，模型基于其预训练知识和任务要求直接生成答案。

（2）**少样本学习**（Few-Shot Learning）：用户在输入中放置少量示例，以指导模型理解任务。模型通过分析这些示例来推断答案模式，从而在生成过程中匹配其输出。例如，给定"翻译任务"示例，模型可以生成新词汇的翻译。

（3）**多样本学习**（Multi-Shot Learning）：输入的示例数量较多，模型通过分析更多的模式和示例来提高对任务的理解。此模式适用于复杂任务，如逻辑推理或需要多个步骤才能完成的任务。

3. 微调策略

微调（Fine-Tuning）策略专注于让一个通用预训练模型适应特定的任务或应用场景。大规模预训练完成后，模型已经具备了广泛的语言理解和生成能力；微调阶段则通过在任务特定数据上的进一步训练，使模型对该任务表现得更精准。微调策略在构建高度准确且符合需求的语言模型中扮演了关键角色，从文本生成、问答系统到情感分析，微调策略使模型能够在多种实际应用中取得显著成果。微调策略大致可分为以下几类。

（1）**基础微调**：基础微调策略是对大模型进行"任务专属"的训练。预训练模型通常在大规模的通用文本上进行训练，以学习丰富的语言和知识表示。但在实际应用中，往往需要模型执行具体任务，如机器翻译、文本分类、信息提取等。基础微调策略通过在任务相关的数据集上继续训练模型，使其适应该任务的特点。在训练过程中，模型的权重会进一步调整，以匹配目标任务的特定语境和数据分布。

（2）**参数高效微调**（Parameter-Efficient Fine-Tuning, PEFT）：随着模型规模的增大，直接对全部模型参数进行微调可能会导致较高的计算和存储成本。为此，参数高效微调策略应运而生，它通过对模型的部分参数或附加小规模的参数层进行更新，实现高效的任务适应。

（3）**多任务微调**（Multi-Task Fine-Tuning）：多任务微调是一种旨在使模型在同一时间适应多个任务的策略。通过在多个任务的数据集上共同训练，模型能够学到不同任务之间的通用特征，同时保留每个任务的专属特性。这种策略通常用于处理任务之间有重叠的应用场景，如文本分类和情感分析、机器翻译和摘要生成。

（4）**顺序任务微调**（Sequential Task Fine-Tuning）：顺序任务微调用于训练模型在处理一系列相关任务时的能力。模型首先在一个任务上进行微调，然后使用已微调的模型作为初始模型，继续在下一个任务上进行微调。该策略特别适合需要顺序学习的任务场景，如语言翻译、语言生成、特定领域的文本分类。

4. 思维链

思维链（Chain-of-Thought，CoT）[55]使模型能够在复杂任务中逐步分解问题，构建逻辑性更强的推理路径。通过将任务拆解成一系列步骤来模拟人类思维过程，思维链能够帮助模型更系统地完成多步骤任务。此方法尤其适用于需要推理和决策的任务，如数学计算、逻辑推理、多步骤问答等。思维链的核心思想是在模型生成答案时引导其逐步构建推理过程，而不仅是给出直接答案。接下来，我们结合具体示例辅助讨论。

在如图 2.22（左）所示的标准提示中，模型通过输入直接预测输出。对于提示问题"小明手上原本有 5 个网球，后来他又买了 2 罐网球，每罐有 3 个网球。请问他现在一共有多少个网球？"，模型直接给出回答"11"。尽管答案是正确的，但缺少详细的推理过程。对于正式问题"餐厅原本有 23 个苹果，午餐时用了 20 个。接着又购入 6 个，现在还有多少个苹果？"，模型直接给出回答"27"。结果是错误的，因为它并没有逐步分析问题。而在如图 2.22（右）所示的思维链提示中，模型不仅提供了答案，还逐步记录了推理过程。对于提示问题，模型分步计算：小明起初有 5 个网球，然后购入 2 罐网球，每罐 3 个，共 6 个；5+6=11；因此最终答案为"11"。同样，对于正式问题，模型先确认餐厅原有 23 个苹果，午餐时用了 20 个，因此剩下 23−20=3 个；之后又购入了 6 个，总共 3+6=9；因此，模型给出正确答案"9"。由此可见，模型在输出中包含了中间推理步骤，其可以被形式化为

$$P(y \mid x) = \sum_{z_1, z_2, \cdots, z_n} P(z_1 \mid x) P(z_2 \mid z_1, x) \cdots P(y \mid z_n, x) \tag{2.110}$$

其中，$z_1, z_2, \cdots, z_n$ 是推理的中间步骤，x 是输入，y 是最终输出。这种方式确保模型能够通过多个推理步骤逐渐靠近正确答案，而不是仅依赖于直接生成。实现思维链的主要方法是在训练或推理过程中，利用带有中间推理步骤的示例来指导模型。这可以通过以下几种方式进行。

（1）**训练示例标注**：在训练数据中加入包含完整推理步骤的示例，向模型展示逐步推理的过程。例如，在数学题中，提供详细的计算步骤；在逻辑问题中，展示分解的推理路径。

（2）**提示工程**（Prompt Engineering）：通过设计提示词，引导模型按照特定格式生成输出。例如，可以提示模型回答问题时逐步给出推理过程："首先……接下来……因此……得出结论……"。这种提示词能够显著提升模型在多步骤问题上的表现。

（3）**自监督生成**：让模型先生成初步答案，然后对初步答案进行验证和进一步推理。例如，模型可以在生成每一步时根据前一步的输出自我检验，从而在推理过程中进行自我校准。

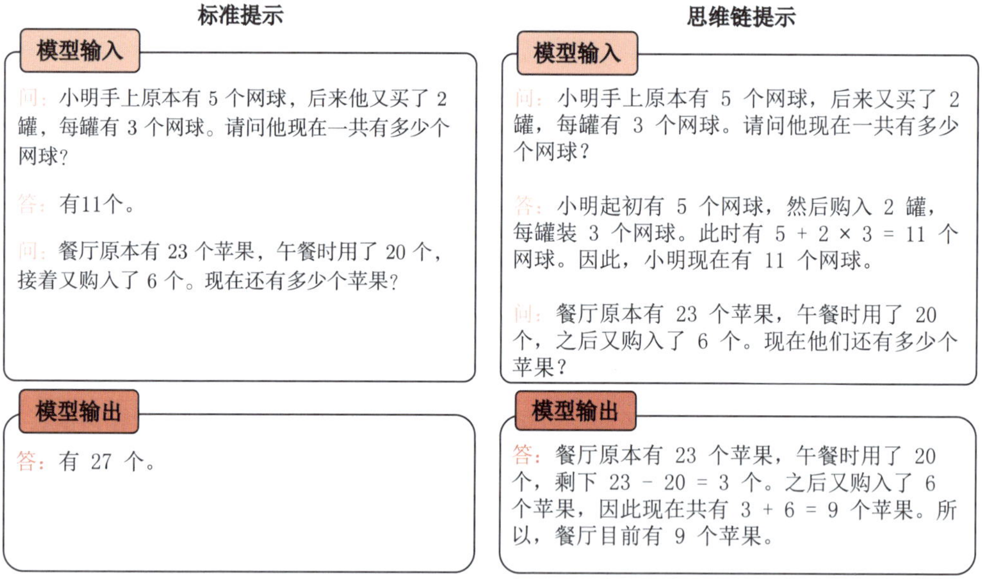

标准提示

模型输入

问：小明手上原本有 5 个网球，后来他又买了 2 罐，每罐有 3 个网球。请问他现在一共有多少个网球？

答：有 11 个。

问：餐厅原本有 23 个苹果，午餐时用了 20 个，接着又购入了 6 个。现在还有多少个苹果？

模型输出

答：有 27 个。

思维链提示

模型输入

问：小明手上原本有 5 个网球，后来又买了 2 罐，每罐有 3 个网球。请问他现在一共有多少个网球？

答：小明起初有 5 个网球，然后购入 2 罐，每罐装 3 个网球。此时有 $5 + 2 \times 3 = 11$ 个网球。因此，小明现在有 11 个网球。

问：餐厅原本有 23 个苹果，午餐时用了 20 个，之后又购入了 6 个。现在他们还有多少个苹果？

模型输出

答：餐厅原本有 23 个苹果，午餐时用了 20 个，剩下 $23 - 20 = 3$ 个。之后又购入了 6 个苹果，因此现在共有 $3 + 6 = 9$ 个苹果。所以，餐厅目前有 9 个苹果。

图 2.22　标准提示（左）与思维链提示（右）

5. 强化学习与人类反馈

强化学习与人类反馈（Reinforcement Learning from Human Feedback，RLHF）[56] 用于将人类反馈纳入模型优化过程，从而更好地调节模型输出，达到符合人类期望的表现。RLHF 结合了强化学习和人类反馈的优点，通过人类的直接指导，引导模型生成质量更高、更加符合道德规范和用户需求的输出。该方法被应用于诸如 OpenAI 的 ChatGPT 等大语言模型，使其在对话系统中生成更为自然、可靠且符合人类意图的响应。

RLHF 的核心是将人类反馈转化为模型的"奖励信号"，并利用强化学习算法调整模型的输出策略。具体而言，RLHF 训练过程通常分为三个主要阶段。

（1）**初始模型的预训练**：模型会在标准的数据集上进行监督微调，以初步掌握任务需求。这一阶段帮助模型生成合理的输出，奠定了模型对任务的基础理解。

（2）**基于人类反馈的奖励建模**：在此阶段，模型生成多个候选输出，由人类对这些输出进行质量打分（通常为 0-1 的评分或相对比较）。这些打分数据用于训练一个奖励模型（Reward Model），该模型学会根据输出质量打分，为生成过程中的每个输出提供"奖励值"。

（3）**通过强化学习优化模型策略**：使用强化学习算法，如近端策略优化（PPO）算法，以奖励模型为基础进行策略优化。具体来说，模型在生成输出时依据奖励模型的反馈逐步调整策略参数，以最大化预期奖励。这一阶段的核心是模型逐步学会生成人类反馈最优的输出，确保最终结果更符合用户预期。

综上所述，RLHF 通过最大化人类反馈的奖励函数来优化模型的策略：

$$\pi^* = \arg\max_{\pi} \mathbb{E}\left[\sum_t r_t\right] \quad (2.111)$$

其中，r_t 是人类反馈提供的奖励信号，π 是模型策略。

2.3.3 视觉与多模态基础模型

基础模型（Foundation Model）最早由 HAI（Stanford Human-Centered AI Institute）的 Bommasani 等人[57] 提出，表示一类具有普适性、通用性和强大迁移能力的模型，它们通过在大规模单一模态或多模态数据上进行预训练，学到丰富而通用的特征表达，可以广泛地应用于各类下游任务。这些模型通常具有巨大的参数量，并依赖大规模计算资源进行训练，以捕捉数据中的深层次模式和复杂关系。通过预训练，基础模型能够在特定任务上快速微调或直接应用，展现出超越专用模型的性能和灵活性，为跨领域、多任务的应用奠定了基础。本节将介绍几种典型的基础模型，以帮助读者更全面地了解这些模型的特性和应用，建立对这一类模型的清晰认知。

1. 视觉基础模型初探：ViT

Transformer 在语言任务中的成功凸显了其注意力机制的强大性能。受此启发，研究人员将自注意力机制引入视觉领域，催生了 Vision Transformer（ViT）[58] 以探索其在图像处理任务中的潜力。ViT 主要用于视觉任务，如图像分类、目标检测和图像分割，其结构如图 2.23 所示。ViT 将图像划分成固定大小的块，并将这些块作为序列输入，从而捕捉图像的全局特征，特别关注图像中不同区域之间的关系。与传统的 CNN 逐层卷积提取特征不同，ViT 通过自注意力机制在图像块之间建立长距离关联，实现了对图像的全面理解。在大规模数据集上进行训练后，ViT 在图像分类任务中表现出显著优于传统 CNN 的性能。同时，ViT 的架构具有很强的可扩展性，通过适当微调，还能支持其他视觉任务，如目标检测和语义分割。如今，ViT 已成为计算机视觉领域极具潜力的基础模型之一。

ViT 的预训练依赖大规模图像数据集进行，数据集主要包括 ImageNet[59]、JFT-300M[60] 和 YFCC100M[61]。这些数据集不仅在规模上远超传统视觉数据集，还在类别多样性和图像内容的复杂性方面具备显著优势，为 ViT 提供了丰富的视觉信息源，帮助其在无监督或弱监督的情况下有效地学习图像特征。其中，ImageNet 是计算机视觉领域的基准数据集，其标准版本（ImageNet-1k）包含约 120 万张图像和 1000 个类别，而更大规模的版本 ImageNet-21k 拥有约 1400 万张图像和 21,000 个类别。JFT-300M 是谷歌的内部数据集，包含约 3 亿张图像和 18,000 个类别，涵盖了更为广泛的视觉概念。YFCC100M 数据集（Yahoo Flickr Creative Commons 100 Million Dataset）由超过 1 亿张来自 Flickr 平台的图像和视频组成，内容涵盖日常生活中的场景和活动。尽管 YFCC100M 的标签质量不及 ImageNet 和 JFT-300M，但其丰富的内容和场景多样性使 ViT 能够学习到广泛的视觉概念，从而更好地应对现实世界中的变化和复杂场景。

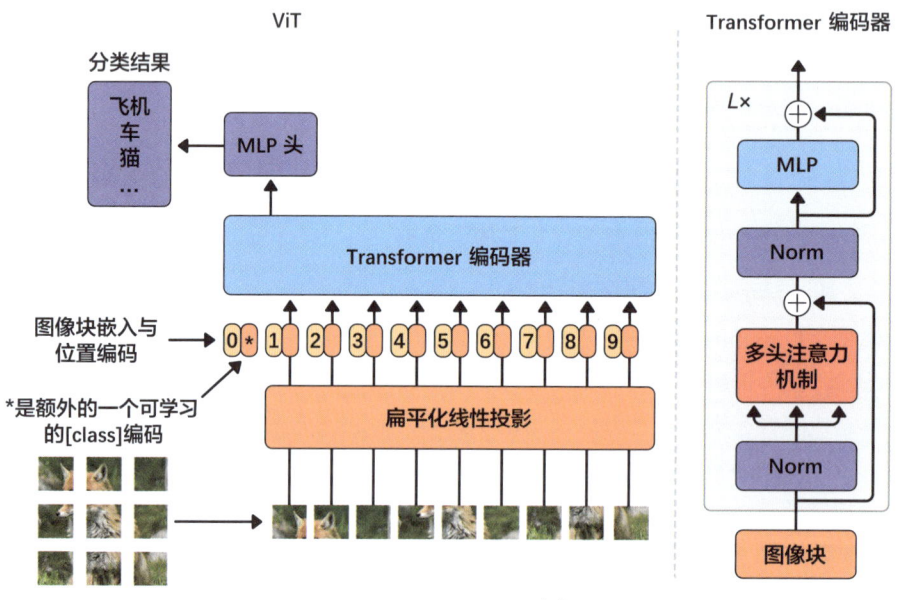

图 2.23　ViT 的结构[58]

在预训练过程中，ViT 采用了自监督学习和有监督学习相结合的方法，主要通过图像分类任务进行训练。具体而言，ViT 将输入图像划分成固定大小的图像块（patch），然后将每个图像块嵌入向量空间，形成向量序列，接着通过 Transformer 层对这些向量序列进行特征提取和全局信息交互。在预训练阶段，ViT 的核心任务通常是通过监督学习进行图像分类，即通过大量有标签的数据集，让模型学习和识别图像中不同类别的判别性特征，并利用这些特征对新图像进行准确的分类。除了图像分类任务，ViT 的预训练还可以借助一些自监督任务来增强模型的表现。例如，Masked Image Modeling（遮挡图像建模）是一种常用的自监督方法，它类似于 BERT 中的 Masked Language Modeling。具体来说，ViT 可以在输入图像中随机遮挡一些图像块，并让模型预测被遮挡部分的内容。通过这种方法，模型不仅能够学会理解图像的局部特征，还可以通过上下文信息来推测图像的整体结构，从而增强其全局信息捕获能力。另一种自监督方法是对比学习（Contrastive Learning）。这种方法让模型学习图像块之间的相似性和差异性。在这种任务中，ViT 会接受两种输入：一个是原始图像的不同视角或数据增强后的版本；另一个是不同图像的版本。模型通过对比这些图像块，学习如何将相似的图像块映射到距离较近的向量空间中，而将不相似的图像块映射到距离较远的向量空间中。对比学习可以帮助模型更好地捕捉图像中的判别性特征，并提升其在没有标签的情况下学到的特征表示质量。

通过以上多种任务的结合，ViT 能够更好地利用无标签数据的丰富信息，从而具备更强的鲁棒性和泛化能力。这些自监督预训练任务使 ViT 能够在无监督数据上学到多层次的图像表示，提高了其在多种下游任务中的表现力。

2. 用于图像分割的视觉基础模型：SAM

SAM（Segment Anything Model）[62] 的目标是为图像分割构建一个基础模型，从图像中识别出任何对象，并实现精准的分割。通过在大规模图像数据集上的预训练，SAM 获得了自动分割任意对象的能力，极大地提升了模型的灵活性。SAM 的架构高度灵活，可以直接应用于多种下游任务，如物体检测、场景理解和图像编辑等。

如图 2.24 所示，SAM 主要基于 Transformer 视觉模型，主要包含以下三个组件。

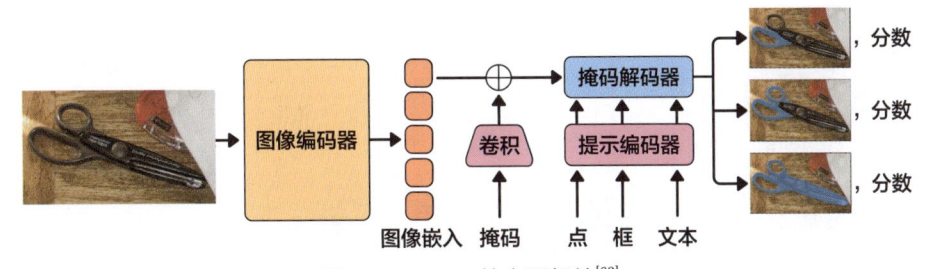

图 2.24　SAM 的主要组件[63]

（1）**图像编码器**：SAM 借鉴了可扩展且强大的预训练方法，使用基于掩码自编码器预训练的 ViT，经过微调后能够适应高分辨率的输入。图像编码器对每张图像执行一次处理（可在使用提示模型之前完成）。

（2）**提示编码器**：SAM 包含两类提示，分别是稀疏提示（如点、框、文本）和密集提示（如掩码）。提示编码器包括位置编码和自由文本编码：位置编码用于表示点和框，与每类提示的学习嵌入相结合；自由文本则通过 CLIP 中的文本编码器进行嵌入。对于密集提示，使用卷积嵌入并与图像嵌入元素逐一相加。

（3）**掩码解码器**：掩码解码器将图像嵌入、提示嵌入及输出的 token 高效地映射为掩码。受文献启发，SAM 对 Transformer 解码器模块进行了修改，增加了动态掩码预测头。解码器块分别通过提示自注意力和交叉自注意力在两个方向（从提示嵌入到图像嵌入，以及反向）上更新所有嵌入。经过两个 Transformer 解码器模块，SAM 提供了更精准的结果。对图像嵌入进行上采样，并使用多层感知器将输出 token 映射到动态线性分类器，然后在每个图像位置计算掩码前景概率。

SAM 的预训练任务旨在通过提示工程完成不同的下游分割任务，以构建分割基础模型。SAM 首先定义一个多样化的任务集合，这些任务通过提示（如前景/背景点、框、掩码等）对图像内容进行分割。该模型要求在接受任何提示时都能生成与提示相关的、有效的分割掩码。例如，如果提示涉及多个对象，SAM 就需要确保至少有一个对象的分割符合提示要求。该设定类似于自然语言模型中的对提示生成连续回应的需求，目的是提升模型在零样本（Zero-Shot）场景中的适用性，使 SAM 在不同的分割任务中通用化。在预训练过程中，SAM 通过一系列提示对每个训练样本生成分割掩码。模型会将预测的分割掩码与实际结果进行对比，并根据实际的分割结果修正预测。SAM 与交互式分割的不同之处在于，交互式分割通常需要充分的用户输入以逐步生成最终的分割结果，而 SAM 旨在通过提示快速生成有效的分割。此流程确保 SAM 在不同的提示情况下，尤其在模糊提示下，仍能提供准确的分割掩码，并结合自动注释功能，提升数据引擎的自适应性。

3. 面向视频的视觉分割基础模型：SAM2

SAM 作为基础模型，主要实现了单帧图像分割。它依靠用户提供的提示生成目标对象的分割。然而，在视频场景中，SAM 面临较大挑战，原因在于它无法在连续帧之间保持分割的一致性。为了克服这一缺陷，SAM2[64] 应运而生。通过引入如图 2.25 所示的新的记忆模块和多帧处理机制，SAM2 在连续帧分割方面更高效，能够保持帧之间分割的连续性和一致性。

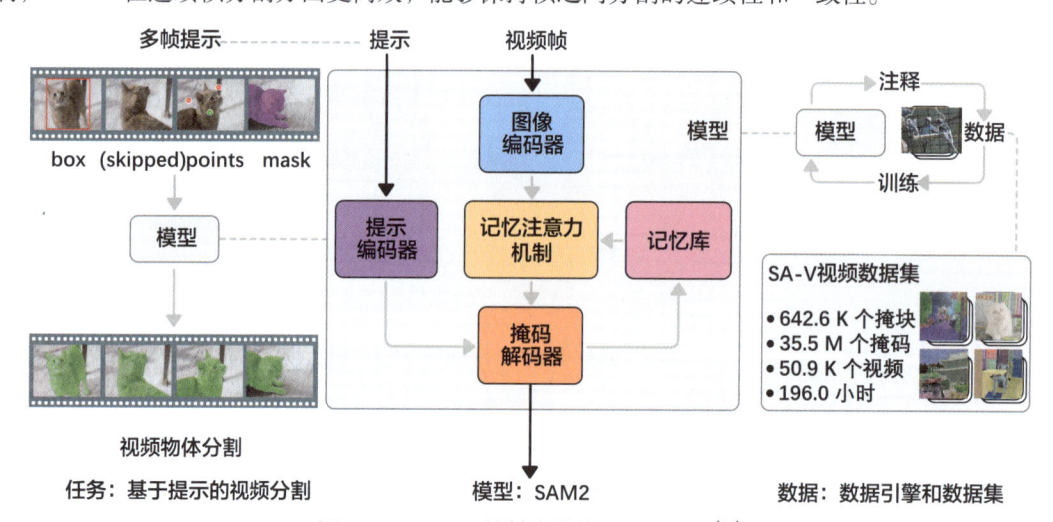

图 2.25 SAM2 的基本结构及训练方式[64]

具体而言，SAM2 的记忆模块在视频分割过程中通过存储和管理前一帧的分割信息构建了一个记忆库（Memory Bank），并通过记忆注意力（Memory Attention）机制调用这些信息，从而在后续帧中帮助模型识别和精确分割目标对象。即使目标对象在视频中被遮挡或位置发生变化，该机制也能确保分割效果的稳定性。由此，SAM2 大幅减少了用户交互需求：用户仅需在模型产生误差时提供少量提示，记忆模块即可自动传播分割信息到后续帧。这种自动化使整个视频分割过程更高效且准确。SAM2 的推出，标志着分割模型从单帧静态场景向多帧动态场景进化。通过引入记忆库和记忆注意力机制，SAM2 有效降低了视频分割中重复交互的需求，使用户能够在提示最少的情况下实现视频中目标对象的全面分割。对于需要长时间追踪同一对象的视频场景，SAM2 不仅在分割效率上优于 SAM，也显著提升了用户体验。

为了训练其记忆模块，SAM2 采用了大规模的 SA-V[64] 视频数据集。该数据集包含 642,600 个掩块（masklet）、3550 万个掩码和 50,900 个视频，总时长达 196 小时。丰富的视频帧和掩码片段为 SAM2 提供了多样化的训练场景，使其能够学习如何在不同帧之间有效存储和传递分割信息，从而更好地应对视频分割任务中的各种复杂性。通过在如此大规模的数据集上进行训练，SAM2 显著提升了在多样化场景中的泛化能力。无论是处理不同形状和运动模式的对象，还是应对光照变化和场景变动，SAM2 都能表现出较强的鲁棒性和灵活性。

4. 视觉和语言的大规模对齐：CLIP

CLIP（Contrastive Language-Image Pretraining）[19] 是一种用于视觉和语言多模态任务的模型，能够对图像和文本进行联合学习，从而在图像和语言之间建立语义关联。通过将图像和文本对作为输入，CLIP 学会将图像和对应的描述映射到同一个特征空间中，使具有相似含义的图像和文本在特征空间中的距离更近。通过在大规模图文配对数据集上的对比学习，CLIP 能够捕捉到图像和文本之间的广泛语义关系，并在图像检索、图像生成和跨模态检索等任务中表现出色。此外，CLIP 的架构具有高度的灵活性，可以直接应用于各种下游视觉和语言任务，具备跨任务迁移能力。因此，CLIP 被认为是视觉和语言多模态领域的一个重要突破，推动了多模态理解和生成任务的发展。

CLIP 的预训练数据集通常包含亿级的图像—文本对，如 OpenAI 使用了包含 4 亿对图像—文本数据的专门数据集。通过这样的大规模数据集，CLIP 能够学到不同图像与其文本描述之间的关系。匹配的图像—文本组合都会被视为正样本，不匹配的图像—文本组合则被视为负样本。

如图 2.26(a) 所示，CLIP 的核心任务是多模态对比学习，即令图像与文本匹配。在预训练过程中，CLIP 的图像编码器（如 ViT）将图像处理为视觉嵌入向量，文本编码器（如 Transformer）将文本转化成语义嵌入向量。这些嵌入向量通过对比学习进行优化，即模型将匹配的图像和文本的嵌入向量拉近（令其在嵌入空间相似），而将不匹配的图像和文本的嵌入向量推远。整个过程对应如下损失函数：

$$L_{\text{CLIP}} = \frac{1}{2}(L_{\text{image}} + L_{\text{text}})$$

$$L_{\text{image}} = -\frac{1}{N}\sum_{i=1}^{N}\log\frac{\exp\left(\text{sim}(I_i, T_i)/\tau\right)}{\sum_{j=1}^{N}\exp\left(\text{sim}(I_i, T_j)/\tau\right)} \quad (2.112)$$

$$L_{\text{text}} = -\frac{1}{N}\sum_{i=1}^{N}\log\frac{\exp\left(\text{sim}(T_i, I_i)/\tau\right)}{\sum_{j=1}^{N}\exp\left(\text{sim}(T_i, I_j)/\tau\right)}$$

其中，$\text{sim}(I_i, T_j)$ 表示图像 I_i 和文本 T_j 的余弦相似度；τ 为温度参数，用于控制对比损失的平滑性；最终损失 L_{CLIP} 是图像损失 L_{image} 和文本损失 L_{text} 的平均值。通过这种方法，CLIP 可以将视觉特征映射到与文本特征一致的语义空间中。CLIP 的一个显著优势是其零样本预测能力，如图 2.26(c) 所示，模型无须特定数据，只进行微调即可执行该任务，原因在于 CLIP 不仅学习了视觉特征，还将其自然语言进行了关联。这意味着，CLIP 能够利用预训练的标签文本集创建一个如图 2.26(b) 所示的数据集分类器，然后根据描述性文本（如"猫"或"穿着蓝色衬衫的人"）直接在图像集中找到最匹配的图像，而不需要再进行任务特定的微调。零样本预测的实现基于对比学习过程中积累的图像和文本的嵌入关系。对于一个未见过的任务（如识别特定动物），CLIP 可以通过对任务的文本描述和待分类的图像进行嵌入比较来选择最相似的选项。

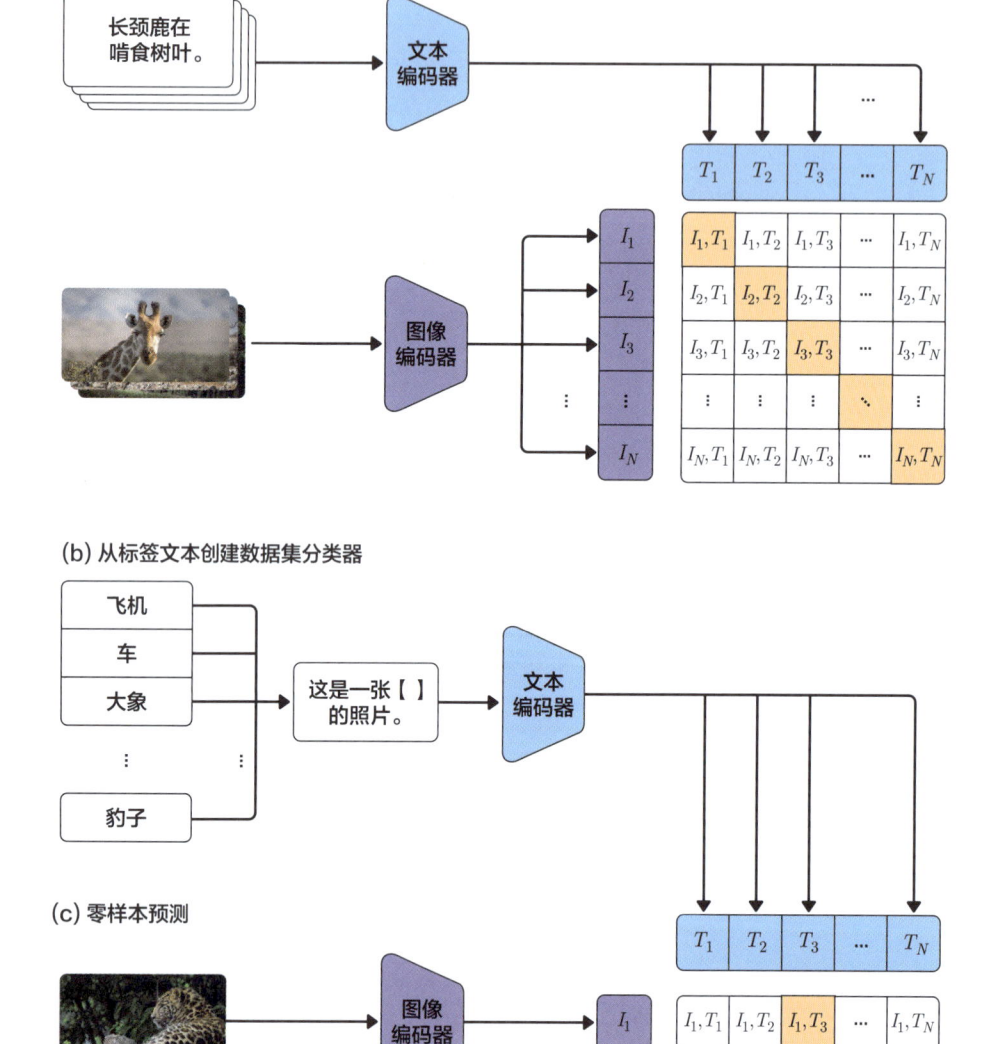

图 2.26　CLIP 的训练及推理流程[19]

第 3 章 感知与环境理解

在具身智能领域，感知与环境理解是智能体与外界环境交互的基础能力。感知涉及通过各种传感器（视觉、触觉、听觉、本体等）获取外部环境的信息，环境理解则将这些感知数据转化为对环境的结构、动态及交互潜力的内在表示。通过对感知数据的处理，智能体能够识别物体、理解空间结构、推断其他智能体的意图，并做出相应的决策和动作，从而完成复杂的具身任务。

具身任务中的感知与环境理解不仅包括静态场景中的物体识别，还包括动态环境下对目标物体的跟踪、自我运动的感知、多智能体的交互理解，以及物体操作时的可供性判断。这种全方位的环境感知是具身智能能够执行自主行为、计划高层次任务及与人类合作的关键。

在本章中，我们将详细介绍感知与环境理解在具身智能中的重要性，并分析其在不同任务场景中的具体应用。具体来说，本章将涵盖以下内容。

（1）**视觉感知任务**：视觉感知是智能体获取外部环境信息的主要手段之一。该部分将介绍三维物体检测与识别、三维视觉定位、物体姿势估计及物体可供性识别，重点介绍经典算法及前沿技术。

（2）**触觉感知任务**：触觉感知是指通过物理接触获取环境信息的能力，它在具身智能任务中扮演着至关重要的角色。该部分将重点介绍如何直接通过触觉传感器进行物体识别与滑移检测。

（3）**听觉感知任务**：除视觉、触觉外，智能体还依赖听觉与环境交互。该部分将深入探讨通过听觉进行声音源定位、语音识别、语音分离等任务的实现方式。

（4）**本体感知任务**：本体感知涉及智能体对自身状态的感知，包括位置、姿势、关节角度等信息。该部分将分析常见的本体感知方法，特别是在机器人运动控制中使用的技术。

通过本章的学习，读者将掌握在具身智能中感知与环境理解的基础知识及其相关的前沿研究，理解这些技术在现实应用中的重要性与面临的挑战。

3.1 视觉感知

视觉感知是指通过摄像头或其他视觉传感器（如雷达、深度相机等）获取环境信息的能力，它在具身智能任务中起着核心作用。视觉感知的目标是感知场景物体信息，如物体的位置、形状、颜色、纹理、运动轨迹等，在导航、目标识别、环境建模等场景中具有关键价值。

在具身智能中，视觉感知是机器人的"眼睛"，它使机器人能够"看见"场景中的物体，为其提供精确的信息，是机器人后续理解、操作和决策的基础。通过视觉感知，智能体能够快速适应不断变化的环境，提升任务的效率和灵活性。同时，视觉感知也可以与其他传感器有效协作，如：

在抓取任务中与触觉感知协作，根据物体的刚性施加操作；在遮挡环境中与听觉感知协作，判断周围物体的位置等。

3.1.1 视觉传感器及其特性

视觉传感器是一类用于捕捉和处理光学信号的传感设备，通过将光线转换为电信号，使机器或设备能够进行图像分析和环境感知。现代视觉传感器技术结合了成像技术、激光测距、深度感知等前沿手段，显著提升了空间感知的精度和环境适应性，同时实现了更高的分辨率和计算效率，以应对复杂的视觉感知需求。随着具身智能相关研究的发展，智能体对环境的多模态感知能力要求增加，其中视觉传感器无疑提供了最为丰富的信息，可以帮助智能体更加有效地识别、理解、分析自身所处的复杂环境。视觉传感器在自动驾驶、智能机器人、无人机等实际应用场景中发挥着关键作用。

（1）**摄像头**的核心工作原理基于光学成像，它通过镜头将外界的光线聚焦在图像传感器上（通常是 CCD 或 CMOS 传感器）。图像传感器将光信号转化为电荷，再由电荷—电压转换电路将这些电荷转换为电压信号。最终，这些电信号被进一步处理，生成数字图像。摄像头可以捕捉环境的颜色、纹理和光强度，生成高分辨率的二维图像。

- **优点**：成本低，技术成熟，能够捕捉高分辨率的图像信息；可以处理多种视觉场景（包括彩色和黑白成像），可以提供场景或物体的丰富的外观信息。
- **缺点**：只能获取二维图像，缺乏深度信息，难以感知物体的三维结构；受限于光照条件，在低光或强光环境下表现不佳。

（2）**激光雷达**的工作原理基于"飞行时间"（Time of Flight，ToF）技术，它发射脉冲激光束，激光束撞击物体后反射回来，传感器计算激光从发射到接收的时间差，这个时间差与激光脉冲的速度（光速）成正比，可以用来推算物体的距离。通过快速旋转的激光发射器，激光雷达能够在短时间内扫描周围环境并生成精确的三维点云图，每个点云数据点均包含三个坐标值 (x, y, z)，表示该点在三维空间中的位置。

- **优点**：精度高，能够提供精确的距离和三维结构信息，适合用于自动驾驶和机器人避障；对动态环境的感知能力强，能够在远距离下获取准确的数据。
- **缺点**：价格高，体积大；有些型号的激光雷达生成的点云较为稀疏，测距准确性容易受到雨、雾、尘等天气条件的干扰；对数据处理要求高，需要强大的计算能力。

（3）**深度相机**的设计原理依赖对相机和物体间距的测量，常见的技术有结构光和飞行时间。结构光深度相机通过向物体投射特定的红外光图案，计算光投射图案的变形来推算距离。飞行时间深度相机则直接测量光脉冲从发射到返回的时间，类似于激光雷达，但应用距离近。通过这些方法，深度相机能同时捕捉场景的二维颜色信息、三维深度信息和在三维空间中的位置。

- **优点**：能够同时获取二维图像和深度信息，对复杂的三维结构具有较高的感知能力。
- **缺点**：容易受到强光或反射物体的干扰，特别是在室外阳光下性能下降；测量范围有限，深度和精度随距离增大而下降；成本较高。

（4）**事件相机**是一种"事件驱动"传感器，其工作原理与传统相机不同。

事件相机的每个像素都是独立运行的，并且持续监控其视场中的亮度变化。当某个像素检测到亮度变化超过预设的阈值时，它会立即记录这一变化，即生成一个"事件"。这个设计极大地提高了时间分辨率（通常在微秒级），使它能够实时跟踪快速运动的物体，且不受传统相机帧速率的限制。因为事件相机仅在检测到变化时输出数据，非变化区域的像素不会输出冗余信息，所以，事件相机具备极高的时间分辨率，能够在传统帧率无法捕捉的动态场景下实时记录变化。传统相机即使采用高帧率，也会生成大量静止帧，而事件相机的这种稀疏数据输出大幅减少了不必要的数据冗余，并且由于每个事件都携带时间信息，它可以精准地捕捉动态场景中的微小变化。

- **优点**：时间分辨率极高，能够捕捉高速移动的物体而无运动模糊；数据处理效率高，适用于快速动态场景；功耗低，适合实时应用。
- **缺点**：输出数据格式与传统图像不同，需要特殊处理算法；在静态场景中表现不佳；成本较高。

3.1.2 三维物体检测与识别

三维物体检测与识别（3D Object Detection and Recognition）在具身智能应用中具有重要的意义，它是具身系统理解和具身视觉感知的核心任务之一。三维物体检测与识别的主要目标是从复杂的三维环境中识别并定位特定类别的物体。通过在三维空间中检测物体，具身系统能够建立对环境的精确理解，从而作为决策、导航和操控的基础。与传统的二维物体检测不同，三维物体检测不仅需要在三维空间中定位物体，还需要处理物体的深度、大小、位姿等复杂属性。这要求系统具备对点云、RGB 图像等多模态数据的高效处理能力，并且在物体遮挡、光照变化等复杂场景中保持高鲁棒性。对三维空间的深入理解使自主系统能够在更真实、更动态的环境中做出合理决策。

从技术层面看，三维物体检测的挑战在于如何从点云数据中高效提取稀疏且高维的三维数据特征，并在复杂场景中进行多尺度、多视角的物体分析。这不仅包括对物体本身的识别，还包括理解物体之间的相对位置关系，以及物体与环境之间的交互。例如，在机器人导航和自动驾驶中，精确的三维物体检测能够帮助系统识别并规避障碍物、理解道路环境，从而实现安全、高效的自主行动。三维物体检测作为具身智能的基础任务，为机器人、无人机、自动驾驶等应用场景提供了核心技术支撑，使其能够在三维世界中感知、推理并做出决策。

下面将根据模型对点云和多模态数据的处理，分别介绍典型的基于点（Point-based）、基于体素（Voxel-based）、基于 Transformer 的方案，以及基于视锥（Frustum）的多模态处理方案。

1. 点云检测初探：PointNet

PointNet[65] 是一个经典的基于点的三维物体识别与分割模型，其算法框架如图 3.1 所示，其核心目的是直接将纯点云位置信息作为输入，输出为整个点云的类标签（Classification）或者每个点的标签（Semantic Segmentation）。PointNet 可以直接输入无序点云，从而避免传统方法依赖将点云数据网格化或体素化带来的数据量爆炸和分辨率损失问题，因此对深度学习点云处理产生了巨大的影响。

1）算法框架

如图 3.1 所示，PointNet 的算法框架可以实现分类任务和分割任务，这两个任务的处理方法和大体思路类似，其核心都是学习点云特征的过程；不同点在于分类网络采用全局特征（Global Feature），而分割网络采用基于点的特征（Point Feature）。

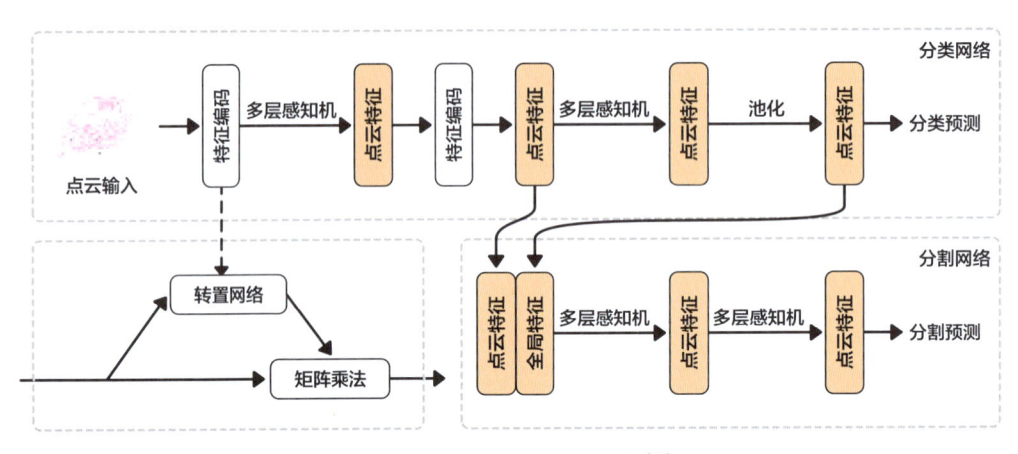

图 3.1 PointNet 的算法框架[65]

2）关键算法设计

PointNet 对点云特征的处理主要考虑点云数据的 3 个典型性质：无序性、点集之间的交互性，以及变换不变性。

（1）无序性：由于点云数据为点的集合，既使重排一遍所有点的输入顺序，表示的也是同一个点云数据，所以网络的输出应该相同。

（2）点集之间的交互性：临近的点一般都属于某个有意义的子集。

（3）变换不变性：对点云进行某些变换，如仿射变换等，不会改变点云的类别。

基于以上性质，PointNet 在提取数据特征时进行了相应的处理。

对称函数：PointNet 采用对称函数（Symmetry Function）处理点云特征，它的特点是对输入点云的顺序不敏感，如取最大值、求和等。具体地，假设点云中的点集为 $P = \{p_i\}_{i=1}^n$，分类特征可以写作

$$f(\{p_1, p_2, \cdots, p_n\}) \approx g(h(p_1), h(p_2), \cdots, h(p_n)) \tag{3.1}$$

其中，$h(p_n)$ 为特征提取函数，g 为对称函数，PointNet 分别采用多层感知机和最大池化（Max Pooling）方法。

局部和全局特征聚合：实际上，对称函数的聚合操作已经得到了全局的信息，进一步地，PointNet 在分割网络中将点的局部特征向量与全局特征向量串联起来，可以让每个点都感知到全局的语义信息，即局部和全局特征聚合。

联合对齐网络：PointNet 引入旋转网络（T-Net），得到一个旋转矩阵，将所有的输入点集对

齐到统一的点集空间。同时，将正则化项添加到训练损失中，即将特征变换矩阵约束为接近正交矩阵（因为正交变换不会丢失输入中的信息），进而使优化更稳定，且模型获得了更好的性能。正则化项损失为

$$\mathcal{L} = \|\boldsymbol{I} - \boldsymbol{A}\boldsymbol{A}^{\mathrm{T}}\|_{\mathrm{F}}^{2} \tag{3.2}$$

其中，$\boldsymbol{I}$ 为单位矩阵，$\boldsymbol{A}$ 为 T-Net 训练得到的旋转矩阵。

3）算法优势

PointNet 作为首个直接处理点云的深度学习模型，为三维数据处理领域带来了革命性的改变。它通过一种简单而有效的方式，解决了点云无序性等问题。在保持算法高效性的同时，PointNet 为各种三维感知任务提供了强有力的技术支持，并为后续研究打下了重要基础。

2. 增强局部感知：PointNet++

PointNet++[66] 借鉴了 CNN 的思想，通过先把点云划分成具有重叠部分的局部区域，在局部区域中使用 PointNet 提取局部特征，然后扩大范围，在局部特征的范围内再次提取更高层次的特征，直到提取点云的全局特征。基于这种思想，PointNet++ 增强了对局部结构信息的整合能力。

1）算法框架

如图 3.2 所示，PointNet++ 采用编码—解码（Encoder-Decoder）结构。编码器是一个采样的过程，通过多层集合抽象化（Set Abstraction）对数据进行局部到全局的采样。解码器分为分类解码器和分割解码器。分类解码器比较简单，先将编码器获得的全局特征经过一个 PointNet 降维，再通过多层感知机获得分类预测。分割解码器相对复杂，需要通过插值的方法将点云的特征恢复到与输入时相同的分辨率，再通过一个 PointNet 获得每个点的类别。

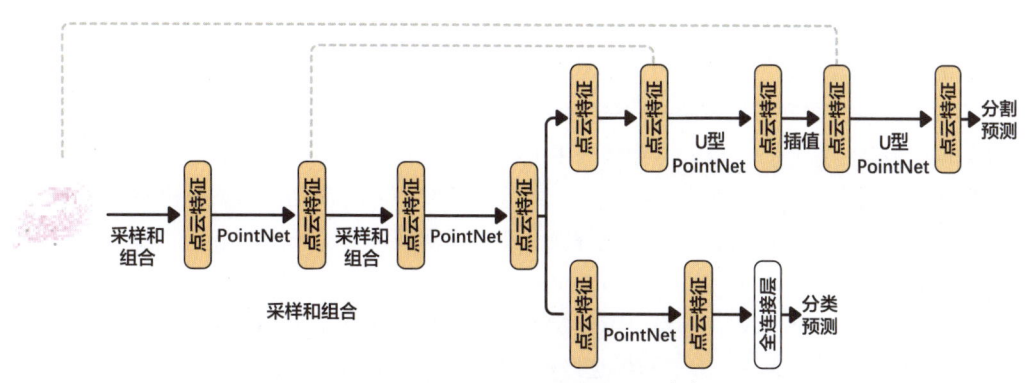

图 3.2 PointNet++ 的算法框架[66]

2）关键算法设计

为了提取点云数据的局部特征，PointNet++ 采用采样处理的方法处理不同的邻接点云子集。该算法的核心设计为基于集合抽象化的特征学习过程，包括以下模块。

采样层（Sampling）：激光雷达单帧的数据点可达 10 万个，如果对每个点都提取局部特征，则计算量太大。因此，作者对数据点进行下采样并计算每个采样点的特征。PointNet++ 采用的采样方法是最远点采样（Farthest Point Sampling，FPS），即每次采样都选取距离已采样点最远的点作为新的采样点，直至已采样点达到阈值。相对于随机采样，该方法能够更好地覆盖整个采样空间。此时，PointNet++ 可以得到多个采样点，由 $N \times (d+C)$ 下采样为 $N_1 \times (d+C)$。其中，N 为原始点云中点的个数，$N_1 < N$ 为采样点的个数，$d = 3$ 为点的维度（x、y 和 z），$C = 0$ 为其他特征（如法向量等）维度。

组合层（Grouping）：组合层是以每个采样点为中心，并通过近邻搜索的方式确定其 K 个邻点，共同组成一个局部邻域，得到 $N_1 \times K \times (d+C)$ 的组合，从而利用周围点提取采样点的特征。寻找邻域的过程一般采用 K 近邻搜索（KNN）或者半径临域搜索（Query Ball Point）方法，前者找 K 个坐标空间最近的点，后者手动划定某一半径，寻找该半径球内的点作为邻点。PointNet++ 采用后者方案获得了更好的性能。

特征提取层（PointNet Layer）：特征提取层采用 PointNet 对组合层给出的不同局部进行特征提取来得到局部特征。对于多个组合 $N_1 \times K \times (d+C)$，经过特征提取得到 $N_1 \times (d+C_1)$ 的特征。值得注意的是，虽然组合层给出的不同局部可能由不同数量的点构成，但是通过 PointNet 后都能得到维度一致（C_1）的特征。

3）算法优势

相比于 PointNet，PointNet++ 通过其分层特征提取和对非均匀采样密度的适应性，提升了对局部特征的理解能力，显著提高了对点云数据的处理能力，使其在三维对象分类、分割和识别等任务上表现出色。

3. 将点云转化为体素：VoxelNet

VoxelNet[67] 是另一个经典的三维物体检测算法，它通过将点云体素化（Voxelization）来处理无规则的三维点云数据。体素化方法的核心思想是将三维空间划分成均匀的网格单元（体素），从而将不规则的点云数据转化为结构化的三维体素网格，使常规的卷积操作能够在三维数据上进行特征提取，最终将这些特征输入神经网络中进行分类和回归。VoxelNet 能够在三维空间中有效地感知物体的位置、形状、大小和位姿，有三维空间感知强、处理复杂场景鲁棒性高、支持多尺度特征提取等优势，在自动驾驶、机器人导航和三维场景理解等领域表现出色。

1）算法框架

如图 3.3 所示，VoxelNet 主要由特征学习网络（Feature Learning Network）、卷积中间层（Convolutional Middle Layer）和候选区域网络（Region Proposal Network）组成。特征学习网络主要从无规则的点云数据中学习规则化的三维特征。卷积中间层主要利用三维卷积神经网络（3DCNN）进一步提取高层的特征，并针对不同类别的检测设计不同的卷积中间层用于提取特征。候选区域网络主要用于生成候选区域并回归得到物体的位置和类别。

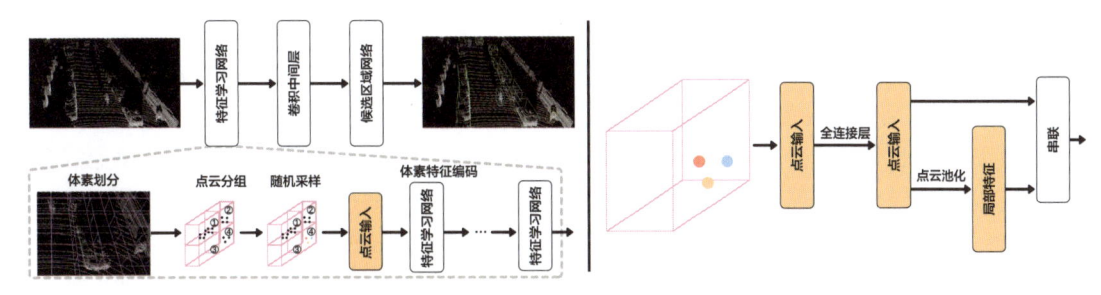

图 3.3　VoxelNet 的算法框架[67]

2）核心算法设计

VoxelNet 的核心在于特征学习网络，其算法的核心设计如下。

体素划分（Voxel Partition）：体素划分将点云通过预先定义的尺寸划分成空间里的小立方体（体素）。分别使用 D、H、W 表示三维点云的深度、高度、宽度，每个体素的尺寸为 v_D、v_H 和 v_W，体素的个数为 $\frac{D}{v_D} \times \frac{H}{v_H} \times \frac{W}{v_W}$。

点云分组（Point-Cloud Grouping）：按照上述体素划分，将体素内的点云分为一组，同一体素内的点一起进行后续操作。

随机采样（Random Sampling）：对于每组点云，根据手动设置的阈值进行随机采样，若组内点云数量少于阈值，则全部选取。该方法一方面可以有效节约计算资源，另一方面可以通过降低点云不均衡以降低采样偏差，同时增加训练多样性。

体素特征编码（Voxel Feature Encoding，VFE）：对于体素输入 $\boldsymbol{V} = \{\boldsymbol{p}_i = [x_i, y_i, z_i, r_i]\}_{i=1}^{t}$，$r_i$ 为点云的反射强度，t 为体素内点的个数，体素特征编码首先计算体素内所有点的均值 (v_x, v_y, v_z) 作为体素格的质心，然后将体素输入扩展为 $\boldsymbol{V}_{\text{in}} = \{\hat{\boldsymbol{p}}_i = [x_i, y_i, z_i, r_i, x_i - v_x, y_i - v_y, z_i - v_z]\}_{i=1}^{t}$。体素特征编码如图 3.3 所示，首先利用全连接网络对体素内的点云进行特征提取，获取高纬特征，然后利用最大池化得到最终的基于体素的特征。

3）算法优势

通过将无规则的点云数据转化为结构化的体素，VoxelNet 可以和 CNN 无缝结合，有效提升其三维空间感知能力、灵活的多尺度特征提取能力和鲁棒的复杂场景感知能力。同时，VoxelNet 能够将物体的检测、分割和分类任务统一到一个框架中。这种端到端的学习方式不需要额外手工设计特征工程，直接通过体素数据即可进行自动特征提取和推理，简化了整体流程，且具有较高的准确性。

4. 基于 Transformer 的端到端检测：3DETR

3DETR（3D End-to-End Transformer）[68] 是一种专门用于处理三维点云数据的深度学习模型，它通过引入 Transformer 架构来解决三维物体检测任务。与传统的基于卷积的三维检测方法不同，3DETR 采用了自注意力机制，能够直接从点云中捕捉局部与全局的相关性，并执行端到端的目标检测，旨在简化三维物体检测流程并提高模型的灵活性。

1）算法框架

3DETR 的算法框架如图 3.4（左图）所示。输入点云数据，3DETR 利用集合抽象化（Set Aggregation）下采样（可参考 PointNet++）并得到点云特征，将其直接送入 Transformer 编码器进行编码，获取深度特征。与二维 DETR[69] 不同，3DETR 不需要提供位置编码，其原因在于点云信息包含坐标信息。然后，直接将点云特征送入 Transformer 解码器，得到物体的三维检测框。此处，查询 Query 由输入点云产生。具体地，如图 3.4（右图）所示，给定输入点云，首先利用最远点采样（Farthest Point Sampling）得到 B 个点（B 是超参数），然后利用傅里叶变换进行位置编码，最后利用多层感知机进行特征变换，得到查询编码（Query Embedding）。

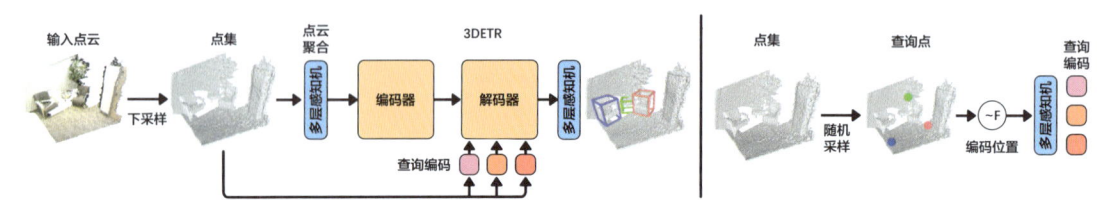

图 3.4　3DETR 的算法框架[68]

2）算法优势

3DETR 是一种基于 Transformer 的创新三维物体检测模型，它通过端到端的框架简化了三维点云处理流程，并利用自注意力机制从全局和局部的角度捕捉点云中的复杂特征。尽管存在计算复杂度较高等挑战，3DETR 仍提供了一种新的思路来解决三维物体检测问题，为未来基于 Transformer 的三维视觉研究提供了参考。

5. 基于深度图像的检测：Frustum-PointNet

Frustum-PointNet（F-PointNet）[70] 基于深度图像进行三维目标检测。针对纯点云数据检测任务中候选区域搜索空间过大的问题，F-PointNet 首先基于图像的二维检测算法定位目标，然后利用深度信息和图像信息生成三维点云，最后基于该点云数据在视锥范围内进行坐标框回归以实现 3D 目标检测。

1）算法框架

如图 3.5 所示，F-PointNet 首先利用二维检测器在 RGB 图像上生成候选区域，然后将这些二维候选区域扩展到三维空间中，形成"Frustum"（视锥体），最后使用 PointNet 对该区域内的点云进行分类和回归。这种方法的优势在于利用二维图像的丰富纹理信息，并在三维点云中进行精细的空间特征提取，从而实现了较高的检测精度。F-PointNet 的算法框架如图 3.6 所示。

2）算法核心设计

F-PointNet 算法的核心设计如下。

候选视锥（Frustum Proposal）：通过二维检测器定位图片中的目标，判断它们的类别。对每个检测到的目标，通过标定的传感器的参数和它们之间的转换矩阵得到其对应的点云中的点，即点云视锥。

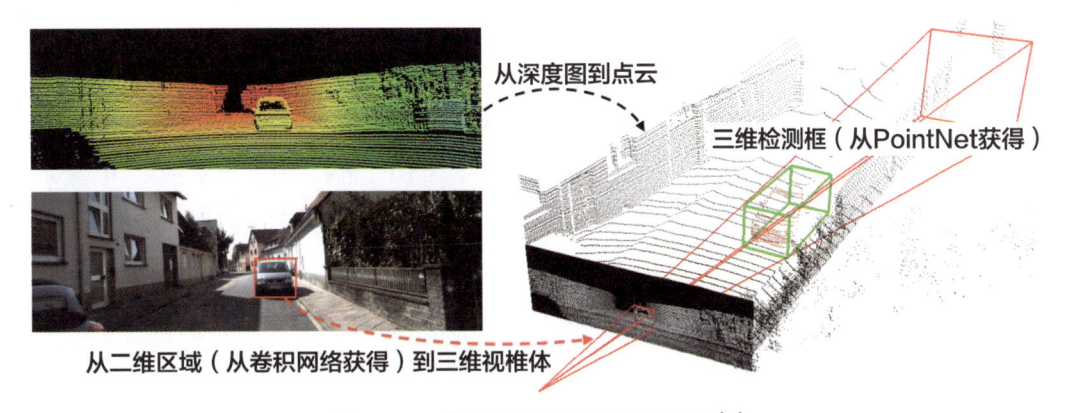

图 3.5　二维候选框指导三维目标检测[70]

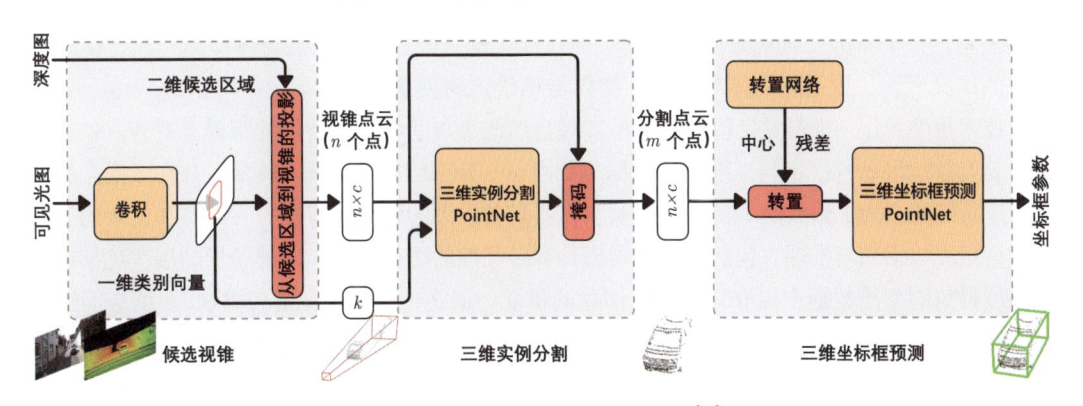

图 3.6　F-PointNet 的算法框架[70]

三维实例分割（3D Instance Segmentation）：对于视锥中的点云，首先，通过采样得到 n 个采样点，然后将二维检测候选框中的类别编码（One-hot Vecor）同时输入 PointNet 进行三维分割，得到 m 个物体点作为下一阶段的输入。为了更好地处理不同视锥内的点云数据，该方法通过旋转将所有视锥归一化到相同空间（与二维图像正交的坐标系），以提升三维实例分割的准确性。

三维坐标框预测（3D Box Estimation）：首先，将上一步实例分割的结果作为掩码，得到 m 个属于某个实例的点云，计算其质心作为新的坐标系原点。然后，通过一个转置网络（T-Net）进行回归，得到目标的真实中心作为物体坐标系的中心。最后，利用 PointNet（或 PointNet++）预测物体的边界信息（如尺寸和朝向等），得到最终的输出。

3）算法优势

F-PointNet 是一种创新的三维物体检测模型，它通过结合二维图像检测器有效地缩小三维检测的搜索范围，提高了检测的效率和精度。它在自动驾驶等场景中表现出色，能够在复杂的三维环境中准确地检测物体的位置、尺寸和位姿。

6. 后续技术发展

近年来，随着 Transformer 模型在视觉领域的崛起，三维物体检测技术也逐渐向基于注意力机制的方向发展。例如，Spherical Transformer[71] 等模型通过 Transformer 捕捉点云之间的长距离依赖关系，极大地提升了对复杂场景中物体的检测能力。NeRF 等隐式表示方法也在三维场景重建中有出色的表现，未来有望与物体检测技术进一步结合，提升三维物体的检测与识别效果。

3.1.3 三维视觉定位

三维视觉定位（3D Visual Grounding）是一个典型的多模态具身感知任务，其核心在于理解自然语言，并与三维环境中的具体对象或区域关联起来。与三维的物体检测仅在三维空间中找到某一语义类别的物体不同，这一任务的复杂性源于对视觉和语言的理解，以及对三维空间的解析与推理。具体来说，三维视觉定位需要根据自然语言中的细节，如物体的特征、空间位置、物体之间的关系，在丰富的三维场景中找到对应的目标。这一过程不仅包括物体检测，还包括对场景上下文的语义理解，以及对物体与物体、物体与场景之间关系的推理。

从技术角度看，三维视觉定位的目标是实现自然语言与三维视觉数据的跨模态对齐。这意味着算法需要有效地将语言信息与三维感知数据（如点云、RGB-D 图像等）融合，并在多模态的嵌入空间中进行匹配。为了达成这一目标，模型不仅要具备强大的语言理解能力，还要在复杂的三维空间中进行精准的感知与推理，包括处理模糊或具有多义性的语言描述，理解场景的层次化结构，以及从高度稀疏的三维数据中提取具有语义信息的特征。最终，三维视觉定位算法/系统应能够实现高效、精确的三维目标定位，为包括机器人导航、自动驾驶等在内的众多具身应用场景提供支持。

1. 问题定义与初探：ScanRefer

ScanRefer[72] 是一个经典的三维视觉定位方法，其核心目的是在三维点云数据中通过自然语言描述找到指定的物体。如图 3.7 所示，与传统的基于二维图像的物体定位不同，三维视觉定位涉及更加复杂的场景和对象关系，原因在于三维数据提供了物体的深度信息和三维空间中的布局。ScanRefer 涉及的技术方案，不仅需要从语言中提取语义信息，还需要将这些语义与三维点云中的几何和视觉特征进行匹配。

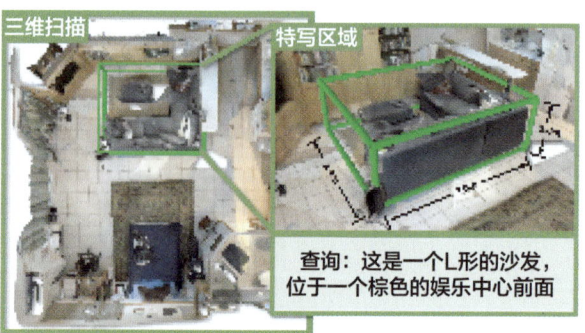

图 3.7 解决三维视觉定位任务的基本框架[72]

1）算法框架

如图 3.8 所示，ScanRefer 提出了解决三维视觉定位任务的基础框架，其核心设计是考虑如何将自然语言描述与稀疏的三维点云数据对齐。具体地，ScanRefer 首先通过预训练的语言模型提取自然语言描述的语义特征，并通过三维卷积神经网络从点云中提取几何特征，然后将这些特征嵌入一个多模态的联合空间，以便进行跨模态的相似度计算。在实践中，ScanRefer 首先通过候选区域生成器从三维点云中提取一系列可能的物体位置，然后通过语言特征和候选物体的几何特征、外观特征进行匹配，计算匹配相似度，最后通过相似度分数预测最符合描述的目标物体。

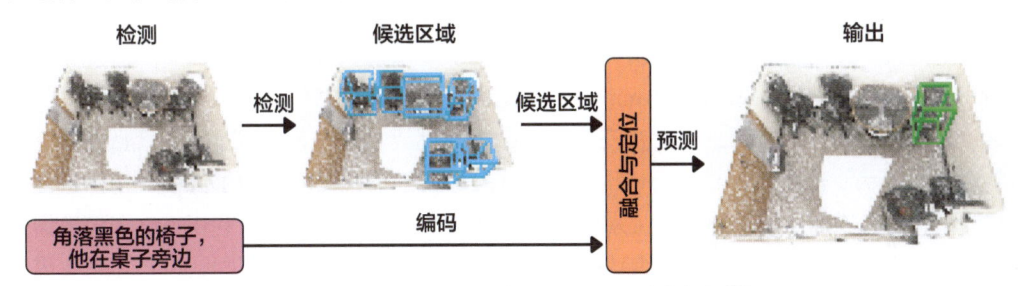

图 3.8　解决三维视觉定位任务的基本框架[72]

2）算法核心设计

如图 3.9 所示，ScanRefer 由多模态输入处理模块、联合特征编码模块和候选物体预测模块组成。以下是算法的核心设计。

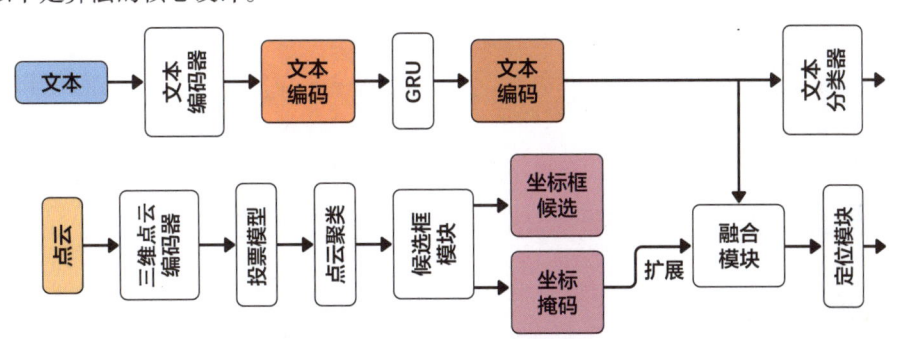

图 3.9　ScanRefer 算法的核心设计[72]

文本编码器：使用预训练的语言模型（如 GRU 或 Transformer）编码自然语言描述。语言编码器将文本信息转换为高维特征向量，捕捉描述中的语义信息和细节（如物体的颜色、形状、位置等），得到语言特征 $e \in \mathbb{R}^{256}$。

三维点云编码器：利用三维物体定位模型（如 PointNet++ 等）对 RGB-D 扫描生成的点云数据进行编码。这个编码器能够提取点云的几何特征，包括物体的形状、大小、表面特征等，得到 $\mathcal{C} \in \mathbb{R}^{M \times 128}$ 作为物体的候选区域特征（M 为候选区域个数），以及物体位置信息，如 $\mathcal{D}_{\text{bbox}} \in \mathbb{R}^{M \times (6+18)}$ 包含每个物体的 6 维位置信息和 18 维语义特征。

融合模块：将所有候选区域的点云特征和语言特征输入一个联合的嵌入空间并串联，经过多层感知机进行特征融合，重新预测候选区域特征 $C' \in \mathbb{R}^{M \times 128}$，回归得到每个候选框的置信度。这个过程可以有效结合语言特征实现特定物体的检测。

3）算法优势

介绍 ScanRefer 的论文通过引入语言与三维场景的结合，开创性地提出了基于自然语言描述的 3D 场景目标定位任务。ScanRefer 能够有效整合语言和三维场景信息，实现更加精准、灵活的目标检测，尤其在复杂和多样化的场景中表现卓越。同时，ScanRefer 构建了大规模的基于文本的三维定位数据集，为三维视觉和语言理解的交叉研究提供了重要的参考和方向。

2. 利用二维信息辅助三维定位：SAT

SAT（2D Semantics Assisted Training）[73] 是一种利用二维图像中的语义来辅助训练的三维视觉定位方法。SAT 的主要目的是解决三维数据带来的挑战。如图 3.10 所示，在实践中，三维场景通常由点云表示，这些点云与图像相比缺少丰富的语义细节，进而丧失了许多对物体定位有效的视觉线索，同时增加了深度和空间关系的复杂度。SAT 提出在训练阶段利用二维图像数据来辅助模型学习更好的表示。通过这些二维数据，可以有效抽取对象语义（如类标注）、二维边界框及对应的视觉特征，训练的过程将把上述信息嵌入三维点云数据的表达。在推理阶段，SAT 方法将不再使用这些二维图像，从而在保持模型高效性的同时维持较高的性能。

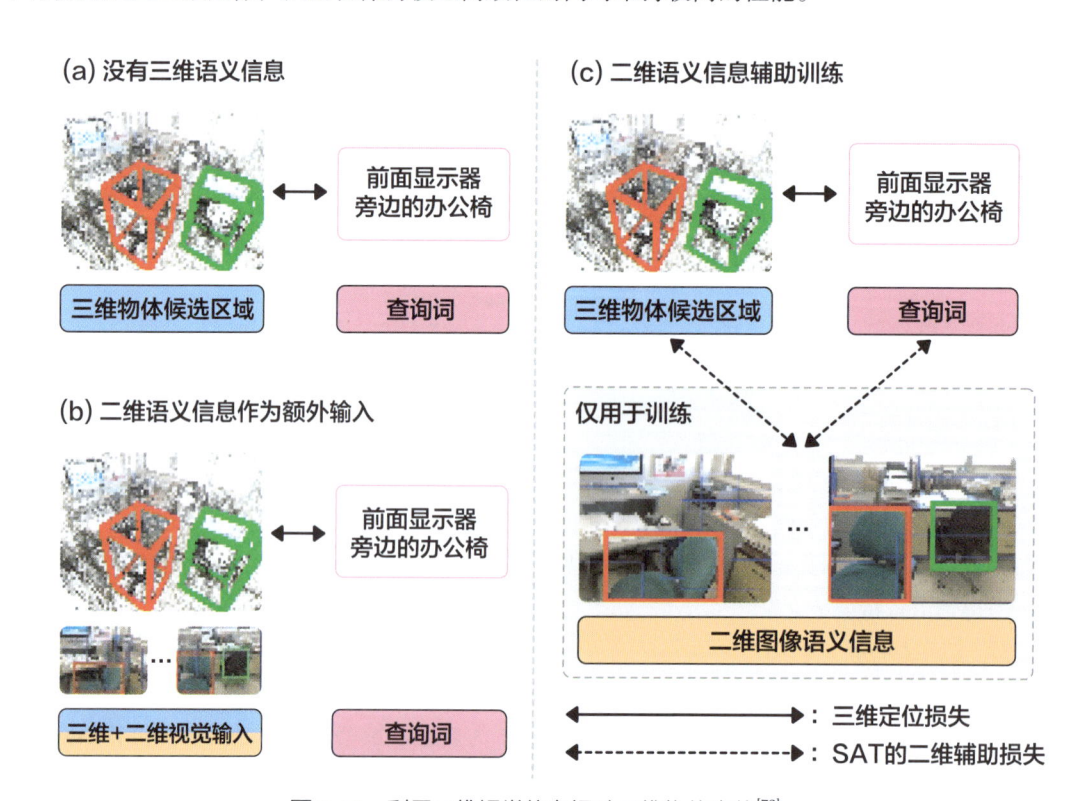

图 3.10　利用二维视觉信息提升三维物体定位[73]

1）算法框架

如图 3.11 所示，在 SAT 的训练阶段，将文本信息、三维场景信息和二维图像信息输入模型，并通过 Transformer 对多模态信息进行融合。通过掩码设计，SAT 在训练阶段使文本信息、三维场景信息和图像信息不进行主动交互，从而在推理阶段仅通过文本和三维场景作为输入就可以获得更好的定位效果。在实践中，SAT 通过引入基于图像的辅助训练，使训练过程可以同时优化面向点云的三维定位和面向图像的二维定位，进而有效对齐文本、三维场景、二维图像的特征表达，进一步提升模型的性能。

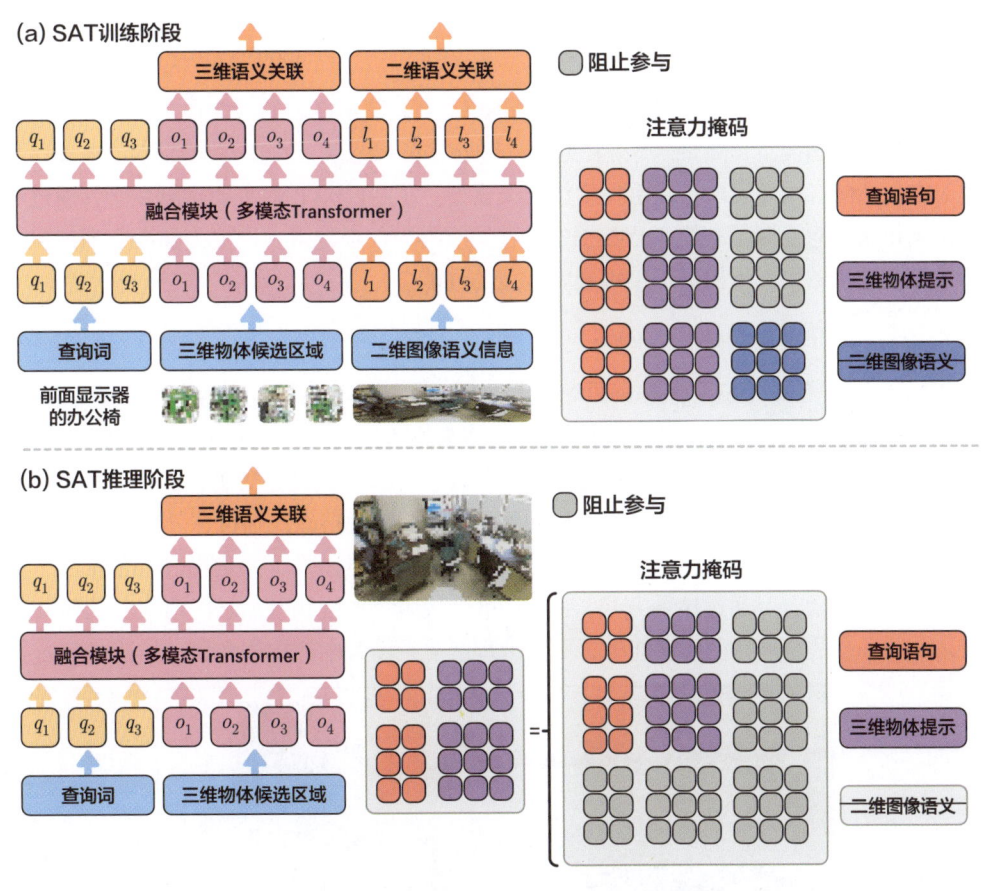

图 3.11　SAT 的训练过程以及推理过程[73]

2）算法核心设计

SAT 算法的核心设计在于：在训练阶段通过图像引导，更好地对齐文本—三维场景—二维图像的特征，并在推理阶段仅输入文本和三维场景输入，以保证推理的高效性。该算法的核心设计如下。

基于 Transformer 的融合：模型使用 Transformer 网络将来自不同模态的表示融合，即将语言的内容表示、三维对象候选区域的特征表示及来自二维图像的特征表示融合。其中，Transformer 的注意力机制将帮助模型在训练中更有效地捕获二维和三维数据之间的关联，同时将文本查询与三维对象对齐。

基于图像的辅助训练：在训练阶段，与只需要三维场景输入的方案相比，SAT 通过优化三维定位（S^O）和二维定位（S^I）的准确性引入图像，引导文本—三维场景—二维图像的特征的对齐过程。

高效推理：在推理阶段，模型不再需要二维图像作为输入，只依赖已经充分学习的三维视觉表达和语言表达。这使模型在实际应用中更高效，同时二维图像信息的嵌入将使模型的精度进一步得到提升。

3）算法优势

SAT 在三维视觉定位基准数据集（如 ScanRef）上表现出显著的性能提升，尤其在语言查询中涉及空间关系的情况下。例如，模型在处理"最近"或"最远"等空间关键词时，准确性显著提高，这对在复杂的三维环境中正确定位物体至关重要。总之，SAT 的主要贡献在于其通过利用二维图像中的语义信息克服了三维点云数据的一些固有局限，提供了一种更为强大的训练机制，在不增加推理复杂度的情况下提高了三维视觉定位的性能。

3. 利用多视角信息提升精度：MVT

MVT（Multi-View Transformer）[74] 是一种基于 Transformer 的使用多视角（Multi-View）来解决三维视觉定位问题的方法。在实践中，视角作为物体的表达方式至关重要，因为每个视角都提供了物体在三维空间中的独特外观信息。如图 3.12 所示，不同视角下物体的位置表示不同，缺少视角信息可能导致模型无法正确区分相似的物体，进而无法精确识别目标。在此基础上，MVT 从三维数据的深层特点出发，将三维点云数据投影为多个二维图像，并利用 Transformer 模型对这些视角进行特征融合。通过这种方式，MVT 可以从多个角度获取场景的语义和几何信息，并借助 Transformer 的全局特征捕捉能力，更好地理解复杂场景中的物体和语言描述之间的关系。

前视图　　　　　　　　　后视图

查询：面向床，远处右边的相框

图 3.12　利用视角提示理解三维物体的准确定位[74]

1）算法框架

MVT 的算法框架如图 3.13 所示。对于三维场景输入，MVT 首先将三维场景根据预设的视角个数生成多视角的输入，并将物体特征 $[x_1, x_2, \cdots, x_M]$ 分别和所有视角输入进行融合，得到物体特征编码，其中物体特征可以由三维检测框架（如 PointNet++）直接获取。对于文本输入，MVT 采用预训练的 BERT 模型结果获取其深度特征 $[l_s, l_1, l_2, \cdots, l_{k_1}]$，其中，$l_s$ 为文本特征，l_i 为每个词的特征。然后，将文本特征输入多模态融合模块，用于和多视角物体编码融合预测定位，同时通过预测文本类别对 BERT 模型进行微调。

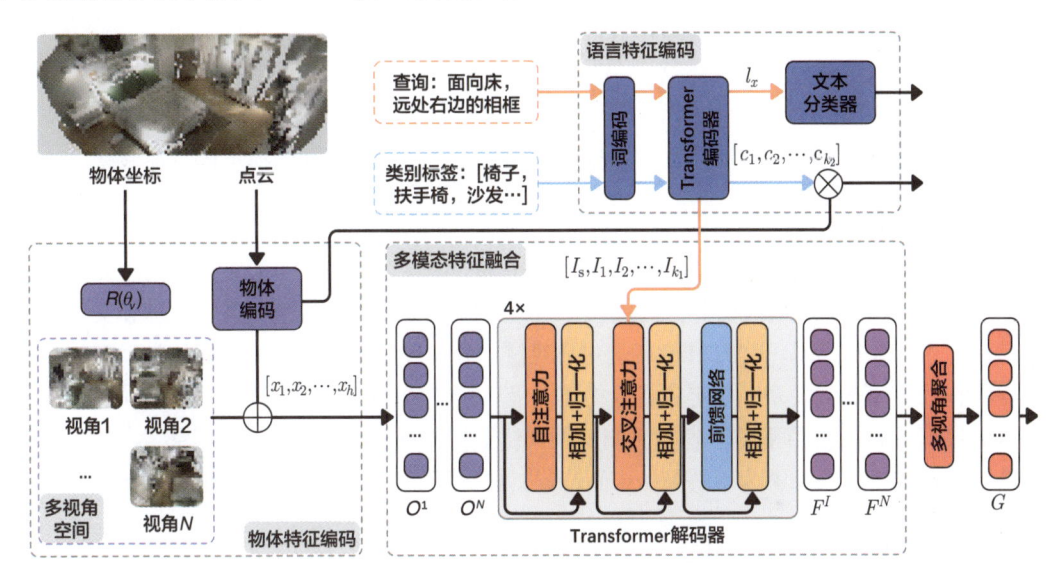

图 3.13　MVT 的算法框架[74]

2）算法核心设计

MVT 算法的核心设计主要包括三部分。

物体特征编码：物体编码（Object Encoder）在 MVT 中用于编码多视角物体特征。具体地，根据场景点云输入，MVT 采用 PointNet++ 作为特征提取器，可以获取 M 个物体的特征 $[x_1, x_2, \cdots, x_M]$。同时，MVT 根据设置的视角个数从三维点云场景中生成多视角表达。

$$S^j = R(\theta_v^j) \times S \tag{3.3}$$

$$R(\theta) = \begin{pmatrix} \cos\theta & -\sin\theta & 0 \\ \sin\theta & \cos\theta & 0 \\ 0 & 0 & 1 \end{pmatrix}^{\mathrm{T}} \tag{3.4}$$

其中，S 为点云输入，θ_v^j 和 S^j 分别为第 j 个视角的旋转角度和视角输入。

语言特征编码：MVT 采用 BERT 语言模型从输入文本描述中提取文本编码（Word Embedding），随后通过编码器获取语言特征，通过跨模态查询得到物体的位置信息。为了得到更精确的语言特征，MVT 对语言特征进行句子级别和物体级别的分类和监督。

多模态特征融合：输入多视角特征，MVT 首先通过自注意力模块对多视角特征进行特征提取，然后将语言特征作为查询（Query），通过跨模态注意力模块融合多模态特征，得到每个视角的预测，最后通过对称函数（取均值）方法融合多视角特征，得到最终的预测结果。

3）算法优势

MVT 通过将三维点云投影为多视角的二维图像，从多个角度获取场景的语义和几何信息，并借助 Transformer 的全局特征捕捉能力更好地理解复杂场景中的物体和语言描述之间的关系，在三维视觉定位任务中表现出色。通过这种方法，MVT 不仅能够获得更全面的场景理解结果，还能有效提升模型的精度和鲁棒性。同时，该方法在多个三维视觉定位的标准数据集上进行了验证，包括 ScanRefer 和 ReferIt3D 等。实验结果表明，MVT 在精度和效率上都优于现有的主流方法，尤其在复杂的场景中，该方法能更好地结合语言线索和视觉线索，准确地定位目标物体。

4. 利用思维链增强推理：CoT3DRef

CoT3DRef[75] 主要解决三维视觉定位的可解释性问题。在实践中，思维链可以将复杂任务分解成多个简单步骤，通过逐步分析问题并提供详细解释，有效提升模型在逻辑推理和决策任务上的准确性。如图 3.14 所示，CoT3DRef 通过思维链，分步理解需要定位的物体的类别及其和场景中其他物体的空间位置关系，并定位目标物体。最后，CoT3DRef 将三维视觉定位问题转化为一个序列到序列（Seq2Seq）任务，通过预测一系列锚点位置预测最终目标。采用链式思维方法，该模型能够将给定的任务分解为可解释的中间步骤，提高了模型的性能和数据使用效率。

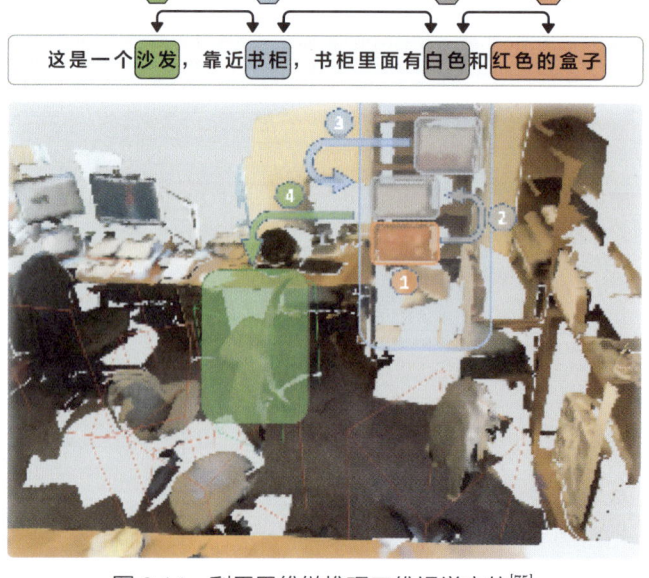

图 3.14 利用思维链推理三维视觉定位[75]

1）算法框架

CoT3DRef 的算法框架如图 3.15 所示。对于指定的场景图像和文本信息，CoT3DRef 首先利用编码器编码图像和文本特征进行融合，然后利用候选区域生成头（Target Anchor Head）生成思维链中需要考虑的物体类别，并利用路径头（Pathway Head）对其进行排序，生成思维链，最后利用思维链解码器（Chain-of-Thoughts Decoder）定位思维链中的所有物体和最终预测目标。

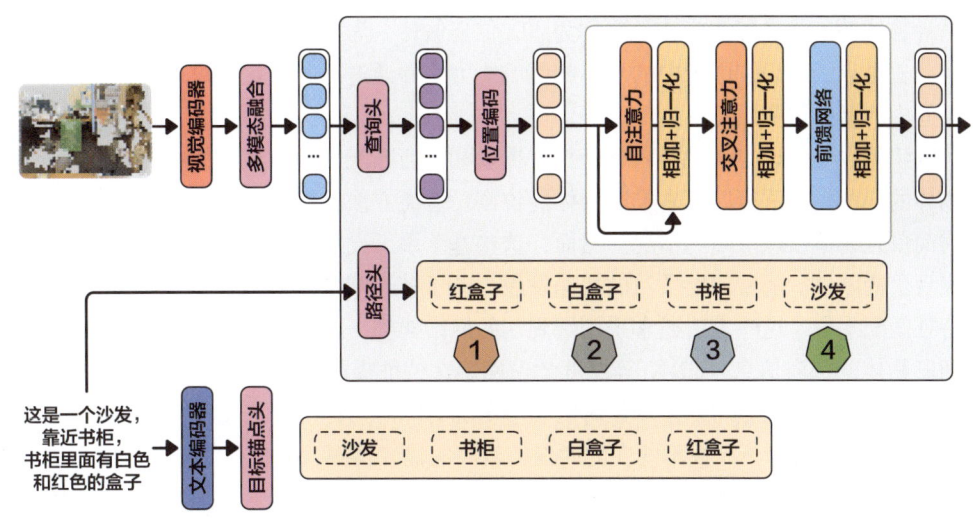

图 3.15　CoT3DRef 的算法框架[75]

2）算法核心设计

CoT3DRef 的核心在于生成思维链的中间物体定位，其核心模块如下。

思维链解码器：该解码器通过预测一系列锚点（Anchor），定位最终目标，模仿人类思考过程，将三维视觉定位问题表述为序列到序列（Seq2Seq）任务。

路径模块（Pathway Module）：使用单一的 Transformer 编码器层来预测输入文本中提到的锚点对象，并按照逻辑顺序对它们进行排序。路径模块通过将三维视觉定位任务分解为可解释的中间步骤，不仅提升了模型的定位精度，还增强了模型的可解释性，同时保持了数据使用效率。

多模态特征融合：通过视觉编码器和文本编码器（BERT）编码图像候选区域特征和文本特征，然后通过 Transformer 或图（Graph）机制，利用文本特征增强图像表达。

损失函数设计：在不考虑逻辑顺序的情况下，同时定位目标对象和锚点。损失函数包括视觉分类损失、语言分类损失、并行引用损失和链式思考引用损失，以及辅助的干扰物二元分类损失。

3）算法优势

通过引入创新的链式推理方法，CoT3DRef 为三维视觉定位任务提供了一个高效的解决方案。链式思考使模型能够更深入地理解复杂的自然语言描述和三维空间信息，从而在复杂场景中实现更精准的目标定位。该方法不仅显著提升了定位的准确性，还增强了模型的可解释性和数据使用效率。与传统的单步推理方法相比，CoT3DRef 在处理复杂任务时表现出更强的鲁棒性和更高的精度。此外，CoT3DRef 还可以无缝集成到现有架构中，进一步提高定位的性能。

3.1.4 物体位姿估计

物体位姿估计（6D Pose Estimation）是具身视觉感知的关键任务之一，在智能体与物理环境的交互中发挥着重要作用。物体位姿估计旨在通过视觉观测确定物体在三维空间中的位置和方向，即估计物体的三维平移和旋转，也称为 6D 位姿估计。为了完成这一任务，算法需要具备从二维图像或三维点云中识别图像中的目标物体的能力，并通过对其形状、纹理等信息的分析来推测其在空间中的具体位姿。

传统的物体位姿估计方法主要依赖于特征提取和几何匹配，通过从图像中提取局部特征，并将其与物体的三维模型进行匹配来推断物体的位姿。这类方法具有较强的几何可解释性，适用于场景相对简单且物体纹理清晰的情况。然而，这些基于手工设计特征的传统方法在应对复杂环境时往往表现出局限性。随着深度学习的快速发展，基于神经网络的物体位姿估计方法逐渐取代了传统的特征匹配手段。这些方法通常采用端到端的网络架构，通过大量标注数据的训练，直接从图像中回归物体的位姿信息。CNN 等深度学习网络在特征提取和空间信息融合上展现了强大的能力，使物体位姿估计在应对复杂场景时的表现更加鲁棒。与传统方法相比，深度学习方法能够在处理遮挡、复杂背景和不同视角的变化时保持较高的估计精度，同时在大规模数据上进行学习，具备更好的泛化能力。这种技术进步不仅提高了物体位姿估计的精度，也扩大了其应用范围，包括机器人操控、增强现实、虚拟现实等领域。物体位姿估计作为智能系统理解和交互三维世界的核心技术，其未来发展将继续推动人工智能在多个应用场景中的创新和进步。

1. 实例级物体位姿估计初探：PoseCNN

PoseCNN[76] 是一个经典的基于卷积神经网络的端到端的实例级物体位姿估计方法。与早期基于特征点匹配和模板匹配的方法相比，PoseCNN 引入了一种全新的深度学习框架，突破了依赖人工设计特征的限制，提升了在复杂环境中面对无纹理物体和被遮挡的物体位姿估计的准确性。PoseCNN 将物体位姿估计解耦成三个子任务，分别是语义分割、3D 平移估计和 3D 旋转估计。此外，PoseCNN 引入了一个新的 ShapeMatch 损失函数，专门用于处理对称物体的位姿估计问题。

1）算法框架

PoseCNN 的算法框架如图 3.16 所示，其工作主要分为两个阶段：第一阶段是特征提取阶段，网络通过一系列卷积层和池化层提取不同分辨率的特征图；第二阶段为任务嵌入阶段，网络将高维特征嵌入低维任务空间，并进行语义标注、3D 平移估计和 3D 旋转回归任务。网络首先通过像素级的语义分割，确定每个像素所属的物体类别；然后，通过霍夫投票机制定位物体在图像中的中心坐标；最后，通过回归每个像素到物体中心的距离来估计物体的 3D 平移，同时在物体的边界框内进行 3D 旋转回归。

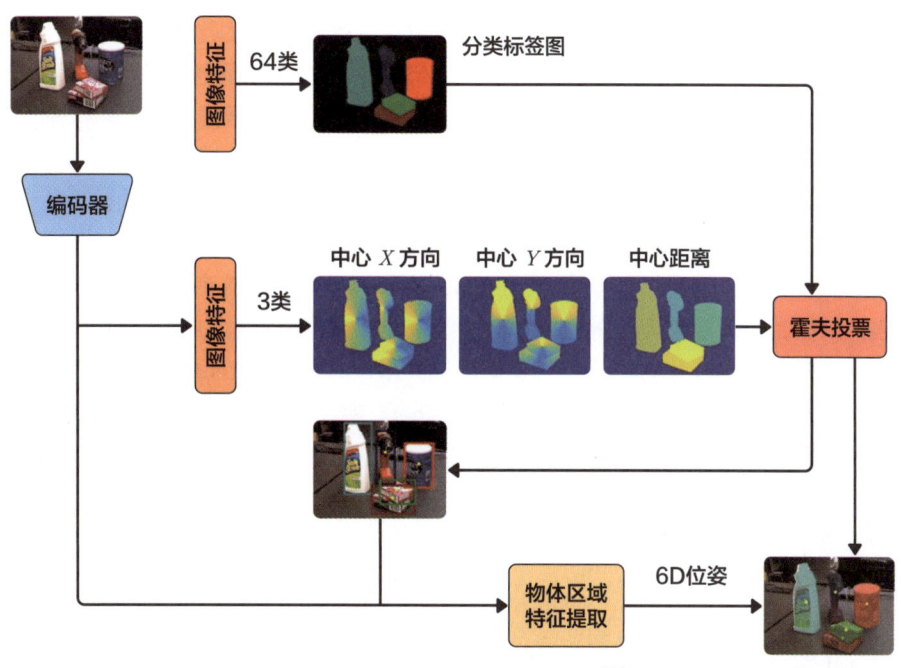

图 3.16　PoseCNN 的算法框架[76]

2）算法核心设计

PoseCNN 的核心在于通过语义分割准确识别物体，以及将对物体的位姿估计解耦为对平移和旋转的估计，具体设计如下。

语义分割：PoseCNN 首先通过像素级的语义分割来精确识别物体。这一过程为每个像素分配一个物体类别标签，而不依赖传统的物体检测边界框方法。语义分割可以处理复杂场景中的物体遮挡问题，能够为后续的位姿估计提供更丰富的物体信息。当物体的一部分被遮挡时，未遮挡部分的像素仍能被正确分类，从而帮助确定整个物体的位姿。

三维平移估计：PoseCNN 在三维平移估计上引入了一种基于霍夫投票的机制，通过回归每个像素到物体中心的方向向量，解决了传统方法在处理遮挡和无纹理物体时的困难。在估计物体的二维中心坐标后，PoseCNN 利用投票机制从多个像素的预测结果中确定物体的中心位置，这样，即使中心位置被其他物体遮挡，也能获得较准确的估计。然后，通过估计物体中心到相机的距离恢复物体的三维平移向量，从而有效提高物体位姿估计的精度。

三维旋转估计：PoseCNN 将三维旋转估计任务与三维平移分离，通过回归物体边界框内的特征到四元数的方式来估计物体的旋转。该方法利用卷积特征回归到四元数表示，避免了直接回归欧拉角或旋转矩阵的不稳定性。通过这种分离处理的方式，网络能够有效应对物体的旋转变化，并处理对称物体的旋转不确定性。此外，网络结合 ShapeMatch 损失函数，进一步提升了对称物体的旋转估计精度。

ShapeMatch 损失函数：针对对称物体位姿估计的难题，PoseCNN 引入了 ShapeMatch 损失函数。该函数专注于匹配物体的三维形状，而不是仅基于旋转角度进行优化。通过比较物体在三维空间中的形状差异，该方法有效避免了对称物体在训练过程中出现不一致的梯度信号的问题，从而显著提升了对称物体的位姿估计精度。尤其在 YCB-Video 数据集上，对称物体（如碗和夹子）的位姿估计结果得到了显著改进。

3）算法优势

PoseCNN 实现了端到端的 6D 位姿估计，这使它可以直接从输入图像中学习到物体的姿态，而不需要复杂的预处理或特征提取步骤。PoseCNN 对于遮挡物体具有高鲁棒性，这得益于网络设计中的中心投票机制，即使物体的中心位置被遮挡，也能通过像素对物体中心位置的投票来稳健地估计中心位置。PoseCNN 通过引入一种新颖的损失函数 ShapeMatch-Loss 来处理对称物体；该函数专注于匹配物体的三维形状，从而在训练过程中为对称物体提供一致的梯度。此外，PoseCNN 贡献了一个大规模的视频数据集 YCB-Video，为后续的 6D 位姿估计提供了丰富的训练数据。

2. 更加有效地融合深度信息：DFTr

尽管 RGB 图像蕴含丰富的语义信息，但其能提供的有关三维场景的位置信息有限，而结合深度信息可以有效地提升估计物体位置和位姿的准确性。DFTr（Deep Fusion Transformer）[77] 就是一种结合深度信息与颜色信息进行 6D 位姿估计的网络结构。DFTr 通过引入跨模态融合的 Transformer 模块，有效集成 RGB-D 的全局语义特征，显著提升了位姿估计的鲁棒性和精度。与之前仅基于 CNN 的方法不同，DFTr 利用 Transformer 的长距离依赖建模能力，更加有效地融合了深度信息和颜色信息，以应对遮挡和噪声等挑战。

1）算法框架

DFTr 的算法框架如图 3.17 所示，其首先通过卷积神经网络从 RGB 图像中提取外观特征，并通过另一并行分支从深度图导出的点云中提取几何特征。这两个模态特征在各层通过深度融合 Transformer 模块进行交互与聚合，生成跨模态的全局特征表示。随后，网络通过实例分割模块获取每个物体的掩码，并利用加权向量投票算法定位物体的 3D 关键点，最终通过 3D-3D 关键点匹配算法推导出物体的位姿参数。

2）算法核心设计

DFTr 算法的核心在于如何有效地融合 RGB 图像信息和深度信息，并提升对三维场景的全局感知能力。此外，DFTr 进一步改进了对 3D 关键点的投票算法，提升了推理的精度和效率。其核心贡献如下。

深度融合 Transformer 模块：通过跨模态的语义相似性建模，隐式地聚合 RGB 和深度特征。在现有方法中，RGB 和深度特征通常通过简单的逐像素拼接或基于最近邻搜索进行融合，无法充分利用全局特征，且容易受到遮挡和反射等不确定因素的干扰。DFTr 通过 Transformer 的多头自注意力机制对 RGB 和特征进行全局建模，使网络能捕捉到更精确的跨模态语义相关性，从而在缺失模态数据或存在噪声时保持较高的特征表示能力。

加权向量投票方法：该方法通过学习单位向量场并引入全局优化策略，在非迭代的基础上实现了精确的 3D 关键点定位。与传统算法不同，加权向量投票方法通过约束偏移量的长度，简化了网络学习过程，并显著提高了推理速度。实验表明，该方法在不影响精度的情况下将推理效率提升了约 2.7 倍。

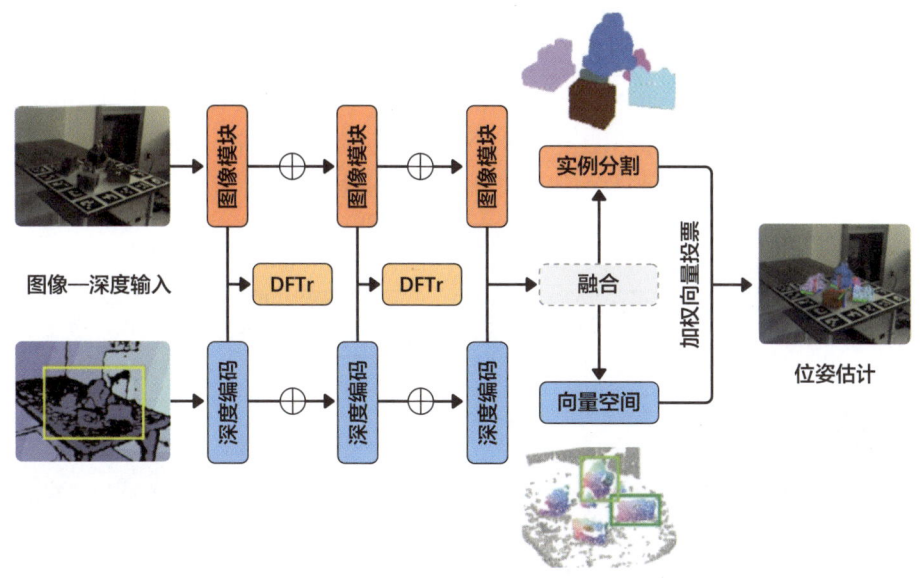

图 3.17　DFTr 的算法框架[77]

全局语义建模：DFTr 通过全局语义相似性建模，有效缓解了由于模态数据缺失或噪声造成的特征空间扰动问题。与现有的局部特征聚合方法相比，DFTr 利用 Transformer 全局特征建模的能力，增强了 RGB 和几何特征的语义联系，使网络能更好地应对场景中的遮挡、反射等复杂情况，提高了 3D 关键点的定位精度，在无纹理或高反射表面的物体上表现突出。

3）算法优势

与之前的方法相比，DFTr 能更好地利用颜色和深度信息构建跨模态的语义相关性，从而实现对不同模态特征的更好整合。为了进一步提高鲁棒性和效率，DFTr 还引入了一种新颖的加权向量式关键点投票算法，该算法采用非迭代全局优化策略进行精确的 3D 关键点定位，同时实现接近实时的推理。此外，DFTr 提出的将 RGB 图像与深度信息融合的思路，不仅在 6D 位姿估计任务中表现优异，还可以推广到其他与 RGB-D 有关的应用场景，如物体识别和机器人操控。通过跨模态特征的深度融合，DFTr 可以有效提升这些任务的精度和鲁棒性，并展现出广泛的应用潜力。

3. 物体类别级位姿估计：NOCS

前面介绍的方法都专注于估计给定实例物体的位姿，而这依赖于已知的三维模型或特定实例的特征信息，以确保对特定物体进行精准的位姿推断。NOCS（Normalized Object Coordinate Space，规范化物体坐标空间）[78] 突破了这一限制，实现了类别级的物体位姿估计。它不再依赖单一实例的模型，而是通过推断物体类别的通用几何形状和特征来估计物体的位姿，具有更强的泛化能力，能够处理未见过的同类物体。与传统的方法主要集中于特定物体的实例级位姿估计不同，NOCS 通过引入一个共享的规范化物体坐标空间，使网络能够估计未见过的物体实例的位姿和尺寸，而无须依赖具体的 CAD 模型。这种方法有效地扩展了物体位姿估计的适用范围，特别适合在复杂场景中对类别内的多个物体进行估计。

1）算法框架

NOCS 的算法框架是基于 CNN 的，如图 3.18 所示。网络的主要任务是从输入的 RGB 图像中预测物体的类别标签、实例掩码，以及物体在 NOCS 中的位置坐标。完成预测后，NOCS 坐标与深度图相结合，通过深度信息恢复物体在三维空间中的位姿和尺寸。

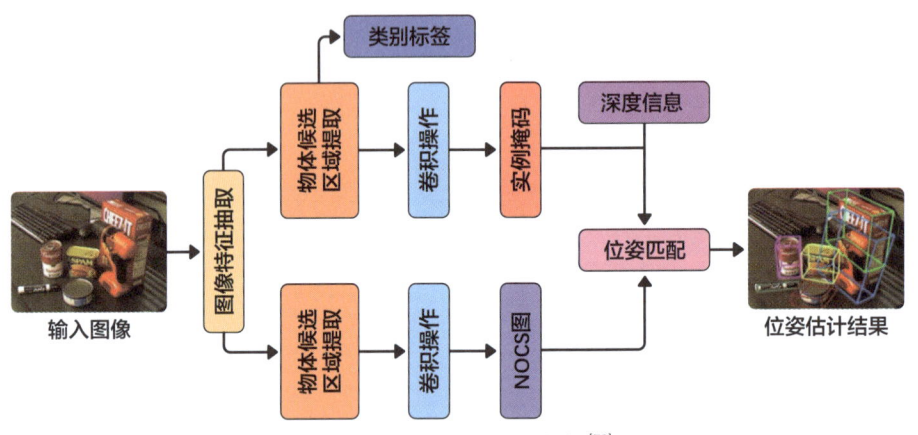

图 3.18 NOCS 的算法框架[78]

2）算法核心设计

NOCS 算法的核心创新在于将待识别物体投影到统一的规范化物体坐标空间，从而实现物体实例无关的特征提取和类别级的位姿估计。其具体设计如下。

NOCS：NOCS 算法引入了一个共享的规范化物体坐标空间。在这个空间中，物体实例的位姿和尺寸都得到了统一表示，消除了对 CAD 模型的依赖。这种表示方式允许在同一坐标系中对不同实例进行对比，使未见过的物体也能通过共享的空间进行位姿估计。该方法有效解决了传统的实例级方法在处理新实例时的局限性，为物体的类别级位姿估计提供了新思路。

上下文感知混合现实数据生成：为了应对缺少大规模标注数据的问题，NOCS 提出了上下文感知的混合现实（CAMERA）数据生成方法。该方法通过将合成物体与真实场景进行组合，生成包含丰富语境信息的标注数据，极大地扩展了训练集的规模和多样性。该方法不仅提高了数据生成的效率，还增强了模型在真实场景中的泛化能力。

对称性损失函数：在处理具有对称特征的物体时，NOCS 引入了一种新的对称性损失函数。该损失函数通过考虑物体的对称性，有效减小了由于物体位姿旋转带来的估计误差。通过为每个类别定义对称轴，模型能够在多种旋转情况下保持稳定的损失值，从而提高对称物体的位姿估计精度。这一创新为处理家庭日常物品等具有对称性的物体提供了有效的解决方案。

3）算法优势

NOCS 为物体的类别级位姿估计提供了全新的解决方案。通过引入规范化坐标空间，所有物体实例在同一坐标系下共享一个参考表示，这样，即使在没有精确的物体 CAD 模型的情况下，模型也能在训练和测试阶段对不同的、未见过的物体实例进行位姿和尺寸估计。实验结果表明，NOCS 在真实环境中能够稳健地估计未见物体实例的位姿和尺寸，在标准的 6D 位姿估计基准测试中也取得了最先进的性能。

4. 面向铰链物体的类别级位姿估计：ANCSH

尽管上述方法旨在预测刚体物体的位置和体态，但在现实生活中存在大量可变性或带有可移动部件的物体，现有的方法无法有效地估计这类物体及其可活动部件的位姿。ANCSH[79] 是一种针对铰链物体的类别级位姿估计技术，能够处理训练阶段未见过的对象实例，并准确估计铰链物体各部分的位姿。该方法的核心在于引入了一种通用的关节感知标准坐标空间层次结构。通过这种结构，模型能够对同一类别的物体进行有效泛化，同时对多关节物体的几何和运动变化进行归一化处理。这一创新视角为高精度关节参数估计和物体各部分位姿的联合优化提供了新的解决方案，并在相关领域取得了显著进展。

1）算法框架

ANCSH 的算法框架如图 3.19 所示。该模型的核心基于 PointNet++ 网络结构，通过预测物体的 ANCSH 表示实现了类别级位姿估计。整个流程从以深度点云数据作为输入开始，网络的多头输出包括每个刚体部分的分割、标准坐标空间的坐标预测、从各标准坐标空间到关节空间的转换，以及关节参数的估计。具体来说，网络首先预测物体各部分的刚体分割，然后对各部分进行坐标归一化处理，最后通过一个层次化的标准坐标空间（ANCSH）预测每个关节的运动参数，并利用关节的物理约束进一步优化各部分的位姿。

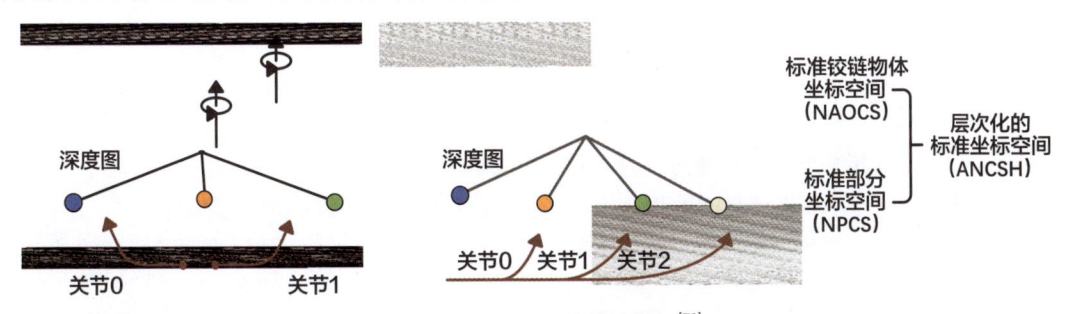

图 3.19 ANCSH 的算法框架[79]

2）算法核心设计

ANCSH 算法的核心在于将类别级位姿估计推广至多关节物体及其每个可活动部件，所以需要将两个层次化的标准坐标空间分别嵌入物体和可活动部件的规范化位置特征。此外，因为多关节物体各部分之间的运动受限于关节的物理特性，所以 ANCSH 方法还结合关节运动学约束进一步提升了位姿估计的准确性。具体的创新点如下。

ANCSH 表征：ANCSH 提供了一种类别级位姿估计框架，能够统一处理不同实例中的多关节物体。ANCSH 主要由两个层次的标准坐标空间组成：NAOCS 和 NPCS。NAOCS 位于 ANCSH 结构的根节点，负责对整个物体的关节、位姿和尺度进行归一化。NPCS 位于 ANCSH 结构的叶节点，各部分都有独立的 NPCS，用于进一步归一化该部分的位姿和尺度。具体来说，NAOCS 的主要作用是为物体提供一个整体参考框架，在该框架下，物体的各关节和各部分都被归一化，如物体的关节轴线和旋转角度在 NAOCS 中有固定的方向。NPCS 则针对每个独立的刚性部分进行归一化，保留其方向，而将其位置和尺度标准化。NAOCS 和 NPCS 相辅相成，NAOCS 提供物体整体的关节参考，NPCS 则提供更精细的部分位姿信息，使模型能够在未见过的物体实例上进行类别泛化。通过这种双层结构，ANCSH 不仅能够对物体的各部分进行位姿估计，还能有效地整合关节信息，处理物体内部的运动和几何变化。

结合运动学约束的位姿优化：ANCSH 将运动学约束引入位姿优化过程，从而提高关节多自由度物体的位姿估计精度。在传统的刚体物体位姿估计中，每个部分的位姿可以独立预测，而对于多关节物体，部分之间的运动受限于关节的物理连接。因此，本文提出了在关节约束下进行联合优化的方法，通过将部分位姿的优化和关节的运动学约束结合，避免出现不符合物理约束的位姿预测结果。具体来说，模型首先通过深度学习预测每个部分的位姿和关节参数，然后利用关节的运动学约束对这些预测进行联合优化。例如，对于旋转关节，优化过程中会强制相连的两部分共享旋转轴方向；对于滑动关节，优化则会确保两部分的相对位置符合线性滑动的物理规律。通过这种方式，模型不仅能单独估计各部分的位姿，还能在关节约束下同时优化整个物体的位姿，确保其物理一致性。

关节参数和关节状态的估计：关节参数和关节状态的精确估计是实现高精度多关节物体位姿预测的关键。关节参数的预测首先在 NAOCS 中进行，原因在于：在该标准化空间中，关节的旋转轴和滑动轴具有明确的方向，这简化了预测过程。在 NAOCS 中，模型使用投票机制聚合多个点对关节参数的估计，确保预测的稳定性和精度。通过这种方式，旋转关节的旋转轴方向、枢轴位置，以及滑动关节的滑动轴方向，都能在 NAOCS 中得到可靠的估计。接下来，关节参数会从 NAOCS 转换回相机空间，以便在真实世界场景中应用。关节状态的估计则基于关节两端部分的相对位置进行计算。对于旋转关节，模型通过计算连接部分之间的相对旋转角度来估计关节状态；对于滑动关节，则通过计算连接部分之间的相对位移来确定滑动距离。通过这种两步估计方法，ANCSH 的关节参数和状态预测的准确性取得了显著的提升，为整个类别级位姿估计提供了坚实的基础。

3）算法优势

ANCSH 为给定类别中的不同关节对象提供了共享的表示空间，这不仅为每个刚性部件提供了规范的表示，而且归一化了关节参数和关节状态。同时，基于 PointNet++ 的深度网络能从单一深度输入中预测未见物体实例的 ANCSH 表示，进而利用运动学约束进行全局位姿优化。ANCSH 算法的优势在于能够处理训练期间未见过的对象实例，并有效地处理多种关节类型。此外，该算法展示了在估计各部分位姿和相对尺度方面的性能提升，并能容忍观测数据中严重遮挡的情况。

5. 基于分割基础模型拓展零样本位姿估计：SAM-6D

6D 位姿估计方法严重依赖特定物体的 3D 模型或大量的同类物体数据，且无法实现对任意物体的位姿估计。SAM-6D[80] 是一种通用的物体位姿估计模型，是基于 SAM 实现的零样本 6D 位姿估计的新框架。SAM-6D 通过引入预训练的 SAM 的零样本能力，突破了对特定物体类别依赖的限制，实现了对新物体的 6D 位姿估计。此外，SAM-6D 创新性地将位姿估计建模为从粗粒度到细粒度的点匹配问题，结合两阶段点匹配流程，引入背景令牌设计来处理遮挡和感应噪声问题，从而实现更精确的位姿估计。

1）算法框架

SAM-6D 的算法框架如图 3.20 所示。SAM-6D 算法框架由实例分割模型（Instance Segmentation Model，ISM）和位姿估计模型（Pose Estimation Model，PEM）组成，针对 RGB-D 图像中的新物体实现实例分割和 6D 位姿估计。在数据流上，首先输入 RGB 图像和深度图，通过 ISM 基于 SAM 生成所有潜在物体的分割提案，并通过计算语义、外观和几何特征匹配分数，筛选出有效的物体实例。接下来，PEM 对每个有效的实例进行两阶段的点匹配：首先在稀疏点集上进行粗略点匹配，生成粗略位姿估计；然后在稠密点集上进行精确点匹配，输出更精确的 6D 位姿结果。

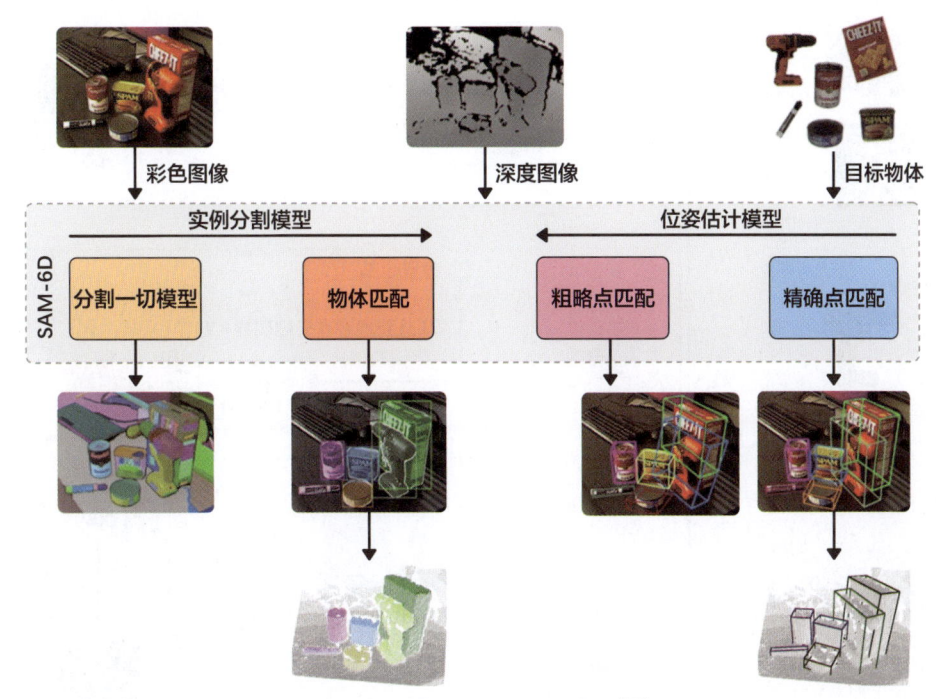

图 3.20 SAM-6D 的算法框架[80]

2）算法核心设计

SAM-6D 算法的核心在于如何将原本用于分割任务的预训练 SAM 模型整合到物体位姿估计框架中，结合给定的目标物体模型筛选出对应的物体分割提案，以及设计一种有效且通用的点匹配策略来更稳定地获得精确的位姿估计结果。为此，SAM-6D 算法提出了如下设计。

引入预训练模型助力零样本位姿估计：使用预训练的 SAM 作为零样本物体实例分割的基础，并通过一个创新的匹配分数系统来选择与目标物体匹配的提案。该匹配分数考虑了语义、外观和几何三个方面，通过综合多方面的匹配分数找到与目标物体最接近的分割提案。通过这种方式，SAM-6D 算法在无须重新训练或微调网络的情况下，能够快速处理从未见过的物体，并有效应对场景中复杂的遮挡和干扰问题。

从稀疏到稠密的点匹配：为了构建精确的点匹配关系，SAM 引入了两阶段点匹配流程，即粗略点匹配和精确点匹配，如图 3.21 所示。在第一阶段，模型基于稀疏点集进行粗略点匹配，获得初始位姿估计。在第二阶段，模型基于初始位姿变换稠密点集，并通过稀疏到稠密点转换模块（Sparse-to-Dense Point Transformer）进行精确点匹配。两阶段匹配的设计有效提高了位姿估计的精度，尤其在遮挡严重和噪声干扰的情况下，能够更稳定地获得精确的位姿估计结果。

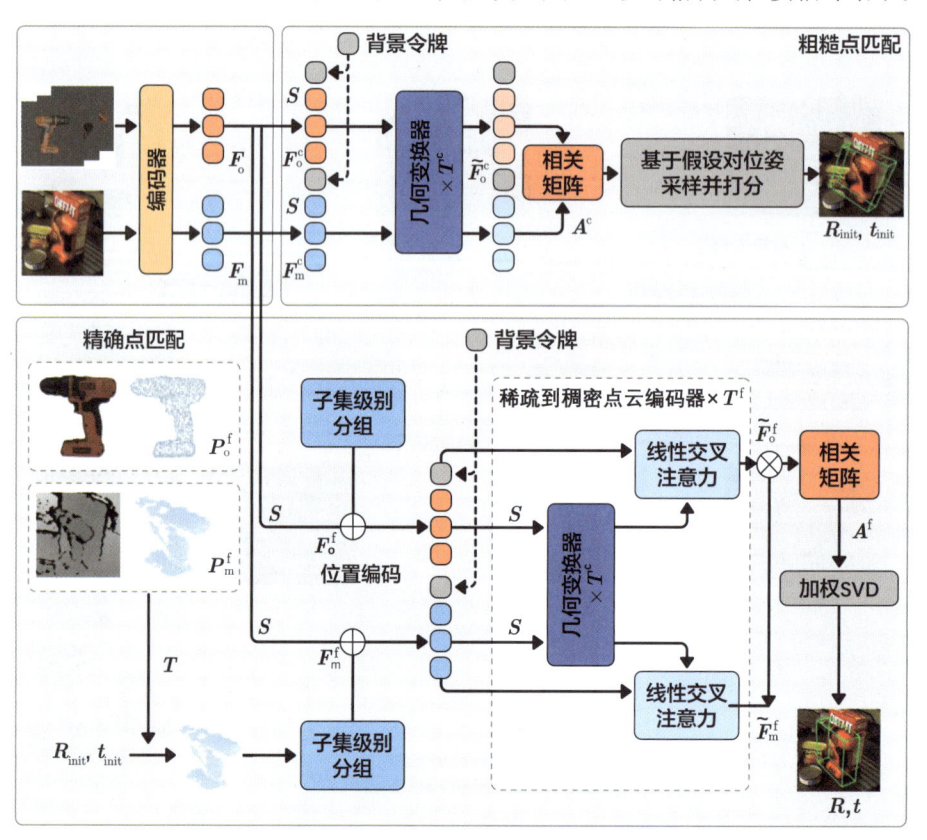

图 3.21 从稀疏到稠密的点匹配[80]

在第一阶段，SAM-6D 算法从提案物体和目标物体的点集中采样出稀疏点集，分别记为 $\boldsymbol{P}_\mathrm{m}^\mathrm{c}$ 和 $\boldsymbol{P}_\mathrm{o}^\mathrm{c}$。稀疏点集包含的点较少，用于初步推测物体的粗略位姿。为了实现这一点，模型首先为每个点集提取特征 $\boldsymbol{F}_\mathrm{m}^\mathrm{c}$ 和 $\boldsymbol{F}_\mathrm{o}^\mathrm{c}$。这些特征与一个可学习的"背景令牌"一起通过几何变换器（Geometric Transformer）的处理。几何变换器包含自注意力（用于点集内的特征学习）和交叉注意力（用于点集之间的对应关系建模）。通过这种处理，模型生成了稀疏点集之间的特征矩阵 $\tilde{\boldsymbol{F}}_\mathrm{m}^\mathrm{c}$ 和 $\tilde{\boldsymbol{F}}_\mathrm{o}^\mathrm{c}$，并进一步计算分配矩阵 $\tilde{\boldsymbol{A}}^\mathrm{c}$，分配矩阵中元素的值表示 $\boldsymbol{P}_\mathrm{m}^\mathrm{c}$ 中的点与 $\boldsymbol{P}_\mathrm{o}^\mathrm{c}$ 中的点之间的匹配概率。通过对这些匹配概率进行分析，生成多个位姿假设 $\boldsymbol{R}_\mathrm{hyp}$ 和 $\boldsymbol{t}_\mathrm{hyp}$，并为每个假设分配一个匹配分数，计算公式为

$$s_\mathrm{hyp} = \frac{N_\mathrm{m}^\mathrm{c}}{\sum_{\boldsymbol{p}_\mathrm{m}^\mathrm{c} \in \boldsymbol{P}_\mathrm{m}^\mathrm{c}} \min_{\boldsymbol{p}_\mathrm{o}^\mathrm{c} \in \boldsymbol{P}_\mathrm{o}^\mathrm{c}} \|R_\mathrm{hyp}(\boldsymbol{p}_\mathrm{o}^\mathrm{c} - \boldsymbol{t}_\mathrm{hyp}) - \boldsymbol{p}_\mathrm{m}^\mathrm{c}\|^2} \tag{3.5}$$

最终，匹配分数最高的位姿假设 $\boldsymbol{R}_\mathrm{init}$ 和 $\boldsymbol{t}_\mathrm{init}$ 被选为初始位姿估计结果，并输入第二阶段进行进一步优化。

在第二阶段，SAM-6D 从两个点集 $\boldsymbol{P}_\mathrm{m}$ 和 $\boldsymbol{P}_\mathrm{o}$ 中采样出更多的稠密点集，分别记为 $\boldsymbol{P}_\mathrm{m}^\mathrm{f}$ 和 $\boldsymbol{P}_\mathrm{o}^\mathrm{f}$，以便在此基础上生成更精确的 6D 位姿估计。首先，模型利用在第一阶段获得的初始位姿 $\boldsymbol{R}_\mathrm{init}$ 和 $\boldsymbol{t}_\mathrm{init}$ 对 $\boldsymbol{P}_\mathrm{m}^\mathrm{f}$ 进行变换，生成与目标点集 $\boldsymbol{P}_\mathrm{o}^\mathrm{f}$ 的初步位置编码。将此位置编码注入稠密点集的特征 $\boldsymbol{F}_\mathrm{m}^\mathrm{f}$ 和 $\boldsymbol{F}_\mathrm{o}^\mathrm{f}$ 中，从而引导接下来的精确点匹配过程。为了处理稠密点集之间的复杂关系，模型采用了一种创新的稀疏到稠密点变换器（Sparse-to-Dense Point Transformer, SDPT）。在每个 SDPT 中，首先从稠密点集的特征 $\boldsymbol{F}_\mathrm{m}^\mathrm{f}$ 和 $\boldsymbol{F}_\mathrm{o}^\mathrm{f}$ 中采样出稀疏特征点，并通过几何变换器对这些稀疏点进行交互学习，生成增强后的稀疏特征点 $\boldsymbol{F}_\mathrm{m}^{\prime\mathrm{f}}$ 和 $\boldsymbol{F}_\mathrm{o}^{\prime\mathrm{f}}$。接下来，模型使用线性交叉注意力（Linear Cross-Attention）将这些增强的稀疏特征传播回稠密点集，更新稠密点集的特征表示。这种架构能够有效地处理大量点之间的复杂关系，并在保持计算效率的同时增强点之间的匹配能力。通过叠加多个 SDPT，模型最终生成软分配矩阵 $\tilde{\boldsymbol{A}}^\mathrm{f}$，建立稠密点集之间的对应关系。最后，模型通过加权奇异值分解（SVD）计算最终的 6D 位姿 $\boldsymbol{R}$ 和 $\boldsymbol{t}$。

3）算法优势

SAM-6D 算法结合 SAM 的零样本分割能力及专门设计的子网络，实现了通用的物体位姿估计。该算法将 SAM 模型融入物体匹配和分割框架，为后续位姿估计任务筛选出有效区域。PEM 将位姿估计视为部分到部分的点匹配问题，通过两阶段点匹配过程构建密集的 3D-3D 对应关系，最终得出位姿估计结果。SAM-6D 算法在 BOP 基准的七个核心数据集上均展现出超越现有方法的性能，证明了其在零样本学习环境中对新物体的强大泛化能力。

3.1.5 物体可供性识别

物体可供性识别（Affordance Recognition）是具身智能研究中的一个核心问题，旨在识别和理解环境中物体可能提供的操作或交互方式。可供性最初由心理学家 James J. Gibson 提出，指的是环境中的物体或结构本身能够"提供"给个体的可能行动。例如，一把椅子可以用来坐，一只杯子可以用来抓握，这些功能都是其可供性的一部分。在具身智能中，机器人或智能体需要通过感知和理解这些可供性，实现对环境的交互和操作。

物体可供性识别的核心问题在于如何从感知数据中抽取和学习物体的潜在功能，而不仅是物体的几何形状或视觉特征。传统的物体识别方法往往关注物体的类别，对于可供性识别，则需要由机器人理解"如何使用"或"可以用来做什么"，具体包括以下含义。

（1）**功能理解**：不仅辨认物体，还要推测它在给定场景中的用途。这就要求识别算法能够深入理解物体的物理属性和功能特性，以及这些属性与环境和执行者之间可能存在的交互关系。例如，看到一个梯子，智能体应能理解其可以用来爬高。

（2）**上下文相关性**：物体的可供性往往受场景上下文的影响。例如，桌子通常可以用来放置物体，但在特定情况下可能被用来抵挡某种动作。因此，可供性识别必须考虑物体与环境和任务之间的动态关系。

物体可供性识别技术的发展不仅提升了机器人在复杂环境中的操作能力，也帮助智能体实现了更自然的人机交互，推动了具身智能的发展。从技术的角度看，物体可供性识别需要利用来自一种或多种感知模态（视觉、触觉等）的信息，以形成对物体的全面理解。不同的感知模态能够提供不同层次的物体信息，如视觉可以提供形状和颜色、触觉可以提供材质和刚性信息等。基于上述信息，可供性物体识别算法侧重实现下列技术目标。

（1）**语义与功能的结合**：不仅要对物体的外观进行语义理解（如识别为"椅子"），还要理解它的功能用途。为了实现这一目标，常常需要结合深度学习与符号推理，构建具备功能推理能力的模型。

（2）**交互性学习**：具身智能体需要在实际环境中通过交互来学习物体的可供性，这样的交互包括推、拉、握等动作。通过这些动作，智能体能够逐步理解物体的功能特性，并通过自我监督的方式完善其模型。

（3）**泛化能力**：识别物体可供性的一个重要目标是获得模型的泛化能力，它使机器人在面对新物体或未知场景时，仍然能够推测这些物体的潜在可供性。通过对物体形状、材质、结构等特征的学习，模型可以在类似的物体中推广可供性的概念。

1. 基于监督学习的代表性工作：AffordanceNet

AffordanceNet[81] 是一个端到端的深度学习方法，专为对象可供性检测而设计。它整体遵循类似于 Mask R-CNN 的检测框架，能够直接从 RGB 图像中同时检测多个对象位置及其可供性属性信息，如瓶子可以被抓握、平底锅可以盛水等。

1）算法框架

如图 3.22 所示，AffordanceNet 整体遵循类似于 Mask R-CNN[82] 的检测框架。对一张指定的图片，AffordanceNet 首先利用编码器和特征金字塔提取图像特征，该网络采用两个主要分支：一个用于定位和分类对象的对象检测网络分支，另一个用于预测每个像素可供性的可供性检测网络分支。

2）算法核心设计

AffordanceNet 采用了一系列反卷积（Deconvolutional）网络，以获得高分辨率平滑的可供性响应图（Affordance Map），并使用多任务监督损失同时优化对象检测和可供性检测，提高了整体的可供性检测精度，其核心算法设计如下。

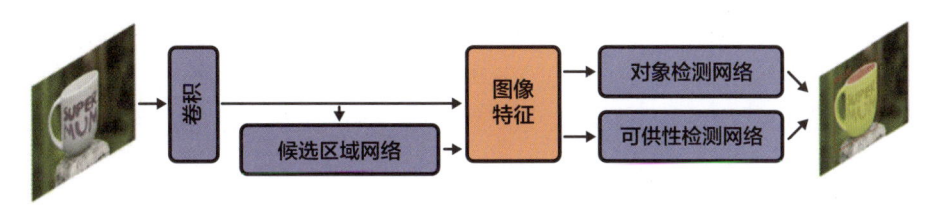

图 3.22 AffordanceNet 的算法框架[81]

反卷积网络：与卷积神经网络相反，反卷积网络的目的是提升特征的分辨率，得到高分辨（像素级别）的可供性预测。反卷积模块由序列化的卷积层、激活层和反卷积层组成，并采用多个反卷积模块进行连续的上采样，具体尺寸变化为

$$S_o = s(S_i - 1) + S_f - 2d \tag{3.6}$$

其中，S_i 和 S_o 分别为输入和输出的特征尺寸，S_f 为卷积核尺寸，s 和 d 分别为卷积步长（stride）和填充（padding）尺寸。

可供性掩码：可控性掩码的作用是区分某个像素是否为可供性物体及可控性的类别。假设 n 个可控性的类别为 $P = \{0, 1, \cdots, n-1\}$，则网络的输出可以线性投影到 $0 \sim n-1$。

$$\rho(x,y) = \begin{cases} p & \text{如果 } p - \alpha \leqslant \rho(x,y) \leqslant p + \alpha \\ 0 & \text{否则} \end{cases} \tag{3.7}$$

其中，p 为预定义的类别，$\alpha = 0.005$ 为手动设置的阈值。

多任务监督：遵循多任务监督流程，AffordanceNet 协同优化检测损失和可供性预测，整体损失如下。

$$L = L_{cls} + L_{loc} + L_{aff} \tag{3.8}$$

$$L_{aff} = -\frac{1}{N} \sum_{i \in \text{RoI}} \log(m_{s_i}^i) \tag{3.9}$$

其中，L_{cls} 和 L_{loc} 为检测网络的类别和位置约束，可以参考检测网络 Mask R-CNN，此处不赘述。L_{aff} 为可供性约束，为多类别交叉熵损失，$m_{s_i}^i$ 为 s_i 类在像素点 i 的预测，N 为像素个数。

3）算法优势

AffordanceNet 是可供性检测领域的开创性工作，其通过创新的网络结构和训练策略，在对象可供性检测领域提供了一个高效、鲁棒且易于使用的解决方案，为机器人感知和其他交互系统提供了实际应用价值。

2. 从静态图像到动态视频：VRB

视觉—机器桥接（Vision-Robotics Bridge，VRB）[83] 探讨了如何通过分析人类的互动视频教授机器人理解和学习与人类的互动模式。VRB 通过从互联网视频学习人类行为，训练一个可供性预测模型来预测人类在场景中可能的交互位置和方式，旨在弥合当前模型与机器人应用之间的差距。

1）算法框架

如图 3.23 所示，在训练阶段，模型输入一段与人类无关的（Human-Agnostic）视频片段，可供性模型（Affordance Model）可以由初始帧以热力图的形式学习接触点（Contact Point）的概率分布，同时对接触点后续的运动轨迹进行预测。在推理阶段，给出一个场景的视觉信息，模型可以同时预测接触点及其后续的运动轨迹，进而实现精准控制。

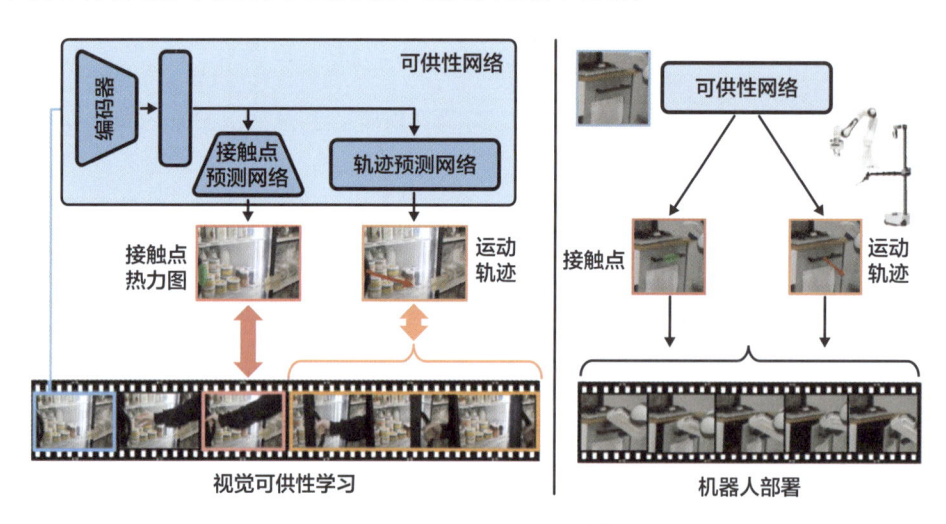

图 3.23　VRB 算法框架[83]

2）算法核心设计

如图 3.23 所示，VRB 算法的核心设计在于如何从视频中预测接触点和运动轨迹，包括接触点预测模块和轨迹预测模块。

接触点预测模块：给定一个 T 帧的视频数据，VRB 首先利用检测模型预测视频中每帧的手部位置 h_t、接触物体 o_t，并根据接触发生的初始帧，确定接触点 t_{contact}，用于构建后续的轨迹 τ。进一步地，为了获得精确的接触点 c，我们使用对应的手部边界框，并应用皮肤颜色分割技术，找出手部轮廓与目标物体边界框相交的所有点，得到一个包含 N 个点的点集 c'^N，N 随图片、接触物体，交互类型的不同而不同。于是，最终预测的接触点概率分布可以由一个高斯混合模型（GMM）获得。

$$p(c) = \underset{\mu_1, \mu_2, \cdots, \mu_K, \Sigma_1, \Sigma_2, \cdots, \Sigma_K}{\arg\max} \sum_{i=1}^{N} \sum_{k=1}^{K} \alpha_k \mathcal{N}(c^i | \mu_k, \Sigma_k) \tag{3.10}$$

其中，μ_k 和 Σ_k 为高斯混合模型参数，K 为检测到的手部的个数。

轨迹预测：对每帧数据，将连续的手部检测框 h_t 作为预测轨迹 $\{h_t\}_{t_{\text{contact}}}^{t'}$。同时，考虑到相机坐标和人的坐标不同，VRB 利用转移矩阵 $\mathcal{H}$ 将轨迹预测从相机中心预测转移到以人为中心的预测，轨迹预测为

$$\tau = \mathcal{H} \circ \{h_t\}_{t_{\text{contact}}}^{t'} \tag{3.11}$$

多种范式集成：如图 3.24 所示，可供性模型能够与四种机器人学习范式实现无缝集成。其中，离线模仿学习通常基于人类演示、远程操作或脚本化策略所收集的数据进行行为克隆（Behavior Clone）学习。其缺点是数据的收集成本较高。自主探索方法通常依赖内在奖励机制，例如，通过最大化环境变化进行监督（具体定义可根据实际情况确定）。由于这种方法不依赖于特定任务，因此可以通过探索学习来掌握尽可能多样化的技能，从而为机器人解决下游任务提供支持。目标条件学习通过设定目标条件有效约束网络的搜索空间。同时，目标图像可在一定程度上作为强化学习的奖励信号，进一步提升轨迹预测的准确性。行为空间构建通过将连续的动作空间离散化并进行参数化处理，为每个动作位置定义一组基本动作（如抓取、推动或放置等）。这种设计虽然在一定程度上限定了任务的多样性，但能够显著提高模型的执行效率和性能稳定性，使其在特定任务中表现出更高的精度和可靠性。

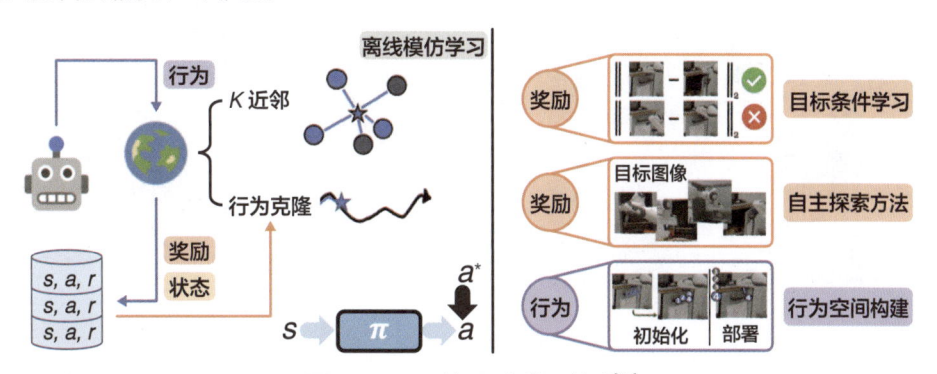

图 3.24　四种机器人学习范式[83]

3）算法优势

VRB 通过从人类视频中提取视觉信息，为机器人提供了一种新的学习和理解环境的方式。同时，通过学习人类视频中的交互方式，VRB 将可供性通用地表示为接触点和运动轨迹，使机器人能够更加直观、快速地学习复杂任务，并有较强的适应性。

3. 泛化到未见的物体：Robo-ABC

Robo-ABC[84] 是一种新的机器人操作框架，旨在提高机器人在面对未见过的物体时的泛化能力。该框架通过从互联网上的人类视频中提取可供性记忆（包括接触点信息等），使机器人能够通过检索视觉或语义上相似的物体来获取其可供性，极大地提升了模型在未见物体类别上的泛化能力。

1）算法框架

如图 3.25 所示，Robo-ABC 框架首先从人类视频中收集接触点数据。具体地，Robo-ABC 将物体的可操作性定义为人类的手与物体的接触点。在收集接触点数据时，Robo-ABC 采用图像清晰、没有遮挡的人类的手—物体接触的帧作为接触点。在面对一个新的物体时，Robo-ABC 首先从交互记忆中查询最相似的物体外观或者类型及接触点信息，并通过扩散模型学习新的物体的接触点信息，最后利用 AnyGrasp[85] 模型完成可供性获取任务。

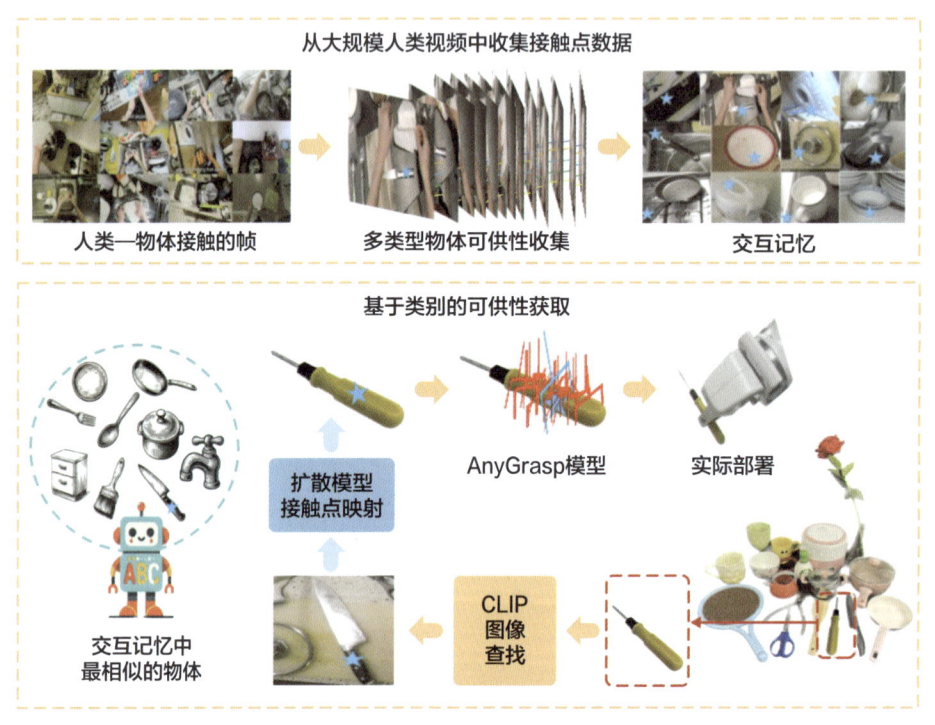

图 3.25 Robo-ABC 的算法框架[84]

2）算法核心设计

Robo-ABC 算法的核心设计旨在实现模型从已知物体类型到未知物体类型的泛化。其关键在于引入记忆机制：当面对新的物体时，算法会查询与之相似的已知物体，并基于此预测新物体的接触点信息。其核心设计如下。

物体查询：当面对新的物体时，Robo-ABC 首先使用相机捕捉该物体的图像。然后使用一个图像编码器（如 CLIP 模型）将捕获的物体图像映射到一个特征向量中。同样，记忆中的每个物体图像通过相同的编码器映射到特征向量，并计算新物体特征向量与记忆库中物体特征向量的余弦相似度。对于已见过的物体，Robo-ABC 从其类别中选择最相似的物体；反之，从记忆库中选择外形最相似的物体。通过这种检索机制，Robo-ABC 能够找到与新的物体在视觉和语义上最接近的已知物体。

接触点预测：对于新的物体，VRB 首先通过查询得到最相似的物体及接触点，并利用扩散模型预测新的物体的接触点信息。具体地，给定原图像 I_s、原接触点 p_s（相似物体）及目标图像 I_t（新物体图像），VRB 模型的目的是预测目标图像的目标接触点 p_t。具体地，VRB 首先获取图像的扩散特征，并基于原图像和原接触点得到接触点的特征向量 V。然后，VRB 对目标图像进行去噪还原，在此过程中，目标图像的接触点 p_t 被定义为与 V 最相似的像素。同时，为了应对物体的不同状态（朝向、尺寸等），VRB 会对目标图像进行多次变换（如旋转、反转等），并选择最相似的点作为新的接触点。

3）算法优势

Robo-ABC 通过模拟人类理解物体之间语义对应关系的方式，成功地实现了跨物类别物体的可供性泛化。该方法提供了一个高效框架，使机器人在面对新的物体时能够通过检索并映射已知物体的可供性信息，预测其接触点信息，从而显著提升在实际任务中的泛化能力和操作成功率。同时，不同于传统方法，该方法无须手动标注、额外训练、物体部分分割、预先编码的知识或视角，即可实现零样本的跨类别物体操作。

4. 基于交互学习的代表性工作：Where2Act

Where2Act[86] 的目标是预测与基本操作（如推或拉）有关的高度参数化的可供性信息，从而实现与铰链式三维物体的有效交互，并促进智能体与环境进行有意义的互动。对于给定的图像和深度数据，Where2Act 能够预测每个像素点上可能的动作选项。例如，对于一个关节式物体（如抽屉），该模型可以预测在手柄上施加拉力会打开抽屉，从而指导机器人完成相应的操作任务。

1）算法框架

Where2Act 的算法框架如图 3.26 所示。该模型以二维图像或三维点云作为输入，并分别使用 Unet 和 PointNet++ 提取逐二维图像或三维点云的物体特征 f_p。Where2Act 采用三个解码头分别预测该物体逐像素的可供性信息，如是否可以进行操作、执行操作的行为类别、执行操作的概率。

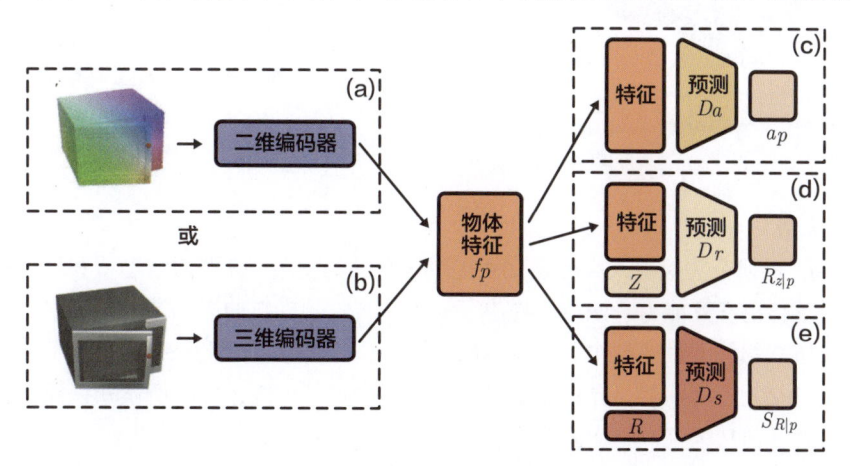

图 3.26 Where2Act 的算法框架[86]

2）算法核心设计

Where2Act 算法模型的核心设计在于利用三个解码头分别预测不同的可供性信息。同时，Where2Act 采用"离线 + 在线"采样策略，获取大量数据以训练模型，总体情况如下。

可操作性评分模块 D_a：利用多层感知机预测每个像素的可操作性得分 $a_p \in [0, 1]$。

动作建议模块 D_r：基于随机采样的高斯噪声 z，利用多层感知机基于每个像素的特征生成三个自由度的抓取方向 $R_{z|p}$。

行动评分模块 D_s：对于给定特征 f_p 和可能的动作 R，利用多层感知机给每个像素的建议动作打分 $s_{R|p} = D_s(f_p, R)$，其中 $s_{R|p} \in [0, 1]$。

采样策略：如图 3.27 所示，Where2Act 首先基于 SAPIEN 创建了一个模拟环境，并在其中随机选取三维物体进行离线采样。具体而言，模型在物体的不同随机位置执行多种操作，如推、拉等，并记录与物体接触的轨迹信息。由于物体本身的可供性限制，在离线采样中大部分操作是无法完成的，即数据为负样本。例如，图 3.27 中展示的物体无法左右拉动，这会导致采样正负样本类别不均衡，进而影响训练效率。为了解决这一问题，Where2Act 在离线采样数据的基础上训练模型，以预测可供操作的区域，然后在这些区域内进行在线采样，从而有效提高正样本的获取率，提升采样和训练的整体效率。

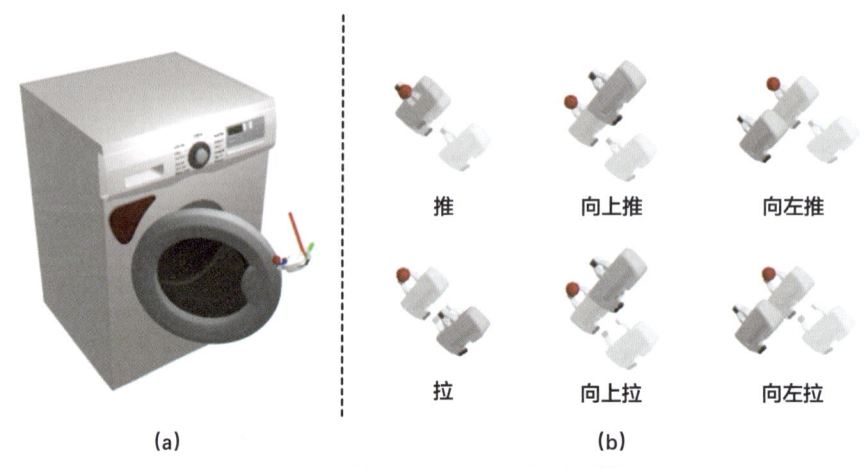

图 3.27　基于 SAPIEN 采样数据[86]

3）算法优势

Where2Act 的研究为机器人与环境交互提供了全新的视角，强调通过学习和理解物体的可操作性来增强智能体的交互能力。该方法提出了一种从视觉到操作的端到端解决方案，帮助机器人智能地选择铰链式物体的最佳操作点并执行相应的动作。此外，Where2Act 引入了一个结合在线数据采样策略的交互学习框架，允许模型在模拟环境中进行训练，并将所学知识泛化到新类别的物体上，甚至是此前从未见过的物体上。

3.2 触觉感知

触觉感知是指通过物理接触获取环境信息的能力,在具身智能任务中扮演着至关重要的角色。与视觉感知不同,触觉感知能够直接感知物体的质地、形状、硬度、温度、力等物理特性,因此,触觉感知在机器人操控、柔性抓取、交互反馈等场景中具有不可替代的价值。

在具身智能中,触觉感知使机器人能够在不完全依赖视觉的情况下进行精细的操作,如抓取脆弱的物体、检测物体表面的微小不规则性等。通过触觉感知,智能体能够更加灵活地应对未知环境,提升任务的精度和鲁棒性。尤其在物体操控、装配、维修等任务中,触觉感知常常与视觉感知协同工作,形成多模态感知系统,从而大幅提高任务的成功率。

3.2.1 触觉传感器及其特性

触觉传感器是实现触觉感知的关键组件,它通过检测物理接触时的力、压强、振动等信号,将这些物理量转化为可以处理的电子信号。根据不同的应用场景,相关的传感器可分为多个类型,主要包括力传感器、压强传感器、振动传感器、温度传感器等。近年来,随着技术的发展,传统传感器的性能不断提升,同时,一些新的触觉传感器逐渐进入人们的视野,如 GelSight[87]、AllSight[88]、DIGIT[89]、XELA uSkin[90] 等。这些先进的传感器不仅能感知力和振动,还可以通过光学或柔性材料的设计,精细地捕捉接触面上的形状和纹理信息,为机器人和智能设备带来了更接近人类触觉体验的能力。下面将详细介绍这些新型传感器及其在触觉感知中的独特优势。

(1) **GelSight** 是一种基于光学成像的触觉传感器,它通过在柔软的透明硅胶上涂覆金属涂层来捕捉接触面细节。硅胶材料贴合接触表面后,内部的相机拍到反射光,从而得到高分辨率的形状和纹理图像。由于分辨率高,GelSight 特别适用于识别表面细节和微小特征。

- **优点**:分辨率高,可以捕捉细微的纹理和形状变化;能够直接输出高清图像,有助于物体识别和表面分析。
- **缺点**:较大的体积使其不容易集成到小型设备中;对图像处理要求较高,速度较慢,实时性较弱。

(2) **AllSight** 是一种多模式的触觉传感器,能够结合触觉、视觉和力传感来感知物体。它集成了多种传感器(如光学和力矩传感器),能够提供丰富的感知信息。这种多模态感知有助于增强机器人的操作能力和感知精度。

- **优点**:多模态感知能力,使其在感知任务中表现更全面;能够同时捕捉物体的外部形状和接触力的变化情况,适用于复杂的感知和操作任务。
- **缺点**:复杂的传感器设计和集成方式,增加了系统的成本和难度;与单一模式的传感器相比,数据处理和融合更复杂。

(3) **DIGIT** 是 Facebook AI 开发的一种低成本的触觉传感器。它通过柔性材料和内置相机捕捉接触表面的形状,设计较为紧凑,适合用于机器人手指等小型设备。DIGIT 具有较高的分辨率,且设计注重成本控制,使其成为一种经济实用的选择。

- **优点**:设计简洁且成本较低,适合大规模生产和应用;具有较高的分辨率,重量轻,能在小型机器人手指等设备中集成。
- **缺点**：与 GelSight 类似，受限于光学成像原理，难以在一些动态或高速接触的情况下获得高质量的数据。

（4）**XELA uSkin** 是一种基于柔性薄膜的触觉传感器，使用电容式感知方式来检测接触压力。柔性薄膜设计使 XELA uSkin 可以紧密贴合复杂的表面，如机器人手指或手臂，感知更多触觉信息，检测触觉的力度、方向和接触位置。
- **优点**：柔性好，能够覆盖弯曲和复杂形状的表面，适用于多关节机器人手指的触觉感知；电容式的原理使其在响应速度和耐用性上具有优势，适合实时触觉反馈。
- **缺点**：与基于光学成像的传感器相比，分辨率较低，难以捕获细微的表面纹理；传感数据需要经过处理才能得到形状信息，信息直观性不如 GelSight。

各传感器的综合对比如表 3.1 所示。

表 3.1 GelSight、AllSight、DIGIT 和 XELA uSkin 的综合对比

特性	GelSight	AllSight	DIGIT	XELA uSkin
感知原理	光学成像	多模态（光学＋力传感等）	光学成像	电容式感知
分辨率	高	中等（取决于融合方式）	高	低
柔性	低	取决于设计	低	高
成本	较高	较高	低	中等
适用场景	微小物体表面分析、纹理检测	综合感知、复杂操作任务	经济型机器人触觉感知	实时触觉反馈、多关节机器人
优点	分辨率高、细节丰富	多模态感知能力强	经济实用、体积小	柔性好、实时反馈
缺点	体积较大、速度慢	较复杂、成本高	分辨率虽高但动态性较差	分辨率低、纹理捕捉能力有限

3.2.2 基于触觉的物体识别

通过触觉感知进行物体识别是机器人学的一大挑战。这一问题涉及机器人在缺乏视觉信息或视觉不可靠的环境中，如何通过触觉传感器进行有效的信息收集和理解，从而实现对周围物体的识别和分类。许多经典方法依赖从触觉传感器获取的形状、纹理和硬度等信息。这些信息能够给机器人提供关于物体相关物理属性的丰富细节，使其更好地理解物体的特性。近年来，以 GelSight 为代表的高分辨率触觉传感器通过柔性表面捕捉物体表面的微小特征，能够获取细致的三维形变

数据。如图 3.28 所示，这些传感器的核心技术是将透明的硅胶层覆盖在摄像头前，当机器人的手指与物体接触时，硅胶层的形变会被摄像头捕捉，并利用计算机视觉技术转换为触觉图像。这些图像包含物体表面的细节信息，如微小的纹理和边缘，使机器人在光线不足或者完全黑暗的环境中也可以通过触觉完成物体识别。通过卷积神经网络对 GelSight 传感器生成的触觉图像进行处理的研究表明，这些网络能够有效捕捉物体的表面特征，并实现高准确率的物体分类[91]。通过这种方式，触觉感知不再局限于简单的硬度和形状特征，而是能利用高维特征空间进行复杂的物体识别和属性推断。

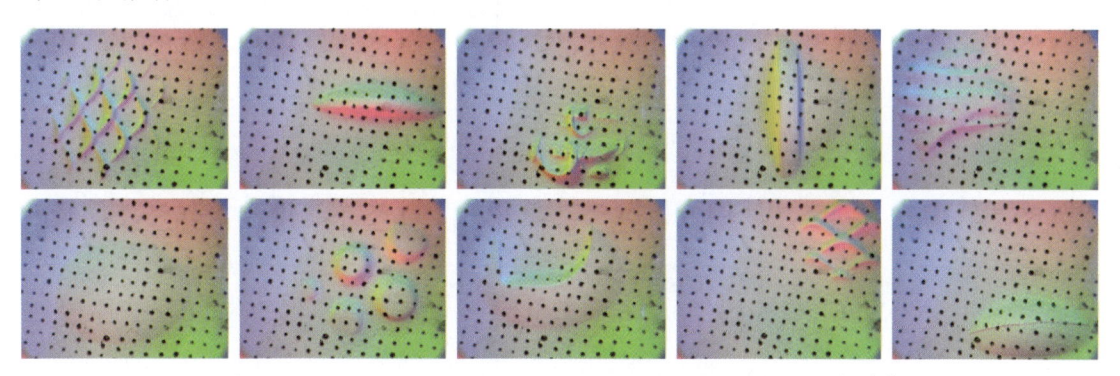

图 3.28　由 GelSight 采集的不同物体对象的原始触觉数据示例[92]

3.2.3　基于触觉的滑移检测

滑移检测是机器人抓取和操作中的一个关键任务。如图 3.29 所示，滑移是指物体在抓取过程中相对手爪或夹具发生的细微位移，通常是抓取失败的前兆。有效的滑移检测可以帮助机器人及时调整抓取力度，从而避免物体滑落或损坏，这在许多实际应用中非常重要，尤其是工业自动化、精密装配及服务机器人等场景。滑移检测的过程主要基于传感器的信号进行判断，传感器包括振动传感器、力矩传感器、触觉传感器、视觉传感器等。如图 3.29 给出了一个基于 GelSight 触觉传感器的滑移检测方案，其中：图 3.29(a) 为触觉传感器硬件设备示例；图 3.29(b) 为触觉传感器夹取物体时的响应；图 3.29(c) 为根据触觉传感器的响应构建响应分布，进而计算能量的大小；图 3.29(d) 为根据能量的瞬时变化检测滑移现象。通过记录触觉传感器所有位点的数值，我们能构建任意时刻 t 的响应分布（直方图）。假设位点的数值存在 N 个离散状态，且每个状态都可以表示为 ϕ_i，则时刻 t 的离散能量值可以表示为 $E(t) = -\sum_{i=1}^{N} p(\phi_i) \log p(\phi_i)$。进而，我们可以利用离散能量的瞬时变化判断是否发生了滑移。

在实践中，为了在检测滑移的同时防止抓取失败，控制算法（如 Reactive Grasping[94]，即反应性抓取）发挥了至关重要的作用。这类算法可以在检测到滑移后，迅速根据传感器反馈调整抓取器的夹持力度。例如，当检测到滑移信号时，系统会增加抓取力或重新调整抓取角度，使物体重新稳定在夹具内。然而，这种调整必须精确且迅速，原因在于过大的力可能会损坏物品，尤其是脆弱或精密的物品。

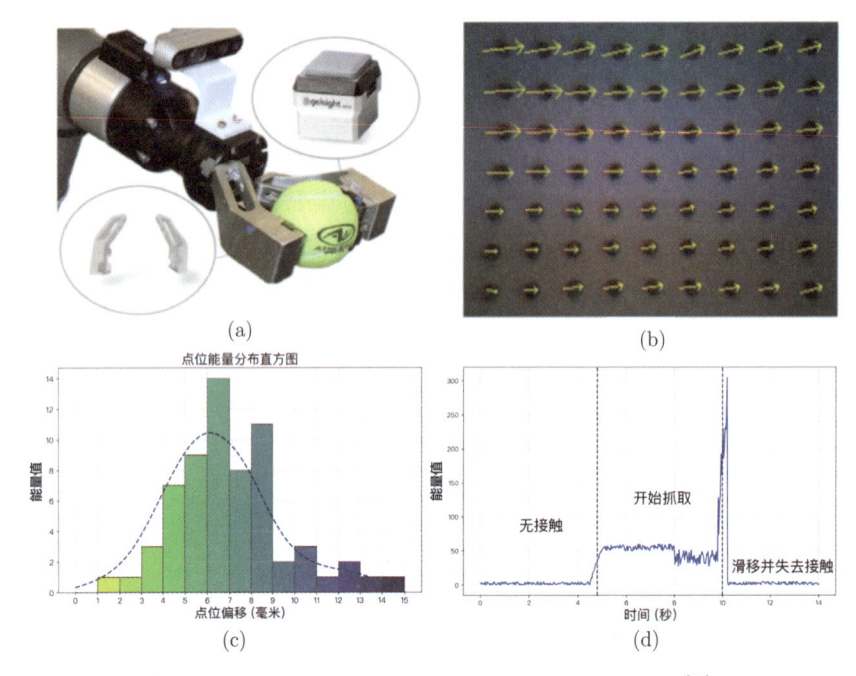

图 3.29　基于 GelSight 触觉传感器的滑移检测方案[93]

3.3　听觉感知

听觉感知是指通过声音获取环境信息的能力，它在具身智能任务中同样发挥着重要的作用。与视觉感知相比，听觉感知为智能体提供了额外的感知途径，尤其在视线受限或视觉信息不足的情况下，听觉能够为任务决策提供关键支持。通过听觉感知，智能体可以定位声音来源、分析声音信号的特性，并推断声音所代表的物理或行为信息。

在具身智能中，听觉感知为智能体在多模态环境中提供了一种全新的交互方式。例如，在黑暗或遮挡的环境中导航，或者通过声音定位特定的目标。通过听觉，智能体能够迅速感知周围的声音变化，如检测机器的异常噪声、识别声音信号中的潜在危险等。在多任务协作、复杂环境感知等任务中，听觉感知常常与视觉、触觉等感知模式协同工作，形成更加全面的多模态感知系统，从而提高任务的鲁棒性和实时响应能力。

3.3.1　听觉传感器及其特性

听觉传感器是一类用于捕获和处理声学信号的传感设备，它通过将声波转换为电信号，使机器或设备能够进行进一步的分析和处理。现代听觉传感器技术广泛结合了微机电系统（MEMS）、光学、摩擦电效应等前沿技术，显著提升了感知精度与噪声抑制能力，同时实现了体积的显著缩减，从而适应更加复杂的环境感知需求。随着具身智能研究的持续深入，智能体对环境的多模态感知需求日益增加，听觉传感器在语音识别、人机交互和环境声学感知等任务中得到了广泛应用，从而在自动驾驶、家用机器人、智能助手等实际场景中发挥了至关重要的作用。

（1）**麦克风阵列**是一种利用多个麦克风协同工作而进行声音信号收集的传感器。单个麦克风通过将声波引起的空气压力变化转换为电信号来捕捉声音。麦克风阵列由多个麦克风按照特定的几何结构布置而成，通过多个传感器接收到的声波信号之间的时差和幅度差异进行信号处理，以实现声音增强和噪声抑制。麦克风阵列的核心技术是波束形成，即通过控制各麦克风的接收信号增强特定方向的声源信号，并抑制其他方向的干扰，从而提高信噪比。

- **优点**：能够在嘈杂的环境中准确地捕捉声音，进而提高语音识别的准确性；可以实现声源的定位和跟踪，适用于远距离语音识别和复杂环境中的多声源感知。
- **缺点**：可能会因为麦克风之间的相位一致性和时间同步问题而受到限制，处理算法的复杂性也可能导致计算成本较高。

（2）**MEMS 麦克风**即微机电系统麦克风，是一种基于微机械技术制造的小型麦克风。MEMS 麦克风的核心是微型的传感单元，其通过一个薄膜在声波压力下发生位移来工作。这种位移改变了薄膜与背板之间的电容值，从而产生可以被电子电路检测和放大的电信号。

- **优点**：体积小、能耗低，特别适合用在小型机器人、可穿戴设备和嵌入式系统中，方便在空间受限的场景中集成；对温度、湿度等环境变化的敏感性较低，工作稳定性强且成本较低。
- **缺点**：灵敏度和信噪比相对传统的麦克风有所降低，因此在远距离声音捕捉或弱声音信号检测方面表现较弱；频响范围通常较窄，无法捕捉非常高频或非常低频的声音。

（3）**摩擦电听觉传感器**是一种基于摩擦电效应的声音感知器件，它利用摩擦电纳米发电机技术，将声波转换成电信号而无须外部电源[95]。其工作原理是当声波作用于传感器时，两层摩擦电层材料振动，引起电荷的转移和分离，产生电信号。该技术近年来受到广泛关注，在自驱动传感器领域，因具有无须外部电源的特性而表现突出。

- **优点**：摩擦电听觉传感器具有自驱动功能，能够利用环境中的声音能量自行供电，适用于低功耗场景；其高灵敏度使其可以有效地检测微弱声波，适用于精细声音感知任务。
- **缺点**：摩擦电听觉传感器对材料的选择较为敏感，材料的老化和磨损会影响其长期性能和稳定性；摩擦电效应对环境条件（如温度和湿度）变化较为敏感，可能在不同环境下表现不一致。

3.3.2　声音源定位技术

声音源定位技术是机器人感知和交互中的一个关键任务。声音源定位是指通过传感器阵列（通常是麦克风）估计声音信号的空间位置和方向，帮助机器人在环境中识别声源的位置和移动。这在社交交互、环境理解及救援任务等许多实际应用中尤为重要。

一个典型的用于声音源定位的方法是基于到达时间差（TDoA）进行定位，其核心思想是通过精确测量声音信号在麦克风阵列中不同麦克风之间的传播时间差来确定声源的位置。首先，麦克风阵列采集声音信号并进行预处理，以提高时间差估计的准确性。然后，通过计算任意两支麦克风接收到的信号之间的互相关函数来估计声音传播的时间差。试想一下，如果 y_n 是信号 x_n 的延迟版本，即 $y_n = x_{n-\tau}$，那么互相关函数的峰值 $R_{xy}(k)$ 将出现在 $k = \tau$ 时。达到该峰值的时刻反映了两个麦克风之间的时间延迟，我们可以由此得到声音从声源到达不同麦克风的时间差。有了这些时间差和麦克风之间的已知距离，就可以利用三角测量原理确定声源的位置。

在实践中，我们还可以利用波束形成技术进行声源定位。首先，使用麦克风阵列采集环境中的音频信号，根据声源的假设位置，计算每个麦克风的信号权重。权重的选择取决于波束形成算法。以延迟—求和（DAS）为例，假设声源位于某个方向，计算每个麦克风的信号延迟，使所有麦克风的信号在该方向上对齐。然后，对对齐的信号进行加权求和，形成指向该方向的波束。最后，在一系列不同的预设方向上扫描波束，计算对应方向加权合成信号的强度，找到信号强度最大的方向，这个方向即为声源的估计方向。

3.3.3 语音识别技术

语音识别技术在听觉感知任务中至关重要，其通过分析并理解语音信号来提取语言信息，使机器能够理解并响应语音命令。语音识别技术广泛应用于智能机器人、人机交互和语音助手等场景。

语音识别技术经历了早期基于统计的方法，如隐马尔可夫模型—高斯混合模型（HMM-GMM）[96]。该方法分为声学模型和语言模型，声学模型采用 HMM 建模语音的时序特性，GMM 则用于建模每个音素的声学特征分布。此技术路线曾是早期语音识别系统的主流方法。近年来，随着深度学习技术的发展，特别是端到端语音识别模型（如 CTC 和 Seq2Seq 模型）的出现，一系列基于深度学习的模型在语音识别任务中得到了广泛应用。与传统方法不同，基于深度学习的模型可以直接从声学特征映射到文本，减少了对手工设计特征和模型的依赖。接下来，我们将重点介绍近几年出现的较为典型的用于解决语音识别问题的深度学习方法。

1. 早期基于深度学习的方法：Deep Speech

Deep Speech[97] 是一个端到端的语音识别系统，它用深度学习技术取代传统语音识别系统中的多个手工设计的处理阶段。为了提高模型的训练速度和性能，Deep Speech 使用多个 GPU 并行训练，并利用大量标注的数据集进行训练。Deep Speech 的出现不仅有效提升了语音识别的性能，还大幅降低了模型工程设计的复杂性。

1）算法框架

Deep Speech 方法的核心是一个多层递归神经网络。该网络能够处理序列数据，非常适合语音识别任务。我们使用频谱图作为特征，每个音频的时间片可以表示为一个特征向量。如图 3.30 所示，网络由五个隐藏层组成，其中前三层不具备循环性，第四层使用双向 RNN，这意味着每个时间步都有两个方向的信息流 —— 向前（从左到右）和向后（从右到左）。这样的架构允许网络在每个时间点都能利用过去和未来的上下文信息。每个隐藏层使用 ReLU 激活函数，这有助于加速训练过程并避免梯度消失问题。输出层是一个标准的 softmax 层，用于生成每个时间片和每个字符的概率分布。

2）损失函数

Deep Speech 使用 CTC（Connectionist Temporal Classification）损失函数[98] 优化整个网络的参数。CTC 的核心目标是解决输入序列和目标序列长度不匹配的问题，尤其在没有预先对齐标注的情况下。CTC 通过引入"空白"标签 ϵ，使模型输出的每个时间步都可以表示为目标标签集合 L 中的一个标签或者空白。CTC 首先计算从输入序列 $X = (x_1, x_2, \cdots, x_T)$ 到输出路径

$\pi = (\pi_1, \pi_2, \cdots, \pi_T)$ 的概率，路径 π 是输出标签集合 L 的扩展版本 $L' = L \cup \{\epsilon\}$ 的一个序列。路径概率计算公式为

$$p(\pi|X) = \prod_{t=1}^{T} y_t^{\pi_t} \tag{3.12}$$

其中，$y_t^{\pi_t}$ 表示模型在时间步 t 预测标签 π_t 的概率。接下来，CTC 通过一个映射函数 $B(\pi)$ 将路径 π 转化为目标序列 z。这个映射去除了路径中的空白标签和连续重复的标签。目标序列 $z = (z_1, z_2, \cdots, z_U)$ 的概率 $p(z|X)$ 为所有可以映射为 z 的路径概率的总和，即

$$p(z|X) = \sum_{\pi \in B^{-1}(z)} p(\pi|X) \tag{3.13}$$

最后，CTC 损失函数通过最大化目标序列 z 的概率来训练模型。损失函数定义为目标序列负对数似然的最小化：

$$\mathcal{L}_{\text{CTC}} = -\log\left(p(z|X)\right) \tag{3.14}$$

为了高效地计算这些路径概率，CTC 使用了前向—后向算法，通过动态规划在所有可能的路径上进行累积计算。最终，CTC 使模型能够在不需要精确对齐输入和输出的情况下进行序列预测，并通过自动对齐的方式解决时序数据中的标注问题。更多实现细节请参考论文 [98]。

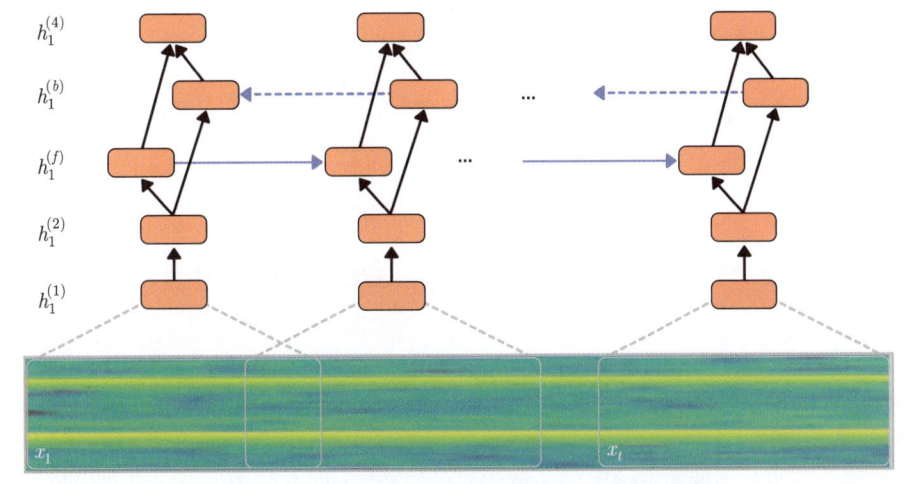

图 3.30 Deep Speech 方法中使用的 RNN 架构[97]

3）算法优势

Deep Speech 方法不需要传统的语音识别系统中复杂的预处理步骤，如特征提取、声学建模等。相反，它直接从原始音频信号开始学习，减少了对人工干预的需求，简化了整个系统的复杂度。同时，由于系统能够直接从数据中学习，所以对说话人的变化和环境噪声具有较强的适应能力，这使 Deep Speech 在现实世界中的应用更加可靠。最后，通过使用多 GPU 的数据并行和模型并行技术，Deep Speech 易于扩展到更大的模型和更多的训练数据中，这对进一步提升性能至

2. 基于编码器—解码器的模型架构：LAS

LAS（Listen，Attend and Spell）[99] 是一种端到端的语音识别系统，能够直接将音频输入转化为字符序列输出。LAS 使用了典型的基于编码器—解码器的模型架构，由两个主要模块组成，其中："听者模块"（Listener）是编码器，用于将低级语音特征转化为高级表示；"拼写者模块"（Speller）则是一个基于注意力机制的解码器，逐字符生成输出。LAS 不依赖隐马尔可夫模型或词典，能够有效处理长序列并解决字符之间的依赖问题，提供了更加灵活和强大的语音识别性能。

1）算法框架

如图 3.31 所示，LAS 由两个主要模块组成。"听者模块"的核心是一个双向长短期记忆（BLSTM）网络，负责将音频信号转换为高级特征表示。为了降低计算复杂度和提高收敛速度，听者结构采用金字塔结构，通过每层在时间维度下采样来减少时间步长，从而逐层缩减输入序列的长度。"拼写者模块"的核心是一个基于注意力机制的解码器，其主要功能是通过接收"听者模块"生成的高级特征表示并结合上下文，逐字符生成输出序列。注意力机制的引入使模型可以动态选择需要"关注"的输入特征，从而更好地处理长时间序列的依赖。

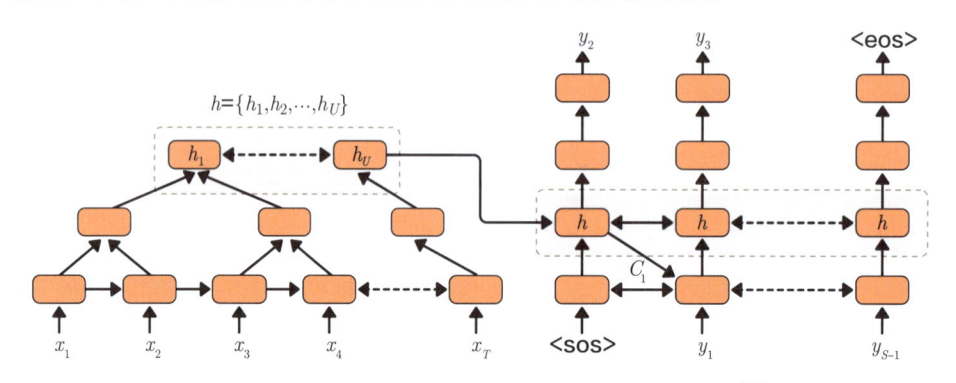

图 3.31 LAS 方法中使用的编码器—解码器模型架构[99]

2）算法核心设计

LAS 模型是一个典型的基于编码器—解码器的模型架构，其使用的金字塔架构和注意力机制对后续相关算法的发展起到了重要作用。

金字塔结构的 BLSTM：通过金字塔结构减少时间步数，使解码器可以从较少的时间步中提取有效信息，提升了模型的训练效率和性能。每层通过将连续的时间步连接在一起，实现了时间步的缩减。

基于注意力的解码：解码器通过注意力机制选择重要的特征进行解码，而不是盲目处理所有输入时间步。注意力机制还能帮助模型在长时间序列中保持关注点的灵活性。

端到端训练：与传统的语音识别系统不同，LAS 不依赖隐马尔可夫模型或字典，它通过端到端的方式直接对音频信号进行建模，从而建立音频与字符之间的映射关系。所有组件（如特征提取、解码等）都是联合训练的，避免了分阶段训练带来的问题。

3）算法优势

LAS 相比传统语音识别模型的优势主要体现在以下三个方面。首先，LAS 避免了独立性假设。传统的 CTC 模型假设输出标签序列是条件独立的，而 LAS 通过基于注意力的解码器，能够建模字符之间的依赖关系（这使 LAS 能够更好地处理输出字符的依赖性问题）。其次，LAS 无须输入和输出的明确对齐，而是通过端到端的方式直接学习从音频到文本的映射，避免了复杂的预处理步骤。最后，LAS 解决了长序列问题，即通过 BLSTM 金字塔结构和注意力机制，有效解决了长序列音频处理中的计算复杂性问题，使模型可以在较短时间步的基础上获得全局信息，从而提高解码效率。

3.3.4 语音分离技术

语音分离技术旨在从包含多个人声或噪声的音频中分离出目标说话人的语音信号。它通常使用机器学习和信号处理方法，将混合的音频信号按不同的声源分类和分离。语音分离在噪声环境中的语音识别、语音增强及多说话人语音识别中具有重要应用。相关技术使机器人能够理解和响应特定用户的指令，忽略背景噪声或其他人的对话，从而提升人机交互的自然性和准确性，使其能够在各种应用场景中更加智能和可靠。早期的语音分离技术主要依赖于信号处理和统计方法，如独立分量分析（ICA）和稀疏非负矩阵分解（SNMF），这些方法通过建模声源的统计独立性或稀疏性实现分离。然而，这些方法在处理复杂、多声源场景时表现有限。近年来，随着深度学习技术的发展，语音分离技术得到了迅猛发展。接下来，我们将重点介绍近年来较为典型的用于解决语音分离问题的深度学习方法。

1. 基于聚类的语音分离方法：Deep Clustering

深度聚类（Deep Clustering，DC）[100] 是一种基于深度学习的声源分离方法，旨在从混合音频信号中分离不同的声源。与传统方法不同，DC 通过训练一个深度神经网络，将混合信号的时间—频率特征嵌入一个高维空间，特征在该空间中表现出与不同声源分离相关的属性，然后通过聚类算法，在嵌入空间中对这些特征进行分割，进而实现信号的分离。

1）算法流程

在深度聚类的语音分离过程中，混合语音信号首先会被转换成时频域表示，通常使用短时傅里叶变换（STFT）生成语音信号的时频谱图 X。时频谱图是一个二维矩阵，每个元素代表特定时间步和频率点的幅度信息。接下来，利用深度神经网络（通常是双向长短期记忆网络，即 BLSTM）将时频谱图的每个时间—频率点 $X(t, f)$ 映射到一个 K 维嵌入空间中。此嵌入空间中的向量经过训练，可以使同一声源的时频点在嵌入空间中彼此接近，而不同声源的时频点彼此分离。然后，利用 k-均值等聚类算法在嵌入空间中对这些嵌入向量进行聚类，并分配到不同类别，以表示不同的声源。对于每个声源类别，生成一个二值掩码 $M_s(t, f)$，其值为 1 表示该时频点属于特定声源 s，为 0 则表示不属于。掩码生成的过程如下。

$$M_s(t, f) = \begin{cases} 1 & \text{如果 } (t, f) \text{ 属于声源 } s \\ 0 & \text{否则} \end{cases} \tag{3.15}$$

将这些掩码应用到混合信号的时频谱图上,从而提取每个声源的时频信息。最后,利用逆短时傅里叶变换(iSTFT)将这些分离后的时频图转换回时间域,得到重构的单个声源信号 $\hat{S}_s$。最终表示为

$$\hat{S}_s = \text{iSTFT}(X_s \odot M_s) \tag{3.16}$$

通过这种方式,深度聚类能够有效地将混合语音信号分离到不同的声源类别,解决了复杂语音分离问题。

2)算法优势

深度聚类方法的关键在于通过无监督学习优化时间—频率嵌入,将混合信号的不同声源映射到一个易于聚类的空间中。不同声源的嵌入向量在该空间中分离良好,从而简化了分离问题,同时提升了算法的鲁棒性。该方法无须依赖声源的类别标签,适合处理不同类别和数量的声源分离问题。该方法不仅适用于特定的任务,还可以扩展到广泛的应用场景中。

2. 基于时域的语音分离方法:DPRNN

DPRNN 是一种时域语音分离方法,专门用于处理长时间序列的语音信号。与传统的基于时频域的方法不同,时域语音分离方法直接处理原始波形信号。不过,这种方法会导致输入序列过长,给模型的优化带来挑战。DPRNN 通过将长序列切分为较短的块,分别在局部(块内)和全局(块间)层面上建模,从而实现高效的语音分离。

1)算法框架

DPRNN 的算法框架如图 3.32 所示。首先,将输入序列划分为重叠的时间块,每个块的长度为 $2P$,特征维度为 N,块的总数量为 S,通过切片操作将输入序列转化为 3D 张量。然后,DPRNN 应用双向 RNN 处理每个块的局部信息(块内 RNN),并利用另一层 RNN 对所有块的全局信息建模(块间 RNN)。通过交替进行这两种操作,DPRNN 实现了对长序列的有效处理。处理完成后,通过交叠相加将模型输出的各块合并回原始的时域序列。为了得到语音分离结果,我们可以通过一个额外的网络将这些特征向量转换为分离掩码,使用分离掩码计算每个源的权重矩阵[101]。最后,利用每个源的权重矩阵及可学习的重建矩阵,对对应源的时域信号进行重建,得到分离之后的语音信号。DPRNN 的处理过程确保了在处理极长序列时的高效性和准确性,同时保留了全局信息,提高了分离性能。

2)算法优势

DPRNN 通过分割输入序列,利用块内和块间的递归网络分别处理局部和全局信息,实现了对长时间序列的高效建模。该方法显著减少了输入序列的长度,提高了模型的可训练性。与传统的 CNN 或 RNN 相比,DPRNN 能够有效处理较长的输入序列,具有更好的优化能力和更高效

的建模能力，为单通道语音分离设立了新的性能标准。

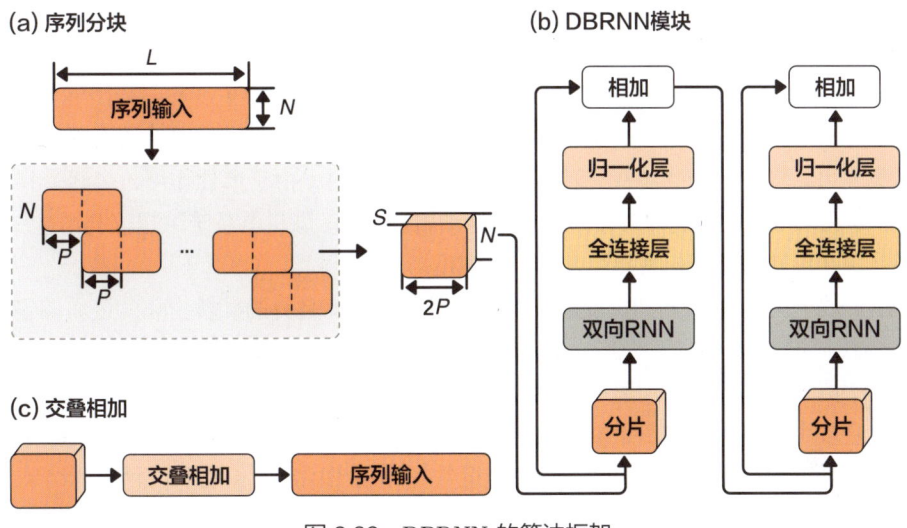

图 3.32　DPRNN 的算法框架

3.4　本体感知

本体感知是指智能体对自身状态和运动的感知能力，这种能力在具身智能中起到了至关重要的作用。与视觉、触觉等外部感知不同，本体感知主要关注智能体自身的位置位姿、关节角度、加速度、受力情况等内部信息。通过本体感知，机器人能够实时了解自身的状态，从而确保在操作过程中动作的精确性和稳定性。因此，本体感知在精细运动控制、稳定性保持和动作规划等方面是不可替代的。

在具身智能任务中，本体感知使智能体进行自主的运动校准和调整，而无须依赖外部传感器。例如，在抓取物体时，机器人可以利用本体感知精确地控制各关节的角度和速度，从而实现稳定的抓取动作。此外，本体感知能帮助机器人在复杂环境中保持平衡，以应对地面不平或外部扰动的情况。尤其在动态场景中，本体感知与视觉、触觉等感知模式的结合，使机器人能在感知外部环境的同时有效地控制自身状态，从而显著提升执行任务的鲁棒性和成功率。

3.4.1　本体感知传感器及其特性

本体感知传感器是用于感知智能体自身状态的内在传感器，能够获取智能体的位姿、运动、位置等信息，从而使智能体感知自身在空间中的行为。这些传感器对于实现平衡控制、运动规划、路径导航及与外界环境的有效交互而言非常重要。早期的本体感知传感器主要是简单的位置传感器。近年来，随着微机电系统技术的发展，本体感知传感器在精度、体积和成本方面得到了极大提升，并被广泛应用于工业机器人、自动驾驶、服务机器人等领域。同时，随着对机器人灵活性和自主性需求的增加，本体感知传感器的种类和应用也在不断扩展。

（1）**加速度计**是通过测量物体在空间中的加速度来感知运动状态的传感器。在现阶段，加速度计通常是通过微机电系统技术实现的，其由微小的质量块和弹簧组成，当传感器受到外力作用而产生加速度时，质量块将产生位移，进而改变与固定电极板构成的电容器的电容值，通过检测电容变化来测量加速度。

- **应用**：实时检测智能体的运动方向和加速度，帮助机器人保持平衡和调整位姿。

（2）**陀螺仪**用于测量角速度，通常通过微机电系统技术实现。微机电系统陀螺仪的工作原理基于科里奥利力，即当一个物体在旋转体系中沿直线运动时，由于惯性作用，会感受到一种垂直于运动方向和旋转轴的力。这种力会导致物体运动轨迹偏移。微机电系统陀螺仪利用这一原理，通过感知质量块在旋转时的横向力变化来计算角速度。

- **应用**：广泛用于稳定控制和位姿感知，帮助机器人感知自身的旋转变化，进而调整位姿。

（3）**惯性测量单元**（IMU）是一种组合传感器，通常集成了加速度计和陀螺仪，有时还包括磁力计，用于测量物体的线性加速度、角速度，以及在某些情况下的磁场周围物体的方向。IMU可以通过融合多个传感器的输出，提供关于智能体运动状态的全面信息，其工作核心是通过滤波算法（如卡尔曼滤波算法）融合加速度和角速度数据，输出稳定的位姿和位置估计结果。

- **应用**：广泛用于稳定控制和位姿感知，帮助机器人感知自身的旋转变化，进而调整位姿。

（4）**关节编码器**是一种用于测量旋转角度或线性位移的传感器，通常安装在机器人或其他机械系统的关节处。它可以通过光学或磁性原理检测关节的转动角度或直线位移。常见的关节编码器包括增量式编码器和绝对式编码器。增量式编码器通过脉冲信号计数位置变化，而绝对式编码器可以直接输出关节的绝对位置。一些先进的编码器设计采用双编码器系统，包括一个绝对值编码器和一个增量编码器，前者负责提供精准的位置反馈，后者负责实时误差校正。二者协同工作，能够显著提升关节模组的精度和可靠性，确保机器人在复杂任务中有准确的表现。

- **应用**：用在机器人和自动化设备中，以确保精确的位置控制和运动同步。

（5）**力—扭矩传感器**用于检测在各方向上的受力和力矩。典型的力—扭矩传感器由多个应变片组成。这些应变片用应变胶黏贴在被测弹性轴上并组成应变桥。在受到外力作用时，弹性元件产生形变，应变片随之变形，导致电阻变化，从而测量力和力矩。现代力—扭矩传感器还结合了多轴应变计和数据处理电路，能够输出 6 个自由度的力和力矩信息。

- **应用**：用在机器人和自动化设备中，以确保精确控制，防止损坏物体或操作失败。

3.4.2　本体运动控制

本体运动控制是指通过本体传感器的反馈和控制算法，使机器人执行器按预定轨迹和目标运动的过程。在基于本体传感器的运动控制中，机器人依赖自身传感器（如加速度计、陀螺仪、编码器等）感知自身位置、速度、位姿等状态信息，结合控制算法（如 PID 控制、模型预测控制等）进行动态调整，实现精准的运动轨迹和力的控制。这个过程是闭环控制的一部分，确保了机器人在复杂环境中的自适应能力和稳定性。鉴于模型预测控制通常需要根据具体情况建立系统的数学模型以预测未来的状态，所以在本书中不做深入讨论。下面主要介绍 PID 控制方法。

1. PID 控制概述

PID 控制是一种经典的反馈控制算法，通过调节比例（P）、积分（I）和微分（D）的贡献减少系统误差。PID 控制的目标是根据系统的当前误差 $e(t) = r(t) - y(t)$ 调整控制输入 $u(t)$，使系统达到稳态。其中，$r(t)$ 是期望值，$y(t)$ 是实际值。PID 控制的输出控制量 $u(t)$ 通常表示为

$$u(t) = K_\mathrm{p} e(t) + K_\mathrm{i} \int_0^t e(\tau)\mathrm{d}\tau + K_\mathrm{d} \frac{\mathrm{d}e(t)}{\mathrm{d}t} \tag{3.17}$$

其中，K_p 为比例增益，决定了误差的当前值对控制输出的影响；K_i 为积分增益，决定了误差随时间累积的影响，消除了稳态误差；K_d 为微分增益，决定了误差变化速率的影响，能够预测误差趋势，减少超调。

2. 本体控制示例

假设有一个带编码器的移动机器人，它需要跟随一条直线运动并保持固定的速度。编码器会测量机器人轮子的转速 $y(t)$。目标转速为 $r(t)$。使用 PID 控制器，机器人将根据转速误差调整电机的输入电压 $u(t)$。

- **比例控制**：如果实际转速低于目标转速，比例控制器就会增大电机的输入电压，让机器人加速。
- **积分控制**：如果机器人长期未能达到目标速度（如由于摩擦），积分项就会逐渐累积误差，增大输入电压，直到误差消失。
- **微分控制**：当机器人加速过快时，微分项通过预测误差的变化趋势，减小输入电压，防止超调。

通过调节 K_p、K_i 和 K_d 的值，可以对机器人进行稳定、迅速的速度控制，确保它以目标速度前进。上述例子说明了 PID 控制是如何利用本体传感器的反馈来动态调整控制输入，进而达到期望的速度的。

3.4.3 本体平衡维护

机器人的平衡维护是指通过控制算法和传感器反馈，实时调整机器人的位姿，使其在静态或动态环境下保持稳定、避免倾倒的过程。平衡维护通常依赖传感器（如 IMU 传感器）来感知机器人的位姿、倾斜角度和运动状态，并使用控制算法根据这些信息调整执行器的输出。其核心目标是使机器人在行走、站立或移动时保持自身重心在支撑面内，从而保证其在复杂或不平稳环境中的稳定性。

1. 倒立摆模型概述

倒立摆模型是一个经典的物理模型，它模拟了一个不稳定系统（如质心在铰链上方的系统）的动态行为。在机器人领域，倒立摆模型被广泛应用于模拟和分析机器人的动态平衡问题，它将机器人视为一个倒立的摆，通过控制其重心与支撑点的相对位置保持竖直平衡。该模型描述了机

器人的位姿变化与控制力矩之间的关系，因此，可用于设计控制策略，给出需要维持机器人平衡的控制目标，进而结合各类控制算法帮助控制器实时调整机器人的位姿，防止倾倒。

假设机器人可以简化为一个倒立摆，则其动力学方程可以表示为

$$\theta'' + \frac{g}{l}\sin(\theta) = \frac{u}{ml^2} \tag{3.18}$$

其中，θ 是摆的角度，l 是摆的长度，g 是重力加速度，m 是摆的质量，u 是控制输入。当 θ 较小时，可以近似 $\sin(\theta) \approx \theta$，则动力学方程可以简化为

$$\theta'' + \frac{g}{l}\theta = \frac{u}{ml^2} \tag{3.19}$$

至此，我们就得到了一个线性方程。为了保持机器人的平衡，可以设计一个线性化控制器。例如，使用 PID 控制器来调整支撑点的位置。

$$u = K_\text{p} e + K_\text{i} \int_0^t e(\tau)\mathrm{d}\tau + K_\text{d}\frac{\mathrm{d}e}{\mathrm{d}t} \tag{3.20}$$

其中，$e = \theta_\text{des} - \theta$ 是角度误差（在实践中，$\theta_\text{des} = 0$），K_p 是比例增益，K_i 是积分增益，K_d 是微分增益。在计算出 u 的具体数值后，可以将控制输入 u 转换为电机信号，进而对机器人进行运动控制。

2. ZMP 控制

ZMP（Zero Moment Point，零力矩点）控制是专为双足机器人设计的平衡控制方法。在此方法中，ZMP 被定义为一个关键的虚拟点，当机器人的质心投影恰好落在此点上时，机器人就能保持稳定，避免倾倒。为了实现这种稳定，ZMP 控制策略通过精细调整机器人的步态与重心位置来发挥作用，其关键在于确保 ZMP 始终位于支撑多边形的内部。这个多边形是由机器人在地面上的所有接触点（对于双足机器人，通常是支撑脚或双脚与地面的接触点）围成的几何区域，其大小和形状随机器人接触点的变化而变化。在动态平衡状态下，保持 ZMP 在支撑面内是确保机器人不倾倒的必要条件。因此，ZMP 控制通过持续优化步态和重心配置，维持 ZMP 与支撑多边形之间的正确关系，实现双足机器人的稳定行走。

在实践中，ZMP 的坐标可以通过以下公式计算。

$$\text{ZMP}_x = \frac{\sum_i (m_i g x_i - m_i x_i'' h_i)}{\sum_i m_i g} \tag{3.21}$$

$$\text{ZMP}_y = \frac{\sum_i (m_i g y_i - m_i y_i'' h_i)}{\sum_i m_i g} \tag{3.22}$$

其中，ZMP_x 和 ZMP_y 是 ZMP 的坐标，m_i 是第 i 个质点的质量，g 是重力加速度，x_i 和 y_i 是第 i 个质点的坐标，x_i'' 和 y_i'' 是第 i 个质点的加速度，h_i 是第 i 个质点的高度。

至此，我们可以通过调整机器人的步态和重心位置，使 ZMP 保持在支撑多边形内。具体来说，可以使用以下步骤。

（1）**状态估计**：使用 IMU 传感器和位置传感器，实时估计机器人的位姿角 θ、角速度 ω 和质心位置 (x_c, y_c)。

（2）**ZMP 计算**：根据上述公式计算 ZMP 的坐标 (ZMP_x, ZMP_y)。

（3）**步态调整**：如果 ZMP 超出支撑多边形，就要调整机器人的步态，如改变步长、步频或支撑腿的位置，使 ZMP 回到支撑多边形内。

（4）**反馈控制**：使用 PID 控制器或其他控制策略，根据 ZMP 的位置误差调整机器人的关节角度，以保持平衡。

通过这种方式，双足机器人可以实时调整位姿和步态，保持在不平坦地面上的平衡，防止倾倒。ZMP 控制提供了一种有效的框架，用于设计和实现机器人平衡控制算法。

3.4.4 本体惯性导航

本体惯性导航的核心目标是通过内部传感器（如加速度计和陀螺仪）测量物体的加速度和角速度，推算物体在三维空间中的位置、速度和位姿，而不依赖外部参照。这种方法依赖 IMU 的数据进行积分计算，以追踪物体的运动状态，确保在动态或缺乏外部信号的环境中实现精确导航。

惯性导航是一个广泛的领域，它涵盖了所有利用惯性传感器进行导航的技术。惯性里程计（Inertial Odometry）是一种特定的算法，专注于通过融合加速度计和陀螺仪数据估计机器人的位移和位姿，从而实现自主导航。在实践中，惯性里程计的基本思路是通过 IMU 传感器获取加速度和角速度数据，利用陀螺仪数据计算物体的姿态（方向和角度），然后通过加速度计的数据在已知位姿的基础上进行两次积分，分别推算物体的速度和位置变化。因为惯性里程计的测量误差会随时间积累或漂移，所以经常需要结合其他传感器（如视觉传感器或轮式里程计）进行误差校正，以提高估算的准确性并防止误差过度积累。鉴于机器人导航是具身智能研究的一个重要方向，我们将在第 4 章中更为全面、透彻地介绍相关技术。

第 4 章 视觉增强的导航

导航作为具身智能的核心组成部分，指的是智能体在物理世界中移动和互动的能力。它不仅涉及从一个地方到另一个地方的简单转移，还涉及对环境的理解、决策制定、与周围世界的动态交互。视觉增强的导航通过集成视觉信息，赋予智能体理解环境结构和进行有效路径规划的能力，这对机器人、自主车辆、无人机等具身智能体在现实世界中的应用有着积极的作用。在具身智能系统中，导航能力使具身智能体能够自主探索未知环境、执行任务，并在复杂多变的环境中做出适当的反应。因此，深入理解导航技术，特别是视觉增强的导航，对于构建具备高效自主性的智能系统至关重要。

本章将涵盖以下几个主要内容。

（1）**视觉导航的基础**：介绍视觉导航的基本概念及其在具身智能中的重要性，讨论导航系统的关键模块组成、环境的表示方法，以及在实际应用中的技术挑战。

（2）**视觉同步定位与建图**：详细讲解视觉 SLAM 的基本原理和实现技术，探讨如何通过同时进行自我定位与地图构建帮助智能体在未知环境中导航。

（3）**基于多模态交互的导航**：详细介绍当前基于多模态交互的导航任务，包括基于视觉—语言模型的导航任务及由此衍生出来的面向问答的导航，以及通过对话信息进行导航。

通过对以上内容的深入探讨，本章将帮助读者全面理解视觉增强导航，使读者能够掌握视觉导航的基本原理和技术实现方式，并了解最新的研究成果和发展趋势。

4.1 视觉导航的基础

导航是现代信息应用系统的基础组成部分，其应用范围涵盖军事、交通运输、物流及勘探等领域[102]。传统导航基于绝对坐标系系统。该系统能够提供物理世界的精确地图、移动物体的位置信息及优化后的导航路径。本节将重点讨论基于视觉的导航，即依赖视觉感知系统完成定位、路径规划和环境理解等多种功能。具身智能强调智能体与物理世界的直接交互，而视觉作为最主要的感官之一，提供了丰富的环境信息。通过处理和分析视觉数据，导航系统使智能体能够在动态和复杂的环境中实现自主导航。随着视觉感知技术和计算能力不断提升，视觉导航在移动机器人、自主车辆、无人机等领域的应用将越来越广泛。

4.1.1 导航的基本概念

导航（Navigation）是指具身系统通过感知环境信息、确定自身位置、根据任务需求规划移动路径、通过具体的操控实现从起点到目标点的过程。它是智能自动化系统（如机器人、自动导引车和无人机）在复杂环境中完成家务劳动、物流运输、抢险救援等多种任务的基础能力[102]。导航的核心目标是确保系统能够在复杂、多变的环境中高效、安全地移动。导航系统通常由感知、定位、地图构建、路径规划和控制等关键模块组成。

感知模块负责通过各种传感器获取环境信息，是导航系统的"眼睛"。常用的传感器包括摄像头、激光雷达和 IMU 等。摄像头提供丰富的视觉信息，可用于物体识别和深度估计；激光雷达通过激光束扫描环境，生成高精度的点云数据，适用于环境建模和障碍物检测；IMU 提供系统的加速度和角速度信息，辅助位姿估计。感知模块的关键技术包括传感器融合，即通过结合多种传感器的数据提高环境感知的准确性、鲁棒性，以及优化环境感知算法（如目标检测、语义分割和深度估计等）。近年来，随着计算机视觉技术的迅猛发展，上述环境感知算法逐步趋于成熟。

定位模块负责确定智能体在环境中的精确位置和位姿，是导航的基础。常见的定位方法包括：基于里程计的方法，通过轮速计或 IMU 数据估计位置变化，适用于短时间内的粗略定位，但会累积误差；基于地图的定位，利用预先构建的地图，通过匹配当前感知到的环境特征进行精确定位；基于视觉的定位，利用摄像头捕捉的图像与地图中的图像进行匹配，实现高精度定位。SLAM 技术在此过程中起到了关键作用，通过闭环检测等技术帮助修正累积的定位误差，提高定位精度。

地图构建模块负责创建和维护环境的地图，包括几何结构和语义信息。地图可以分为几何地图和语义地图。几何地图描述环境的空间结构，适用于动态环境和高精度定位，如栅格地图和点云地图；语义地图则包含环境中物体的类别和属性信息，增强了智能体对地图的理解能力。地图构建模块的关键技术包括栅格地图的构建、稀疏点云地图的生成及稠密重建，通过多视图几何和深度学习方法生成高分辨率的环境模型。

路径规划模块根据当前位置和目标位置，生成一条可行且最优的移动路径，在此过程中需考虑避障、时间、能耗等因素。路径规划分为全局路径规划和局部路径规划。全局路径规划基于已知地图，规划从起点到目标的最优路径；局部路径规划则在动态环境中实时生成避障路径，确保系统能够避开突发障碍物。结合视觉信息的路径规划，通过基于视觉的地图构建和语义路径规划，可以更智能地生成路径。

控制模块负责将规划的路径转化为具体的运动指令，驱动系统执行移动动作，确保实际运动轨迹与规划路径的一致性。控制方法主要包括轨迹跟踪控制和运动控制。鉴于控制相关内容在众多关于机器人的书籍中已有详尽介绍，本章将不对该部分内容进行深入探讨。

通过上述内容不难发现，导航的基本概念涵盖了从环境感知到最终执行的一系列过程，每个模块都在确保系统能够高效、安全地到达目的地中发挥着不可或缺的作用。近年来，随着一系列关键技术的显著进步，导航系统的智能化和自主化能力得到了大幅提升，为广泛的智能应用奠定了坚实的技术基础。接下来，我们将深入探讨这些核心技术，解析它们的工作原理与目标，并展示这些技术在当下的前沿发展。

4.1.2　环境的表示方法

在深入探讨具体的导航技术之前，需要明确环境或场景的表示方法。对智能体而言，是否能够有效理解并融入其所处的环境，关键在于是否有一种清晰且易于操作的环境表示形式。环境表示不仅影响智能体的感知和理解能力，还直接决定其路径规划和决策的效率与准确性。常见的环境表示方法主要包括栅格地图、特征地图、拓扑地图、高程地图和混合地图，每种方法各有优缺点，适用于不同的应用场景。

栅格地图是一种非常直观且应用广泛的环境表示方法。它将整个环境划分为一个个均匀的方格，每个方格记录相应区域的占用状态（如被障碍物占据或空闲，如图 4.1 所示，黑色方格表示被占据，白色方格表示空闲）。这种方法类似于由无数个像素组成的图像，使环境的几何结构清晰可见。

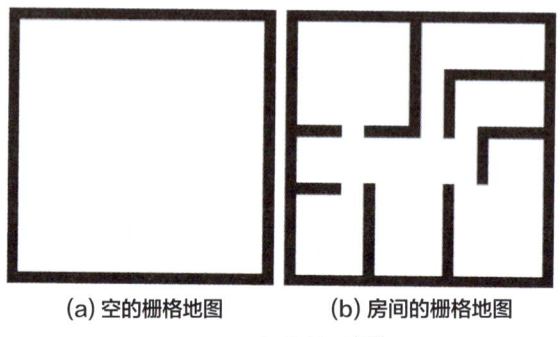

(a) 空的栅格地图　　(b) 房间的栅格地图

图 4.1　栅格地图[103]

- **优点**：直观，结构简单，易于理解和实现；适用范围广，可于各种类型的环境（室内和室外）；便于算法处理，许多路径规划算法都能直接在栅格地图上高效运行。
- **缺点**：存储需求高，随着环境规模的增大，分辨率有所提高，所需的存储空间显著增加；细节有限，主要关注几何占用信息，缺乏对环境语义信息的描述。

特征地图采用环境中的独特标记物作为导航的参考点，强调环境中具有辨识度的特征。这些标记物可以是固定的地标、独特的物体或环境中的关键点。通过对这些特征点的检测和匹配，智能体能够实现精确的定位和导航。如图 4.2 所示，从道路航拍图像可以导出由道路标线表示的特征地图。

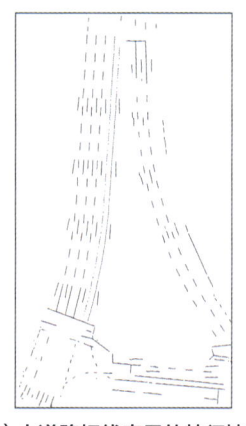

(a) 某段道路的航拍图　　(b) 由道路标线表示的特征地图

图 4.2　特征地图[104]

- **优点**：高效定位，通过识别和匹配特征点，智能体可以实现高精度的定位，减少累积误差；鲁棒性强，在动态环境中，特征点的稳定性和唯一性有助于提高系统的鲁棒性；语义丰富，特征地图可以结合环境中的语义信息，增强智能体对环境的理解能力。
- **缺点**：特征依赖程度高，特征地图依赖存在于环境中的足够的独特标记物，而某些单调或重复的环境可能导致特征稀缺；计算复杂度高，特征点的检测和匹配需要较多的计算资源，尤其在实时应用中，此需求可能成为瓶颈。

拓扑地图通过描述环境中重要地点之间的逻辑连接关系而非具体的几何结构进行环境表示，如图 4.3 所示。这种方法强调了地点之间的邻接关系和路径连接，使智能体能够高效地进行高层次的路径规划。

- **优点**：适用于大规模环境，拓扑地图能够简化复杂环境的表示，降低对存储和计算的需求；高效路径规划，在高度结构化或具有明显地标的环境中，拓扑地图能够快速生成全局路径；灵活性强，拓扑地图能够适应动态变化的环境，通过调整连接关系即可更新地图。
- **缺点**：缺乏细节，拓扑地图主要关注地点间的连接关系，缺乏对具体几何结构和障碍物的描述；依赖地标，有效的拓扑地图需要环境中存在明确的地标，在缺乏地标的环境中可能难以应用。

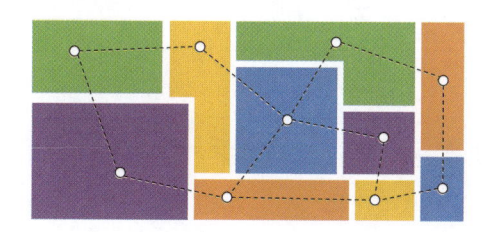

图 4.3　拓扑地图

高程地图是一种专门用于表示环境中不同位置的高度信息的地图，通常用于描述地形的起伏变化，如图 4.4 所示。高程地图在三维导航和复杂地形分析任务中具有重要作用，尤其适用于需要考虑高度差异的应用场景，如无人机飞行、自主车辆行驶和地形勘测等。

图 4.4　高程地图[105]

- **优点**：三维信息丰富，高程地图提供了环境的高度信息，能够准确描述地形的起伏变化；支持复杂地形导航，在地形复杂的环境中，高程地图能帮助智能体进行路径规划，避免高低落差造成的障碍。
- **缺点**：数据获取复杂，生成高程地图需要额外的传感器（如激光雷达、立体摄像头）或多视图图像，增加了数据获取的复杂性和成本；计算资源需求高，处理和存储高程数据需要更多的计算资源，尤其在实时应用中，此需求可能成为瓶颈；集成难度大，将高程信息与其他地图表示方法（如栅格地图、特征地图）集成需要使用复杂的数据融合技术。

混合地图结合了栅格地图、特征地图、拓扑地图和高程地图的优点，提供了更加全面和灵活的环境表示方式，以适应实际应用环境的复杂性。混合地图能够同时包含几何结构、特征点、拓扑关系和高程信息，使智能体在不同层次上进行导航时能使用更多的信息支持。图 4.5 展示了结合了栅格地图与拓扑地图组成的混合地图。

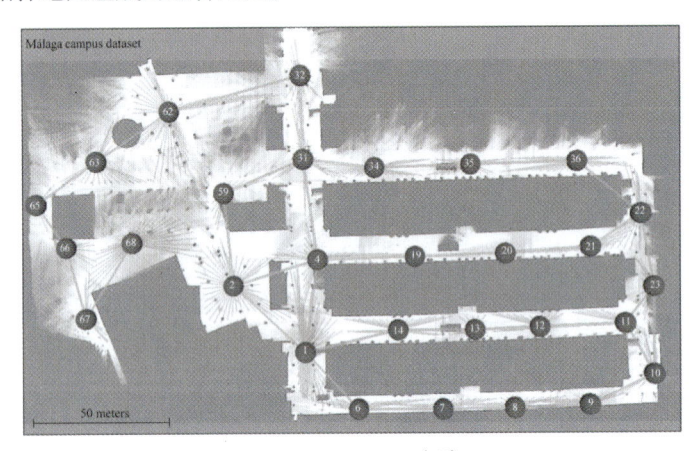

图 4.5　混合地图[106]

- **优点**：信息丰富，混合地图综合利用多种表示方法的优点，提供了全面的环境信息；适应性强，混合地图能够应对不同类型和规模的环境，提升导航系统的灵活性和鲁棒性。
- **缺点**：复杂性高，混合地图需要整合多种信息源，增加了系统的复杂性和实现难度；计算资源需求大，同时处理多种地图信息可能需要更强的计算能力（尤其在实时应用中）。

4.1.3　视觉导航的分类

视觉导航作为具身智能的核心研究方向，其核心任务在于通过视觉感知引导智能体在复杂物理环境中实现目标导向的自主运动。如图 4.6 所示，可以将当前的技术简单地划分为两种范式：基于几何建模的方法与基于学习增强的方法[102]。这两种范式在技术手段和实现路径等方面都存在较为明显的差异，分别体现了经典机器人学方法与现代机器学习技术在解决导航问题上的不同思路。

基于几何建模的方法建立在对环境空间表征的实时构建与动态更新机制之上。其核心在于，具身智能体在移动过程中会同时进行环境地图的持续完善和路径网络的逐步优化（构建并优化地图和拓扑图），从而建立包含精确空间位置信息和完整连通关系的结构化空间表征。基于此，具身智能体能够通过特征匹配和路径规划实现高效导航，并在持续探索中不断优化环境地图和导航策略。基于地图的方法和基于拓扑图的方法都是该类导航方案的典型代表。前者通过创建并持续更新详细的环境空间地图实现智能导航。这类地图通常采用带有语义信息的占据栅格形式，随着具身智能体的探索过程动态构建，能够帮助具身智能体理解环境的空间布局并准确定位各类物体。后者则将环境抽象为由节点和边构成的图结构，节点对应于关键位置或显著地标，边表示节点之间的可行路径。这种拓扑表征方式使具身智能体能够通过遍历图中的路径实现导航，并在每个节点根据可选边进行决策。与依赖精确度量地图和详细空间表征的基于地图的导航不同，该方法更关注不同位置之间的连通关系和拓扑结构。这种抽象的表征方式特别适用于大规模复杂环境，能够实现更具适应性的导航策略。

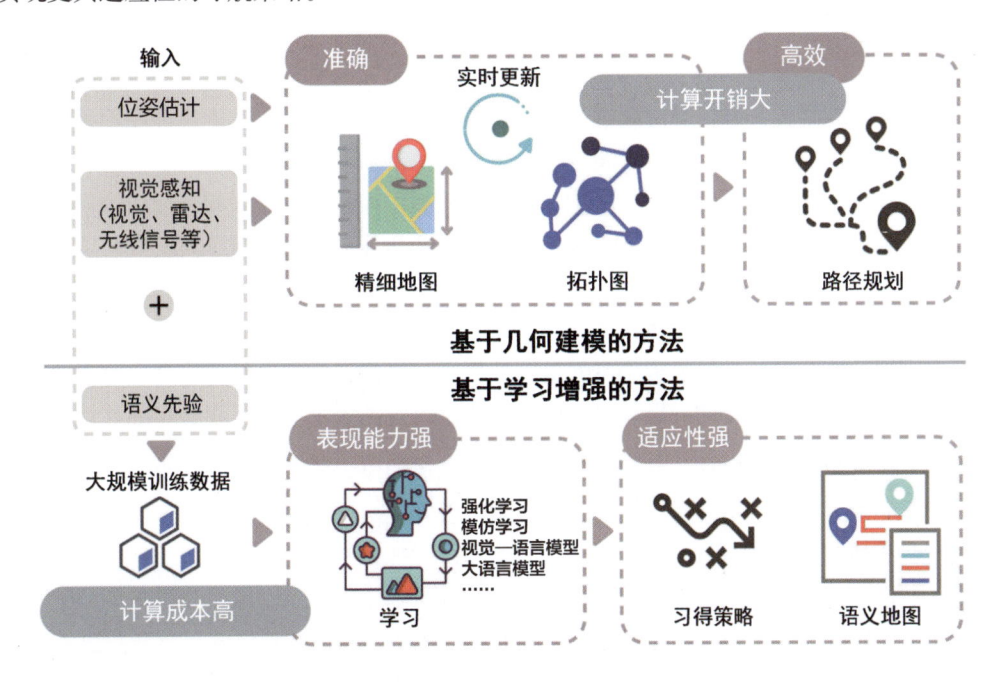

图 4.6　视觉导航的两种技术范式[102]

基于学习增强的方法利用机器学习技术，使具身智能体能够通过与环境的交互自主学习最优导航策略。与依赖几何建模的方法不同，这类方法不依赖预定义的几何结构，而是通过让具身智能体进行持续学习和经验积累来自适应地优化导航策略。基于强化学习的方案和基于模仿学习的方案都属于这类方法。其中，强化学习引入试错机制，通过最大化累积奖励来优化导航的决策；模仿学习则通过复现专家示范的行为来获得导航能力。近年来，随着大模型技术的迅猛发展，基于视觉—语言模型的方案通过融合视觉感知与自然语言理解能力，显著提升了智能导航系统的性能。此类方案基于预训练多模态大模型，能够同时处理视觉信息输入与自然语言指令输出，使具身智能体具备理解复杂的语义指令并做出合理的导航决策的能力。区别于依赖几何建模的方法或基于强化学习/模仿学习的方法，视觉—语言模型的核心优势在于将语义理解与视觉线索有机融合，实现了更高层次的认知导航。

4.1.4 挑战与机遇

当前的视觉增强型导航技术，受益于深度学习在信息表达方面的强大能力，取得了显著的进展。在这一领域，一个典型的具身智能体被要求在三维环境中，依据其第一人称视角进行导航。该智能体需集成多种技能，包括但不限于视觉感知、地图构建、路径规划、环境探索和逻辑推理。此外，智能体必须具备适应新环境的能力，并能够理解跨模态的导航指令，即将视觉信息与语言指令结合。近年来，借助大语言模型在规划和推理方面的能力，一个复杂的导航任务可以被分解为多个易于管理的子任务。这种分解策略有助于提升智能体在长距离导航任务中的表现。在后续章节中，除了回顾一些基础概念，我们还将从动态性、可交互性等方面详细探讨这些技术。

1. 存在的挑战

当前，基于视觉增强的导航任务仍面临多重挑战。首先，现有导航数据集存在偏差，主要表现在对最短路径策略的偏好上，这与现实世界中多样化的导航场景并不完全吻合。这种偏差限制了模型对非最优路径和复杂环境的适应能力。其次，现有的模型在处理未知环境或大规模快速变化的环境时面临困难。在高动态变化场景中，环境条件的快速变化对导航系统的实时适应性提出了更高的要求。这不仅涉及对环境变化的快速响应，还包括在不断变化的环境中维持导航准确性的能力。再者，模拟环境与现实世界之间有显著差异，这造成了从模拟环境到现实世界的转移问题。如何将模拟环境中训练的导航模型有效地迁移到现实世界，使其能够适应现实世界的复杂性和不确定性，是一个亟待解决的问题。最后，在实际部署方面，由于实际设备（如移动机器人或无人机）的资源有限，所以需要在计算效率和能耗之间平衡。这意味着在设计智能算法时，必须兼顾算法的复杂性和实际设备的运行能力，以确保算法能够在资源受限的环境中有效运行。

2. 发展的趋势

当前的导航系统在定位与建图、路径规划、人机交互等方面已有显著进展。然而，如前文所述，将这些系统部署到现实世界中仍面临诸多挑战。如图 4.7 所示，主要原因在于模拟环境与真实环境在信息感知、动作生成及环境动态性方面存在显著差异。

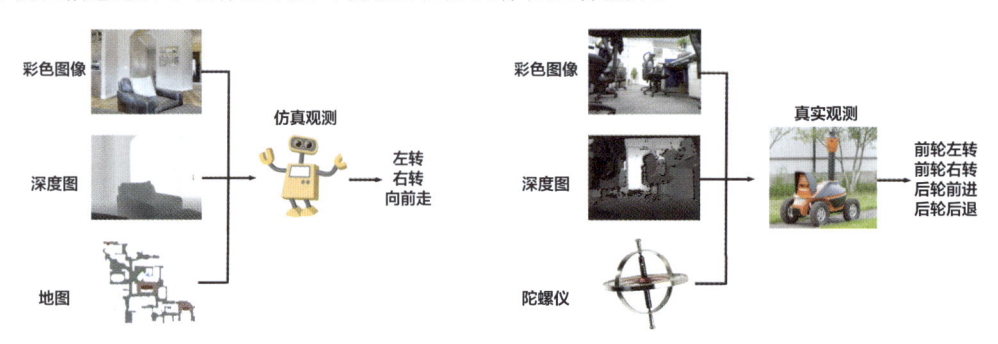

图 4.7　模拟环境与真实环境的输入空间和动作空间对比[107]

展望未来，基于视觉增强的导航技术将进一步探索其在真实场景中的应用。首先，随着仿真技术成本的下降，开发更复杂、更逼真的模拟环境将成为研发的重点之一。这些环境将助力导航模型获得高级能力（如探索和记忆复杂空间结构的能力），以及应对环境动态变化的能力。这将为导航系统提供接近现实世界的训练场景，从而提高其在现实世界中的适应性和有效性。其次，可交互式具身环境的发展将使具身智能体能够学习并执行更加复杂和多样化的任务。例如，在导航过程中与场景和物体的互动，将使智能体的行为更加贴近真实环境的导航需求，增强其在实际应用中的实用性和灵活性。最后，针对模拟环境与现实世界的差异问题，研究人员正在积极探索迁移学习策略。这些策略旨在将仿真环境中训练的模型以较低的调试成本迁移到现实应用场景中，包括从仿真到现实的直接迁移，以及采用现实世界的数据进一步微调仿真训练的模型，以缩短模型在现实环境中的适应期并降低成本。

综上所述，未来的研究将聚焦于提高导航系统在现实世界中的适应性，通过开发更高级的仿真环境、增强智能体的交互能力、优化模型迁移策略，实现导航技术在现实世界中更加广泛的应用。

4.2 视觉同步定位与建图

4.2.1 视觉 SLAM 的基本原理

同步定位与建图（Simultaneous Localization and Mapping，SLAM）是具身智能的核心技术之一，旨在使智能体在未知环境中根据感知信息同时完成自身位姿的估计和环境地图的构建。视觉 SLAM 是 SLAM 技术的一个重要分支，它以视觉传感器为主要感知手段，通过对环境中的视觉信息进行特征提取、匹配和跟踪，实现位姿估计和环境地图构建。视觉 SLAM 的框架如图 4.8 所示，其通常包括以下五个模块。

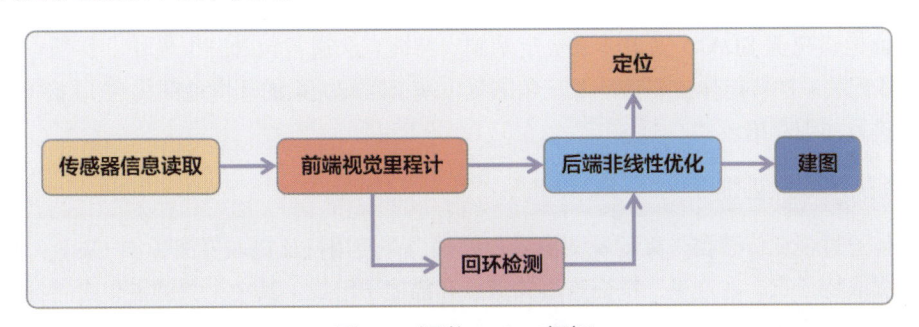

图 4.8 视觉 SLAM 框架

（1）**传感器信息读取**：主要功能是从多种传感器（如相机、IMU、激光雷达或深度相机）中读取原始数据，并进行必要的预处理操作。例如，对视觉数据进行去噪、畸变矫正、图像增强等处理，同时实现多传感器的时间同步，确保数据时序的一致性。在动态环境的复杂应用场景（如智能体任务）中，可能需要对不同传感器的数据进行多模态融合，以提升系统的鲁棒性和感知精度。

（2）**前端视觉里程计**（Visual Odometry，VO）：主要功能是通过处理图像数据推导相机的位姿变化，为后续的场景建模、路径规划及地图构建提供高精度的运动估计支持。视觉里程计有两种主要方法：基于特征点匹配的几何方法和基于像素强度的直接方法。前者通过提取并匹配关键特征点，使用几何模型估算运动参数；后者直接利用像素强度变化，通过优化方法推导运动参数。

（3）**后端非线性优化**：主要目标是通过非线性优化方法（如图优化或因子图）对前端输出的局部位姿和地图进行全局优化，生成一致性更高的全局位姿和环境地图。为了提高系统的精度与鲁棒性，后端通常需要结合多源信息，如回环检测结果、IMU 预积分数据、GPS 位置数据或其他辅助传感器信息。后端优化涉及大规模计算（包括求解稀疏矩阵、梯度下降），因此，在保证优化效果的同时，对计算效率和实时性也有较高的要求。

（4）**回环检测**：主要功能是识别智能体是否重新访问先前经过的区域，通过分析当前帧与历史帧之间的特征相似性，生成回环约束信息。一旦检测到回环，系统就会将这一信息传递给后端优化模块，以引入全局约束，对整个轨迹和地图进行调整与优化，从而有效修正累计误差（尤其是漂移误差），显著提升系统的全局一致性和定位精度。

（5）**建图**与**定位**：智能体根据后端优化的轨迹数据生成环境地图。根据任务需求，地图可以表现为稀疏点云地图、稠密网格地图或包含物体和场景信息的语义地图。在后续任务中，智能体通过将当前帧与已有地图进行特征匹配或直接匹配，实时推算其在环境中的绝对位姿，为导航与路径规划提供精确的环境感知和定位支持。

事实上，在视觉 SLAM 中，智能体的位姿估计与地图构建主要通过前端视觉里程计完成，而后端非线性优化与回环检测旨在最小化前端视觉里程计在任务执行过程中长期累积的误差，以实现最终结果的全局一致性。受篇幅限制，本节主要**以前端视觉里程计为核心阐述视觉 SLAM 的工作机制**，对非线性优化与回环检测则不做详细讨论，感兴趣的读者可查阅文献 [108] 的相关章节。

前端视觉里程计的算法主要分为两类：特征点法和直接法。本节将以特征点法为例进行描述，为读者全面构建视觉 SLAM 知识体系奠定基础。特征点法通常包含三个模块：特征点提取与匹配、基于匹配关系的智能体位姿估计及三角测量（基于匹配关系的环境地图构建）。接下来，对这三个模块进行详细介绍。

1. 特征点提取与匹配

智能体通过视觉传感器采集环境图像或视频帧，并使用特征提取算法（如 ORB、SIFT 等）从图像中提取特征点。在这里，特征点由**关键点**和**描述子**组成。其中，关键点包含特征点自身的像素信息，描述子则包含特征点邻域像素的信息。随后，视觉 SLAM 会对不同视图下的特征点进行匹配，以关联相同物体在不同视角下的特征。下面介绍一种简单的 ORB 特征点。该特征点由 Oriented FAST 关键点和 BRIEF 描述子组成。

Oriented FAST 关键点是 FAST 关键点的改进形式。FAST 关键点算法认为，若一个像素与其邻域像素的差别很大（过亮或过暗），那么该像素极有可能是关键点。其检测过程如下。

（1）在图像中选取像素 p，记其灰度值为 I_p。根据此灰度值设置一个阈值 T，如 I_p 的 0.2 倍。

（2）以像素 p 为中心，画半径为 3 像素的圆，将其上所有像素的值与 I_p 进行比较。若该圆上有连续 N 个像素超出阈值，则认定像素 p 为关键点。

（3）遍历整幅视图，以提取所有可能的关键点。在这里，关键点的提取可能出现"扎堆"现象，所以，需要对检测结果进行非极大值抑制，即在一定区域内仅保留响应最大的关键点。

上述 FAST 关键点是最简单的一种关键点构建方式。Oriented FAST 关键点在此基础上引入图像金字塔及灰度质心（以图像块的灰度值作为权重的中心）的概念，以实现特征点在多视角下的尺度和旋转不变性。检测到关键点后，ORB 算法使用 BRIEF 描述子为其构建描述子，以提取邻域的视觉特征。BRIEF 描述子是一种二进制描述子，它编码了关键点附近 128 个指定位置的像素值与当前关键点像素值的大小关系，编码方式为

$$\begin{cases} 1 & I_p > I_q \\ 0 & I_p \leqslant I_q \end{cases} \tag{4.1}$$

其中，I_p 表示当前关键点的灰度值，I_q 表示 128 个指定位置的像素值中的一个。最终，这些信息将被存储在一个 128 维的列向量中，与关键点 p 一起构成 ORB 特征点。

构建了特征点，接下来就可以通过特征点匹配来关联不同视图中的共同特征。ORB 特征点匹配通常基于描述子的相似性度量进行，具体方法如下：首先，计算两幅图像中所有特征点描述子之间的汉明距离（Hamming Distance），汉明距离越小，特征点就越相似；然后，根据距离排序，为每个特征点在另一个视图中找到汉明距离最小的候选匹配点；最后，使用双向匹配（匹配点需要相互匹配）和最近邻—比值测试（最近邻距离与次近邻距离之比小于某一阈值）等策略过滤错误匹配点，提升匹配精度。这些匹配的特征点对将用于后续的智能体位姿估计与环境地图重建。

2. 基于匹配关系的智能体位姿估计

得到了匹配的特征点对，就可以根据这些特征点对之间的匹配关系进行智能体的位姿估计。在这里，位姿估计的主要任务是估计智能体在所处环境中的相对位置向量 t 和位姿矩阵 R。接下来，本节将从对极几何出发，推导匹配的特征点对所满足的关系式，并在此基础上给出基于匹配关系的智能体位姿估计步骤。

如图 4.9 所示，对极几何主要描述了两视图间匹配特征点之间的对应关系。其中，P 为三维场景点，p 和 p' 分别为其在视图 1 和视图 2 上的投影，O_1 和 O_2 分别为相机 1 和相机 2 的光心。根据光线相关定理，P 只可能出现在从 O_1 出发且经过像素点 p 的视线上，因此 p' 一定位于该视线在视图 2 上的投影线 l' 上。

以智能体在视图 1 下的坐标系为世界坐标系，经过一段时间的运动，智能体到达视图 2（此时，位置向量和位姿矩阵相对于世界坐标系而言分别为 t 和 R）。根据针孔成像模型可将如图 4.9 所示的投影关系表示如下。

$$s_1 p = KP, \quad s_2 p' = K(RP + t) \tag{4.2}$$

其中，s_1 和 s_2 为尺度因子（其物理意义分别为在视图 1 坐标系和视图 2 坐标系下场景点 P 的深度），K 为智能体相机内参矩阵。忽略尺度因子的影响，将上式整合为

$$p' \cong K(RK^{-1}p + t) \tag{4.3}$$

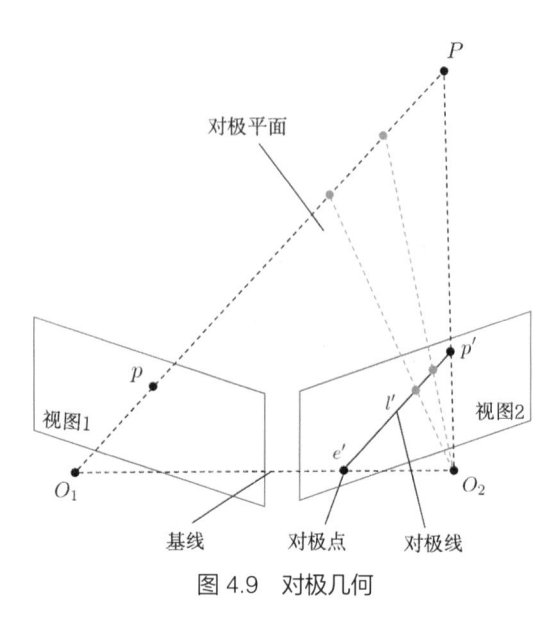

图 4.9 对极几何

将上式等号两端同时左乘 $t^\wedge K^{-1}$：

$$t^\wedge K^{-1}p' \cong t^\wedge RK^{-1}p + t^\wedge t \tag{4.4}$$

在这里，若 $t = [t_1, t_2, t_3]^\mathrm{T}$，则定义

$$t^\wedge \stackrel{\text{def}}{=} \begin{bmatrix} 0 & -t_3 & t_2 \\ t_3 & 0 & -t_1 \\ -t_2 & t_1 & 0 \end{bmatrix} \tag{4.5}$$

$t^\wedge$ 也是描述两向量叉乘的一种方式，即 $a \times b = a^\wedge b$。因此，式 (4.4) 中的 $t^\wedge t = 0$，对其两端再同时左乘 $(K^{-1}p')^\mathrm{T}$：

$$(K^{-1}p')^\mathrm{T} t^\wedge K^{-1}p' \cong (K^{-1}p')^\mathrm{T} t^\wedge RK^{-1}p \tag{4.6}$$

由于向量 $t^\wedge K^{-1}p'$ 垂直于向量 $K^{-1}p'$，而式 (4.7) 左侧表示向量 $K^{-1}p'$ 与向量 $t^\wedge K^{-1}p'$ 的内积为 0，则有

$$0 = (p')^\mathrm{T}(K^{-1})^\mathrm{T} t^\wedge RK^{-1}p \tag{4.7}$$

定义基础矩阵 F 和本征矩阵 E：

$$F \stackrel{\text{def}}{=} (K^{-1})^{\text{T}} t^{\wedge} R K^{-1}, \quad E \stackrel{\text{def}}{=} t^{\wedge} R \tag{4.8}$$

此时，有

$$(p')^{\text{T}} (K^{-1})^{\text{T}} E K^{-1} p = 0, \quad (p')^{\text{T}} F p = 0 \tag{4.9}$$

通过上述推导，我们得出匹配的特征点对需要满足式 (4.9)，而该式只与智能体相机内参矩阵 K（一般情况下为已知量）、位置向量 t 和位姿矩阵 R 有关。此时，位姿估计问题就被分解为以下两步。

（1）**根据匹配点对求解基本矩阵 F 或本征矩阵 E**。在实践中，视觉 SLAM 会检测出大量的匹配点对，这些匹配点对均须满足式 (4.9)。此时，可以构造如下最小二乘法问题来求解本征矩阵 E。

$$\arg\min_{E} \sum_{i=0}^{N} (p'_i)^{\text{T}} (K^{-1})^{\text{T}} E K^{-1} p_i \tag{4.10}$$

其中，N 表示匹配点对的数量（这里假设内参矩阵 K 已知）。对该式采用梯度下降等优化方法求解即可。

（2）**对基本矩阵 F 或本征矩阵 E 进行奇异值分解，最终得到智能体的位置向量 t 和位姿矩阵 R**。由式 (4.8) 可知，本征矩阵 E 由位置向量 t 和位姿矩阵 R 的叉乘得到，因此可以利用矩阵分解来估计相机位姿。受篇幅限制，本节对具体的矩阵分解过程不做展开，感兴趣的读者可查阅文献 [108] 的相关章节。在这里需要强调的是，$t^{\wedge}$ 是一个反对称矩阵（参见式 (4.5)），R 则为正交矩阵，分解过程需要满足这一约束。

3. 三角测量：基于匹配关系的环境地图构建

与位姿估计类似，环境地图的构建也基于特征点对之间的匹配关系。在如图 4.9 所示的对极几何中，环境地图的构建主要涉及匹配点对 p 和 p' 所对应的三维场景点 P 的深度或三维坐标估计。回顾式 (4.2) 所描述的投影关系，s_1 和 s_2 的物理意义分别为三维场景点 P 在视角 1 坐标系和视角 2 坐标系下的深度。本节的地图构建是指对检测到的所有匹配点对 p 和 p' 求解 s_1 和 s_2。经过位姿估计，智能体位置向量 t、位姿矩阵 R 和内参矩阵 K 均为已知量，此时将式 (4.2) 整合为

$$s_2 p' = K(R K^{-1} s_1 p + t) \tag{4.11}$$

将上式等号两端同时左乘 $(p')^{\wedge}$，结合向量叉乘（$a \times b = a^{\wedge} b$）的相关性质，有

$$(p')^{\wedge} K(R K^{-1} s_1 p + t) = 0 \tag{4.12}$$

接下来，将匹配点对 p 和 p' 代入上述方程并求解，即可得到相机 1 坐标系下场景点 P 的深度 s_1。同理，可得到 s_2。若要进一步计算场景点 P 的三维坐标，将 s_1 和 s_2 代回式 (4.2) 求解即可。

需要说明的是，本节主要讨论如何解算匹配点对所对应的三维场景点坐标（称为稀疏地图构

建），以此展示视觉 SLAM 地图构建的基本思想。在实际工程中，可以考虑利用立体匹配相关算法（如 SGM[109] 和 Patchmatch[110]）实现智能体的稠密地图重建，即为智能体视图中的每个像素解算其对应的三维场景点坐标。

4.2.2 端到端视觉 SLAM

如图 4.8 所示，传统视觉 SLAM 系统通常被划分为前端视觉里程计、后端非线性优化及回环检测等多个独立的模块。这种模块化的设计虽然在实践中取得了显著成果，但各模块间的相互交互和优化往往较为复杂。开发者需要进行大量的手动调整和细致设计，以确保各模块协同工作。基于深度学习的端到端视觉 SLAM 则通过深度神经网络将整个过程集成为统一的框架。从环境感知，到位姿估计，再到地图构建，端到端视觉 SLAM 采用数据驱动的方式自动学习和优化所有步骤，有效降低了手工设计和调试的复杂性。同时，端到端视觉 SLAM 能够有效利用深度神经网络在高维数据处理中的强大表征能力，通过学习和挖掘数据中的潜在模式，使系统能够在更加复杂和多变的环境中保持更高的准确性和鲁棒性，也为满足实时性要求提供了新的技术解决方案。接下来，本节将以 DROID-SLAM[111] 的基本框架（如图 4.10 所示）为例，深入探讨其如何利用深度神经网络实现从图像输入到位姿估计及地图构建的全过程。DROID-SLAM 是一种融合了深度学习与几何优化的端到端视觉 SLAM 系统，其工作机制为：将单目视频帧序列建模为动态帧图 (V, E)，利用动态帧图提供的共视区域进行智能体位姿估计和环境地图构建。

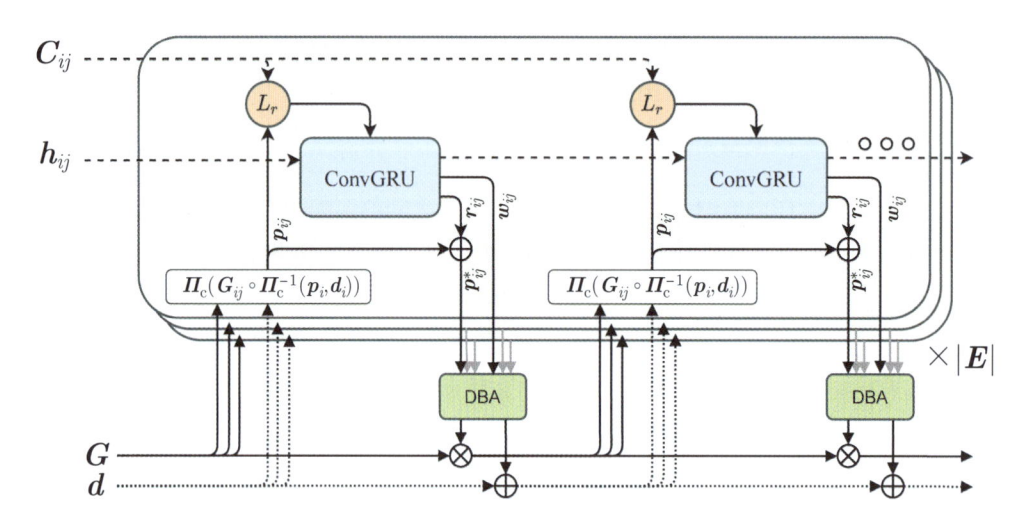

图 4.10 DROID-SLAM 的基本框架[111]

1. 动态帧图的构建

动态帧图的每个节点 V_i 对应于一帧图像 I_i，它包含两个状态变量：智能体在当前帧的位姿 G_i 和当前帧对应的深度图 $d_i \in \mathbb{R}^{H \times W}$。这些变量在初始状态下是未知的，系统以迭代优化的方式对其进行更新。边 E 表示图像帧之间的共视关系。例如，边 $(V_i, V_j) \in E$ 意味着图像 I_i 和 I_j

存在共视区域。对每个节点 V_i，DROID-SLAM 利用深度神经网络提取其对应图像 I_i 的特征。与传统视觉 SLAM 稀疏特征点的提取方式（如 SIFT、ORB）不同，DROID-SLAM 采用了基于特征网络和上下文网络的稠密特征提取方式，最终输出能够覆盖整个图像帧的稠密关键点。上下文网络可进一步提取全局和高层语义特征，这些特征在后续门控循环单元（GRU）的隐藏状态更新中作为额外的输入，以提供附加的上下文信息。特征网络通过多层残差块和降采样操作处理输入图像帧 I_i，以生成特征图 $g_\theta(I_i)$（在这里，θ 表示特征提取网络的对应参数）。在这个特征图中，每个像素对应于传统 SLAM 的一个关键点，其特征向量包含局部的视觉信息，能够描述对应邻域的纹理和几何特性，相当于传统 SLAM 关键点所对应的描述子。依据此稠密特征图，系统可以进行如下图像帧的相关性计算。

$$C^{ij}_{u_1,v_1,u_2,v_2} = \langle g_\theta(I_i)_{u_1,v_1}, g_\theta(I_j)_{u_2,v_2}\rangle \tag{4.13}$$

其中，$g_\theta(I_i)_{u_1,v_1}$ 表示图像帧 I_i 中处于像素 u_1, v_1 上的特征点，$g_\theta(I_j)_{u_2,v_2}$ 表示图像帧 I_j 中处于像素 u_2, v_2 上的特征点，$C^{ij}_{u_1,v_1,u_2,v_2}$ 表示两个特征点的关联程度。从上述分析可以看出，相关性计算实际上与传统视觉 SLAM 的特征点匹配相对应。

2. 动态帧图的维护

DROID-SLAM 通过动态帧图的维护，以增量的形式实现帧间几何关系的更新与全局一致性的优化。系统从第一帧开始构建动态帧图。随着新的图像帧 I_i 被输入，新节点 V_i 被添加到系统中。新节点 V_i 对应的边 E，需要用新输入图像帧 I_i 与以前所有图像帧 I_j 之间的视野重叠程度来判断。这主要依据相关性矩阵 C^{ij}：如果 C^{ij} 的某些区域相关性较高（此时，帧 I_i 和 I_j 的某些像素具有相似的视觉特征），则表明两个帧有共视区域，系统将建立共视边 $E_{i,j}$。从投影几何的角度看，图像帧 I_i 和 I_j 存在共视区域，意味着图像帧 I_i 中的像素可被投影到 I_j 上，即

$$p_{ij} = \boldsymbol{\Pi}_c\left(G_{ij} \circ \boldsymbol{\Pi}_c^{-1}(p_i, d_i)\right), \quad G_{ij} = G_j \circ G_i^{-1} \tag{4.14}$$

其中，p_i 表示图像帧 I_i 上一个处于共视区域的像素，$\boldsymbol{\Pi}_c$ 是从相机坐标系（三维）到像素坐标系（二维）的投影，$\boldsymbol{\Pi}_c^{-1}$ 为其逆过程，G_i 和 G_j 分别表示图像帧 I_i 和 I_j 对应相机坐标系的位姿（相对于世界坐标系）。上式的含义为：图像帧 I_i 上的像素 p_i 可以被映射为图像帧 I_j 上的像素 p_{ij}。也就是说，像素 p_i 和 p_{ij} 对应于同一个三维场景点（共视区域）。

添加新节点 V_i 和边 $E_{i,j}$ 之后，系统将得到一个更新的动态帧图。此时，针对新的动态帧图，执行如图 4.10 所示的更新算子迭代过程。更新算子实际上是一个具有隐藏状态 h 的 3×3 卷积 GRU 网络，它在每次迭代中更新自身隐藏状态，生成位姿增量 $\Delta \boldsymbol{\xi}$ 和深度增量 $\Delta \boldsymbol{d}$，并对上一次迭代生成结果进行如下修正。

$$G^{(k+1)} = \mathrm{Exp}(\Delta\boldsymbol{\xi}^{(k)}) \circ G^{(k)}, \quad d^{(k+1)} = \Delta d^{(k)} + d^{(k)} \tag{4.15}$$

$G = \{G_1, G_2, \cdots, G_i\}$ 和 $d = \{d_1, d_2, \cdots, d_i\}$ 分别表示之前所有帧图对应的智能体位姿和深度图的集合。$G^{(k)}$ 和 $d^{(k)}$ 分别表示其在第 k 次更新算子迭代时的优化结果。随着更新算子的迭

代，位姿和深度将收敛到真值，即

$$\{G^{(k)}\} \to G^*, \quad \{d^{(k)}\} \to d^* \tag{4.16}$$

值得一提的是，在进行一次完整的更新算子迭代后，系统将完成在图像帧 I_i 输入下对智能体位姿 G 或深度 d 的更新。此时，系统会重新计算帧与帧之间的可见性关系。如果发现当前帧与一个较早的帧之间存在明显的共视关系，就在图中添加一条边。当相机回到已经访问的区域（形成回环）时，系统能够通过帧图中的长距离连接（Long-range Connection）对这一情况进行表示。换句话讲，动态帧图利用可见性关系，天然具备支持闭环检测的能力，从而确保位姿估计和环境地图重建的全局一致性。

3. 位姿和深度估计

为了增强全局优化的性能，DROID-SLAM 引入密集光束法平差（Dense Bundle Adjustment，DBA）层，对整个动态帧图中的重投影误差进行全局优化。在使用 DBA 层之前，系统对更新算子的输出做以下调整，以适应 DBA 层的数学建模需求：更新算子的输出不再是位姿增量 $\Delta \xi$ 和深度增量 Δd，而是像素增量 r_{ij} 及其置信度 w_{ij}，以修正映射 p_{ij}，即

$$p_{ij}^* = r_{ij} + p_{ij} \tag{4.17}$$

接着，DBA 层最小化整个动态帧图中的重投影误差，求出具有全局一致性的位姿 G 和深度 d，其数学描述如下。

$$\arg\min_{G, d} \sum_{(V_i, V_j) \in E} \left\| p_{ij}^* - \Pi_c \left(G_{ij} \circ \Pi_c^{-1}(p_i, d_i) \right) \right\|_{\Sigma_{ij}}^2, \quad \Sigma_{ij} = \text{diag}\, w_{ij} \tag{4.18}$$

在这里，求和范围 $(V_i, V_j) \in E$ 表示只对整幅动态帧图中存在共视区域的图像帧计算重投影误差，求和权重由卷积 GRU 网络给出。

4.2.3 隐式生成视觉 SLAM

传统视觉 SLAM 通常依赖离散的表面表示方式，如点云、体素网格或多边形网格。这些表示方式在特定应用场景中表现出较强的实用性，并推动视觉 SLAM 技术快速发展。然而，由于其依赖离散结构的本质，这些方式在复杂场景中依然存在诸多局限，如建模稀疏、空间分辨率不足及几何估计精度有限等。这些局限在需要高精度场景重建的任务中表现尤为明显，如机器人导航、增强现实和环境感知等。

为了应对这些挑战，近年来兴起的隐式生成技术（如 NeRF 和 3DGS）被引入视觉 SLAM 框架。这类方法使用连续函数或神经网络代替传统的离散表示，能够更精确地描述场景的几何和外观特性。需要特别指出的是，NeRF 能够通过对体积密度和颜色的建模，实现高分辨率场景的逼真渲染；3DGS 则进一步结合概率建模，为动态和不确定场景的表示提供了更强的鲁棒性。接下来，我们将结合具体实例，进一步探讨这些新技术在视觉 SLAM 中的应用及其带来的优势。

1. iMAP：结合 NeRF 的视觉 SLAM

iMAP[112] 将 NeRF 的连续场景建模能力与视觉 SLAM 的动态优化机制相结合，为视觉 SLAM 的位姿估计与地图重建提供了全新的解决方案。如图 4.11 所示，它通过多层感知机（MLP）对系统当前所处三维环境进行细粒度建模，在此基础上实现对智能体位姿的估计。具体而言，iMAP 将智能体位姿作为 NeRF 构建的因素之一，以反向传播的方式优化位姿矩阵，最终实现高精度位姿估计和细节丰富的地图重建。

iMAP 的工作机制非常简单。首先，系统为当前输入 RGB-D 图像帧 (I, D) 初始化一个智能体位姿 T（初始化策略主要基于先验信息，包括上一帧图像对应的智能体位姿），I 为 RGB 图像，D 为深度图。然后，通过该位姿 T 将当前图像帧上的每个像素 p_i 反向投影到三维世界坐标系中。由于深度未知，反向投影的结果为一条穿过当前像素的光线，而非具体的三维坐标点。沿着此光线分层采样多个三维空间点，利用 MLP 为每个采样点生成对应的颜色 c_i 和体密度值 δ_i（与经典的 NeRF 网络架构不同，iMAP 采取的 MLP 输入仅为三维空间点坐标）。最后，对这些采样点进行光线积分，生成每个像素的颜色 $\hat{I}[u, v]$。

$$\hat{I}[u, v] = \sum_{i=1}^{N} w_i c_i, \quad \hat{D}[u, v] = \sum_{i=1}^{N} w_i d_i \tag{4.19}$$

在这里，求和权重 w_i 由体密度值 δ_i 决定；d_i 是每个采样点沿光线方向的深度，对其进行光线积分即可得到每个像素对应的深度 $\hat{D}[u, v]$。

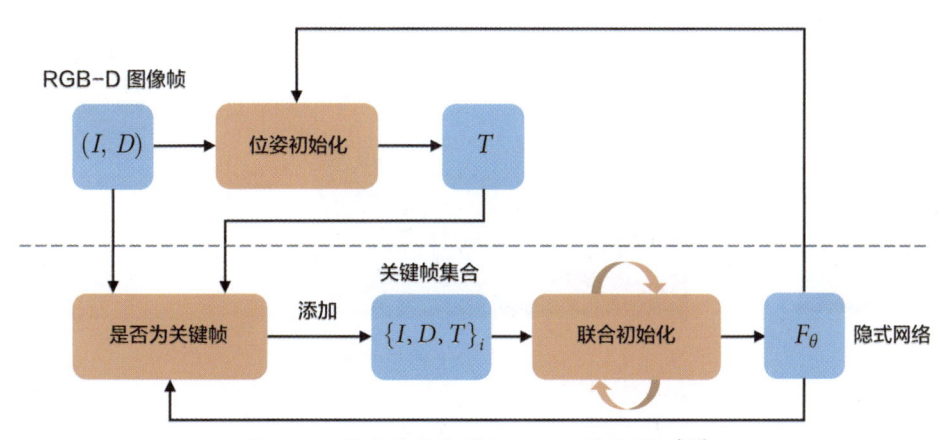

图 4.11　将位姿优化融入 NeRF 优化过程[112]

上述流程为当前输入图像帧 (I, D) 直接渲染了一幅重建图像 $(\hat{I}, \hat{D})$，$\hat{I}$ 为重建的 RGB 图像，$\hat{D}$ 为重建的深度图。系统通过最小化两帧图像的光度 L_p 和深度误差 L_g 指导 MLP 的训练和智能体位姿 T 的优化，其数学表达式如下。

$$\min_{\theta, \{T_i\}} (L_\mathrm{g} + \lambda_\mathrm{p} L_\mathrm{p}) \tag{4.20}$$

其中，λ_p 为损失比例。

$$L_g = \frac{1}{M} \sum_{i=k}^{W} \sum_{(u,v) \in s_k} \frac{\left| D_k[u,v] - \hat{D}_k[u,v] \right|}{\sqrt{\hat{D}_{\text{var}}[u,v]}} \tag{4.21}$$

$$L_p = \frac{1}{M} \sum_{k=1}^{W} \sum_{(u,v) \in s_i} \left| I_k[u,v] - \hat{I}_k[u,v] \right| \tag{4.22}$$

为了提高计算效率，iMAP 引入了基于信息增益的关键帧选择机制及主动采样策略，即在每次优化中，系统不会处理视频帧中的所有图像及图像中的所有像素，而仅选择那些能显著提升场景信息量的帧作为关键帧加入优化流程。例如，当一个帧与现有场景表示的深度误差较大时，此帧会被判定为关键帧；反之，如果误差较小且信息冗余，则跳过此帧。对每帧图像，系统优先选择那些误差较大的区域进行采样和优化。这些策略使系统避免处理冗余数据的开销，能够将更多的计算资源集中于需要改进的部分，从而在保持高精度的同时大幅降低计算开销。

2. GSSLAM：结合 3DGS 的视觉 SLAM

GSSLAM[113] 的工作机制与 iMAP 类似，但其主要利用 3DGS 对智能体所处环境进行表征。GSSLAM 的大致工作流程如图 4.12 所示。

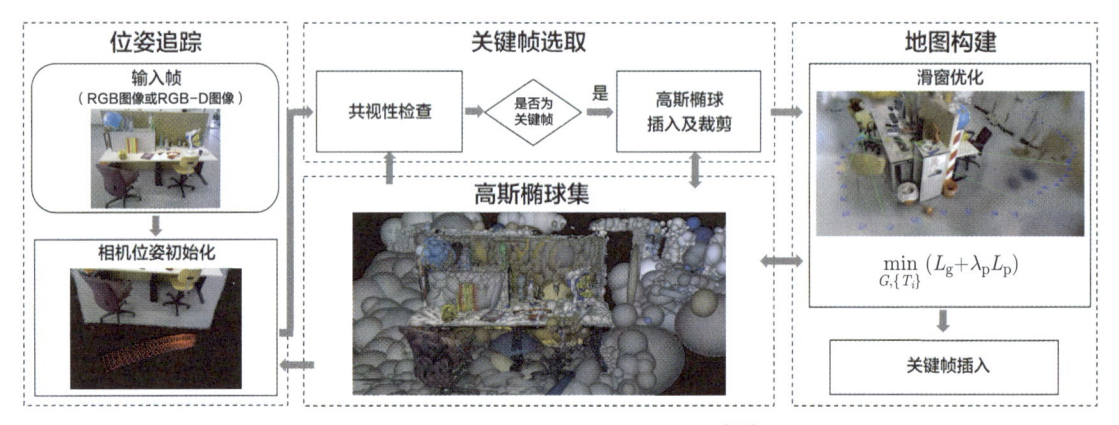

图 4.12 GSSLAM 的大致工作流程[113]

系统首先为当前输入的 RGB 或 RGB-D 图像帧 I 初始化相机位姿 T。在该位姿下，当前场景中的高斯椭球集合通过透视变换被映射到图像平面上，从而完成光栅化渲染。需要说明的是，初始的高斯椭球集合可基于先验信息生成，如直接利用 RGB-D 数据中的稀疏三维点进行初始化。在高斯椭球集合中，每个高斯椭球的位置和形状由均值 μ_k 和协方差矩阵 Σ_k 表示，同时包含颜色 c_k 和不透明度 α_k 两个视觉属性。这些高斯椭球会在后续优化过程中不断调整，调整涉及其位置、形状、视觉特征（颜色与不透明度）及数量（数量的优化主要通过高斯椭球的分裂与合并实现）。经过光栅化渲染，GSSLAM 最终合成一幅关于位姿 T 的图像帧 $\hat{I}$，其每个像素的颜色通过对多个高斯椭球的颜色 c_k 和不透明度 α_k 的加权求和得到，具体过程可参考第 2 章关于 3DGS 的介绍。

GSSLAM 采用了一种类似于 iMAP 的方法，通过最小化当前输入图像帧 I 与 3DGS 渲染的图像帧之间的光度误差 L_p 和深度误差 L_g 指导高斯椭球的调整（对应环境地图的构建），以及智能体位姿 T 的优化。其中，误差的具体数学表达式与式 (4.20) 类似。

4.2.4 动态环境中的视觉 SLAM

动态物体在自动驾驶、智能机器人和增强现实等实际应用中普遍存在，因此，动态环境中视觉 SLAM 的研究具有重要的意义。然而，与静态场景相比，动态环境中的视觉 SLAM 仍面临诸多挑战。

- **动态物体的干扰**：静态视觉 SLAM 通常基于静态世界假设，即环境变化仅源于观察者的运动。然而，在动态场景中，独立运动物体（如行人、车辆或动物）会导致特征点位置偏移、被遮挡甚至消失。这些因素干扰了特征点的提取、匹配和跟踪，进而影响了位姿估计的可靠性。
- **地图一致性与精度维护**：动态环境中的瞬时特征和非静态变化对地图构建提出了巨大挑战。一方面，系统需要区分永久性特征（如建筑物、道路）与瞬时特征（如移动物体），以保持地图的长期一致性；另一方面，动态特征可能引入虚假的地图元素，削弱地图构建的精度。
- **实时处理与计算需求**：动态环境要求视觉 SLAM 能够实时感知环境变化并快速更新地图和位姿估计。然而，动态物体检测与分割、特征点分类及地图更新的复杂性显著提高了计算需求，也对算法的实时性和硬件的性能提出了更高的要求。
- **鲁棒性与适应性**：在动态场景中，系统需要具备更高的鲁棒性和适应性以应对环境的不确定性。系统需要根据识别结果动态调整建图与定位的流程，如对动态区域采取滤波或权重降低的策略，以减少动态物体对地图构建和定位精度的干扰。此外，系统应具备快速重定位能力，在因环境变化导致定位丢失时迅速重新获取当前位姿。

本节重点讨论如何解决**动态环境中因物体运动对视觉 SLAM 系统造成干扰的问题**。图 4.13 展示了一个典型的动态视觉 SLAM 的流程。该流程以 RGB 图像、深度图像和 IMU 数据作为输入，处理流程涉及特征提取和追踪、语义分割以获取图像语义信息。通过结合这些语义数据与几何约束，模型能够识别动态物体。该流程对这些与动态物体有关的特征进行剔除或者专门跟踪，最终降低其在智能体位姿估计与环境地图重建中的影响。

1. DynaSLAM: 基于动态物体剔除的动态视觉 SLAM

DynaSLAM[115] 的核心目标是同时实现动态物体的检测与分割、相机位姿估计及静态场景重建。该模型主要对分割出来的动态物体做剔除处理，仅考虑利用静态场景区域的特征点进行智能体位姿估计及环境地图的构建，其工作流程如图 4.14 所示。

DynaSLAM 首先对输入的视频帧序列进行处理，利用 Mask R-CNN 对图像中的动态物体进行语义分割。通过这一过程，系统能够区分动态物体与静态背景，从而在后续处理中剔除动态物体。然而，语义分割仅能识别部分动态物体（如行人）；对另一部分物体（如杯子、椅子），由于其运动性取决于外部作用（如人是否移动它们），所以其是否运动无法通过语义信息直接判断。针对这些无法通过 Mask R-CNN 进行动态标记的物体，DynaSLAM 通过分析其特征点在多个视频帧之间的几何一致性来检测其运动状态。具体而言，系统通过比较当前帧与先前关键帧中关于该物体的深度和视差信息，进一步识别出新的动态物体。这一结合了语义分割与几何分析的方法，使得 DynaSLAM 能够更加全面地检测并剔除动态物体，为后续基于静态区域的位姿估计与地图构建提供了可靠的输入。

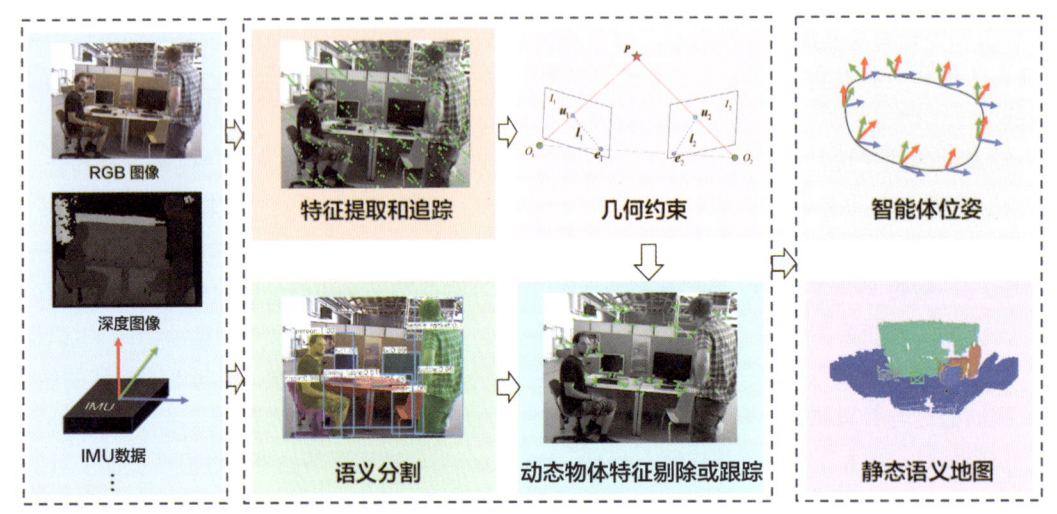

图 4.13 动态视觉 SLAM 的流程[114]

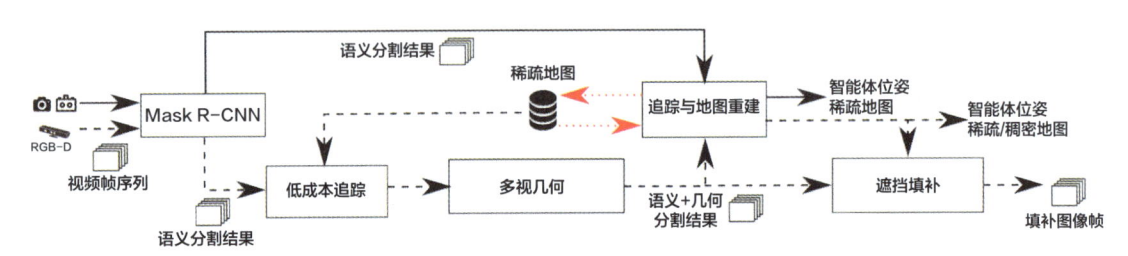

图 4.14 DynaSLAM 的工作流程[115]

在剔除动态特征点后，DynaSLAM 结合传统方法，利用静态区域的特征点进行智能体位姿估计和环境稀疏地图的构建（稀疏是指构建的地图是剔除动态物体后的静态背景地图，而非关于场景的完整地图）。传统方法的工作流程可参考 4.2.1 节。与此同时，模型对视频帧序列中的关键帧进行存储，用于后续的回环检测和全局优化，以确保位姿估计和稀疏地图构建的全局一致性。除了基础的位姿估计与地图构建，DynaSLAM 还引入了背景修补模块，用于恢复被动态物体遮挡的区域。该模块利用环境稀疏地图和多视角图像帧之间的关联关系，重建那些被遮挡的区域，从而生成完整的稠密地图。这种背景修补能力使模型不仅能有效应对动态场景，还能在输出结果中提供更加完整和直观的环境表示。

2. MOTSLAM：基于动态物体追踪的动态视觉 SLAM

与 DynaSLAM 不同，MOTSLAM[116] 不通过剔除动态物体来降低图构建的复杂性。相反，MOTSLAM 旨在同时处理动态物体的精准跟踪和静态场景的建图。该方法不仅能够在实时场景中跟踪多个动态目标，也能够在地图构建过程中动态更新这些物体的位置和状态，从而提供更加全面和精确的多目标同步定位与地图构建功能。

如图 4.15 所示，MOTSLAM 首先通过一系列深度学习网络对输入的单目视频序列进行二维和三维物体检测。二维物体检测主要从图像中提取物体的二维边界框用于初步检测图像中的动态物体，为后续的目标跟踪提供基础。三维物体检测从图像中预测物体的三维边界框和位姿；通过结合深度图或者多视角图像帧，网络能够计算出物体的空间位置和方向，为后续动态物体的位姿估计提供精准的三维空间信息。此外，MOTSLAM 使用语义分割网络对前景（物体）和背景（静态环境）进行区分。

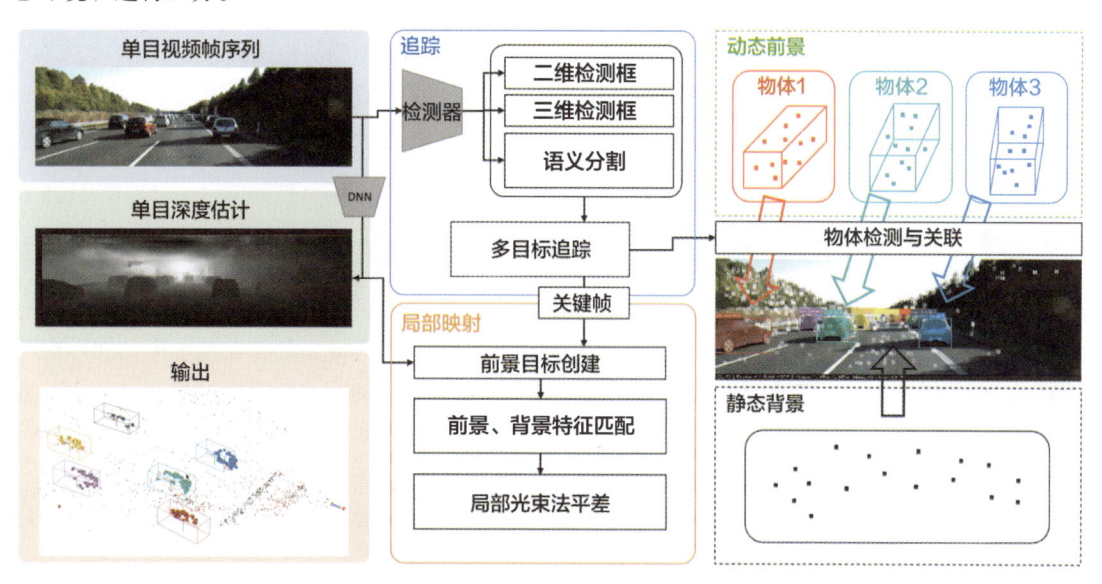

图 4.15　MOTSLAM 的基本框架[116]

对于静态背景，MOTSLAM 采用单目深度估计网络生成对应的深度，从而推算出静态背景的空间位置。MOTSLAM 通过最小化这些静态特征点从三维世界坐标系到当前帧对应的二维像素坐标系的重投影误差 E_{bg}，对智能体位姿和静态特征点的三维坐标进行联合优化，其数学表达式为

$$E_{\text{bg}}\left(\{\boldsymbol{T}_{\text{cw}}^t, \boldsymbol{x}^t\}_{t \in F}\right) = \sum_{t \in F} \rho\left(\left\|\boldsymbol{z}_i^t - \boldsymbol{K}\boldsymbol{T}_{\text{cw}}^t \boldsymbol{p}_i^t\right\|_{\boldsymbol{\Sigma}}^2\right) \tag{4.23}$$

其中：$\boldsymbol{p}_i^t$ 为特征点 i 在世界坐标系中的三维坐标；$\boldsymbol{T}_{\text{cw}}^t$ 表示帧 t 对应的智能体位姿，用于将世界坐标系中的点 $\boldsymbol{p}_i^t$ 转换到帧 t 对应的相机坐标系中；$\boldsymbol{K}$ 表示智能体相机内参矩阵，用于从相机坐标系到像素坐标系的转换；$\boldsymbol{z}_i^t$ 为特征点 i 在帧 t 中的实际观测位置（二维像素投影）；F 为局部关

键帧集合，即参与优化的关键帧范围；ρ 指鲁棒函数（如 Huber 核），用于降低异常值（outliers）对优化的影响；$\boldsymbol{x}^t$ 为帧 t 中的所有静态背景点的集合。

对于动态物体，MOTSLAM 通过多目标跟踪（MOT）模块进行前后帧动态物体的关联，目的是捕获整个视频帧序列中动态物体的运动状态。具体来说，MOTSLAM 首先通过卡尔曼滤波器从历史时刻图像帧序列中预测动态物体在当前帧中的位置，并据此推测出该物体的二维边界框（称为预测的边界框）。然后，使用匈牙利算法将预测的边界框与当前帧中通过深度学习模型检测到的二维边界框（称为当前检测到的边界框）进行匹配关联。其中，能够被匹配的物体将被保留，用于后续动态物体的位姿估计，不能被匹配的物体可按情况分为两种。第一种是物体本身存在于历史视频帧中，但在当前帧中找不到对应的匹配物体。我们对其进行保留，并将其保留"年龄"加 1，如果保留"年龄"超过某个阈值，则说明该物体在一段时间内没有再次出现，此时 MOTSLAM 认为该物体已经从智能体视野中消失，因此放弃对该物体的保留。第二种是物体本身存在于当前帧中，且在历史视频帧中找不到与之对应的匹配物体。这说明该物体是在智能体视野中新增的目标。在后续图像帧的处理中，需要对该物体进行讨论。通过这种结合预测与检测的方式，MOTSLAM可以有效地对动态物体进行跟踪。接下来，MOTSLAM 通过最小化这些动态物体在自身坐标系与当前帧对应像素坐标系下的重投影误差 E_{fg}，对动态物体的位姿及动态特征点的三维坐标进行联合优化，具体数学表达式为

$$E_{\text{fg}}\left(\{\boldsymbol{T}_{\text{cw}}^t, \boldsymbol{T}_{\text{wo}}^t, \boldsymbol{x}^t\}_{t\in F'}\right) = \sum_{t\in F'} \rho\left(\left\|\boldsymbol{z}_i^t - \boldsymbol{K}\boldsymbol{T}_{\text{cw}}^t\boldsymbol{T}_{\text{wo}}^t\boldsymbol{p}_i^{\text{o}}\right\|_{\boldsymbol{\Sigma}}^2\right) \tag{4.24}$$

其中：$\boldsymbol{p}_i^{\text{o}}$ 为动态物体特征点 i 在物体坐标系中的三维位置；$\boldsymbol{z}_i^t$ 为特征点 i 在帧 t 中的实际观测位置；$\boldsymbol{T}_{\text{cw}}^t$ 为帧 t 对应的智能体位姿，用于从世界坐标系到帧 t 相机坐标系的转换；$\boldsymbol{T}_{\text{wo}}^t$ 表示帧 t 中动态物体的位姿，用于从物体坐标系到世界坐标系的转换；$\boldsymbol{K}$ 为相机内参矩阵；$\boldsymbol{x}^t$ 表示帧 t 中所有动态物体点的集合；F' 为局部关键帧集合，包含观察到的动态物体的关键帧。

最终，MOTSLAM 通过同时最小化上述静态和动态重投影误差进行智能体位姿 $\boldsymbol{T}_{\text{cw}}$ 估计、环境地图 $\boldsymbol{x}$ 的重建及动态物体位姿 $\boldsymbol{T}_{\text{wo}}$ 的追踪。

$$\boldsymbol{T}_{\text{cw}}^*, \boldsymbol{T}_{\text{wo}}^*, \boldsymbol{x}^* = \arg\min_{\boldsymbol{T}_{\text{cw}}, \boldsymbol{T}_{\text{wo}}, \boldsymbol{x}} \sum (E_{\text{bg}} + E_{\text{fg}}) \tag{4.25}$$

注意：这里的 $\boldsymbol{x}$ 包含静态背景地图及动态物体的三维点坐标。

4.3 基于多模态交互的导航

近年来，随着计算机视觉和自然语言处理相关技术的迅猛发展，具身智能体逐步具备了"看懂"周围世界及"听懂"并响应人类语言指令的能力。这种多模态交互能力为导航系统带来了全新的可能性——具身智能体可以根据用户的口头描述或书面指令准确理解任务需求，同时利用环境中的视觉线索进行导航。这样的方式不仅更直观易用，还大幅提高了具身智能体在动态和未知

环境中的适应性和灵活性。本节聚焦"基于多模态交互的导航",探讨具身智能体如何通过与人类用户互动,在复杂环境中实现精准导航,并结合最新的研究成果和技术应用,深入剖析这一前沿方向,揭示其背后的方法与技术实践。

4.3.1 基于视觉—语言模型的导航

基于视觉—语言模型的导航(Vision-and-Language Navigation)是机器人学和人工智能领域的一个前沿研究方向,旨在赋予具身智能体在复杂环境中通过理解和执行自然语言指令实现自主导航的能力。该任务要求智能体不仅要理解多模态信息(视觉感知与语言指令的结合),还要能根据这些信息进行推理并做出合理的行动决策。例如,一个服务机器人可能被指示"将客厅里的椅子搬至另一个阳台处",如图 4.16 所示,这就需要它能够解析这个指令,并将其转换为具体的导航动作。具身智能体必须能够识别环境中的物体(如"椅子"),理解其空间关系,并规划出一条从当前位置到目标位置的路径。

图 4.16 机器人导航任务演示:移动至多个地点完成指定任务[107]

1. 问题定义与评估

基于视觉—语言模型的导航任务要求一个具身智能体可以根据自然语言指令从一个起始位置导航到目标位置。具体来说,在任务开始时,具身智能体会收到一个自然语言指令 $\bar{x} = \langle x_1, x_2, \cdots, x_L \rangle$,其中 L 是指令的长度,x_i 是单个词标记。具身智能体观察一个初始场景,通常用 RGB 图像

o_0 表示。该图像由具身智能体的初始位姿决定,包括 3D 位置、朝向和仰角 $s_0 = \langle v_0, \psi_0, \theta_0 \rangle$。具身智能体必须执行一系列动作 $\langle s_0, a_0, s_1, a_1, \ldots, s_T, a_T \rangle$,每个动作 a_t 会导致新的位姿 $s_{t+1} = \langle v_{t+1}, \psi_{t+1}, \theta_{t+1} \rangle$ 出现,并生成新的观测图像 o_{t+1}。任务在模型的输出结果为表示"停止"的动作时结束。如果动作序列将智能体带到接近预定目标位置 v^* 的地方,则认为任务成功,否则说明任务失败。

仅凭是否成功到达预定目标位置难以全面反映具身智能体的性能。具体来说,任务的完成情况不仅取决于是否接近目标,还涉及导航过程中的路径效率、指令的遵循程度及在复杂环境中的鲁棒性。为了全面衡量上述导航任务的执行效果,需要设计一系列评估指标,从不同维度对导航智能体的表现进行量化分析。这些指标分为轨迹无关指标(Trajectory-Insensitive Metrics)和轨迹相关指标(Trajectory-Sensitive Metrics)。轨迹无关指标主要关注任务的最终结果,如任务成功率(Success Rate, SR)和导航误差(Navigation Error, NE),以强调具身智能体是否完成任务及其接近目标的能力。轨迹相关指标则兼顾路径的效率和合理性,如路径长度(Path Length, PL)和路径长度加权成功率(Success Weighted by Path Length, SPL),以进一步评估智能体在任务执行过程中的综合表现。下面对典型指标进行讨论。

(1)**路径长度**(PL):从随机起点到目标位置所需的平均步数,即平均轨迹长度。其计算公式为

$$\sum_{1 \leqslant i < |P|} d(p_i, p_{i+1}) \tag{4.26}$$

其中,$d(p_i, p_{i+1})$ 是路径 P 中第 i 个状态和第 $i+1$ 个状态之间的距离。显然,该公式是将路径 P 中相邻点之间的距离累加,从而得到路径的总长度的。它是在导航任务中衡量效率的重要指标,反映了具身智能体在完成任务时行走的实际路径长度。然而,当导航环境复杂或任务难度增加时,仅依赖 PL 可能无法全面衡量导航的表现,此时部分具身智能体可能因为在目标附近徘徊或偏离路径而未能完成任务。

(2)**导航误差**(NE):衡量导航智能体在最终停止时与目标位置之间的平均距离,是评估导航智能体接近目标能力的关键指标。其计算公式为

$$d(p_{|P|}, r_{|R|}) \tag{4.27}$$

其中,路径 P 指导航智能体生成的路径,$p_{|P|}$ 为其终止状态;路径 R 指预期的目标路径,$r_{|R|}$ 为其终止状态。与 SR 不同,NE 提供了一种对未完成任务的定量分析,而不是只关注任务是否完成。例如,在具身智能体未能成功到达目标位置的情况下,NE 指标较小,表明具身智能体越接近目标位置。

(3)**任务成功率**(SR):导航智能体成功到达目标状态的频率,用于衡量导航任务完成的总体概率。其计算公式为

$$\mathbb{1}[\text{NE}(P, R) \leqslant d_{\text{th}}] \tag{4.28}$$

该公式定义了导航任务的成功条件:当导航误差 $\text{NE}(P, R)$ 小于或等于阈值 d_{th} 时,指示函数返

回 1, 表示导航任务成功; 否则返回 0, 表示导航任务失败。与 PL 和 NE 不同, SR 不关注导航过程的细节, 仅评估导航成功与否。这一指标在简单任务中表现较好, 但在复杂任务中, 可能忽略了智能体部分完成任务的情况, 难以全面反映导航的实际能力。

（4）**路径长度加权成功率**（SPL）：同时考虑导航效率（轨迹长度）和任务效能（任务完成率）的综合指标, 被广泛认为是视觉—语言导航（VLN）领域的核心评价标准。其计算公式为

$$\text{SR}(P, R) \cdot \frac{d(p_1, r_{|R|})}{\max\{\text{PL}(P), d(p_1, r_{|R|})\}} \tag{4.29}$$

其中, $\text{SR}(P, R)$ 表示成功率, 即导航智能体是否成功完成任务的指示值; $d(p_1, r_{|R|})$ 为导航智能体的起始点 p_1 与目标点 $r_{|R|}$ 之间的最短距离, 也称理想路径长度; $\text{PL}(P)$ 表示导航智能体实际路径的总长度。通过此公式, SPL 能够有效平衡导航任务的效率与成功率。

2. 基于序列模型的方法

在早期关于利用深度学习进行视觉—语言导航的研究中, 人们主要利用序列到序列的神经网络架构, 结合注意力机制, 实现对自然语言指令的理解和执行。例如, 使用基于长短期记忆网络（LSTM）的序列到序列架构, 结合注意力机制, 构建用于导航的具身智能体[117]。如图 4.17 所示, 该智能体从自然语言指令和初始图像观测开始, 编码器计算指令的表示, 解码器在每一步观察当前图像和前一个动作的表示, 并预测下一个动作的分布。接下来, 我们将具体讲解这类基于视觉—语言导航模型的设计细节。

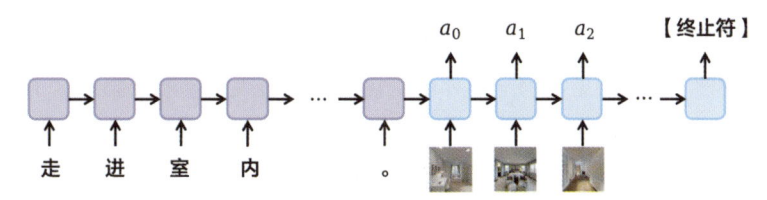

图 4.17 在导航过程中使用视觉—语言模型进行具身智能体的行为预测

模型行动空间：在具体实践中, 为了简化模型的行动空间并提高计算效率, 模型输出的动作 a 被限定为"向左""向右""向上""向下""向前""停止"六个基本操作。这种离散化的动作设计有助于降低决策过程的复杂性。具体而言, "向前"的动作被定义为总是朝着当前视角中心方向移动到最近的可到达的位置, 如向前走预先定义的距离; "向左""向右""向上""向下"的动作分别对应于使摄像机以 30° 的角度进行水平或垂直方向上的旋转。"向前"动作的设计特别重要, 因为它直接决定了模型如何在环境中前进, 其他四个方向性动作则允许模型调整其观察角度, 以便更好地理解周围环境并寻找最优路径。"停止"动作提供了模型判断是否已经到达目标位置或者需要重新评估当前状况的机会, 这在实际应用中是一个关键的功能。

编码器与解码器：每个指令中的单词 x_i 被依次作为嵌入向量输入编码器 LSTM。其中, 使用 h_i 表示编码器在第 i 步的输出, $h_i = \text{LSTM}_{\text{enc}}(x_i, h_{i-1})$。同时, 使用 $\bar{h} = \{h_1, h_2, \cdots, h_L\}$ 表示编码器的上下文, 在后续的注意力机制中会用到。对每个图像观测, 可以使用预训练的卷积神

经网络提取图像的特征向量。类似地，可以为每个动作学习词嵌入表达，将编码的图像和前一个动作的特征连接起来，形成新的向量 q_t。解码器 LSTM 的操作可表示为 $h'_t = \text{LSTM}_{\text{dec}}(q_t, h'_{t-1})$。

带注意力机制的动作预测：在基于序列的模型中，动作预测是导航任务的核心。模型需要根据当前的图像观测和之前的行动预测下一步的最佳行动。为了提高预测的准确性，可以引入注意力机制，使模型聚焦于指令中与当前视觉场景最相关的部分。在实践中，首先使用具有注意力机制的全局对齐函数计算指令上下文 $c_t = f(h'_t, \bar{h})$，然后计算一个注意力隐藏状态 $\tilde{h}_t = \tanh(W_c[c_t; h'_t])$，并基于此预测下一个动作的概率分布 $a_t = \text{softmax}(\tilde{h}_t)$。

模型训练：在训练基于序列的模型时，通常采用教师强制（Teacher-forcing）和学生强制（Student-forcing）两种训练策略。这两种策略均以交叉熵损失函数为基础，通过在每一步最大化给定前序状态—动作序列的真实目标动作的概率来优化模型。教师强制策略在训练过程中始终将正确的动作作为下一步的输入，以预测后续输出。这种策略能够加速模型的训练，因为它为模型提供了准确的当前动作信息，从而显著降低了模型在预测下一步动作时的不确定性。然而，这种策略也存在局限性：它限制了模型探索非最优路径的能力，可能导致模型在面对测试阶段未见过的状态时泛化能力不足。与教师强制策略不同，学生强制策略在训练过程中允许模型从自身预测的概率分布中采样，以生成下一步动作。这种策略使模型在训练阶段能够探索更广泛的状态空间，从而提升其泛化能力。虽然使用学生强制策略进行训练可能需要更长的时间，但这种策略能够更充分地探索状态空间，进而获得更好的性能表现。特别是在面对未见过的环境时，学生强制策略的优势更显著。

3. 基于规划的方法

自适应的规划使 VLN 模型能够适应环境变化，并实时改进导航策略。基于图的规划器通过利用全局图信息增强局部行动空间。随着基础模型，特别是大语言模型的兴起，基于大语言模型的规划器被引入 VLN 领域。这些基于大语言模型的规划器能够利用其丰富的常识知识和先进的推理能力，动态生成规划，提升决策过程的合理性和有效性。接下来，我们将借助两个例子分别说明上述两类方法是如何在实践中帮助视觉—语言模型提升规划能力的。

基于图的规划器：图 4.18 展示了一个基于图的规划器的典型方法[118]。在部分可观测的环境中，该方法通过构建和使用结构化场景记忆（Structured Scene Memory，SSM）进行持久化记忆和拓扑场景表示，从而支持长期规划和灵活的决策制定。其中，SSM 作为一个外部记忆架构，可以在线收集和精确存储导航过程中的感知信息，并以图结构的形式提供环境的拓扑表示。SSM 由嵌入探索位置视觉信息的节点和表示连接位置之间几何关系的边组成，使具身智能体能够更好地将指令与视觉世界关联起来。

在实际应用中，SSM 架构为具身智能体提供了一个包含所有已探索区域中可导航位置的全局动作空间，这使具身智能体能够灵活地进行决策制定。在需要改变路径时，具身智能体能够迅速从当前位置（如 P1）直接跳转到之前访问过的一个位置（如 P2），实现稳健的导航。该类方法通过在全局动作空间中执行长期记忆和环境布局捕获，赋予了具身智能体进行有效规划的能力。

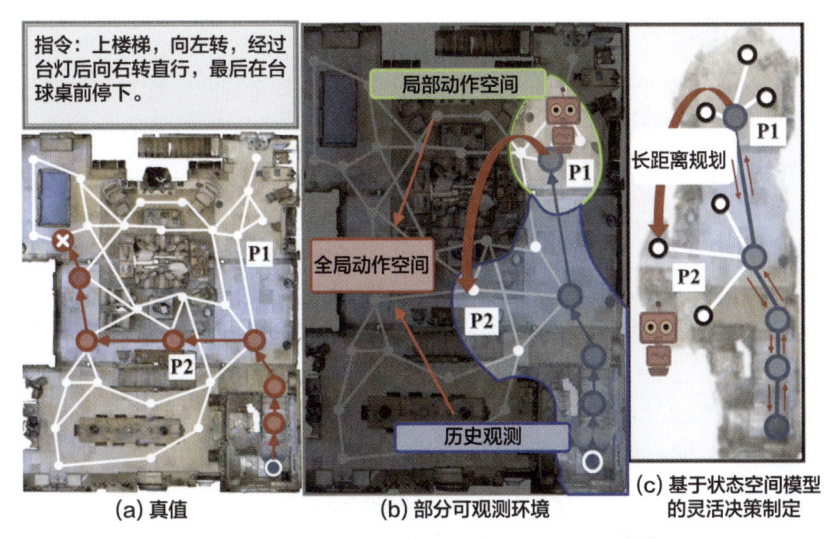

图 4.18 一个基于图的规划器的典型方法[118]

基于大语言模型的规划器：这类方法通常利用大语言模型中的常识性知识生成基于文本的计划。这类计划通常由若干子目标组成。算法可以通过整合具身智能体实时感知到的信息，对整个计划进行动态调整。图 4.19 展示了一个利用大语言模型进行自适应规划的典型方法[119]。该方法实现了一个能够与大语言模型进行实时交互的具身智能体，从而动态地规划导航步骤。该方法包含三个关键模块：目标导向的静态规划模块、场景导向的动态规划模块，以及场景内容感知模块。在任务开始时，目标导向的静态规划模块激活大语言模型，根据高层次指令识别目标对象，并利用大语言模型内部的知识推断出目标对象可能的位置。然后，场景内容感知模块通过提取当前场景的视觉信息，为大语言模型提供环境信息反馈。场景导向的动态规划模块根据这些信息，动态生成下一步的详细导航指令，指导具身智能体向目标对象导航。这一过程会根据环境变化和任务进展不断重复，直到任务完成。通过这种交互式提示，模型能够有效地将高层次指令转化为具体的导航行动，体现了大语言模型在自适应规划过程中的核心作用。

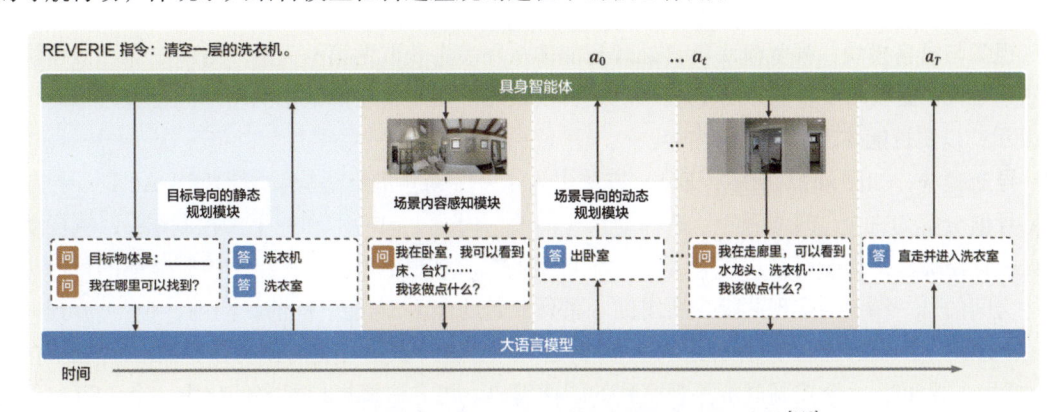

图 4.19 利用大语言模型进行自适应规划的典型方法[119]

4.3.2 面向问答的导航

面向问答的导航近年来受到越来越多的关注。该任务将具身智能体置于三维环境中，要求其通过自主移动回答关于环境的问题。在这个过程中，智能体不仅要理解自然语言指令，还要结合第一人称视角的视觉信息进行探索、定位和推理。该任务设定模拟了真实世界中人类在不熟悉的环境中寻找答案的过程，如问路或寻找特定物品。不同于传统的仅依赖静态图像或文本数据的问答任务，该任务强调动态交互过程，即具身智能体必须能够实时感知周围环境，并根据获得的信息调整自己的行动策略。这一挑战促使研究人员开发出更加复杂且高效的算法，使智能体可以处理物体识别、路径规划、场景理解和语义解析等方面的问题。

具身问答初探：EQA 方法

如图 4.20 所示，具身智能体被问及一个关于环境的问题，如"小轿车是什么颜色？"。为了回答这个问题，智能体必须先智能地导航探索环境，再回答问题。为了实现上述目标，EQA 模型[120]需要使用四个主要模块：视觉模块、语言模块、导航模块和问题回答模块。

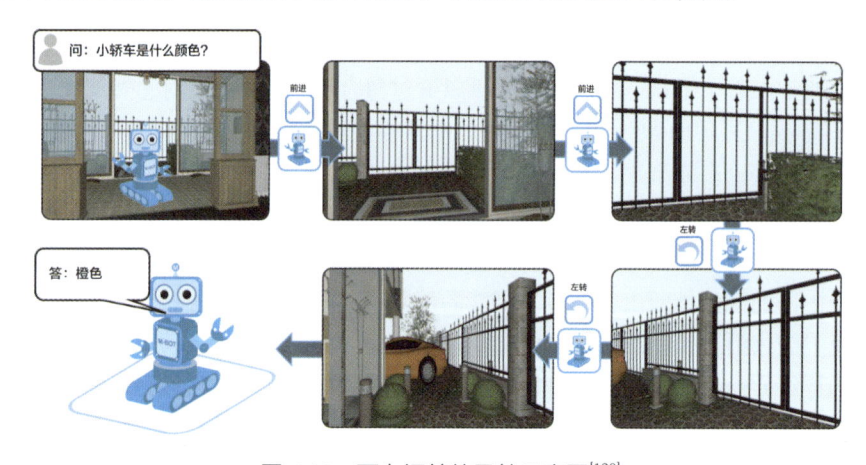

图 4.20　面向问答的导航示意图[120]

视觉与语言模块：视觉模块负责处理智能体从环境中获取的第一人称 RGB 图像。该模块通常使用 CNN 提取图像特征，用 I 表示。语言模块可以使用长短期记忆网络对问题进行编码，用 Q 表示，以便智能体理解问题的内容。

导航模块：如图 4.21 所示，EQA 方法引入了一个新颖的自适应计算时间（ACT）导航器，它将导航分解为一个"规划器"，选择动作（向前、向左、向右）和一个"控制器"，执行动作 n 次后将控制权交给规划器，其中 n 是一个可变的数。直观地说，这种结构将智能体的目标（如到达房间的另一端）与实现此指令所需的一系列原始动作（"向前，向前，向前，…"）分开。设 $t = 1, 2, \cdots, T$ 表示规划器时间戳，$n = 0, 1, 2, \cdots, N_p(t)$ 表示可变的控制器步数，I_t^n 表示在第 t 个规划步骤和第 n 个控制器步骤观察到的图像编码。该方法将规划器实例化为一个 LSTM。因此，规划器在每一步都会维护一个隐藏状态 h_t 并采样一个动作 a_t。

$$a_t, h_t \leftarrow \text{PLNR}(h_{t-1}, I_t^0, Q, a_{t-1})$$

其中，Q 是问题编码。采取这个动作后，规划器将控制权交给控制器，控制器根据规划器的状态和当前帧决定继续执行 a_t 或将控制权返回给规划器。

$$c_t^n \leftarrow \text{CTRL}(h_t, a_t, I_t^n)$$

其中，$c_t^n \in \{0, 1\}$。如果 $c_t^n = 1$，那么继续执行动作 a_t；如果 $c_t^n = 0$ 或达到最大控制器步数，那么控制权交给规划器。直观地说，上述规划器将"目标"编码到状态编码 h_t 中并选择具体的动作 a_t 执行。控制器控制执行 a_t 的个数，直到智能体感知到的视觉内容与规划器的目标一致。

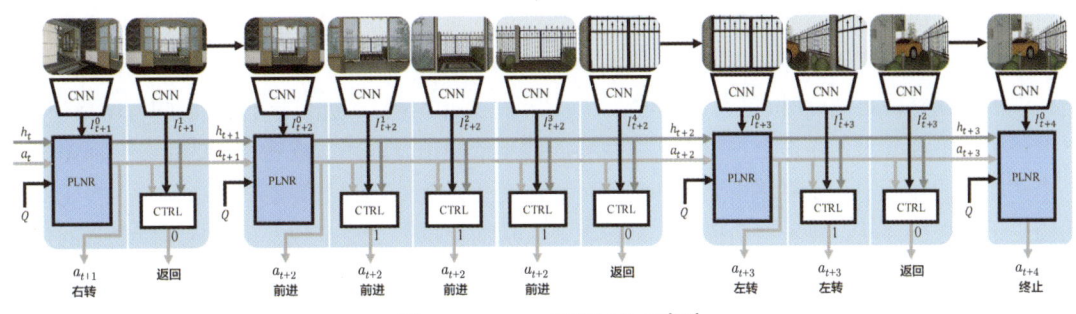

图 4.21 ACT 导航器框架[120]

问题回答模块：在智能体停止导航后执行，根据智能体在导航过程中观察到的图像序列预测答案。

$$A = \text{ANSWER}([I_1, I_2, \cdots, I_T], Q)$$

其中，$[I_1, I_2, \cdots, I_T]$ 是智能体在导航过程中观察到的图像序列，Q 是编码后的问题表示，A 是预测出的答案。

模型训练：EQA 采用两阶段训练过程。首先，导航和回答模块独立地通过模仿/监督学习进行训练。然后，整个架构使用策略梯度进行联合微调。

（1）**通过模仿学习进行预训练**。在具体实践中，虽然很多问题并没有一个标准的"正确"路径来引导具身智能体找到答案，但是我们可以将从具身智能体的起始位置到目标位置的最短路径视为理想的导航示范来完成具身智能体导航模块的训练。通过这种方式，具身智能体将模仿该最短路径上的行动序列，从而实现高效的目标导向学习。这样，导航模块就被训练为模仿这条最短路径上的行动。为了实现这一点，训练过程可以采用教师强制策略，即在每一步都告诉模型当前的最佳行动是什么，以此引导模型学习。在这个过程中，可以直接使用交叉熵损失函数评估模型预测的行动与实际最佳行动之间的差异，并据此更新模型。

（2）**基于目标感知导航微调**。虽然模仿学习可以帮助智能体的导航和问题回答模块在各自领域内表现得很好，但它们在协同工作时可能会遇到问题。具体来说，这两个模块都习惯了按照最短路径行动，但在智能体进行实际控制时，导航器可能无法很好地泛化到新情况，导致提供的视图对回答问题没有帮助。为了解决这个问题，可以在微调阶段为导航器引入两种奖励信号：第一种是问题回答的准确率，即智能体在导航结束后能否正确回答问题；第二种是奖励塑造项，它为智能体接近目标的行为提供中间奖励。具体来说，如果智能体在停止时能够正确回答问题，它将获得 5 分的奖励；如果回答错误，则得 0 分。对于向前移动的动作，智能体会根据与目标的距离变化获得 0.005 倍的奖励；而对于转弯动作，没有奖励或惩罚。

4.3.3 通过对话进行导航

通过对话进行导航（Navigation with Dialogue）是智能体在三维环境中移动时，利用自然语言与用户或其他智能体之间的交互指导其行动的一种方法。这种方法不仅要求智能体能够理解来自对话伙伴的语言指令，还要根据对话历史做出合理的决策，并适时地提出问题以获得更多必要的信息。这种基于对话的导航方式模仿人类在陌生环境中的行为模式：当人们在一个陌生的地方迷路或需要找到特定地点时，通常会向他人寻求帮助，并根据得到的信息调整自己的行动路径。通过上述描述不难看出，在这个过程中，具身智能体不依赖预设的路线或者直接的指令，而是参与一个多轮次的对话中，从对话中学习和适应环境的变化。例如，具身智能体会遵循一个多轮对话的历史记录进行导航，每轮对话描述一部分轨迹，从而提供一个更细致、更贴近实际场景的任务设定。这样的设计使研究者可以更好地研究如何使用自然语言引导智能体在复杂且未知的环境中进行移动。

1. 基于视觉对话的导航（VDN）

对话内容包含导航信息。想象一下，你身处一个陌生的房子，需要找到厨房在哪里，最直接的方式可能就是询问房子的主人——无论这种回答是直接的指示还是对之前问题的补充，通常包含导航到目的地所需的关键信息。为了模拟这种通过对话交流导航信息的场景，文献 [121] 引入了合作视觉与对话导航（Cooperative Vision-and-Dialog Navigation，CVDN）数据集。这个数据集包含 2050 个人与人的导航对话（这些对话发生在一个仿真的家庭环境中），涵盖 7000 多个导航轨迹（这些轨迹由问答交流标定）。通过这些对话，具身智能体不仅能学习如何根据对话历史进行导航，还能学习如何在不确定时提出问题，以及如何更有效地利用环境知识和对话历史为自身导航提供帮助。

在 CVDN 数据集中，"对话提示"是基本的内容单元，每个"对话提示"包括房屋扫描信息 S、要寻找的目标对象 t_o、起始位置 p_0 和目标区域 G_j。每个对话都是通过一个随机选择的提示 (S, t_o, p_0, G_j) 实例化的。如图 4.22 所示，每个对话都以一个基本提示开始，如"目标房间有一块垫子"。但我们很容易就能发现，这个线索有点模糊，因为可能有好几个房间里都放着垫子，而且没有说明怎样走才能到达目标房间。于是，CVDN 数据集在构建中引入了两个角色：一个是寻找目标的导航员，另一个是知道最佳路径的解答员——他们就像游戏里的队友。导航员可以操控仿真器，进而在虚拟的房子里走动，尝试找到有垫子的房间。如果他迷路了或者不确定接下来该怎么走，可以随时停下来，向解答员求助。解答员就像一个拥有全景地图的玩家，可以看到导航员应该走的最短路线，并根据这些信息帮助导航员。导航员和解答员通过对话进行交流，直到导航员成功找到目标房间为止。这样的对话模拟了真实世界中人们通过交流共同解决问题的过程，所产生的对话将用于导航任务的训练。

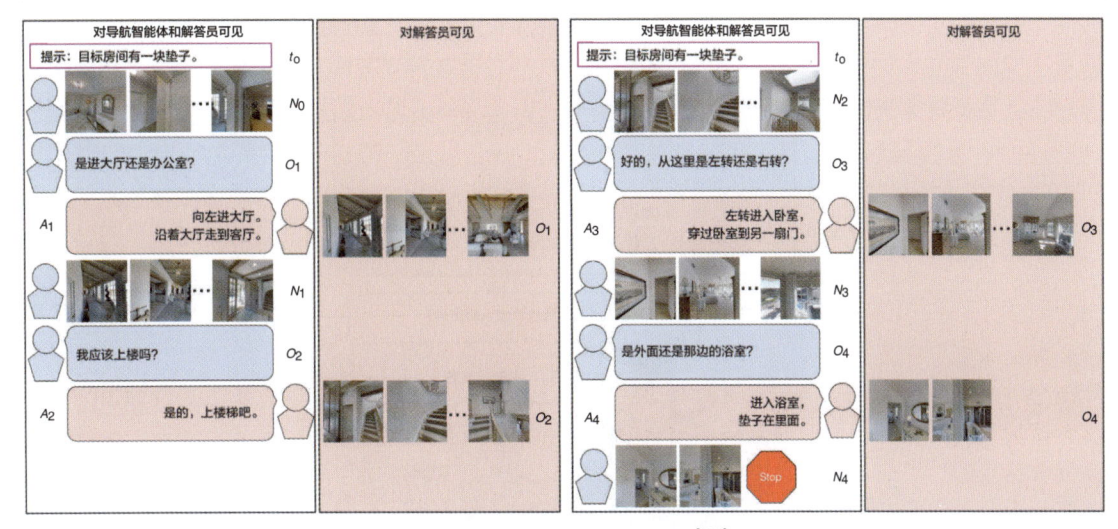

图 4.22　CVDN 的构建过程[121]

基于对话历史进行导航。该任务旨在训练具身智能体根据一系列对话历史决定如何在环境中进行导航。具体来说，这个任务包含一系列步骤，包括智能体的行动、提出的问题和得到的答案。这些步骤都是从真实的人与人之间的对话中提取出来的。在实践中，可以把这些对话分成多个部分，每一部分形成一个独立的导航任务。算法设计的目标就是让具身智能体从这些对话中学习出下一步应该怎么走，从而更接近目标地点。具体来说，在 CVDN 数据集中，一个导航过程可以表述为 $<N_0, Q_1, A_1, N_1, \cdots, Q_K, A_K, N_K>$，其中：$N$ 是导航动作，Q 是导航员提出的问题，A 是解答员对问题的答案。因此，可以从整个导航过程中提取一些基于对话历史的导航（Navigation from Dialog History，NDH）实例。在指定"对话提示" (S, t_o, p_0, G_j) 的情况下，对任意 $0 \leqslant i \leqslant K$，都可以创建一个具体的 NDH 实例 $(N_{0i-1}, Q_{1i}, A_{1i})$。基于对话历史的导航任务就是接收输入信息 t_o 和一个问题—答案历史 (Q_{1i}, A_{1i})，从 N_{i-1} 开始，预测能够使具身智能体更接近目标位置 G_j 的一系列导航动作 N_{0i-1}。为了训练模型，可以使用两种形式的监督：一种是面向 N_i 的监督，即导航员每获得一组问题—答案之后采取的第 i 步导航动作；另一种是 O_i，即解答员知道的最短路径步骤，该步骤通常用作上下文信息来产生答案 A_i。

2. 使用跨模态记忆增强 VDN

人类在找路时经常会回忆之前走过的地方，以及与目的地有关的描述信息。那么，如何借助类似的机制提升基于视觉对话的导航任务的性能呢？一种直观的方法[122] 是使用跨模态的记忆网络（Cross-modal Memory Network，CMN）对已经发生的导航过程进行记录，并在新的导航过程中加以利用。如图 4.23 所示，跨模态记忆模块能够帮助具身智能体记住和理解导航过程中的重要信息。它通常分为两部分：一部分是负责记住对话内容的语言记忆模块，另一部分是负责记住感知到的场景内容的视觉记忆模块。这两部分一起工作，让具身智能体能够利用历史对话和历史场景信息，增强时域上的上下文内容表达，从而更好地推理下一步该如何导航。

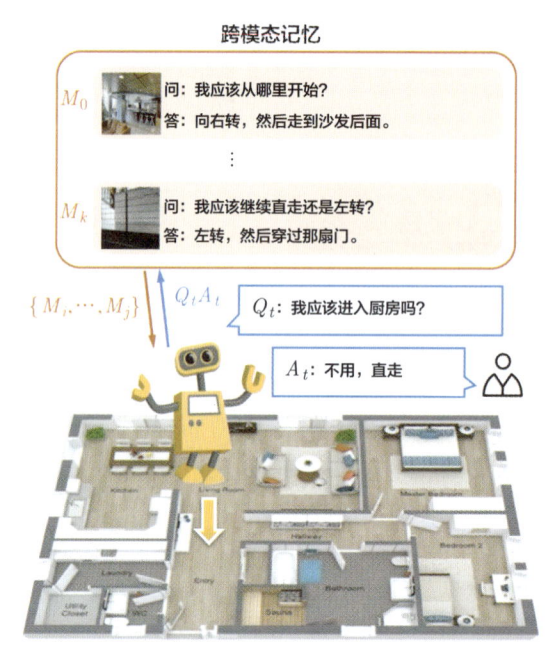

图 4.23　使用跨模态记忆增强视觉对话导航任务示意图[122]

CMN 的工作流程具体如下。首先，具身智能体接收一个不太明确的任务指令，如"找到垫子"。然后，具身智能体和人类对话，通过问问题（Q_t）和接收答案（A_t）搞清楚任务的具体要求。在对话的每个回合，语言记忆模块都会介入，分析当前的问答内容，并利用注意力机制回顾与当前问题有关的过往对话记录 $\{M_i, \cdots, M_j\}$，使智能体能更好地理解人类的答案。同时，视觉记忆模块会参与进来，使用从语言记忆模块得到的信息，再次通过注意力机制找回之前导航时的视觉记忆（如之前看到的场景和地标信息）。这样，智能体就能把从对话中得到的信息和实际观察到的场景内容结合起来，形成一个更完整的、有时间顺序的导航信息。通过这种方式，具身智能体不仅能理解当前的指令，还能记住之前的对话和感知到的环境信息，从而做出更好的导航决策。这个对话和记忆的过程不断重复，直到具身智能体找到目标位置为止。简言之，CMN 通过结合对话和视觉的历史记忆，让智能体在复杂的导航任务中做出更合理的行动选择。

4.4　面向复杂长程任务的导航

在视觉—语言导航研究领域，传统的基准测试和方法体系主要聚焦于单阶段或短期任务场景。这类任务通常具有目标单一、动作序列有限、指令简洁等特点，其所需的决策过程和导航步骤相对简单，因此更适用于受控环境下的应用场景。然而，在应对动态复杂的现实场景时，短程任务往往难以胜任，这使得对长程任务的需求日益凸显。长程任务要求具身智能体在较长的时间跨度内执行一系列连贯的操作，不仅需要保持持续推理能力和决策一致性，还需要根据环境反馈进行动态调整。与短程任务相比，长程任务不仅要求具身智能体在复杂的环境中导航，还需要在多个子任务之间保持整体规划的一致性。此类任务的指令通常涉及多个物体和位置，要求具身智能体能够根据环境变化灵活调整其策略。

本节将从数据和模型两个角度，系统地阐述基于 LH-VLN 框架的长程任务导航方法。具体地，将探讨该框架的设计理念、数据支撑体系、核心运行机制及实际应用场景，全面呈现其在长程任务导航中的技术特点与优势。

4.4.1 长程任务的数据获取与基准测试

传统短程任务的数据集对场景和任务的要求较低，且任务结构较为简单。长程任务通常要求持续的决策和动态的重新规划，因此其数据集需要涵盖复杂的场景和多阶段任务的要求，同时能够支持分阶段的任务执行和包含动态变化的环境。

1. 数据集及其获取

在长程导航任务中，数据平台的构建是确保获取数据集导航系统高效、精准运行的基础。数据平台的核心任务是获取丰富、准确且多样化的环境数据用于导航模型。考虑到长程任务的复杂性，数据平台必须具备处理和整合多源数据的能力，以支持机器人在不同环境下的导航需求。其中，针对长程任务的数据获取主要关注以下几个关键点。

（1）**多源数据融合**：长程任务导航通常涉及多个传感器的协同工作，这些传感器产生的数据具有不同的特性和局限性。此外，任务所面临的环境和场景具有高度的多样性。为了有效支持长程任务的数据获取，数据平台需要具备多源数据融合的能力，从而为导航模型提供全面且准确的环境感知信息，以及各种场景的详细数据。

（2）**动态数据更新**：长程任务导航通常需要应对环境的实时动态变化，环境因素的多样性要求数据平台必须具备实时数据处理能力。具体而言，数据平台需要支持传感器实时采集和处理环境数据流，并能够即时更新地图和状态信息。这种动态数据更新机制不仅能提供准确的环境感知，还能确保导航系统对环境变化做出及时响应。

（3）**多维配置与生成**：在导航长程任务中，具身智能体的有效部署需要根据具体场景特征和具身本体的特性进行定制化配置。这就要求数据平台具备强大的适应性，能够满足多样化的任务需求，并生成与不同导航任务相匹配的精确指令。

尽管在视觉—语言导航领域，长程任务的数据集扮演着至关重要的角色，但现有数据集在支持复杂长程任务方面仍存在显著不足。现有数据集的任务结构较为单一，缺乏对多阶段任务和动态环境变化的支持，导致模型的泛化能力受限，无法有效应对复杂的长程导航场景。此外，这些数据集通常依赖人工标注，制作成本高、扩展性差，难以快速适应多阶段任务的生成与评估需求。针对这一现状，LH-VLN 框架提出了创新性的解决方案。他们开发的 NavGen 自动数据生成平台采用双向、多粒度的生成方法，成功构建了首个长程规划与推理导航基准数据集，填补了该领域的空白。

NavGen 平台的创新在于其独特的双向生成机制，利用前向过程生成复杂的 LH-VLN 任务并生成对应的子任务轨迹数据，并在反向过程生成具体的任务指令。具体地，NavGen 在前向过程利用 GPT-4 和采样资源，在模拟器中构建仿真环境，基于导航模型或专家决策生成复杂的 LH-VLN 任务及对应的子任务轨迹数据，反向过程利用轨迹分割算法将轨迹划分为动作—标签对，并输入 GPT-4，生成逐步执行的任务指令。最终生成的数据集包含 3260 个任务，平均每个任务包含 150 个步骤，涵盖复杂的任务结构、广泛的子任务和多样的导航复杂性。

如图 4.24 所示，NavGen 自动数据生成平台从场景池（包含 3D 房间布局）和具身智能体池（如机器人、机械臂）中获取环境和执行主体，利用大模型（如 GPT）生成多阶段复杂指令，这些指令涉及多个房间和任务点，要求具身智能体进行合理的路径规划。同时，仿真器、模型和专家系统根据指令生成导航轨迹，并通过轨迹拆分算法将路径规划细化为多个子步骤，如前进、转向等，使具身智能体能逐步执行任务。最后，系统将复杂指令进一步解析为逐步的导航指令，确保具身智能体精准执行任务，提升导航和操作的准确性，并形成高质量的长程任务数据集，用于训练和评估具身智能体的导航能力。

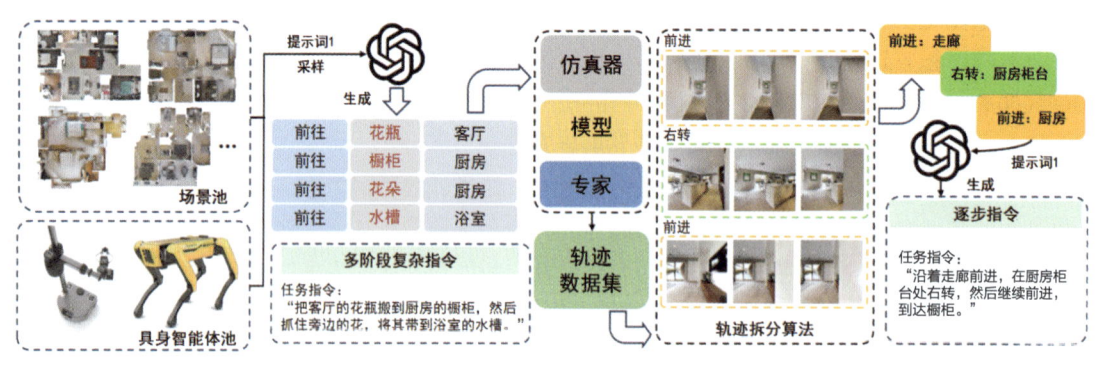

图 4.24 NavGen 数据生成平台

2. 基准评估

基准评估是评估导航模型性能的核心，对推进导航技术发展至关重要。其设计主要考虑三方面的因素：一是任务设定，需合理设置测试场景和任务，覆盖长程导航的多样化应用场景，考虑起点和终点、目标和障碍物的变化，设计不同复杂度任务模拟挑战；二是性能评价指标，要设定明确指标，包括路径规划准确度、计算效率、障碍物避让能力、响应时间等，还应考虑模型在复杂环境下的鲁棒性；三是对比分析，需设置统一条件和任务，支持不同导航算法横向对比，以发现模型优劣和薄弱环节，为优化创新提供指导。

为准确评估长程导航中的复杂任务，LHPR-VLN 基准定义了复杂的多阶段导航任务，要求具身智能体依次完成多个子任务，最终完成整个指令。在每个子任务中，具身智能体必须到达目标对象 1 米半径范围内，并确保目标位于具身智能体 60° 的水平视野范围。具身智能体可以从三个角度（60°、0°、−60°）获取观察数据，并执行基本动作（左转、右转、前进、停止）。当具身智能体选择"停止"时，子任务完成，任务成功与否依据具身智能体的最终位置与目标的相对位置评估。

此外，还提出了三种新的评估指标：条件成功率（CSR）、基于真实值的 CSR 权重（CGT）和独立成功率（ISR）。其中，CSR 评估模型在给定子任务条件下的成功率，反映模型对各子任务的执行能力，计算公式如下。

$$\text{CSR} = \sum_{i=0}^{N} \frac{s_i(1 + (N-1)s_{i-1})}{N^2}$$

其中，s_i 表示第 i 个子任务的成功率；N 表示任务中的子任务数量。

CGT 通过对任务真实值的加权，进一步细化成功率评估，增强评估的准确性，其计算公式如下。

$$\text{CGT} = \sum_{i=0}^{N} \frac{P_i}{P} \cdot \frac{s_i(1 + (N-1)s_{i-1})}{N}$$

其中，P 表示整个任务的路径长度，P_i 表示第 i 个子任务的路径长度。路径长度通常是指具身智能体从起点到目标点的实际行走距离。在长程任务导航中，路径长度可以通过模拟器或实际环境中的轨迹数据来计算。

ISR 独立评估各个子任务的成功情况，从而捕捉模型在每一步任务中的表现，为模型在复杂长程任务中的执行效果提供更精细的评价，其计算公式如下。

$$\text{ISR} = \sum_{j=0}^{M} \sum_{i=0}^{N} \frac{s_{j,i}}{M \cdot N}$$

其中，M 是任务的数量，N 是任务 j 中子任务的数量。

4.4.2 面向长程任务的导航模型

面对复杂的长程任务，导航模型的设计不仅要确保路径规划的高效性，还要具备适应各种环境变化的能力。传统的导航算法往往专注于短程导航路径规划，通常涉及能在几步到几十步范围内完成的单个导航任务。长程任务导航则需要在更广的范围内，以及更多元的环境因素和更复杂的任务要求下，保证决策和行动的连续稳定性。长程任务导航，尤其是涉及视觉和语言多模态输入的任务的导航，面临诸多挑战。

（1）**来自路径规划多样性的挑战**。长程导航中的路径规划面临着路径规划多样性的挑战。通常长程任务中的路径规划不只是从起点到终点的最短路径计算，而需要考虑多种约束条件，如避开障碍物、遵循交通规则、优化能源使用等。其通常需要跨越更广泛的环境，因此在多变的环境中规划出既可行又高效的路径尤为关键。

（2）**来自动态环境的挑战**。长程任务的环境通常是动态变化的，充满不确定性。交通状况、天气变化及障碍物临时出现等因素，都会影响路径的选择和导航策略。因此，如何在这种动态环境

（3）来自感知决策的挑战。导航系统同时依赖视觉感知和语言指令，其需要从视觉信息、传感器数据及语言指令中提取有价值的特征，并基于这些多维数据做出高效的推理和决策。这要求导航模型具备强大的数据处理能力和推理能力，能够在复杂环境中灵活应对各种情况，做出准确的判断，并保证决策的持续性，确保在复杂任务中能够精准执行指令并做出合理决策。

1. 长程视觉—语言导航模型架构框架：LH-VLN

LH-VLN 框架整合了多种导航类型，包括物体定位导航、需求驱动导航及视觉—语言导航，旨在赋能具身智能体在复杂多阶段任务中实现持续推理、动态重规划和连贯的子任务执行，从而有效应对现实世界中的导航挑战。具体而言，物体定位导航聚焦于基于物体名称的空间定位与路径规划，如执行"定位卧室灯具"等指令；需求驱动导航则强调基于用户意图的任务分解与目标导向，如响应"我想喝茶"的需求时，系统需自主完成茶杯定位与路径规划；视觉—语言导航通过融合语言指令与视觉感知信息实现精确导航，典型示例如"向前行进至沙发末端并左转"等空间导向指令。这些导航模式的有机整合，为长程任务构建了多维度的导航任务场景，显著提升了智能体在复杂环境中的适应性与任务完成能力。与传统的导航框架不同，LH-VLN 引入了任务编码机制，将任务划分为多个子任务，要求具身智能体在场景中逐一完成这些子任务。设任务编码为 $T = \{t_1, t_2, \cdots, t_n\}$，其中 t_i 代表第 i 个子任务，长程任务导航的目标是最大化每个子任务 t_i 在环境 D 中成功执行的概率 $P(t_i|D)$。

LH-VLN 框架如图 4.25 所示，具身智能体接收语言指令，并解析目标（如毛巾、厨房岛），通过思维链推理和记忆导航，规划合理的路径。然后，具身智能体在环境中逐步执行任务，并结合视觉感知进行调整。最后，依照基准评估标准，评估具身智能体的执行效果。该框架结合了思维链反馈和自适应记忆机制，利用 CoT 提示和动态管理的长期与短期记忆，有效提升了具身智能体在复杂导航任务中的表现和决策能力。为了验证其能力，LH-VLN 开发了一个通用的任务生成流程，并构建 LHPR-VLN 基准数据集，包含如前文所述的多种长程任务。

在方法层面，LH-VLN 提出多粒度动态记忆模块（Multi-Granularity Dynamic Memory，MGDM）。如图 4.26 所示，MGDM 通过整合短期和长期记忆机制来提升模型的适应能力和记忆管理能力，从而有效应对 LH-VLN 任务中的持续推理与自适应重规划挑战。具体地，MGDM 首先利用基础导航模型生成预测行为

$$a_{n+1} = \mathcal{G}(\mathcal{E}(\text{prompt}), S_n, H_n) \tag{4.30}$$

其中，S_n 和 H_n 分别表示 n 时刻的状态和前 n 个时刻的历史观察值。$\mathcal{E}$ 为编码层，$\mathcal{G}$ 为大语言模型，可以根据提示词（Prompt）和历史观察、当前状态生成预测行为。

其次，为了防止大语言模型出现幻觉现象，MGDM 利用 GPT-4 根据历史线索和观察生成思维链，对行为预测进行反思和解释。

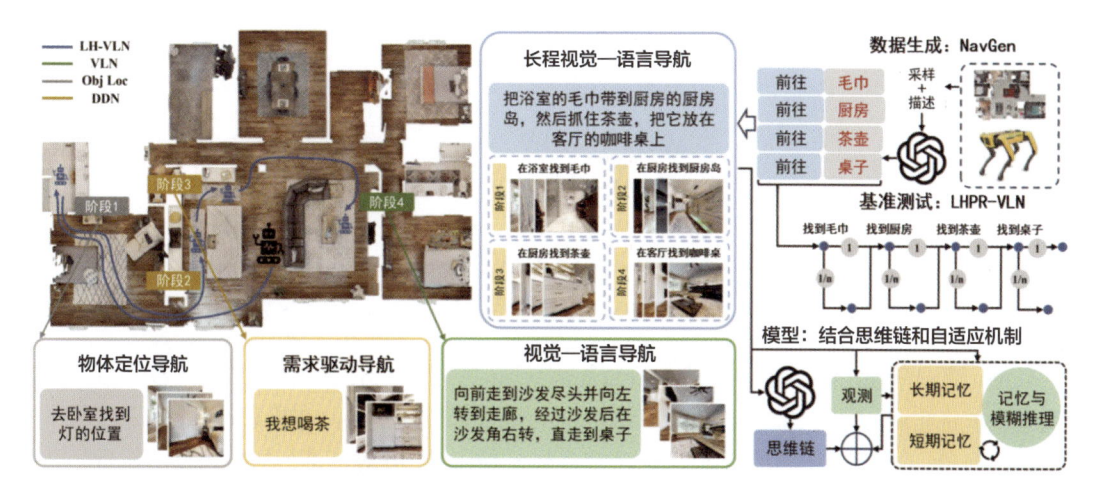

图 4.25 LH-VLN 框架

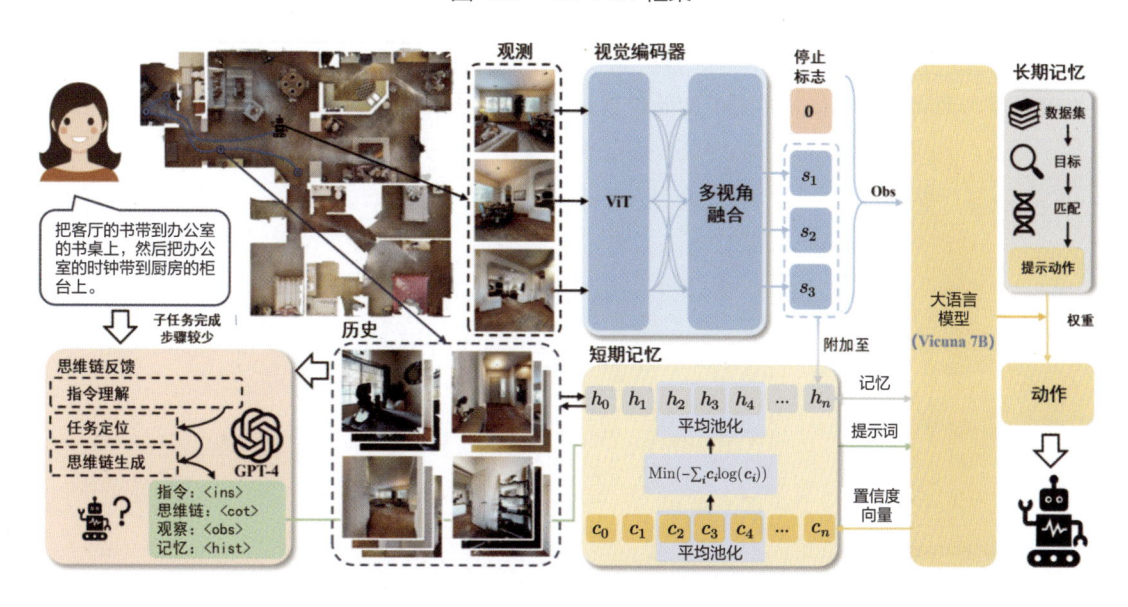

图 4.26 MGDM 模型框架

最后，为了防止较长的任务持续时间会导致记忆过度积累，MGDM 提出自适应记忆集成与更新策略（Adaptive Memory Integration and Update，AMIU）。其中，短期记忆 $M_{\text{st}} = \{h_i\}_{i=1}^n$ 由历史观察编码构成，当具身智能体在环境中移动时，捕获按时间顺序排列的观察结果，并记录利用大语言模型预测每一时刻行为的置信度 $C = \{c_i\}_{i=1}^n$。当记忆长度 n 达到设定的最大值 N 时，就触发动态遗忘，通过对某一个时刻（如第 j 时刻）的观察结果进行窗口宽度为 2 的池化操作缩短记忆长度。为了计算最优时刻，动态遗忘机制先遍历置信度序列，并对其中一个元素（如第 i 个元素）进行平均池化：

$$\mathcal{P}(C)_i = \{c_1, c_2, \cdots, \text{AvgPool}(c_{i-1}, c_i, c_{i+1}), \cdots, c_n\} = C_i \tag{4.31}$$

然后，对生成的所有 C_i 进行计算交叉熵，计算最小交叉熵对应的索引 i：

$$\arg\min_i \left(-\sum_{j=1}^{n-1} s_j \log s_j\right), \quad s_j = \frac{C_{i,j}}{\sum_{j=0}^{n-1} C_{i,j}} \tag{4.32}$$

并根据索引 i 对短期记忆进行更新（对第 i 个观察编码进行池化，并插入当前的观察编码 h_n^*）：

$$M_{\text{st}} = \mathcal{P}(M_{\text{st}})_i + h_n^* \tag{4.33}$$

长期记忆 M_{lt} 充当强化机制，当具身智能体导航时，长期记忆会从数据集中检索相关的观察和操作，并将它们与具身智能体的当前上下文进行匹配以提供指导。在检索过程，长期记忆根据当前观察向量，在数据集中检索最匹配的多个观察—操作对，并对其进行加权用以增强当前决策。

在数据层面，LHPR-VLN 基准开创性地定义了一个包含多个单阶段子任务的复杂任务，包含来自 216 个复杂场景的 3260 个多阶段和分步 VLN 任务，平均每个任务有 150 个操作步骤和 18.17 个指令长度。该任务的基本格式为："在某处找到某物，并将其带到某处，然后……"。每个复杂任务都涉及将目标物体从指定的初始位置运送到指定的目标位置，可能包含 2～4 个连续的导航子任务。具身智能体需要按顺序完成这些单阶段导航任务，才能最终完成整个指令。

第 5 章　视觉辅助的操控技术

操控技术是具身智能的核心组成部分，其基本目标是使具身智能体能够在复杂环境中实现高效且精准的操作。这一过程依赖具身智能体对环境的深度理解，并基于这一理解做出恰当的动作决策，从而完成各种任务。视觉辅助的操控技术进一步提升了这一能力，其中视觉信息作为关键要素，提供了丰富的空间及任务相关信息，帮助具身智能体实现对自身行为的精准控制，进而实现与物体或者场景的有效交互。在实际应用中，视觉辅助的操控技术已渗透到多个领域。例如，在工业领域，装配机器人借助视觉系统实现精准抓取和装配，从而提高生产效率与质量；在物流仓储场景中，智能搬运机器人通过视觉识别系统实现高效的分拣与运输；在医疗领域，手术机器人借助视觉辅助技术进行精准的手术操作，显著降低手术风险；在农业采摘、安防监控等场景中，视觉辅助的操控技术同样发挥着重要作用，推动各行业的智能化进程。

本章涵盖以下主要内容。

（1）**具身操控任务概述**：介绍具身智能体操控任务的基本概念，阐述其在具身智能中的重要地位及实现高效精准操作的关键要素，介绍操控任务，涉及的本体形式及仿真与真实数据集的意义。

（2）**操控动作生成经典方案**：详细介绍近年来具身智能体操控的经典方案，包括基于自回归模型的方案、基于扩散模型的方案，以及如何利用模仿学习训练相关模型。

（3）**基于预训练大模型的方法**：详细介绍基于预训练大模型的具身智能体操控方法，着重介绍预训练模型的优势、训练方法，以及微调过程对任务适应性的提升。

（4）**基于世界模型的方法**：介绍世界模型的基本概念、基于隐式表达的方案、基于世界模型的决策。

本章通过对视觉辅助的操控技术的深入分析，旨在为读者构建对相关技术路线的全面认知。读者将对关键技术要点、核心目标，以及其在多元现实场景中的广泛应用有更深入的了解。

5.1　具身操控任务概述

操控任务旨在让具身智能体通过与环境和物体的交互，学习并完成日常生活、生产中的各类任务。具身操控不仅涉及智能体对本体（如机械臂、夹爪或多指灵巧手）的运动规划与控制，还包括理解物体属性、交互方式及环境约束。为了高效训练和评估具身智能体的相关能力，仿真数据集提供了可控、可重复的实验环境，真实数据集则捕捉物理世界的复杂性和不确定性，二者相辅相成，共同推动具身操控技术的发展。

5.1.1 操控任务的基本概念

操控任务是指具身智能体利用诸如单机械臂、双机械臂、灵巧手、轮式地盘搭载机械臂等物理执行器，主动与环境中的物体进行交互，从而改变物体的状态，包括但不限于位置、姿态、形状等，或者改变环境的整体状态，以实现特定的目标。操控任务不仅包括对物体的直接操作，如抓取、放置、推拉等，还涉及工具的运用，典型的例子是使用锤子和剪刀，以及复杂任务的分解与规划，如组装家具、烹饪等。操控任务突破了传统意义上单纯的信息处理或数据计算范畴，将具身智能体的动作力延伸至物理实体层面，使其能够直接对现实世界产生影响。因此，操控模型的核心在于通过融合多模态传感器数据，使具身智能体能够感知和理解物理世界，并在任务指令的驱动下生成一系列精确的控制信号，从而驱动执行器完成与现实世界的交互。

近年来，具身操控任务在现实中的价值日益凸显，其重要性随着智能化技术的进步不断提升。在工业生产线上，智能体通过机械臂精准抓取零部件并完成装配，显著提高了制造的效率与精度，成为现代制造业不可或缺的一部分。在物流仓储场景中，智能体借助轮式底盘在货架间灵活穿梭，高效搬运货物，极大地优化了物流运输的流程。在日常生活中，智能体利用灵巧手为人们递送物品、整理桌面，展现了操控任务在服务领域的广泛应用潜力。这些例子不仅体现了具身操控任务在提升生产效率、优化资源分配和改善生活质量方面的实际价值，也预示着其在未来智能化社会中将扮演越来越重要的角色。

1. 操控任务的范畴

操控任务涉及的领域广泛，涵盖了从工业生产到家庭服务的多种场景。然而，在相关的工作中，可以根据任务复杂度和交互方式将操控任务简要归纳为三个方面，即直接物体操作、工具的运用、复杂任务分解与规划。

（1）**直接物体操作**是操控任务中最基础、最直观的部分，主要包括具身智能体通过执行器与物体直接交互。例如，通过机械臂精准地抓取一个物体并将其放到指定位置。这一过程要求具身智能体能够精确控制执行器的力度、角度和速度，以确保稳定抓取并避免物体损伤。又如，在使用灵巧手对物体进行推拉操作时，具身智能体需要感知物体的表面特性，寻找可用于推拉的部位，动态调整推拉的力度和方向，使物体按照预期轨迹移动。直接物体操作是具身智能体与物理世界交互的初级阶段，为更复杂的操控任务奠定了基础。本节将详细阐述其技术挑战与基本方法。

（2）**工具的运用**是人类智慧的重要体现，而具身智能体在操控任务中对工具的运用可进一步拓展其能力边界。以使用锤子为例，具身智能体需要先准确地抓取锤子，再根据被操作物体的材质、形状和位置，调整锤子的挥动角度、力度和速度，以完成钉入或敲击任务。在使用剪刀时，具身智能体需灵活控制剪刀的开合，精准剪切物体，同时避免对自身或其他物体造成意外伤害。工具的运用不仅要求具身智能体具备对工具本身的操控能力，还需要其理解工具与被操作物体之间的相互作用关系，以及如何通过工具达成特定的操作效果。这种任务大大增加了操控的复杂性和挑战性。

（3）**复杂任务分解与规划**是操控任务所要达成的高阶目标。现实生活中的许多任务并非单一的操作，而是由一系列相互关联的子任务组成的。这就要求具身智能体具备复杂任务分解与规划的能力。以烹饪任务为例，具身智能体需要根据食谱将烹饪过程分解为食材准备、加工、加热等多个环节，并在每个环节中进一步细化操作步骤。复杂任务分解与规划要求具身智能体不仅要具备对各子任务的执行能力，还需从宏观层面统筹安排任务的先后顺序和资源分配，确保整个任务高效、有序地完成。该部分与任务规划和子任务动态调整有关的内容，将在第 6 章"视觉驱动的任务规划"中进行详细的介绍。

2. 操控任务中的具身本体

具身本体（物理执行器）是具身智能体与物理世界交互的核心工具。根据整体结构的不同，常见的执行器包括以下几类。

（1）**单机械臂**是工业和研究领域最常见的执行器之一，具有高精度、高负载能力和可编程性强的特点。它适用于结构化环境中的任务，如定点的装配、焊接和分拣，但在非结构化环境中的灵活性有限。

（2）**双机械臂**在单机械臂的基础上增加了协同操作能力，能够完成复杂的任务，如双手协作装配、搬运大型物体等。其优势在于任务完成效率更高，但控制复杂度也相应增加。

（3）**人形机器人**模仿人类的身体结构，通常配备双臂、双足和灵巧手，能够完成多种复杂任务，如行走、抓取、使用工具等。其优势在于适应性强，能够处理非结构化环境中的任务，但设计复杂、控制难度大且成本较高。

（4）**移动底盘+机械臂**将移动底盘与机械臂结合在一起，既具备移动能力，又能完成精细的操作。它适用于较大环境范围中的任务（如仓储物流场景中的货物搬运和分拣），兼具移动性和操控精度。

（5）**机器狗+机械臂**将机器狗与机械臂结合在一起，使移动能力与操控能力进一步提升。机器狗的四足结构使其能够在复杂地形中稳定地移动，机械臂则赋予其抓取和操作物体的能力。这种组合非常适合在非结构化环境（如灾难救援、野外探索）中执行任务，但控制复杂度和成本较高。

此外，从执行器的末端设计角度看，常见的执行器类型包括以下几类。

（1）**灵巧手（多指手）**模仿人类的手部结构，能够完成精细的操作，如抓取小物体、使用工具等，但控制复杂度高且成本昂贵。

（2）**夹爪（Gripper）**的结构较为简单，通常包括两个或多个可开合的手指。夹爪设计多样，包括平行夹爪（手指平行运动）、角度夹爪（手指旋转运动）和自适应夹爪（可根据物体形状自动调整抓取方式）。夹爪的优势在于结构简单、控制容易且成本低，适用于单一任务（如抓取固定形状的物体），但其灵活性较差，难以适应不同形状和材质的物体。

在实践中，末端执行器（如夹爪、灵巧手等）可与上述整体结构（如单机械臂、双机械臂、移动底盘+机械臂、机器狗+机械臂等）灵活组合，以适应不同的任务需求。

3. 遥操作的基本概念

遥操作（Teleoperation）是指人类操作者通过远程控制设备（如手柄、数据手套、力反馈装置等）对机器人或智能体进行实时操控，以完成特定任务。遥操作将人类的决策能力与机器的执行能力结合在一起，在早期的应用中，常用于高风险、高精度或人类无法直接到达的场景，如深海探测、太空作业、核电站维护、远程手术等。

近年来，遥操作在具身智能体操控任务的数据收集中扮演着至关重要的角色。人类操作者远程操控具身智能体，可以生成高质量的示范数据，从而为智能体的监督学习或模仿学习提供基础，帮助具身智能体快速掌握任务技能。同时，遥操作能帮助智能体快速适应新环境、降低数据收集成本，通过人类操作者的介入，可以减少具身智能体在探索过程中因错误操作导致的设备损坏或任务失败，从而降低数据收集的整体成本。这些优势使遥操作成为具身智能研究中不可或缺的工具，为智能体在复杂任务中的能力提升提供了关键支持。

5.1.2 仿真数据基准与评测

与虚拟环境中的智能体不同，具身智能体需要面对真实世界的复杂性和不确定性，如摩擦力、材质特性、物体形变等。直接在现实世界中进行操控往往需要花费大量时间和精力搭建复杂的实验场景，致使训练成本高昂、效率低下，且存在安全风险。因此，仿真数据的利用成为连接虚拟智能与真实操控的关键桥梁。在实践中，仿真平台能够构建逼真的物理环境，模拟各种物体属性、物理交互和传感器数据，为具身智能体提供安全、高效、可重复的训练环境。通过海量仿真数据的训练，智能体可以学习到操控物体的基本技能，如抓取、推拉、堆叠等，并将这些技能迁移到现实世界中。此外，仿真数据可用于构建评测基准，量化评估不同算法的性能，推动具身智能操控研究的快速发展。本节将介绍两个常用的具身智能操控仿真数据集，并通过对评测方案的详细阐述，说明这些数据集如何评估具身智能体在现实任务中的能力表现。

1. 面向终身学习的仿真平台：LIBERO

LIBERO[123] 是一个专门为研究终身学习（Lifelong Learning）而设计的仿真平台，聚焦于机器人操作任务中的知识迁移问题。终身学习的目标是让智能体在学习新任务时，能够利用过去的经验提升新任务的学习效率，并且在学习新任务后避免遗忘旧任务。这种学习模式是开发通用智能的重要一步。LIBERO 的核心功能是通过程序生成管道，创建大规模且多样化的智能体操作任务，为智能体的终身学习提供强有力的支撑平台，让研究人员能够深入探索这种学习模式的特点和挑战。

1）任务创建流程

对于任务生成，LIBERO 利用如图 5.1 所示的程序化生成管道创建任务。首先，LIBERO 从大规模人类行为数据集中提取常见的行为模板。这些模板反映了人类日常活动中的操作，如"打开……""拾取……"。然后，LIBERO 根据这些模板生成任务指令，如"打开橱柜的抽屉""将碗放入抽屉"。这些指令是用自然语言描述的，以模仿人类对任务的表达方式。接着，LIBERO 在虚拟环境中设置与任务指令有关的初始场景。例如，选择一个厨房作为任务背景，并布置与任务有关的物体（如碗、盘子和橱柜）。物体在被布置的同时，其初始状态（如位置或打开/关闭状态）也将被详细定义。最后，LIBERO 根据任务目标，使用逻辑表达式明确任务完成的条件，如"碗应该在抽屉中""盘子应该放在桌子上"。这一生成过程确保了任务的多样性及与真实世界的相关性。

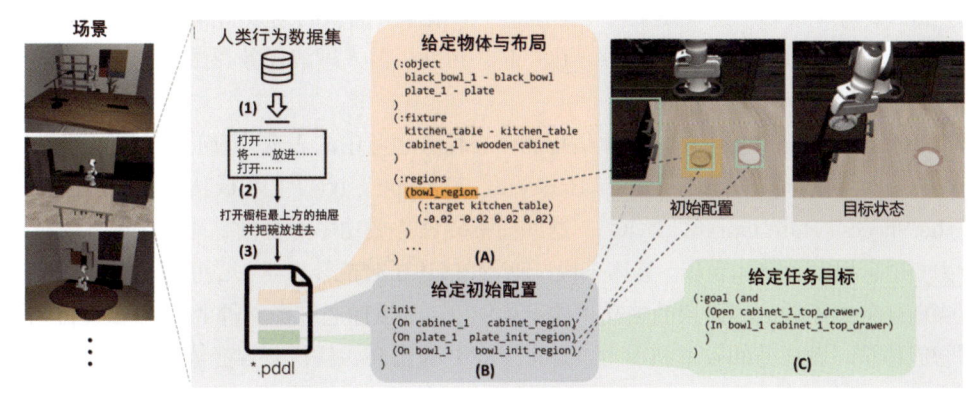

图 5.1　LIBERO 程序化生成管道[123]

2）评测的任务目标

为方便进行基准测试，LIBERO 还设计了如图 5.2 所示的四种任务套件，每种套件关注不同类型的知识迁移。"LIBERO-空间"任务套件关注空间信息的学习和迁移，在这个任务套件中，物体布局相同但同一位置的物体类别不同，要求智能体学习并记忆新的空间关系，如辨别碗的位置。"LIBERO-物体"任务套件强调物体类型的学习和迁移，要求智能体识别并操作独特的物体，从而学习和记忆新的物体特征，如从一堆物品中找到可乐罐。"LIBERO-目标"任务套件的重点是动作和行为目标的学习和迁移，其对象和空间关系固定但目标有所变化，如从"打开抽屉"变为"关闭抽屉"。另外，LIBERO 包含一个更复杂的任务集合（LIBERO-100），它整合了以上知识迁移问题，用于评估算法在更复杂的情境下的表现。

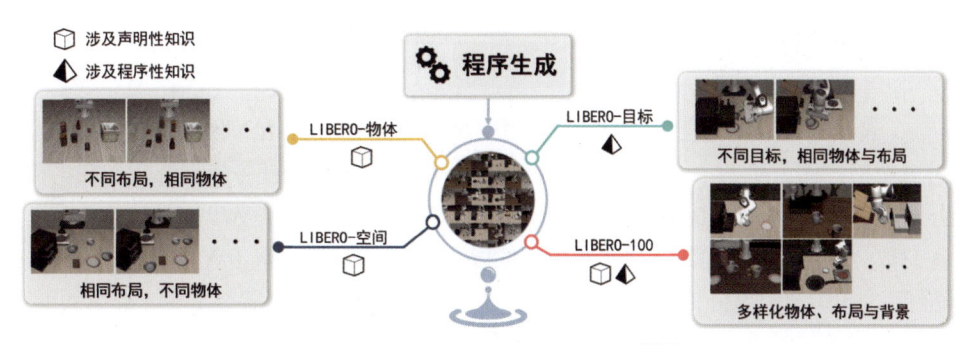

图 5.2　LIBERO 的四种任务套件[123]

与此同时，LIBERO 实现了多种经典的终身学习算法，以便研究者更快捷地使用该平台。例如，经验回放（Experience Replay，ER）通过保存先前任务的数据来防止遗忘；弹性权重巩固（Elastic Weight Consolidation，EWC）通过限制模型对某些关键参数的更新来保护旧任务的知识；动态架构调整（PACKNET）通过动态扩展网络结构来适应新任务。此外，LIBERO 集成了三种先进的神经网络架构来解决视觉—语言结合的任务，具体为基于卷积神经网络和循环神经网络的 RESNET-RNN、结合 Transformer 的 RESNET-T，以及广泛应用于视觉任务的 Vision Transformer 架构 VIT-T。这些模型将视觉信息（如摄像头捕获的场景图像）、时间序列信息（如任务中的连续动作）和自然语言指令融合在一起，帮助机器人理解任务并做出决策。

3）评估指标设计

LIBERO 设计了三个核心指标来评估智能体在任务学习中的表现：前向迁移（Forward Transfer，FWT）、负向后向迁移（Negative Backward Transfer，NBT）和成功率曲线下面积（Area Under the Success Rate Curve，AUC）。这些指标以任务成功率为基础，能够全面反映智能体的学习能力、遗忘程度及整体表现。具体来说，FWT 描述了智能体在学习当前任务时的表现，是智能体在当前任务的不同训练阶段的成功率的平均值。这一指标通过衡量每个任务的训练过程表现，揭示了智能体学习新任务的效率和能力。如果 FWT 值较高，就说明智能体能够快速有效地掌握新任务。NBT 用于衡量智能体在学习新任务后对之前任务表现的影响，即通过比较当前任务完成后的最佳成功率和学习后续任务时的成功率，评估新任务的学习是否导致对旧任务的遗忘。如果 NBT 值较低，就说明智能体能够较好地保留对旧任务的记忆，避免遗忘。AUC 是一个综合指标，用于同时评估前向迁移和负向后向迁移。AUC 结合前向迁移的表现和任务学习顺序对成功率的整体影响，反映了智能体在整个学习过程中的综合能力。AUC 值越高，说明智能体不仅能快速适应新任务，还能在学习过程中稳定保留对旧任务的记忆。所有指标公式描述如下。

$$\text{FWT} = \sum_{k \in [K]} \frac{\text{FWT}_k}{K}, \quad \text{FWT}_k = \frac{1}{11} \sum_{e \in \{0, 5, \cdots, 5T\}} c_{k,k,e}$$

$$\text{NBT} = \sum_{k \in [K]} \frac{\text{NBT}_k}{K}, \quad \text{NBT}_k = \frac{1}{K-k} \sum_{\tau=k+1}^{K} (c_{k,k} - c_{\tau,k}) \quad (5.1)$$

$$\text{AUC} = \sum_{k \in [K]} \frac{\text{AUC}_k}{K}, \quad \text{AUC}_k = \frac{1}{K-k+1}\left(\text{FWT}_k + \sum_{\tau=k+1}^{K} c_{\tau,k}\right)$$

其中，$c_{k,K,e}$ 表示当智能体完全学习前 $K-1$ 个任务并在当前任务 K 训练 e 代之后，在第 K 个任务上的成功率；$c_{\tau,k}$ 和 $c_{k,k}$ 分别表示智能体在前 τ 个和前 k 个任务上训练后，在当前任务 k 上的最佳成功率。FWT_k、NBT_k 和 AUC_k 分别表示第 k 个任务的 FWT、NBT 和 AUC 值。K 表示任务总数。e 表示训练代数，在实践中一般以 5 为采样间隔计算 FWT_k。这里 τ 取 10，共 11 个采样值。

2. 面向长时序操控的模拟基准：CALVIN

CALVIN（Composing Actions from Language and Vision）[124] 是另一个经典的面向具身智能体研究的开源模拟基准，旨在评估具身智能体在理解自然语言指令并完成复杂的长时间跨度任务方面的能力。CALVIN 的设计初衷是推动具身智能体从仅执行单一任务逐步获得能够处理多任务、多环境的通用能力，使其能够通过感知输入和连续控制实现对人类语言指令的精准响应。在

CALVIN 环境中，具身智能体需要处理一系列复杂任务，如"打开抽屉""拿起蓝色积木""将积木推进抽屉""打开滑动门"等。这些任务具有明显的语言条件，要求具身智能体不仅要理解指令的含义，还要通过感知信息与环境交互，合理规划并执行连续动作。

1）模拟环境与任务设定

如图 5.3 所示，CALVIN 设计了四个不同但结构相关的模拟环境，包括滑动门、抽屉、按钮、开关及三种不同颜色和形状的积木，每个环境中的物体和纹理配置均不同，但桌子、机械臂和摄像头的位置相同（为研究模型的泛化能力提供了良好的测试平台）。这些环境搭载了 7 自由度的 Franka Emika Panda 机械臂，机械臂配备平行夹爪，同时使用 PyBullet 物理引擎进行仿真，支持大规模的并行数据收集和快速渲染。此外，CALVIN 为机器人提供了丰富的传感器输入，包括来自固定摄像头和夹爪摄像头的 RGB-D 图像、本体感知信息及基于视觉的触觉感知。这些传感器输入支持多模态学习，使机器人能够在不同的任务中灵活切换，如通过静态摄像头完成全局移动任务、通过夹爪摄像头和触觉传感器完成精细的抓取和堆叠任务。

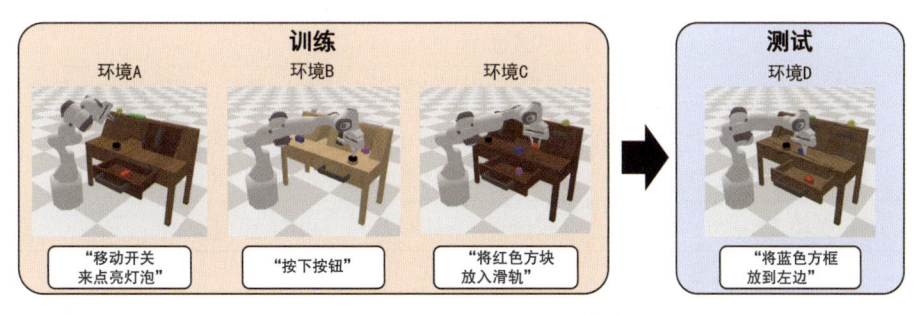

图 5.3　CALVIN 模拟环境[124]

对每个环境，CALVIN 设置了如表 5.1 所示的 34 种具体任务，涵盖从简单动作（如"打开抽屉""关闭抽屉"）到复杂组合任务（如"将蓝色积木放入抽屉"）的多种情景。每项任务均由环境状态的变化来定义完成标准，系统可以自动检测任务的完成情况。这种机制不仅提高了评估的效率和准确性，还支持多任务组合的动态检测，使其能够适配更复杂的场景需求。

表 5.1　任务及其对应条件

任务	成功条件
旋转红色/蓝色/粉色积木向右	物体需围绕 z 轴顺时针旋转超过 $60°$，同时围绕 x 轴或 y 轴的旋转不超过 $30°$
旋转红色/蓝色/粉色积木向左	物体需围绕 z 轴逆时针旋转超过 $60°$，同时围绕 x 轴或 y 轴的旋转不超过 $30°$
推动红色/蓝色/粉色积木向右	物体需向右移动超过 10 cm，并在移动前后均保持与表面接触
推动红色/蓝色/粉色积木向左	物体需向左移动超过 10 cm，并在移动前后均保持与表面接触
滑动门向左/右	滑动门需向左/右推动至少 12 cm

续表

任务	成功条件
打开/关闭抽屉	抽屉需被推动或拉出至少 10 cm
从桌面抬起红色/蓝色/粉色积木	需从桌面抓取物体并抬起至少 5 cm。在第 1 帧中，夹爪不能接触物体
从滑动门抬起红色/蓝色/粉色积木	需从滑动柜的表面抓取物体并抬起至少 3 cm。在第 1 帧中，夹爪不能接触物体
从抽屉抬起红色/蓝色/粉色积木	需从抽屉的表面抓取物体并抬起至少 5 cm。在第 1 帧中，夹爪不能接触物体
放入滑动柜/抽屉	物体需被放入滑动柜/抽屉。在第 1 帧中，物体需被夹爪抬起
推入抽屉	物体需被推入抽屉，且在第 1 帧中需与桌面接触
堆叠积木	一个积木需被放置在另一个积木上。在最终帧中，积木不能与夹爪接触
拆除积木堆	一个积木需从另一个积木上移除。在第 1 帧中，积木不能与夹爪接触
打开/关闭灯泡	开关需被上下推动以打开/关闭黄色灯泡
打开/关闭 LED 灯	按钮需被按下以打开/关闭绿色 LED 灯

在数据集方面，CALVIN 通过虚拟现实设备（HTC Vive）采集了 24 小时的"游戏"数据，在每个环境中采集约 6 小时，包含约 240 万个交互步骤。这些数据完全依赖操作者的自由探索行为，而非预先定义的任务，如拿起积木、推动按钮、打开抽屉等。这种非结构化数据避免了传统专家示范对固定路径的依赖，同时包含探索性和次优行为，能够帮助模型学习更通用且鲁棒的表征，从而更好地适应复杂多变的环境。CALVIN 还引入了 400 多条语言指令，并使用程序化标注方法将这些指令与任务数据对齐，同时提供了由 MiniLM 生成的预训练语言嵌入，支持研究者直接将自然语言映射到语义空间中。

2）评估体系构建

CALVIN 的评估体系以科学性和可重复性为核心，设计了三大评估指标：多任务语言控制（Multi-Task Language Control，MTLC）、长时间跨度多任务语言控制（Long-Horizon MTLC，LH-MTLC）和传感器组合评估（Sensor Combination）。

MTLC 评估模型在 34 个单一操作任务上的泛化能力。其测试通过模拟器将环境重置到一个有效的、未见过的演示初始状态，以确保指令的可执行性；对每个任务，基于不同的起始状态执行 10 次尝试（rollout）。测试所使用的语言指令未包含在训练数据中，旨在评估模型对训练期间所见任务的新描述方式的理解能力。该指标的重点是测试单个任务的执行准确性。

LH-MTLC 进一步评估模型在连续完成多个子任务时的表现。因为模型需要在多个子目标

（上述 34 个任务）之间无缝过渡，所以该指标具有更高的挑战性。LH-MTLC 评估包含由五个顺序任务组成的有效指令链，总计 1000 条独特的指令链。这些指令链经过筛选，排除了不可行（如"关闭抽屉"后紧接"放入抽屉"）、循环冗余（如"将滑块推右"后紧接着"推左"再"推右"）和过于相似的序列（如"推蓝积木向左"后紧接"推红积木向左"）。为避免初始姿态对策略产生偏倚，每条指令链执行后都会将机器人重置到中性位置。此外，其测试包含不同的初始场景配置，以更全面地评估模型的泛化能力。在每个子目标中，模型基于当前语言指令做出决策，只有在任务成功完成后才会进入下一个目标。

传感器组合评估的目标是推动开发能够通过多模态感知（如语言、视觉、触觉）实现任务控制的具身智能体。CALVIN 支持多种传感器配置，包括来自固定摄像头和夹爪摄像头的 RGB-D 图像、本体感知信息及基于视觉的触觉感知。传感器组合评估通过不同的传感器组合测试模型的性能，探索模型在不同感知输入条件下的表现。这一指标模拟了真实环境中机器人依赖多种传感器进行任务控制的场景。

5.1.3 真实场景数据集

尽管仿真数据能够提供高效、安全的训练环境，但其与真实世界之间仍存在差距，如物理交互的精确性、环境噪声的复杂性及传感器数据的真实性等。真实数据集通过记录智能体在现实环境中的操作数据，能够更准确地反映实际任务的挑战和需求，为算法的开发与优化提供坚实的基础。本节将介绍三个广泛应用于具身智能操控研究的真实数据集，包括它们的设计特点、数据构成及在实际任务中的应用价值。通过对这些数据集的详细分析，读者可以更好地理解真实数据在具身智能研究中的重要性，并为相关算法的开发与评测提供参考。

1. 技能泛化能力评估：Bridge 数据集

Bridge 数据集[125] 希望通过构建跨领域的数据集提升具身智能体操控技能的泛化能力，使具身智能体能够在新的任务和环境中更好地工作。已有的具身智能体数据集大多是为特定任务或平台设计的，它们为每个新任务和新环境从头开始收集数据并有针对性地训练策略，可迁移性和泛化能力较差。当任务或环境发生变化时，模型往往需要重新收集大量数据和调整策略，显著增加了时间与资源成本。这种局限性限制了具身智能体在实际应用中的可扩展性，也难以满足多样化任务场景对泛化能力的需求。

研究者受计算机视觉和自然语言处理领域在大型多样化数据集上的成功实践的启发，提出了一个关键假设：多任务、多领域的多样化数据集可以显著提升具身智能体在不同任务和环境中的适应能力。通过这种数据集，具身智能体能够学习通用的行为模式和策略，从而更有效地应对未知任务或环境，突破传统机器人学习方法中泛化能力不足的限制。为了验证这一假设，研究者提出了 Bridge 数据集，并通过实验评估其对提升具身智能体技能泛化能力的作用。该数据集的目标是通过跨任务和跨领域的多样化训练，为具身智能体提供学习通用模式的基础，帮助其在面对新任务和新环境时表现出更强的适应性，从而推动机器人学习向更高效、更通用的方向发展。

1）数据集内容与构建方法

如图 5.4 所示，BridgeData 数据集覆盖了丰富的场景和任务，包含 10 个领域环境和 71 个任务类型，共计 7200 个高质量演示。这些环境包括 4 个玩具厨房、5 个玩具水槽，以及 1 个真实厨房，全面模拟了具身智能体可能面临的实际应用场景。在任务类型上，BridgeData 数据集涉及抓取、放置、堆叠、排序等常见具身智能体操作任务，同时包含门的开启与关闭等与日常生活密切相关的复杂行为。每个任务的演示数量在 50 个到 300 个之间，确保了数据的丰富性和任务执行的可靠性。通过这样的大规模、多样化设计，BridgeData 数据集为操控模型打下了学习通用行为和适应不同环境的坚实基础。

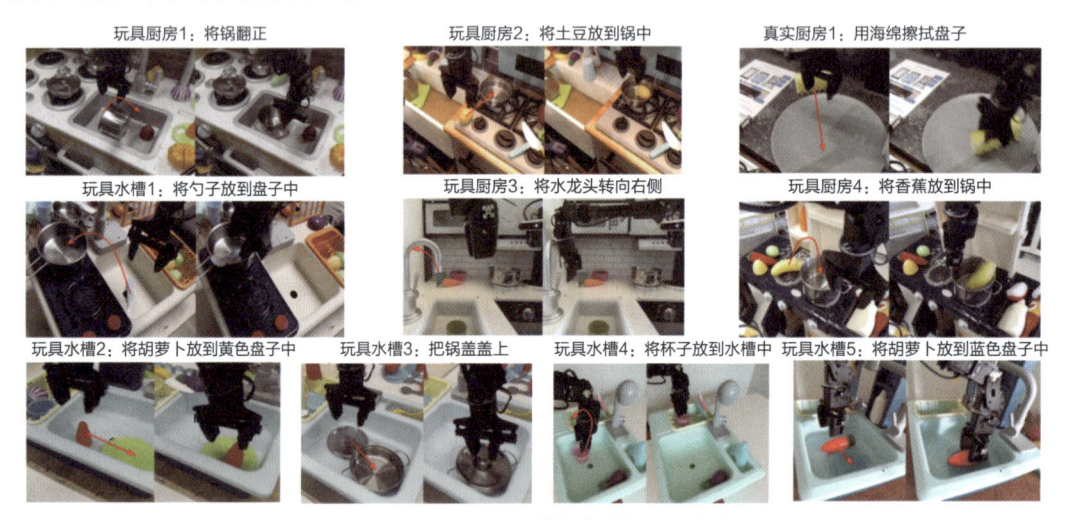

图 5.4 BridgeData 数据集的场景和任务

BridgeData 数据集的构建使用 WidowX-250 机器人作为主要执行平台，通过 Oculus Quest 2 VR 设备远程操控机器人完成任务。VR 设备的引入，让人类操作者能够直观地控制机器人执行复杂任务，确保演示过程的精确性和高效性。在每次演示中，详细记录机器人与环境的交互数据，包括关节角度、末端执行器的位置和姿态、任务完成的顺序及环境状态的变化。这些数据为研究者提供了多样化、可用性强的样本，以支持模仿学习和其他数据驱动方法（如离线强化学习）。为进一步增强数据的泛化能力，研究者在采集过程中添加了多种随机化策略。例如，环境布局、相机位置及干扰物体的位置在每次演示中都会随机调整，以模拟机器人可能面临动态变化的真实世界。这种随机化设计扩展了数据的适用范围，使模型能够在训练中习得应对不同环境和任务变化的能力，提升在未知场景中的适应性。

2）数据集泛化能力评估

在实验中，可通过构建和验证三种典型的转移场景，评估 BridgeData 数据集在提升具身智能体泛化能力方面的效果。实验采用任务条件的行为克隆（Behavioral Cloning，BC）方法，模型以环境图像和任务 ID 为输入，生成控制机器人的动作输出。通过将目标领域数据与 BridgeData 数据集联合训练，并结合监督学习优化动作预测与实际演示之间的误差，模型展现了较强的任务适应性和泛化性能。为了全面评估数据集的作用，实验设计了三种训练数据组合场景，分别用于评估已知任务、零样本迁移和新任务泛化的效果。

（1）**已有行为的转移**。在该实验场景中，研究者的目标是提升目标领域已知任务的性能和泛化能力。实验设计在目标领域收集少量与 BridgeData 数据集重叠的任务的演示数据，并将这些数据与 BridgeData 数据集联合训练。实验表明，联合训练显著提升了模型在目标领域执行已知任务的表现，特别是在目标领域数据有限的情况下。这说明 BridgeData 数据集提供的多样化特征能够增强模型的泛化能力并适应环境的变化。

（2）**目标领域支持下的零样本迁移**。在该实验场景中，研究者探索了如何通过 BridgeData 数据集实现未采集任务的零样本迁移。实验设计以目标领域中少数几个任务的数据作为"导入信号"，将 BridgeData 数据集中的其他任务迁移至目标领域，无须额外收集新任务的演示数据。例如，BridgeData 数据集包含将红薯放到锅或平底锅中的任务，而在目标领域，用户仅提供了将刷子放入平底锅的演示数据。在联合训练后，模型不仅能完成目标领域中已有的与刷子有关的任务，还成功地执行了与红薯有关的任务。通过引入 BridgeData 数据集，模型在目标领域内的技能范围得到了扩展，显著减少了新任务的数据采集需求，从而为用户提供了一种高效的方法来提升机器人在新环境中的适应能力。

（3）**提升新任务泛化能力**。在该实验场景中，研究者的目标是验证 BridgeData 数据集对目标领域新任务的学习的支持效果。在实验设计中，用户为目标领域的新任务提供少量演示数据，并结合 BridgeData 数据集进行联合训练。实验结果显示，在新领域中，新任务的成功率得到了显著提升。尽管 BridgeData 数据集不包含新任务的直接信息，但其多任务、多领域的特性使模型能够学习通用的行为模式，并将这些模式迁移到新任务中，快速提升其学习效率。这表明 BridgeData 数据集能够有效缓解新任务学习中的冷启动问题，为在目标领域进行多样化任务的高效学习提供了一种灵活而强大的解决方案。

2. **规模和多样性的进一步拓展：BridgeData V2 数据集**

BridgeData V2 数据集[126] 是在原始 BridgeData 数据集基础上的进一步拓展，旨在解决机器人学习中任务和环境泛化能力不足的问题。尽管原始的 BridgeData 数据集已经提供了多任务和跨环境的数据支持，但其规模和多样性有限，难以完全覆盖复杂现实场景中的广泛需求。为此，BridgeData V2 数据集显著扩展了数据量、任务种类和环境，为机器人学习研究提供了更全面的资源，进一步提升了模型在新任务和新环境中的适应能力。BridgeData V2 数据集的提出可以更好地支持多任务、多环境的学习研究，同时保持对多种方法的兼容性。它通过开放式任务条件（包括目标图像和自然语言指令）提供灵活的任务设定，并基于低成本的硬件平台降低了实验门槛。BridgeData V2 数据集不仅是对 BridgeData 数据集的有力补充，更为推动具身智能体操控技能学习迈向大规模、多领域通用性研究铺平了道路。

BridgeData V2 数据集包含 60,096 条轨迹，覆盖 13 种操作技能和 24 种环境，图 5.5 展示了操作技能与环境设定的分布。可以看出，物体操作任务占据大部分轨迹，如抓取、推拉和物体重新定位等基础任务，而布料操作、环境操作及混合任务占据较小比例。这种分布体现了数据集对基础技能的全面覆盖，同时兼顾复杂任务的多样性。在环境方面，厨房相关任务的数量最多，其次是桌面场景，其余场景（如洗衣房和玩具水槽）也被纳入，为跨场景任务提供支持。

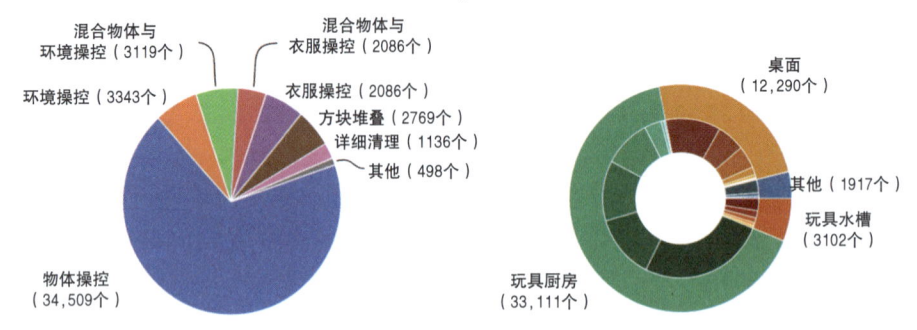

图 5.5　BridgeData V2 数据集中操作技能与环境设定的分布

BridgeData V2 数据集还包括超过 100 种物体，从日常用品（如碗、刷子）到场景特定物体（如微波炉门、橱柜抽屉），其多样性为机器人学习复杂行为模式提供了良好的训练基础。为了适应多样化的任务设定，BridgeData V2 数据集提供自然语言描述和目标图像作为任务条件，使研究者可以灵活选择基于语言或图像的学习方法。此外，通过场景配置和物体位置随机化，BridgeData V2 数据集进一步增强了机器人应对动态环境变化的能力，确保了其在现实应用中的泛化性。

3. 面向复杂操控：RH20T 数据集

随着具身智能体在现实场景中应用需求的增长，复杂操控任务对模型能力提出了更高的要求。然而，当前大多数真实数据集侧重于简单任务（如抓取、推拉和放置），在接触丰富的场景中表现受限。尽管 BridgeData 系列数据集在多任务和多环境设计上取得了重要进展，但其数据仅依赖视觉模态，未能涵盖触觉信息，对接触丰富任务的支持有限。这一限制阻碍了具身智能体在复杂操控任务中的进一步发展。

为了弥补上述不足，RH20T 数据集[127]通过整合视觉、触觉、音频和运动轨迹等多模态信息，全面覆盖具身智能体与环境的接触丰富的互动。该数据集包含约 150 项复杂技能，如切割、倒液、折叠等，并在多种具身智能体本体上进行数据采集。该数据集通过提供高质量、多样化的数据资源，支持具身智能体在复杂任务中的技能泛化和迁移，推动了多模态感知与操控任务的发展。

1）数据集内容与构建方法

如图 5.6 所示，RH20T（Robot-Human Demonstration in 20TB）是一个覆盖多种技能的多模态大规模数据集。这些技能不仅包括简单的抓取和放置操作，还涵盖切割、插接、切片、倒液、折叠和旋转等需要与环境进行丰富接触的复杂任务。RH20T 数据集由多个任务来源构成，包括 48 个 RLBench 任务、29 个 MetaWorld 任务及 70 个自拟任务，确保了任务的多样性与广泛性。此外，RH20T 数据采集使用 4 种流行的机器人手臂、4 种机器人夹持器及 3 种力/扭矩传感器，共形成 7 种机器人配置，增强了数据集的通用性和适用性。

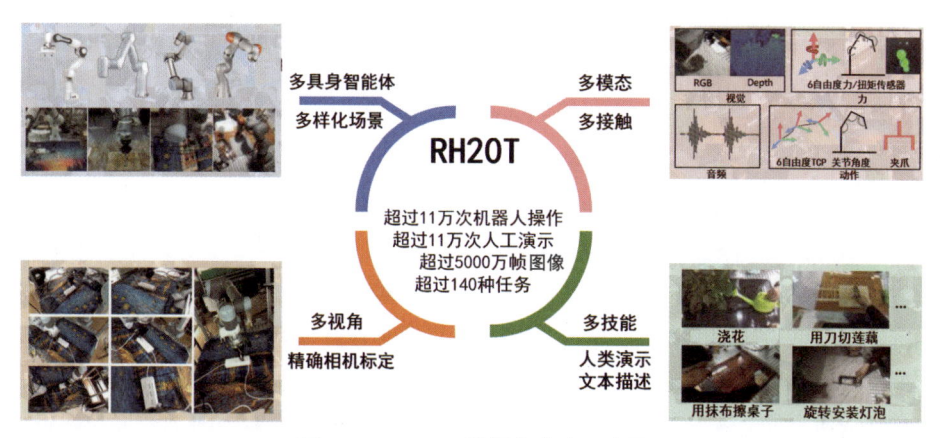

图 5.6 RH20T 数据集内容示意图

RH20T 数据集整合了多模态感知信息，提供视觉、触觉、音频和本体感知数据。视觉感知包括 RGB 图像、深度图和双目红外图像；触觉感知包括机器人手腕的 6 自由度力/扭矩测量，以及部分序列中的指尖触觉信息；音频数据涵盖手持和全局声源的录音；本体感知包含关节角度与扭矩、末端执行器的笛卡尔姿态及夹持器的状态。RH20T 数据集收集了超过 11 万个机器人操作序列和相应数量的人类演示序列，包含超过 5000 万帧图像，平均每个技能约 750 次操作，为复杂任务学习提供了丰富的数据。

表 5.2 展示了 RH20T 数据集与多个现有公开数据集的比较结果。相比 BridgeData 数据集和 BridgeData V2 数据集，RH20T 数据集在多模态感知和任务复杂性上展现了显著的优势。BridgeData 数据集和 BridgeData V2 数据集均仅使用 1 种机器人手臂，缺乏人类演示和力感知支持，而 RH20T 数据集采用 4 种机器人手臂，并添加了人类演示和力/扭矩感知数据，使其更适合接触丰富的任务。此外，BridgeData 系列数据集主要依赖视觉模态，仅 BridgeData V2 数据集部分支持深度感知，而 RH20T 数据集提供全面的多模态感知，包括深度、力感知、音频和本体信息，同时实现摄像头校准，从硬件到感知能力均有大幅提升。

表 5.2 RH20T 数据集与多个现有公开数据集的比较

数据集	轨迹（个）	技能（个）	具身智能体（个）	人类演示	多接触	深度感知	相机标定	力感知
MIME	8.30K	12	1	✓	✗	✓	✗	✗
RoboTurk	2.10K	2	1	✓	✗	✗	✗	✗
RoboNet	162K	—	7	✗	✗	✓*	✗	✗
BridgeData	7.20K	4	1	✗	✗	✗	✗	✗
BC-Z	26.0K	3	1	✓	✗	✗	✗	✗
RoboSet	98.5K	12	1	✓	✓	✓	✗	✗
BridgeData V2	60.1K	13	1	✗	✓	✓*	✗	✗
RH20T	110K	42	4	✓	✓	✓	✓	✓

注释：✓ 表示支持，✗ 表示不支持；深度感知中带 "*" 的表示仅部分图像支持深度感知；相机校准表示相机与具身智能体外部校准是否完成。

在数据采集过程中，研究团队设计了多样化的任务场景，通过随机调整物体位置、工具状态和环境布局，模拟现实世界中的动态变化。所有采集数据通过自动标注工具与人工校验相结合的方式，确保多模态数据的同步性和准确性。这些方法的采用，使 RH20T 数据集成为一个高度标准化、多样化且贴近现实的具身智能体操控技能学习资源。

2）数据集泛化能力评估

为了验证 RH20T 数据集在提升操控模型转移能力方面的有效性，实验采用了一个新的环境，其中摄像机姿态和桌布与 RH20T 数据集的设置不同。实验任务是抓取一个方块并将其放置在电子秤上。研究人员从 RH20T 数据集选择了 335 个与任务有关的机器人操作序列，以及来自 3 个不同但相似任务的 195 个操作序列。这些序列在摄像机视角、桌布、物体和机器人形态上与当前实验环境存在显著差异。实验分两个阶段进行：在 RH20T 数据集的不同子集上预训练 ACT 模型，以增强其泛化能力；在新环境中收集的少量数据上进行微调，以优化模型在目标任务上的表现。实验在真实的机器人平台上进行，每个配置重复 20 次，并将任务分为"到达""抓取""放置" 3 个阶段以评估成功率。

实验结果显示，利用 RH20T 数据集对模型进行预训练能够显著提升模型性能。当使用 75 个演示数据进行训练时，预训练模型的成功率明显高于经过预训练的模型。例如，预训练模型的成功率在"抓取"阶段从 15% 提升至 25%，在"放置"阶段从 0 提升至 15%。此外，预训练提高了模型的收敛速度，在仅使用 500 个 epoch 进行预训练的情况下，模型的成功率与使用 750 个 epoch 但未预训练的模型相当。进一步将演示数据减少至 40 个和 10 个，预训练模型的表现依然优于未预训练的模型，尤其在"抓取"和"放置"阶段。这表明，RH20T 数据集在少样本学习场景下对模型的性能提升具有重要作用。实验结果表明，在预训练阶段引入多样化的操作数据，可以使模型学习到更广泛的任务特征，从而在新任务上有更好的表现。

5.1.4 统一标准的大规模具身数据集

在具身智能体的研究和开发过程中，数据集的质量和规模至关重要。具身数据不同于语言或视觉数据，无法从互联网中直接大规模获取，而需要通过真实的机器人操作或高级仿真平台生成，这将耗费大量时间和成本。然而，现有数据集存在数据量较小、平台单一及数据质量和格式问题等缺陷，限制了智能体的训练和泛化能力。为了解决这些问题，构建一个具有统一标准的大规模具身数据集显得尤为迫切。本节将介绍由鹏城实验室多智能体与具身智能研究所提出的 ARIO 数据集，该数据集在标准化格式、多模态感知、数据规模及仿真数据与真实数据的结合方面，提供了全面且统一的解决方案。

1. ARIO 数据集的构建背景

近年来，具身智能体数据集在数据的质量、内容的多样性等方面有了大幅提升，但现有数据集依然面临一些问题。

首先，缺少标准化格式是一个重要问题。在具身智能的数据集中，具身智能体本体因形态的多样性（如单臂、双臂、人形、四足等）及感知和控制方式的差异性，导致数据的复杂程度远高于单一的图像或文本数据。例如，一些机器人采用关节角度进行控制，另一些机器人则通过本体或末端的位姿坐标驱动操作。因此，具身数据不仅要详细记录具身智能体的感知信息，还要包含精确的控制参数，以完整地描述其运行过程。然而，若缺少标准化的数据格式，那么不同形态和控制方式的机器人数据在整合时将面临较大的挑战，在实际应用中往往需要耗费大量的时间和资源对数据进行额外的预处理（大幅提高了应用的难度）。

其次，大多数现有数据集主要依赖视觉数据，忽视了其他感知模态，如触觉、听觉和三维视觉。感知模态的限制，导致智能体在面对复杂任务时缺乏对环境的全面感知能力。其中，触觉信息对任务中需要精细操作的场景（如抓取物体）至关重要，听觉信息能够帮助智能体更好地理解环境中的动态事件。此外，现有数据集的数据量不足，无法支持超大规模的预训练。数据量不足容易导致模型在训练过程中出现过拟合，进而难以适应多样化的任务和环境。

最后，现有数据集通常将仿真数据和真实数据分开，未能实现两种数据的有效结合，限制了"仿真到现实"（sim-to-real）迁移问题的研究。仿真数据虽然生成成本低，但与真实世界的差距使其在真实任务中的应用效果有限。相比之下，真实数据虽然更接近实际应用，但收集成本高、规模较小。因此，缺少同时包含仿真数据和真实数据的资源，极大地限制了具身智能体的实际表现。

2. ARIO 数据集的基本内容

ARIO 是一个面向多功能、通用型具身智能体开发的统一标准大规模数据集，旨在弥补现有数据集在规模、多样性和标准化方面的不足。ARIO 数据集的主要特性体现在大规模任务覆盖、多模态感知能力、统一格式与时间戳对齐、层次化数据结构、多样化机器人类型与任务技能，以及仿真与真实数据的结合上，为研究通用型具身智能体提供了强大的支持。ARIO 数据集的核心内容如图 5.7 所示。

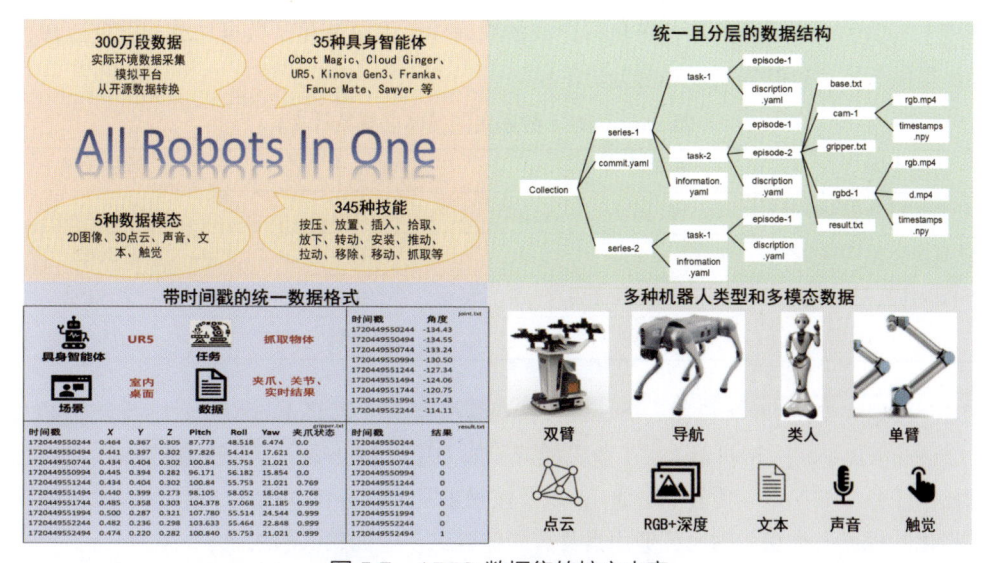

图 5.7 ARIO 数据集的核心内容

ARIO 数据集以庞大的规模和广泛的任务覆盖为特点，包含 300 万段数据，涵盖 258 个系列和 321,064 个任务。这些数据通过三种方式构建：真实环境数据、仿真平台生成的数据、开源数据集的转换。真实环境数据由定制平台（如 Cobot Magic 和 Cloud Ginger XR-1）采集，反映了多种真实世界的任务场景。仿真数据基于 Habitat、MuJoCo 和 SeaWave 等平台生成，提供了成本低、覆盖程度高的任务数据。开源数据集（如 Open X-Embodiment、RH20T 和 ManiWAV）被统一转换为 ARIO 格式，进一步提升了数据的多样性、扩大了数据规模。这种多来源的数据构建方式为智能体的大规模预训练和多样化任务执行提供了强有力的支持。

ARIO 数据集整合了二维图像、三维点云、声音、文本和触觉数据五种感知模态。二维图像为智能体提供了物体和场景的视觉信息。三维点云捕捉了物体的空间几何特征。声音模态感知环境中的动态事件。文本以自然语言形式传达任务指令和描述。触觉数据记录了接触信息，用于处理抓取、按压等接触丰富的任务。这种多模态感知能力使智能体在复杂任务中表现得更出色，尤其在需要感知融合的场景中具有显著优势。

3. ARIO 数据集的特点

在数据组织方面，ARIO 数据集设计了清晰的结构，包括集合（Collection）、系列（Series）、任务（Task）和剧集（Episode）四个层次，表 5.3 给出了 ARIO 数据集中不同来源的数据的具体信息统计。ARIO 数据集聚合了多个系列，每个系列对应特定的场景和机器人类型；一个系列由多个任务组成，每个任务以自然语言指令描述；一个任务包含多个剧集，记录了任务的多次执行实例；剧集则详细记录了单次任务执行过程中的所有观察与控制数据。这种分层结构使数据的检索和分析更高效，能够灵活地满足多任务建模与对比研究的需要。此外，ARIO 数据集采用统一的数据格式，并通过时间戳机制实现了多模态数据和机器人动作的精确对齐。时间戳机制确保了不同模态数据的时序一致性和任务执行记录的精确性，不仅简化了数据加载与处理流程，也为研究人员提供了更高效的模型训练与分析手段。

表 5.3　ARIO 数据集的具体信息统计

数据来源	系列（个）	任务（个）	剧集（个）
从开源数据中转化	161	319,761	2,326,438
自行从真实数据中采集	2	105	3662
自行利用仿真器生成	95	1198	703,088
总计	258	321,064	3,033,188

ARIO 数据集支持 35 种机器人类型，包括双臂机器人（如 Cobot Magic）、导航机器人（如 Cloud Ginger XR-1）、人形机器人、工业机械臂（如 UR5、Franka），其任务涵盖 345 种技能，涉及基础操作任务（如抓取、旋转、放置），以及接触丰富的任务（如插入、排列）。丰富的任务设计和多样化的机器人类型，为研究通用具身智能体提供了全面的实验场景。

5.2 用于具身操控的经典方案

近年来，深度学习相关技术推动了具身智能体操控技术的发展，各类先进的模型架构和学习方法层出不穷，致力于解决复杂场景中的操控问题。其中，基于 Transformer 自回归的动作生成和基于扩散模型的动作生成，因卓越的性能和广泛的适用性，逐渐成为研究热点。这些方法使智能体能够有效应对复杂且动态的环境，加速具身智能体操控在实际场景中的应用落地。接下来，本节将深入探讨这两种方案在操控任务中的具体应用与优势。

5.2.1 基于自回归模型的方案

在操控策略学习中，环境状态通常以时间序列的形式呈现，且不同时间点之间的状态存在复杂的相互依赖关系。与传统的强化学习方法相比，基于 Transformer 架构的自回归方案能通过其自注意力机制有效地捕捉这种长期依赖关系，从而确保决策的一致性与精确性。此外，Transformer 架构使具身智能体能够根据任务需求，在不同的时间阶段或决策阶段动态调整关注的重点，进而保障多阶段操控任务顺利完成。这些优势使 Transformer 架构逐渐成为操控策略学习领域的重要方案。接下来，本节将以 ALOHA-ACT[128] 和 RT-1[33] 为例介绍基于自回归模型的方案。

1. 动态动作序列生成：ALOHA-ACT

ALOHA-ACT 的设计目的是：给定当前多个视角的操控状态，模型能够自适应地生成动作序列，操控具身智能体逐步完成任务。该模型采用条件变分自编码器（CVAE）架构，旨在通过结合多模态感知信息生成高质量的动作序列。整个网络架构由编码器和解码器两个主要部分构成，它们分别负责对输入数据进行编码和根据编码后的信息生成预测的动作序列。

1）模型架构与训练方法

如图 5.8 左边所示，ALOHA-ACT **编码器** 以智能体本体感知数据（如关节位置）和动作序列作为输入。通过将这些输入数据投影到高维嵌入空间，编码器能够捕捉数据中的复杂模式和长期依赖关系。最终，其输出的风格变量 z 的均值和方差将被参数化为高斯分布，用于后续解码器对动作序列生成过程建模。编码器仅在训练阶段对 z 进行编码，在测试推理阶段不再使用。

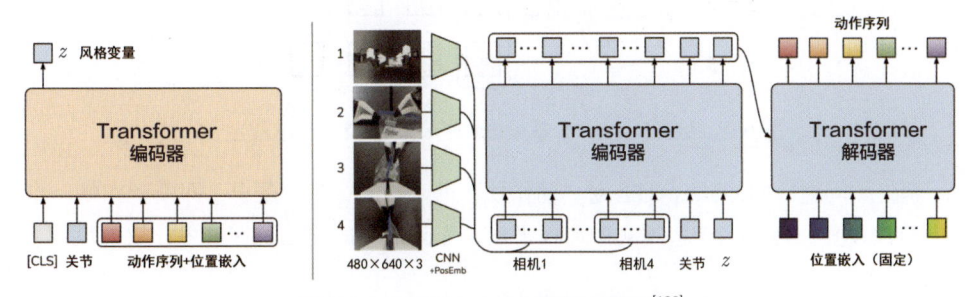

图 5.8 ALOHA-ACT 的基本架构[128]

ALOHA-ACT **解码器** 由 ResNet 图像编码器、Transformer 编—解码器组成。首先，它通过 ResNet 图像编码器提取智能体观测数据（来自不同相机的视角）的特征，经过展平、线性层和正弦位置嵌入等处理，形成一个观测特征序列。接着，将此观测特征序列与当前关节位置和风格变量 z 一起输入 Transformer 编码器，生成条件特征以指导 Transformer 解码器动作序列的生成。在测试中，风格变量 z 将被设置为先验分布的均值（零向量），以确保解码器输出的确定性，避免策略评估中潜在的行为混乱。在训练过程中，ALOHA-ACT 通过最小化如下目标函数来优化模型。

$$\mathcal{L} = \mathrm{MSE}(\hat{a}_{t:t+k}, a_{t:t+k}) + \beta D_{\mathrm{KL}}\left(q_\phi(z|a_{t:t+k}, \bar{o}_t) \parallel \mathcal{N}(\mathbf{0}, \mathbf{I})\right) \tag{5.2}$$

该目标函数由重建损失（第一项）和正则化项（第二项）两部分组成。重建损失用于确保生成的动作序列与真实的演示数据一致；正则化项则用于将编码器的输出约束为一个高斯先验分布，以保证生成的动作序列的多样性和一致性。模型通过调整超参数 β 控制编码器对先验分布的依赖程度。

2）动作块与时序聚合

值得一提的是，ALOHA-ACT 在设计 Transformer 解码器时引入了如图 5.9 所示的"动作块"概念。其主要思想是将独立的动作组合到一起，作为一个单元序列顺序执行。这有助于刻画人类行为的非马尔可夫性质（如人会根据历史上的**多帧**动作信息决定下一时刻的动作）。然而，简单的"动作块"会出现这样的问题：每经过 k 步，突然输入一个新的观测值。这种不连续性可能导致机器人生成的行为序列不稳定。

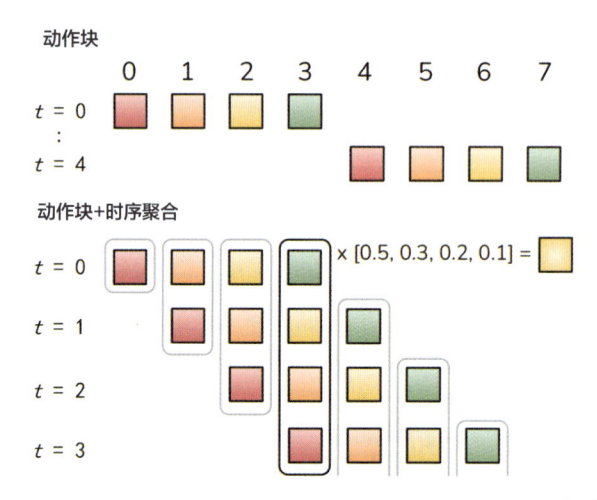

图 5.9 ALOHA-ACT 解码器中的动作块及其时序聚合[128]

为了解决此问题，ALOHA-ACT 对"动作块"进一步进行时序聚合，即模型在每一步都会预测其后 k 步的动作，然后用这些预测做加权平均，作为最终的输出。在这里，权重设计如下。

$$w_i = \mathrm{e}^{-m \cdot i} \tag{5.3}$$

其中，i 表示当前动作在"动作块"中的索引；权重 w_i 是一个以 i 为变量的单调递减函数，表示在预测动作序列中，动作发生的时间点越远，其权重越小；m 用于控制融合新信息的速度。

2. 大规模真实世界操控：RT-1

RT-1 旨在通过大规模多样化数据操控任务数据，对模型进行训练，从而在适应复杂环境和任务背景的同时，实现对其他任务的良好泛化。如图 5.10 所示，RT-1 的核心架构基于 Transformer 解码器，能够直接从智能体的观测序列和自然语言指令中生成离散化的动作输出。模型首先通过预训练的 EfficientNet-B3 网络对视频帧序列进行特征提取，生成丰富的观测特征。为了进一步提升模型对任务相关特征的敏感性，RT-1 采用 FiLM（Feature-wise Linear Modulation）层将自然语言指令嵌入图像编码过程。具体而言，通用句子编码器（Universal Sentence Encoder）将自然语言指令编码为高维向量，作为 FiLM 层的变换系数，对 EfficientNet-B3 的中间特征进动作态调节，从而增强模型对任务语义的理解。特征处理完成后，RT-1 引入 TokenLearner 模块，通过逐像素注意力机制从 EfficientNet-B3 提取的视觉标记中筛选关键特征。这一过程显著减少了标记的数量，为后续 Transformer 的计算效率提升提供了支持。随后，将这些关键标记与位置编码一起输入包含 8 个自注意力层的 Transformer 架构，生成动作序列。RT-1 的基本架构如图 5.10 所示。

RT-1 的动作空间设计具有高度的创新性，采用离散化的方法将连续动作取值分成 256 个均匀分布的区间（bin）。具体而言，RT-1 将每个动作自由度的目标值划分成 256 个等距的区间，并通过分类的方式对其进行估计。模型的输出是每个动作自由度在这 256 个区间上的概率分布，表示目标值落入每个 bin 的可能性。最终，模型通过选择概率最高的 bin，实现对每个动作自由度的精确离散化估计。由于 RT-1 使用分类方法完成离散动作值的估计，所以其训练过程采用经典的分类任务交叉熵损失函数。这样的设计思路充分结合了离散化动作表示的高效性和分类任务优化的成熟性，使模型能够在精度和计算效率之间取得良好的平衡。

除模型外，RT-1 的泛化能力离不开庞大且多样化的数据集的支撑。整个数据集围绕自然语言指令设计，每条指令由动词与一个或多个名词组合而成，精准地描述了机器人需要完成的具体任务，如 "将水瓶直立放置" "将可乐罐移动到蓝莓能量棒旁边"。这样的构造方式确保了指令语言的自然性与多样性，覆盖了智能体日常可能遇到的大部分任务形式。RT-1 的任务集合及其描述和指令示例如表 5.4 所示。RT-1 数据集从基础的拾取和放置任务，到复杂的长时间跨度操作（如打开玻璃罐、从分配器中拉取餐巾），涵盖从简单到复杂的任务层级。同时，数据集通过引入丰富的对象种类，进一步提升了泛化能力。例如，针对 "拾取" 任务大幅扩展了可操作对象的种类，包含不同形状、材质和用途的物体。这种多样化的设计确保了模型不仅能处理熟悉的任务和对象，还能在面对新任务或未见过的对象时有出色的表现。

表 5.4 RT-1 的任务集合及其描述和指令示例

技能	数量（个）	描述	指令示例
拾取物体	130	将物体从表面提起	拾取冰茶罐
让物体靠近另一个物体	337	将物体一移动到物体二附近	将可乐罐移动到蓝莓能量棒旁边
直立放置物体	8	将细长物体直立放置	将水瓶直立放置
敲倒物体	8	将细长物体敲倒	敲倒饮料罐

续表

技能	数量（个）	描述	指令示例
打开抽屉	3	打开任意柜子上的抽屉	打开上层抽屉
关闭抽屉	3	关闭任意柜子上的抽屉	关闭中间层抽屉
将物体放入容器	84	将物体放入容器	将棕色薯片袋放到白色的碗中
从容器中拾取物体并放到柜台上	162	从一个位置拾取物体并放到柜台上	从纸碗中取出绿色墨西哥辣椒薯片袋并放到柜台上

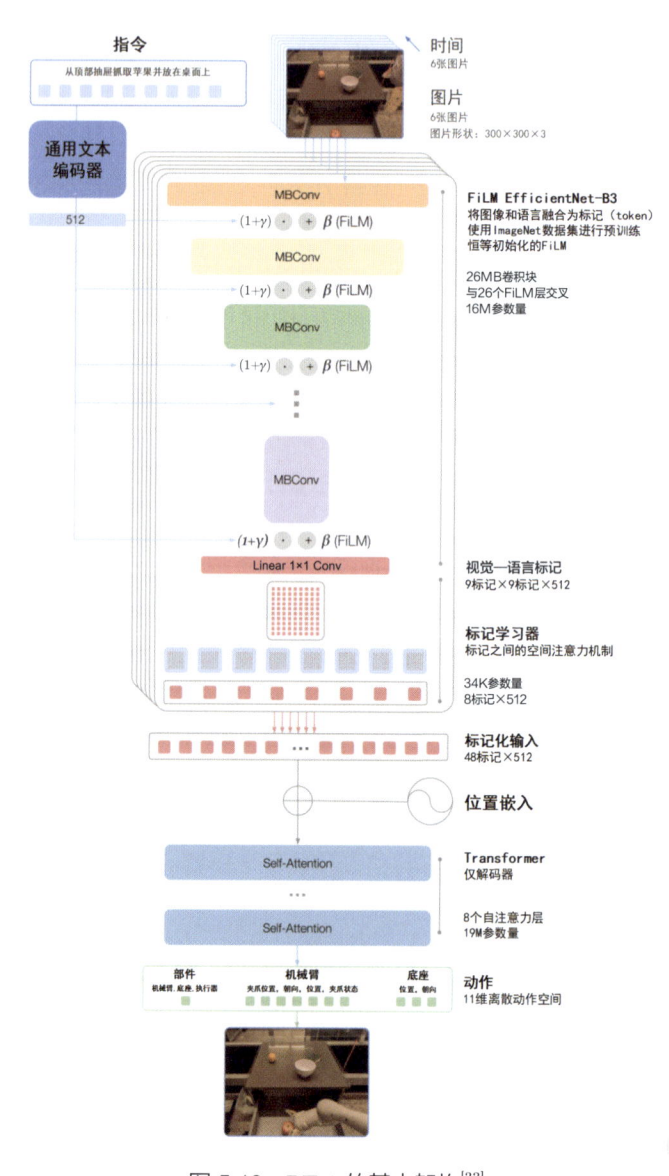

图 5.10　RT-1 的基本架构[33]

5.2.2 基于扩散模型的方案

近年来,扩散模型在图像生成和强化学习领域表现出优越的性能,尤其在生成式策略学习方面表现优异。扩散模型通过模拟数据分布的变化,生成高质量、高丰富度的策略,并为复杂任务的执行提供有效的解决方案。

1. 从生成任务到扩散模型

生成任务主要学习原始数据分布规律,以生成符合此规律的新数据,如图 5.11 所示。生成模型 θ 的主要任务是学习一个从低维高斯分布到高维数据分布的映射,具体为从标准高斯分布中采样 $z \sim \mathcal{N}(0,1)$ 并映射为 $x = G(z,\theta)$,使 x 所服从的分布 $P_\theta(x)$ 无限接近真实数据 $\tilde{x}$ 所对应的分布 $P_{\text{data}}(x)$。在这里,有一个问题值得讨论:如何让 $P_\theta(x)$ 无限接近真实数据分布 $P_{\text{data}}(x)$?

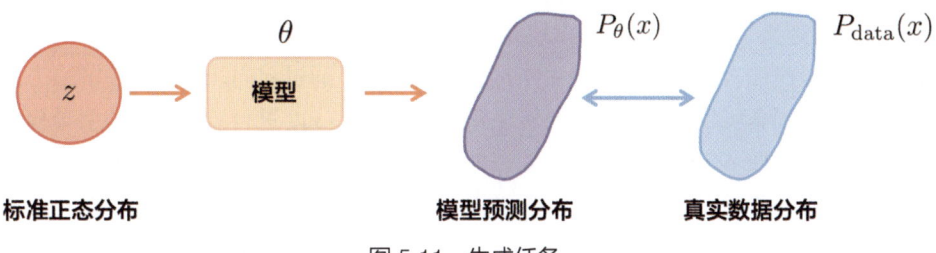

图 5.11 生成任务

$P_{\text{data}}(x)$ 作为真实数据分布,主要描述"真实数据样本对应概率大,伪数据样本对应概率小"这一现象。如果用 $P_\theta(x)$ 拟合 $P_{\text{data}}(x)$,则至少需要保证模型分布 $P_\theta(x)$ 在目前采集的真实数据样本 $\tilde{x}$ 上有较大的概率值。因此,生成类模型普遍采用的思路是最大化 $P_\theta(x)$ 在真实数据 $\tilde{x}$ 处的概率,即

$$\theta^* = \arg\max_\theta \prod_i P_\theta(\tilde{x}^i), \ \tilde{x}^i \sim P_{\text{data}}(x) \tag{5.4}$$

其中,$\tilde{x}^i$ 表示真实数据采样集中的第 i 个样本。接下来,我们以数学推导的方式讨论"为什么最大化模型分布 $P_\theta(x)$ 在真实数据样本 $\tilde{x}$ 处的概率等价于最小化模型分布 $P_\theta(x)$ 与真实数据分布 $P_{\text{data}}(x)$ 之间的距离"这个问题。继续对式 (5.4) 这一最大化任务进行推导,有

$$\begin{aligned}
\theta^* &= \arg\max_\theta \prod_{i=1}^{} P_\theta(\tilde{x}^i) = \arg\max_\theta \log \prod_{i=1}^{} P_\theta(\tilde{x}^i) \\
&= \arg\max_\theta \sum_{i=1}^{} \log P_\theta(\tilde{x}^i) \approx \arg\max_\theta \mathbb{E}_{x \sim P_{\text{data}}}[\log P_\theta(x)] \\
&= \arg\max_\theta \underbrace{\int_x P_{\text{data}}(x) \log P_\theta(x) \, \mathrm{d}x}_{\text{数学期望的定义}} - \underbrace{\int_x P_{\text{data}}(x) \log P_{\text{data}}(x) \, \mathrm{d}x}_{\text{该项与 } \theta \text{ 无关,对最大化无影响}} \\
&= \arg\max_\theta \int_x P_{\text{data}}(x) \log \frac{P_\theta(x)}{P_{\text{data}}(x)} \, \mathrm{d}x
\end{aligned}$$

$$= \arg\min_{\theta} \mathrm{KL}(P_{\mathrm{data}} \| P_\theta)$$

上式中的 "≈" 号成立，原因在于样本 $\tilde{x}^i$ 来自真实数据分布 $P_{\mathrm{data}}(x)$。根据大数定理，当样本数趋近于 ∞ 时，对样本的算术平均值将以概率 1 趋近于数学期望。从上述推导可以看出，令模型分布 $P_\theta(x)$ 在真实数据样本 $\tilde{x}$ 处最大，意味着令模型分布 $P_\theta(x)$ 无限接近真实数据分布 $P_{\mathrm{data}}(x)$。

生成类任务可大体描述为：从简单标准高斯分布 $\mathcal{N}(0,1)$ 中采样，将所得高斯噪声样本 z 映射至当前所收集的真实数据样本 $\tilde{x}$ 上，保证模型分布 $P_\theta(x)$ 在真实数据样本 $\tilde{x}$ 上有大概率值。为了实现这一映射，扩散模型提出了如图 5.12 所示的逐步去噪策略。具体而言，扩散模型首先构建一个前向加噪过程，从真实数据 x_0 出发，在每个阶段 t，以添加高斯噪声 ϵ_t 的方式逐步破坏真实数据结构，使其变成更随机的样本 x_t；扩散模型认为，在进行 T 轮加噪之后，随机样本最终趋近于一个标准高斯噪声（$x_T \sim \mathcal{N}(0,1)$）。需要强调的是，扩散模型在上述加噪过程中通过明确的噪声 ϵ_t 注入规则定义了从真实数据分布到标准高斯分布的前向转化路径 $q(x_t \mid x_{t-1})$。接着，扩散模型依托这一噪声注入规则构建反向去噪过程，具体为：通过前向加噪过程中的噪声注入规则对从标准高斯分布到真实数据分布的反向转化路径 $p_\theta(x_{t-1} \mid x_t)$ 进行监督，最终引导模型从完全随机的标准高斯噪声样本中恢复出接近真实数据分布的样本。下面深入讨论扩散模型的前向加噪过程和反向去噪过程。

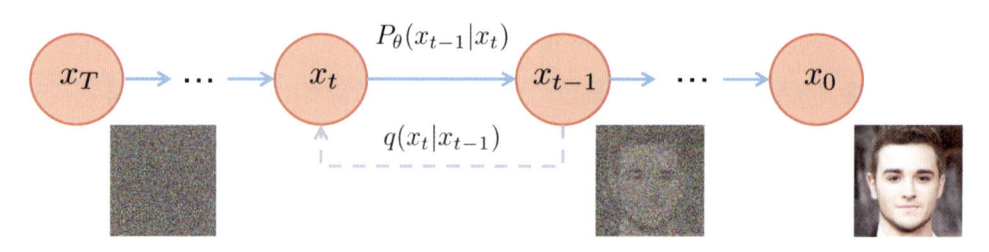

图 5.12 扩散模型的逐步去噪策略

前向加噪过程 对真实数据 x_0 进行 T 步加噪处理，使最终生成的样本 x_T 服从标准高斯分布。现以第 t 步加噪处理为例，介绍前向加噪过程涉及的噪声注入规则。如式 (5.5) 所示，第 t 步加噪处理可以看作对前一步输出 x_{t-1} 和标准高斯噪声 $\epsilon_{t-1} \sim \mathcal{N}(0,1)$ 加权求和。

$$x_t = \sqrt{1-\beta_t} x_{t-1} + \sqrt{\beta_t} \epsilon_{t-1} \tag{5.5}$$

在式 (5.5) 中，权重 β_t 随加噪步数 t 的增大而增加，这意味着在整个正向加噪过程中，噪声占比越来越大。根据此递推关系，很容易得到 x_{t-1} 和 x_{t-2} 的关系：

$$x_{t-1} = \sqrt{1-\beta_{t-1}} x_{t-2} + \sqrt{\beta_{t-1}} \epsilon_{t-2} \tag{5.6}$$

将式 (5.6) 代入式 (5.5)，可以得到 x_t 与 x_{t-2} 的关系：

$$x_t = \sqrt{1-\beta_t} \sqrt{1-\beta_{t-1}} x_{t-2} + \sqrt{1-\beta_t} \sqrt{\beta_{t-1}} \epsilon_{t-2} + \sqrt{\beta_t} \epsilon_{t-1} \tag{5.7}$$

根据独立高斯噪声的叠加规则,可对式 (5.7) 进行化简:

$$x_t = \sqrt{1-\beta_t}\sqrt{1-\beta_{t-1}}x_{t-2} + \sqrt{1-(1-\beta_t)(1-\beta_{t-1})}\epsilon \tag{5.8}$$

其中,$\epsilon \sim \mathcal{N}(0,1)$。这里需要注意,当高斯噪声来自两个独立的高斯分布 $\eta_0 \sim \mathcal{N}(0,\sigma_0^2)$ 与 $\eta_1 \sim \mathcal{N}(0,\sigma_1^2)$ 时,它们的和 $\eta_0 + \eta_1$ 也服从高斯分布 $\mathcal{N}(0,\sigma_0^2+\sigma_1^2)$。依此类推,可以得到 x_t 和 x_0 的递推关系:

$$x_t = \sqrt{1-\beta_t}\cdots\sqrt{1-\beta_1}x_0 + \sqrt{1-(1-\beta_t)\cdots(1-\beta_1)}\epsilon \tag{5.9}$$

有了 x_t 和 x_0 的递推关系,就可以讨论为什么要用 β_t 加权和引入噪声 ϵ_t 了。随着加噪步数 t 的增加,权重 β_t 的值不断增大,此时 $1-\beta_t$ 递减,则有

$$\begin{cases} \lim\limits_{t\to\infty}\sqrt{1-\beta_t}\sqrt{1-\beta_{t-1}}\cdots\sqrt{1-\beta_1} = 0 \\ \lim\limits_{t\to\infty}\sqrt{1-(1-\beta_t)(1-\beta_{t-1})\cdots(1-\beta_1)} = 1 \end{cases} \tag{5.10}$$

当加噪步数 $t \to \infty$ 时,真实数据样本 x_0 可被处理为标准高斯噪声样本 $x_t \sim \mathcal{N}(0,1)$。在具体实现中,扩散模型假定在有限 T 步处理后,可将真实数据样本 x_0 映射为一个近似服从标准高斯分布的噪声 x_T。最后,为方便书写,令 $\alpha_t = 1-\beta_t$,$\bar{\alpha}_t = \prod_{i=1}^{t}\alpha_i$,则式 (5.9) 可简化为

$$x_t = \sqrt{\bar{\alpha}_t}x_0 + \sqrt{1-\bar{\alpha}_t}\epsilon \tag{5.11}$$

反向去噪过程是前向加噪过程的逆过程,旨在根据前向加噪过程的噪声注入规则进行去噪设计,最终将纯高斯噪声数据映射为原来的真实数据样本。利用反向去噪过程,我们就可以把任意一个从标准高斯分布里采集的噪声样本映射为和真实数据"长得差不多"(服从真实数据分布)的样本,从而达到图像生成的目的。下面对反向去噪过程的具体数学形式进行讨论。

根据式 (5.5),加噪过程的输出 x_t 服从如下高斯分布。

$$x_t \sim \mathcal{N}(\sqrt{\alpha_t}x_{t-1},\sqrt{1-\alpha_t}) \tag{5.12}$$

当 β_t 足够小时,其逆过程也服从高斯分布(这一数学原理的证明不是本书重点,感兴趣的读者可查阅相关书籍),即

$$x_{t-1} \sim \mathcal{N}(\tilde{\mu}_t,\tilde{\beta}_t) \tag{5.13}$$

接下来,讨论如何求解高斯分布均值 $\tilde{\mu}_t$ 和方差 $\tilde{\beta}_t$。

给定真实数据样本 x_0,第 t 步反向去噪过程可以用贝叶斯公式计算。

$$q(x_{t-1} \mid x_t, x_0) = q(x_t \mid x_{t-1}, x_0)\frac{q(x_{t-1} \mid x_0)}{q(x_t \mid x_0)} \tag{5.14}$$

$q(x_{t-1} \mid x_t, x_0)$ 对应于第 t 步去噪过程,服从如式 (5.13) 所示的高斯分布,均值 $\tilde{\mu}_t$ 和方差 $\tilde{\beta}_t$ 为待求量且与 x_t 和 x_0 有关。$q(x_t \mid x_{t-1}, x_0)$ 对应于第 t 步加噪过程,根据马尔可夫性质,整个正

向加噪过程等价于 $q(x_t \mid x_{t-1})$，即服从式 (5.12) 所对应的高斯分布。$q(x_t \mid x_0)$ 和 $q(x_{t-1} \mid x_0)$ 分别为在真实数据样本 x_0 已知的条件下 x_t 和 x_{t-1} 的先验分布。根据式 (5.11)，有

$$x_t \sim \mathcal{N}(\sqrt{\bar{\alpha}_t} x_0, \sqrt{1-\bar{\alpha}_t}) \tag{5.15}$$

$$x_{t-1} \sim \mathcal{N}(\sqrt{\bar{\alpha}_{t-1}} x_0, \sqrt{1-\bar{\alpha}_{t-1}}) \tag{5.16}$$

这样，式 (5.14) 的等号右侧全部已知，根据独立高斯分布的叠加原理，可直接求解均值 $\tilde{\mu}_t$ 和方差 $\tilde{\beta}_t$。最终表达式为

$$\tilde{\mu}_t = \frac{1}{\sqrt{\alpha_t}} \left(x_t - \frac{1-\alpha_t}{\sqrt{1-\bar{\alpha}_t}} \epsilon_t \right) \tag{5.17}$$

$$\tilde{\beta}_t = \frac{1-\bar{\alpha}_{t-1}}{1-\bar{\alpha}_t} \cdot \beta_t \tag{5.18}$$

可以看出，对于第 t 步反向去噪过程的输出 x_{t-1}，其均值与前一步反向去噪的输出 x_t 和当前步所加的噪声有关；方差则只与加噪过程的权重有关，可以视为常量。在实际工程中，扩散模型只需要利用神经网络拟合当前步所加的噪声，通过式 (5.17)、式 (5.18) 和式 (5.13) 即可得到当前反向去噪的结果。在这里，神经网络的训练损失为

$$\mathcal{L} = \|\epsilon_t - \epsilon_\theta(x_t, t)\|^2 \tag{5.19}$$

2. 基于扩散模型的策略学习

前面详细介绍了扩散模型的基本流程和工作机制。通过逐步加噪和去噪的方式，扩散模型能够深刻理解复杂数据分布，从而实现高质量的数据生成。然而，扩散模型的潜力远不止于数据生成。近年来，研究者开始挖掘其在策略学习中的应用，尝试将扩散模型卓越的复杂分布建模能力融入智能体的决策过程，为智能体的高效决策提供了新的思路。Diffusion Policy[129] 是近年来具有代表性的模型之一。

Diffusion Policy 模型作为扩散模型思想在策略生成上的一种直接应用，聚焦于优化策略模型的输出端而非输入端。具体而言，许多相关研究聚焦于提升策略模型输入端的性能，即加强模型对环境的感知能力。这些方法通过提高输入数据的质量、丰富度及增强模型对数据的有效利用，实现对智能体决策过程的优化。然而，智能体的最终目标是完成任务，这一目标的实现更依赖策略模型的输出端，即动作生成的能力。尽管输入端相关技术不断发展，但若智能体在动作执行层面存在不足，则任何输入端的改进都无法有效地转化为成功的任务实现。鉴于此，Diffusion Policy 模型通过扩散模型的加噪与去噪过程，在视觉观测的引导下，深入理解当前环境所对应的最优动作序列（采样得到的智能体的真实策略）的分布特征，最终使智能体能够应对复杂或动态的环境，并成功完成任务。

Diffusion Policy 模型的整体架构如图 5.13(a) 所示，整个去噪过程在当前观测数据的指导下进行，这意味着去噪过程不仅依赖对最优动作序列的学习，还受智能体当前视觉观测的影响。其

目的是使去噪过程能够根据不同的观测实时调整，从而生成更具针对性和适应性的动作序列。与此同时，为了在复杂环境中实现长期规划与短期反应的平衡，Diffusion Policy 模型引入了逐步预测策略。具体来说，在每个时间步 t，模型会基于最近 T_o 帧历史观测数据 O_t 预测接下来的 T_p 步动作序列（在这里，生成 T_p 步动作序列旨在诱导扩散模型在生成当前动作时考虑未来更长时间内的"全局"规划），而实际执行的动作序列则仅基于其中前 T_a 步（在这里，只执行前 T_a 步动作是为了更加频繁地更新智能体的观测数据及基于扩散模型的规划过程）。通过这种方式，Diffusion Policy 模型在保持动作规划长期一致性的同时，能够及时地响应环境的变化。

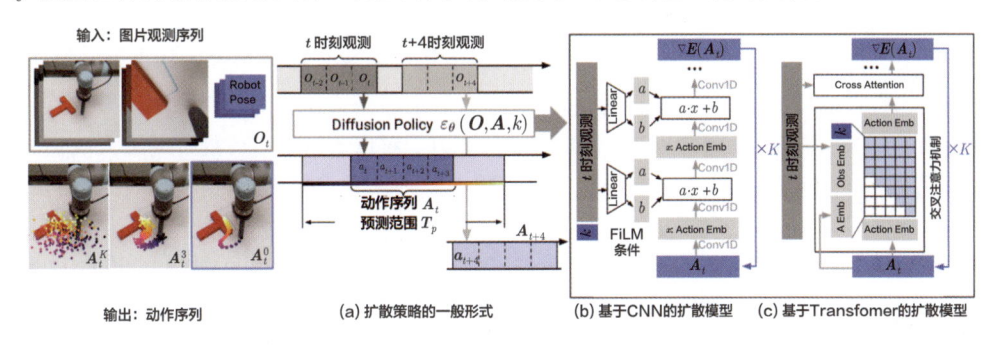

图 5.13　Diffusion Policy 模型的整体架构[129]

Diffusion Policy 模型的具体实现主要关注如何高效利用智能体的历史观测数据来指导扩散模型的去噪过程，使扩散模型最终生成的动作序列能够对智能体的观测产生响应。为此，Diffusion Policy 模型先使用 ResNet-18 网络对智能体的多帧历史观测数据 O_t 进行编码，然后进行通道维拼接以生成视觉特征 F_t，并将其作为后续扩散模型的条件输入。对于扩散模型的具体实现，Diffusion Policy 模型分别基于 CNN 和 Transformer 设计了两种神经网络架构。如图 5.13(b) 所示，基于 CNN 的架构使用 FiLM 层[130] 引入观测数据，具体为：让从 ResNet-18 输出的视觉条件特征经过一个线性层，生成两个系数特征，以此对去噪过程中间序列进行线性变换，最终实现观测数据对扩散模型去噪方向的指导。其具体数学表示如下。

$$a, b = \text{Linear}(F_t) \tag{5.20}$$

$$x = a \cdot x + b \tag{5.21}$$

其中，a 和 b 为 F_t 经过线性层后生成的系数特征；x 为扩散模型去噪过程中间序列，最终对应于动作序列。基于 Transformer 的架构（如图 5.13(c) 所示）直接将 F_t 与去噪过程中间序列 x 拼接，然后利用交叉注意力机制实现观测数据 O_t 对去噪方向的指导。在利用交叉注意力机制的过程中，为了实现输出动作序列的因果性（当前动作仅取决于视觉条件特征和历史动作序列，与未来动作序列无关），Diffusion Policy 模型需要在交叉注意力机制的基础上设计掩码。如图 5.13(c) 所示，白色区域表示被遮掩部分，蓝色区域表示有效部分。最终的噪声预测网络损失定义为

$$\mathcal{L} = \left\| \epsilon^k, \epsilon_\theta \left(O_t, A_t^0 + \epsilon^k, k \right) \right\|^2 \tag{5.22}$$

其中，ϵ^k 表示第 k 步加噪过程引入的噪声；ϵ_θ 表示神经网络预测的关于第 k 步去噪过程的噪声，它与当前观测数据 O_t、第 $k+1$ 步加噪过程输出 $A_t^0 + \epsilon^k$ 有关。在这里，A_t^0 是采集到的智能体的真实策略。

3. 拓展到三维场景的扩散策略

3D Diffusion Policy[131] 模型是 Diffusion Policy 模型的扩展，旨在通过引入环境的几何特征和物理约束进一步提升 Diffusion Policy 模型输入端（环境感知能力）的性能，使智能体在作业（如操控和导航）时能够有效考虑空间中的障碍物、物体形状及物理互动。

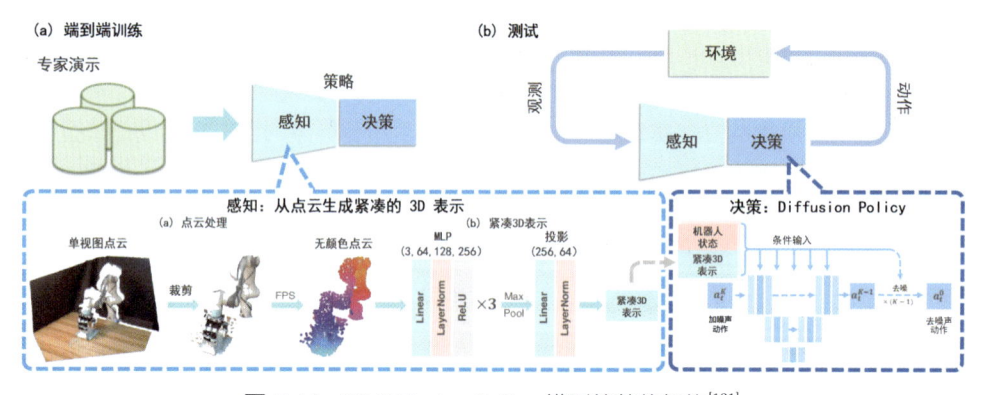

如图 5.14 所示，3D Diffusion Policy 模型的整体架构主要分为感知模块和决策模块两部分。感知模块采用一种高效的点云编码策略，将三维点云数据转换为紧凑的特征表示。感知模块由一个轻量级的 MLP 网络构成，包含三个 MLP 层、一个用于对点云特征进行处理的最大池化（maxpooling）层和一个将特征投影为紧凑表示的投影层。此外，为了使训练过程稳定，3D Diffusion Policy 模型在各层之间引入了 LayerNorm 层。决策模块完全基于 Diffusion Policy 模型的方法实现，此处不赘述。

图 5.14 3D Diffusion Policy 模型的整体架构[131]

5.3 基于预训练大模型的方法

在实践应用中，现有的操控策略虽然能在特定场景下将某些行为外推至新的初始条件，但在面对训练数据之外的场景时，往往表现欠佳，缺乏对场景干扰的鲁棒性，且难以应对未见过的任务指令。鉴于此，近年来，学界和业界受到自然语言处理与计算机视觉领域预训练模型成功应用的启发，开始关注如何利用海量图文数据进行大模型的预训练，并将其作为基座模型来提升具身智能体操控成功率的方案。预训练大模型凭借其丰富的先验知识和强大的特征提取能力，能够显著提升具身智能体在复杂环境中的感知、理解和决策能力，同时减少对大规模真实数据的依赖，降低数据采集成本及硬件更新导致的数据失效风险，增强模型的泛化能力和适应性，有效弥补现有策略模型的不足。本节将从视觉—语言—动作大模型和结合了多模态大模型的自回归扩散决策两个角度，介绍基于预训练大模型的具身智能体操控方法，重点阐述其设计思路、训练策略及在实际应用中的微调策略。

5.3.1 视觉—语言—动作模型

视觉—语言—动作（Vision-Language-Action，VLA）模型是一种多模态预训练模型，它整合了视觉感知、语言理解和动作生成三部分。利用海量的互联网数据及机器人操控数据，这种模型能够从大规模训练数据上学习到视觉场景与语言指令之间的关联，以及如何根据这些信息生成相应的动作序列。这种模型能够使具身智能体更好地理解复杂的指令，并在现实世界中执行相应的任务，如根据自然语言描述抓取特定物体等。

1. 将互联网知识迁移到具身操控任务中：RT-2

大规模预训练模型，如大语言模型和视觉—语言模型，在广泛的下游任务中提供了一个有效且强大的基座。这些模型不仅能生成流畅的文本、推理出问题的解决方案、产生创意性的散文、生成代码，还能进行开放词汇的视觉识别、对图像中对象之间的交互进行复杂的推理。对具身智能体而言，上述能力在其任务执行过程中是十分重要的。然而，直接将上述预训练模型应用于具身智能体的操控将面临以下两个主要的挑战。

（1）来自数据量的挑战。获取足够的训练数据是当前的一个关键挑战。要使具身智能体获得像大型预训练模型那样的能力，需要通过大量的交互实验来收集操控数据。然而，目前最强大的语言和视觉—语言模型是利用数十亿互联网上的标记文本和图像进行训练的，而操控实验产生的数据量远不止于此。这造成了一个巨大的困难——具身智能体难以通过自身在现实场景中的交互积累足够的数据来匹配这些大型预训练模型的训练规模。因此，如何高效地利用现有数据，并找到替代方案以弥补数据量的不足，成为亟待解决的问题之一。

（2）来自任务对齐的挑战。将预训练模型直接应用于具身智能体的操控任务也遇到了困难。现阶段，一些研究尝试让大语言模型和视觉—语言模型参与机器人的"高级"规划任务，但这些模型主要是基于语义、标签和文本提示进行推理的，而操控任务需要的是精确的"低级"动作指令，如末端执行器移动的距离、旋转的角度、到达的空间坐标等。这意味着现有的很多基于大模型的方法仅能作为复杂指令的解析器使用，其功能局限于对"高级"指令进行语义解析并将其拆解为基本的原子动作，然后交由独立的"低级"控制器执行。然而，这些控制器的优化过程通常独立于大型预训练模型的优化过程，导致其无法充分"吸收"海量互联网数据所蕴含的丰富知识。这就引出了一个问题：能否直接将大型预训练的视觉—语言模型整合到底层的具身智能体的控制中，从而提高泛化能力，实现更复杂的任务推理与执行。

1）RT-2 的解决方案

为了更好地利用大规模预训练模型进行具身智能体的操控，来自谷歌的研究团队在 RT-1 的基础上进一步提出了 RT-2（Robotics Transformer 2）[32]。RT-2 的目标是直接训练一个视觉—语言模型，需要其能够输出"低级"的操控动作，同时保持处理其他大规模视觉—语言任务的能力。传统的视觉—语言任务（如图像的描述生成任务），通常被设计为生成自然语言标记，而 RT-2 的一个主要思想是将操控所需的动作序列也转换成一系列文本标记。如图 5.15 所示，RT-2 同时接收来自相机观测的输入与相应的机器人指令，并最终产生用于操控具身智能体的适当的动作响应。也就是说，通过上述方式，视觉—语言模型可以直接输出遵循自然语言指令的一系列操控动作。该方法不需要额外的参数，而是直接利用经过大模型预训练的视觉—语言模型，使其能够以文本编码的形式生成动作。RT-2 也是早期的视觉—语言—动作模型之一。

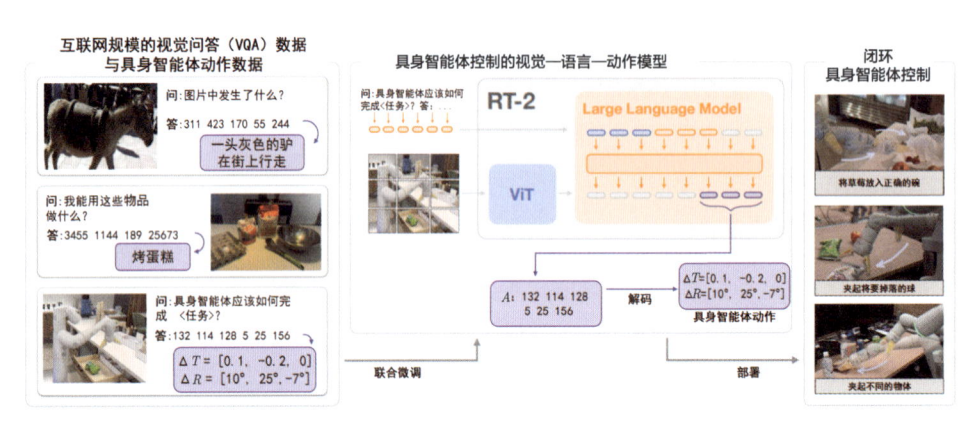

图 5.15　RT-2 的基本架构及其输入与输出形式[32]

2）预训练的视觉—语言模型

RT-2 使用的视觉—语言模型[16, 132]以一幅或多幅图像作为输入，并输出一系列标记。这些标记通常以自然语言文本的形式呈现。如前文所述，此类模型能够执行广泛的视觉理解和推理任务，推断图像中的核心视觉对象、回答有关具体对象与其他对象之间关系的问题等。在 RT-2 中，谷歌的研究团队直接使用先前提出的视觉—语言模型充当视觉—语言—动作模型，即 PaLI-X 模型[132]和 PaLM-E 模型[16]，二者的关键区别在于模型架构不同，以及参数量从数十亿到数百亿的差异。

> **PaLM-E 模型简介**
>
> PaLM-E 模型[16]是由谷歌和柏林工业大学联合发布的一个多模态具身语言模型。它具有 562B 个参数，是一个超大型的视觉—语言模型。PaLM-E 能理解图像、生成语言并执行各种复杂的具身智能体的操控指令。
>
> 如图 5.16 所示，PaLM-E 的核心思想是直接将现实世界的连续传感器模态整合到语言模型中，从而建立词汇和感知之间的联系。具体来说，PaLM-E 将多种模态的连续观测编码成与自然语言标记相同维度的嵌入表达，以类似语言标记的方式将其注入语言模型。PaLM-E 是一个仅有解码器的大语言模型，能够自回归地补全文本。基于此，多模态的任务就可以被有效地嵌入预训练的大型语言模型，用于求解多种具身任务，包括具身智能体的操作规划、视觉问答和字幕生成。

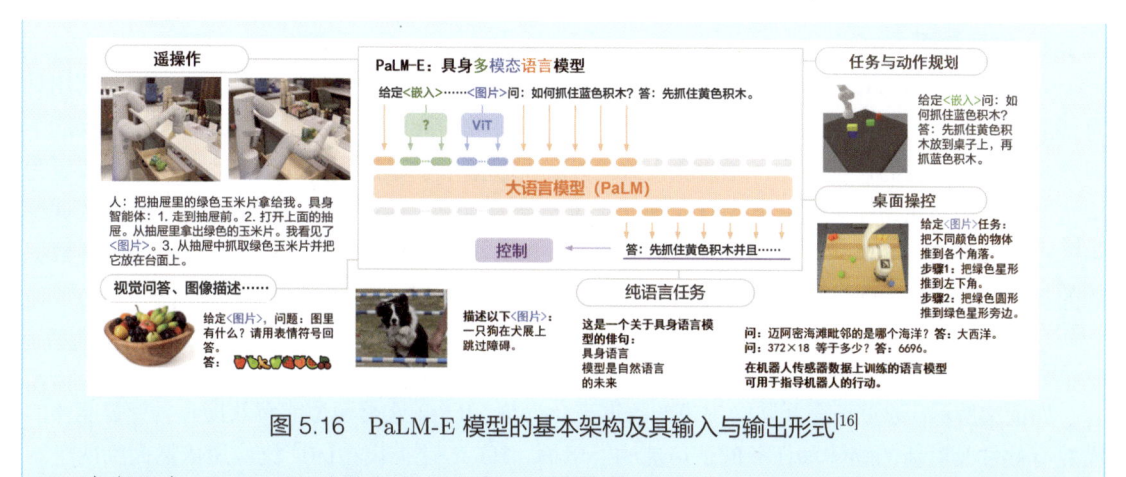

图 5.16　PaLM-E 模型的基本架构及其输入与输出形式[16]

在实践中，PaLM-E 的输入包括文本和多个连续观测。这些多模态标记与文本交错形成多模态句子。例如，一个典型的多模态句子可能是"Q:$<I_1>$ 和 $<I_2>$ 中发生了什么？"，其中 $<I_1>$ 代表第一幅输入图像的表达。PaLM-E 的输出是自回归生成的文本，可以是对问题的回答，或者是以文本形式叙述的具身智能体应执行的决策序列。

3）用于机器人动作输出的微调

为了让视觉—语言模型能够控制机器人，需要使其能够精准地生成动作的指令。如前文所述，RT-2 将动作表示为一系列标记（token）。这样，动作就可以和语言标记一样，直接作为模型的输出。在实践中，动作空间包含具身智能体本体末端执行器在 6 自由度上的位置、相应的旋转位移、夹爪的伸展程度及一个特殊的用于表示任务完成的终止标记。除了终止标记，所有连续维度的动作都被均匀地离散化到 256 个区间中。通过使用这些离散化的动作标记对视觉—语言模型进行微调，就可以将其转换成能够输出动作指令的视觉—语言—动作模型。在对视觉—语言模型进行微调的过程中，可以将多个自由度的信息简单连接，并以空格字符分隔，作为具体动作的表示，从而将动作向量转换成单一的字符串。字符串格式十分有利于模型处理，因此可以直接作为训练过程中动作输出的目标。

一个典型的用于表示动作的字符串如下："T Δp_x Δp_y Δp_z Δr_x Δr_y Δr_z G"。其中，T 为终止符，G 表示夹爪是否要向前延伸，中间的内容对应 6 自由度上的位置与旋转位移。通过这种方法，RT-2 将具身智能体数据有效转换为适合视觉—语言模型微调的形式，其输入来自具身智能体相机的图像和文本任务描述，具体可以使用标准的视觉问答（VQA）格式："Q：具身智能体应该采取什么动作来 [任务指令]？A："。输出的答案以字符串形式表示，用于描述下一步具身智能体需要采取的动作。上述方式可以有效地将视觉—语言模型的能力延伸到具身智能体控制领域，而无须重新设计整个系统或额外引入学习参数。此过程不仅简化了从感知到动作的映射，还使模型能够利用自身在预训练期间获得的强大泛化能力和语义理解力，更有效地应对复杂的具身智能体操控任务。

4）协同微调

为了更好地利用海量的互联网数据，谷歌的研究团队提出了协同微调的概念，即同时使用具身智能体操控数据和原始互联网多模态数据进行模型参数的微调。通过这种方式，模型不仅能学习具身智能体底层的操控动作，还能从大规模互联网数据中学习抽象的视觉概念，从而形成更为丰富和多样化的知识体系，显著提升具身智能体操控的性能。在实践中，可以在每个批次的训练中调整采样权重来平衡具身智能体操控数据与互联网多模态数据的比例，以确保训练中两种数据源的有效结合，同时保证模型对操控任务足够重视。

2. 经典的开源视觉—语言—动作模型：OpenVLA

如前文所示，通过利用互联网规模的数据进行训练，RT-2 这类模型能有效提升具身智能体的操控有效性及对新的物体和任务的适应能力。然而，RT-2 这类模型的广泛应用依然面临两个困境：相似的模型均由大型科技公司开发且多数处于闭源状态，有关其架构设计、训练流程、数据集组成的信息透明度不高；相关的视觉—语言—动作模型很难有效地部署到新的机器人平台、工作环境和特定任务中，尤其在使用消费级硬件（如常见的 GPU）时。OpenVLA[133] 模型就是在这样的背景下被提出的。它是一个具有 7B 个参数的开源视觉—语言—动作模型，有一个预训练的视觉条件语言模型作为基础架构。该模型利用 Open-X[134] 数据集进行微调训练，该数据集包含 97 万条具身智能体操作轨迹数据，涵盖了广泛的机器人本体、任务和场景。

1）基础架构

OpenVLA 使用视觉—语言模型作为基础架构，其基本框架如图 5.17 所示。

图 5.17　OpenVLA 模型的基本框架[133]

（1）**视觉编码器**：将图像输入映射到多个图像块的嵌入表达。在实践中，该部分包含 0.6B 个参数，共有两个视觉编码器，由经过预训练的 SigLIP[135] 和 DinoV2[136] 模型组成。两个视觉编码器输出的图像块的特征向量按照通道进行拼接。在这里，DinoV2 特征已被证明有助于提高模型的空间推理能力，这对具身智能体的操控有很大的帮助。篇幅所限，上述两个视觉编码器的基本结构与训练信息不在此赘述，请读者参阅相关文献获取更多内容。

（2）**映射单元**：将视觉编码器的输出嵌入映射到语言模型的输入空间中。在实践中，OpenVLA 使用一个小型的具有 2 层结构的 MLP 作为其映射单元。

（3）**大语言模型主干**：此处使用具有 7B 参数的 LLaMA 2[54] 语言模型主干，以进一步利用混合数据进行微调。该混合数据包含大约 100 万条图像—文本对数据，以及来自多个开源数据集的纯文本数据[137-141]。

2）模型训练

与 RT-2 类似，OpenVLA 将操控动作预测问题表述为一个视觉—语言任务，用于对视觉—语言模型的主干进行微调训练。在具体实践中，也会将连续的具身智能体动作离散化为一系列标记，其中每个动作维度被离散化为 256 个区间中的一个。动作被处理成一系列标记后，OpenVLA 就可以使用标准的下一个标记预测作为目标对模型进行微调训练。在计算损失时，仅使用交叉熵损失来评估所预测的动作标记的优劣。

OpenVLA 的训练数据集涉及大量不同的具身智能体本体（机器人本体）、场景及操控任务，使数据集具有极强的多样性。因此，训练后的模型不仅能有效地控制各类机器人，还能对新的机器人进行高效的微调。OpenVLA 使用 Open X-Embodiment 数据集作为模型训练的基础数据集。现阶段，OpenVLA 由 70 多个单独的具身智能体数据集组成，包含超过 200 万条操控轨迹。OpenVLA 的训练过程采用以下准则保证训练的有效性。

（1）**统一了所有数据集的输入和输出空间**。在实践中，可用的训练数据集被限制在包含至少一个第三人称摄像头的操纵数据集中，并使用单臂末端执行器进行控制。

（2）**在最终的混合数据中平衡不同具身智能体本体、任务和场景的比例**。在实践中，OpenVLA 利用 Octo[142] 为所有通过准则（1）过滤的数据提供数据混合权重。

Octo 策略可以启发式地降低或移除多样性较低的数据集，同时提高任务较大和场景多样性较强的数据集的权重。篇幅所限，Octo 的更多技术细节不在此处赘述，有兴趣的读者可阅读参考文献，了解更多的技术细节。与 Octo 密切相关的工作是 π_0[143]，我们将在 5.3.2 节对 π_0 的技术细节进行介绍。

3）性能比较

图 5.18 展示了 OpenVLA 及同一时期的模型在 BridgeData V2 基准测试评估中的性能对比结果，所有实验均在 WidowX 机器人平台上完成评估对，比较的内容包含各类泛化性测试和语言理解能力测试：前者包括视觉泛化性（未见过的背景、干扰物体、物体的颜色/外观）、运动泛化性（未见过的物体位置/方向）、物理泛化性（未见过的物体大小/形状）及语义泛化性（来自互联网的未见过的目标物体、指令和概念）；后者用于测试模型是否能够操纵用户提示中指定的目标物体。在实践中，在 BridgeData V2 基准测试上的实验对每种方法进行了 170 次评估（17 个任务，每个任务 10 次试验）。与 OpenVLA 进行比较的模型包括三种通用操控策略生成模型，即 RT-1-X（35M 个参数）[33]、Octo（93M 个参数）[142] 和 RT-2-X（55B 个参数）[32]。RT-2-X 是一个新的、封闭源代码的视觉—语言—动作模型，它采用了利用互联网数据预训练的视觉—语言基础模型。

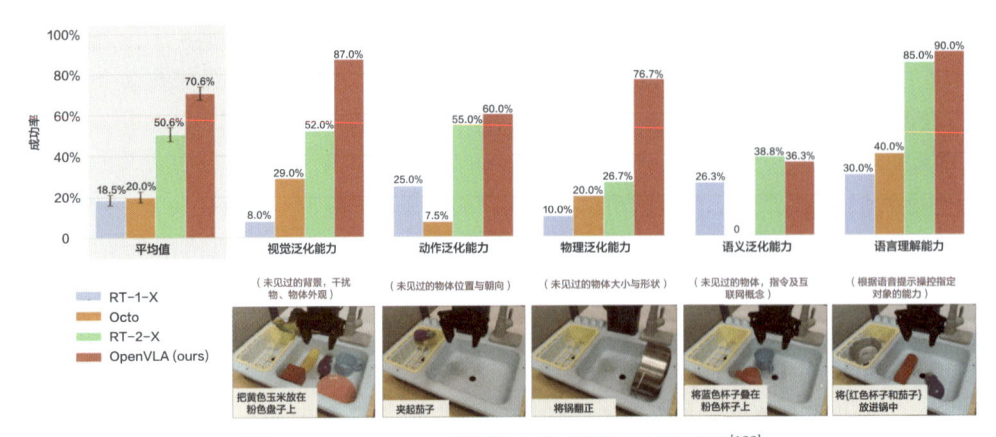

图 5.18 OpenVLA 模型与其他模型的比较结果[133]

从图 5.18 所示的结果中不难有以下发现。

（1）由于模型大小和学习能力的限制，**RT-1-X 和 Octo 在测试任务上表现不佳**，经常出现未能操纵正确物体的问题（尤其在存在干扰物时），甚至导致机器人无目的地挥舞手臂。需要说明的是，OpenVLA 论文中的评测涉及大量的泛化程度评估，因此，没有经过互联网预训练的 RT-1-X 和 Octo 表现不佳是意料之中的。RT-2-X 的表现明显优于 RT-1-X 和 Octo，展示了大规模预训练视觉—语言模型在利用互联网数据进行预训练之后给具身智能体操控任务带来的收益。

（2）**OpenVLA 模型在评估中显著优于 RT-2-X**——尽管其参数量仅为 RT-2-X 的十分之一（7B 个参数对比 55B 个参数）。从定性的角度不难发现，RT-2-X 和 OpenVLA 比其他测试模型表现出更稳健的操控能力。例如，当存在干扰物时能更加有效地接近正确的物体，正确地调整机器人的末端执行器与目标物体的方向对齐。

（3）**RT-2-X 在语义泛化任务中取得了更高的性能**，原因在于它使用了更大规模的互联网预训练数据，并且与机器人动作数据一起进行联合微调，从而更好地保留了预训练知识。OpenVLA 则直接在机器人数据上进行微调，因此在相关的测试中稍显逊色。

5.3.2 多模态大模型 + 概率生成模型

如前文所示，OpenVLA 模型利用离散化的方式表示动作，将其转化为类似自然语言标记的形式，进而直接利用训练视觉—语言模型的策略对 OpenVLA 模型进行微调。如图 5.19 所示，不同于 OpenVLA 直接通过动作数据改造将视觉—语言模型转换为视觉—语言—动作模型，π_0[143] 模型在预训练的视觉—语言模型后面添加一个动作专家模块，专门处理机器人的特定动作和状态信息。下面对 π_0 的具体技术细节进行介绍，并通过对比的方式揭示其与 OpenVLA 的异同，以及在处理具体具身智能体操控任务上的优劣。

1. π_0 模型架构

π_0 模型的主干是一个视觉—语言模型，其中 ViT 作为图像编码器将具身智能体的一系列视觉观测编码到与语言标记相同的嵌入空间中，从而使视觉—语言模型把图像标记和文本标记作为输入。同时，π_0 模型引入当前具身智能体自身的状态 q_t 作为输入。进一步地，π_0 模型使用条件流匹配（Conditional Flow Matching）[144-145] 建模动作的连续分布，通过训练动作专家模块将一系列输入的噪声转化为对应的动作序列。在实践中，这种视觉—语言模型和动作专家模块分离的形式能够有效提升模型的性能。

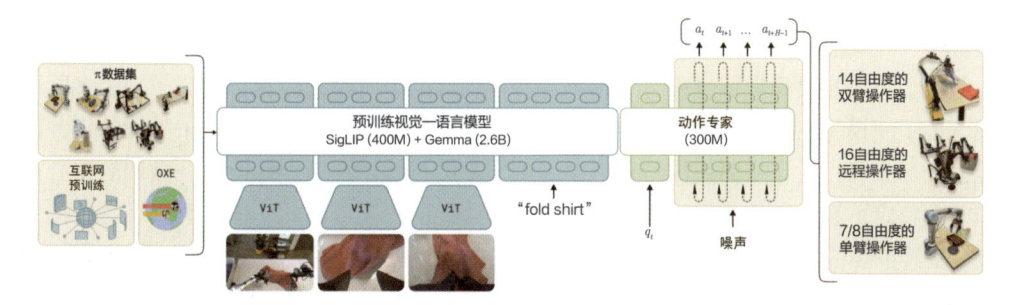

图 5.19　π_0 模型框架[143]

与 OpenVLA 模型直接基于当前状态观察预测下一步的动作不同，π_0 模型使用流匹配方法（一种扩散变体）从噪声中生成连续的动作。这是一种概率生成模型，在形式上需要对数据分布 $p(\boldsymbol{A}_t|\boldsymbol{o}_t)$ 建模。其中，$\boldsymbol{A}_t = [a_t, a_{t+1}, \cdots, a_{t+H-1}]$ 对应于未来的一个包含一系列连续动作的动作块（在实际应用中设置 $H=50$），$\boldsymbol{o}_t$ 表示观测。观测向量由多张时序图像、语言指令和具身智能体本体的状态组成，即 $\boldsymbol{o}_t = [\boldsymbol{I}_t^1, \boldsymbol{I}_t^2, \cdots, \boldsymbol{I}_t^n, \boldsymbol{\ell}_t, \boldsymbol{q}_t]$。其中，$\boldsymbol{I}_t^i$ 表示第 i 张图像（每次观察到的图像有 2 到 3 张），$\boldsymbol{\ell}_t$ 为语言标记序列，$\boldsymbol{q}_t$ 通常为关节角度向量。对动作块 $\boldsymbol{A}_t$ 中的每个输出的动作 a_t'，都会有一个对应的动作标记作为输入送入动作专家模块。在训练期间，以 $\boldsymbol{o}_t$ 作为条件，使用条件流匹配损失[144-145] 监督每个动作标记，生成最终的动作

$$L^\tau(\theta) = \mathbb{E}_{p(\boldsymbol{A}_t|\boldsymbol{o}_t), q(\boldsymbol{A}_t^\tau|\boldsymbol{A}_t)} \|v_\theta(\boldsymbol{A}_t^\tau, \boldsymbol{o}_t) - u(\boldsymbol{A}_t^\tau|\boldsymbol{A}_t)\|^2$$

其中，下标 t 表示任务执行的时间步；上标 τ 表示流匹配的时间步，$\tau \in [0,1]$。在实践中，当流匹配与简单的线性高斯（或最优传输）概率路径[144] 结合时，可以展现出强大的性能，因此有 $q(\boldsymbol{A}_t^\tau|\boldsymbol{A}_t) = \mathcal{N}(\tau \boldsymbol{A}_t, (1-\tau)\boldsymbol{I})$。实际上，通过采样随机噪声 $\boldsymbol{\epsilon} \sim \mathcal{N}(\boldsymbol{0}, \boldsymbol{I})$ 并结合 τ 的取值，就可以计算"噪声动作" $\boldsymbol{A}_t^\tau = \tau \boldsymbol{A}_t + (1-\tau)\boldsymbol{\epsilon}$。于是，可以通过求导的方式获得去噪向量场 $u(\boldsymbol{A}_t^\tau|\boldsymbol{A}_t) = \boldsymbol{\epsilon} - \boldsymbol{A}_t$，而训练网络 $v_\theta(\boldsymbol{A}_t^\tau, \boldsymbol{o}_t)$ 的过程就是学习如何匹配去噪向量。在网络设计方面，动作专家使用完整的双向注意力掩码使所有动作标记可以相互关联。在推理阶段，通过从 $\tau=0$ 到 $\tau=1$ 积分中学习到的向量场生成最终的动作块，从随机噪声 $\boldsymbol{A}_t^0 \sim \mathcal{N}(\boldsymbol{0}, \boldsymbol{I})$ 开始，可以通过前向欧拉积分规则获得式 (5.23)。

$$\boldsymbol{A}_t^{\tau+\delta} = \boldsymbol{A}_t^\tau + \delta v_\theta(\boldsymbol{A}_t^\tau, \boldsymbol{o}_t), \tag{5.23}$$

其中，δ 是积分步长。π_0 模型使用了 10 个积分步骤，即 $\delta = 0.1$。在实践中，由于在条件流匹配过程中，观测 $\boldsymbol{o}_t$ 作为条件一直没有发生变化，所以，可以存储注意力模块中与其相关的键和值，只为每个积分步骤重新计算对应的动作标记，从而实现高效推理。π_0 模型使用 PaliGemma[146] 作

为带有预训练参数的视觉—语言模型，共有 30 亿个参数，同时，设定动作专家模块为 3 亿个参数（从头开始初始化），模型参数达到 33 亿个。

2. 数据收集和训练方案

通过前文对 OpenVLA 的介绍不难发现，使用什么样的数据对模型进行训练，以及如何对模型进行训练，对最终操控模型的动作预测能力有重要的影响。π_0 模型在 OpenVLA 模型训练的基础上，吸收了大语言模型训练过程分为预训练和后训练两个阶段的经验，形成了一个多阶段训练的方案。为了使模型在预训练阶段获得广泛适用且通用的能力，需要设计这一阶段的任务以涵盖尽可能多的场景和行为，从而使模型可以学习到丰富的技能。在后训练阶段，微调的核心目标是让模型掌握特定下游任务的执行技巧，达到熟练和流畅的程度。因此，应注意预训练数据集的覆盖广度，使其包含尽可能多的任务类型和行为模式（即使这些数据的质量可能存在差异）。通过这种方式，模型将能够适应那些在高质量训练数据集中未曾出现的场景。后训练数据集更注重深度，专注于利用能提高任务执行效率的高质量样本及展示出一致性和流畅性的操控示例来训练模型并使其高效地完成任务。简言之，预训练旨在构建一个灵活且鲁棒的基础模型，后训练则针对具体应用进行优化，以确保模型不仅懂得"做什么"，而且知道"怎么做"才更好。

在实践中，预训练模型首先基于 PaliGemma 视觉—语言模型[146] 进行初始化。该模型利用海量的互联网数据进行训练，为模型提供了对现实世界的基本理解能力。然后，由多个开源数据集混合的数据进行训练。这些数据集主要包括 OXE[134]、Bridge V2[126] 和 DROID[147]。这些数据集中的机器人和任务通常配备一个或两个摄像头，并使用相对低频来控制，即每次输出 2 到 10 步连续的动作。此外，这些数据集覆盖了广泛的物体和场景。为了进一步学习更为复杂的操控任务，π_0 的研发团队自行收集了 903M 时间步的数据，其中 106M 时间步来自单臂机器人，797M 时间步来自双臂机器人。这些数据涵盖了 7 种不同的机器人配置及 68 个任务（详细的具身智能体本体介绍和任务说明请参见文献 [143]），每个任务由更加复杂的行为组成，如"清理"任务涉及将不同的盘子、杯子、餐具放入清理箱等。与以往通常将任意名词和动词的组合视为一个任务不同，上述任务更抽象、更复杂、动态性更强，因此，与传统操控任务相比，该模型实际的操控任务范围更大、难度也更具挑战。最后，考虑上述数据集在大小上的不平衡性，π_0 的研发团队对每个组合进行了加权，以降低数据规模过大的任务造成的学习偏差。

5.4 基于世界模型的方法

近年来，如何使智能体更有效地理解和适应复杂环境，已成为具身智能研究中的关键课题。人类通过长期积累知识和经验，逐步对环境的运行规律形成了深刻认知，并能够依靠常识和物理法则，推测出自身行为的潜在后果。这种理解和推理的能力极大地提升了人类在动态环境中的适应性与决策能力。世界模型正是对此过程的模拟与复现，它不仅帮助智能体在虚拟环境中进行试验和预测未来状态变化，还通过不断推演与优化生成的数据，提升策略的有效性与适应性。

与前文所介绍的各类大模型不同，世界模型并不是一种特定的网络架构，而是一种原型化的表示。前文所述的基础模型主要支持智能体对环境的感知和理解，而世界模型则可以利用当前的感知结果生成环境的模拟，进而预测未来状态，并为决策提供指导。在实践中，世界模型结合感知与预测，以实现对环境的深层次理解和动态适应。在接下来的部分，我们将深入探讨世界模型的结构与功能，并展示其在模拟和预测任务中的实际应用，以期为读者提供清晰的理解和指导。

5.4.1 世界模型的基本概念

世界模型（World Model）是一种认知结构，赋予智能体理解和模拟环境运行规律的能力，使其能够预测未来状态的变化。具体而言，世界模型使智能体能够通过观测当前环境状态，理解自身行为对未来的潜在影响，并在内部模拟动作后的可能结果。这类似于人类依靠常识和物理法则进行推演的能力，让智能体能够迅速估计复杂物理世界中的未来状态转移。利用世界模型，智能体可以在虚拟环境中进行推演，生成大量数据轨迹以优化动作策略。这些虚拟数据不仅显著提升了强化学习和模仿学习的效果，还为策略改进和环境适应性提供了丰富的反馈。

图 5.20 展示了由图灵奖得主 Yann LeCun 提出的世界模型的整体框架，它主要由以下六个模块组成。这里，假设所有模块都是"可微"的，即将一个模块送入另一个模块（通过连接它们的箭头）可以得到代价的标量输出相对于其自身输出的梯度估计。

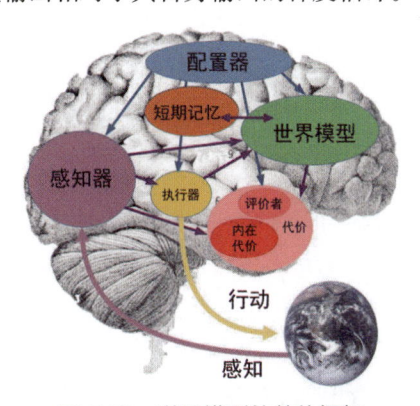

图 5.20 世界模型的整体框架

（1）**感知器模块**：在配置器模块的引导下，估计当前世界的状态，仅提取与当前任务有关的信息，以提高感知的精确性和有效性。

（2）**世界模型模块**：框架中最复杂的部分，用于补充感知器未提供的状态信息，并预测未来状态。模型根据当前任务的需求进行配置，能在多个时间尺度上预测，并表示未来状态的不确定性。

（3）**代价模块**：主要基于能量指标，用于衡量智能体的"不适感"或代价，包含内在代价和评价者模块。内在代价驱动智能体采取动作以最小化不适感，是行为驱动和动机的核心。

（4）**配置器模块**：协调其他模块的输入，通过调整参数和注意力机制为当前任务配置参数。负责激活感知器、世界模型和代价模块，以适应特定任务需求。

（5）**短期记忆模块**：存储与世界状态和内在代价有关的信息，支持世界模型在时间上预测未来状态，并纠正当前状态的不一致性。其结构类似于键—值内存网络，可被世界模型查询以增强预测能力。

（6）**执行器模块**：以最小化代价为目标，主要负责生成并优化动作序列，并输出最优的第一个动作。

世界模型的实现方式丰富多样，目前学界尚未形成统一的分类体系。然而，这些实现方式的核心目标是一致的：即基于当前状态，对不同行为下的未来状态进行预测，以帮助智能体更好地理解并适应环境。在不同的实现路径中，世界模型通过对智能体所观测到的信息及环境动态进行建模，推测未来状态的演变，并在此基础上为决策提供支持。接下来，我们将探讨两种典型的世界模型实现方案：基于隐式表达的方案和基于显式表达的方案。

基于显式表达的方案旨在通过世界模型直接在图像观测空间中对智能体的未来状态及所处环境的动态进行推演，并在此基础上实现智能体的决策。尽管重建观测数据（如图像或本体感知特征）能够提供丰富的学习信号，但准确预测长时间的原始观测数据不仅极具挑战性，也难以直接转换为有效的控制策略。与之相对的基于隐式表达的方案，则通过提取环境的关键特征和动态规律，将复杂的观测数据映射到一个低维的隐空间中，从而在隐空间内对智能体的未来状态进行预测。这种方法避免了直接在高维观测空间中进行复杂的建模，而是通过捕捉环境的本质特性实现对未来状态的有效推演。

5.4.2 基于隐式表达的方案

1. 隐空间世界模型：TD-MPC

隐空间世界模型（Latent Space World Model）旨在通过在表征空间中构建环境状态转移模型，降低直接在图像观测空间上进行环境建模的复杂性。这种模型将复杂的环境状态映射到一个简化的、易于处理的隐空间表示中，然后在该隐空间中进行预测和优化；其核心在于如何设计合适的隐空间结构及如何高效地从隐空间中提取对决策有用的信息。图 5.21 展示了一种典型的隐空间世界模型 TD-MPC（Temporal Difference Learning for Model Predictive Control，基于时序差分学习的模型预测控制）的工作流程[148]。该方法根据当前观测和已训练的模型生成多个可能的动作序列，并通过奖励和价值计算获得当前状态下的最优动作，然后执行该动作，并根据环境的变化重新规划和选择下一步的动作。

1）隐式世界模型的学习

TD-MPC 并未采用基于重建的显式建模方式来刻画动态过程，而是专注于对各动作序列对应的回报进行建模。通过结合奖励预测与时序差分学习（TD Learning），TD-MPC 从与环境的交互中构建了一个以控制为核心的隐式的动态世界模型，而无须对观测数据进行显式重建。这种隐式建模方法为模型控制提供了一种简化的途径，使智能体能够在模型预测控制（MPC）框架内进行局部轨迹优化，并在隐空间中实现有效的决策制定。

2）隐式世界模型的基本组件

TD-MPC 中的隐式世界模型主要包含以下五个组件。

$$表征组件：z_t = h_\theta(s_t)$$

$$\text{隐空间组件：} z_{t+1} = d_\theta(z_t, a_t)$$

$$\text{奖励预测组件：} \hat{r}_t = R_\theta(z_t, a_t)$$

$$\text{动作价值预测组件：} \hat{q}_t = Q_\theta(z_t, a_t)$$

$$\text{策略预测组件：} \hat{a}_t \sim \pi_\theta(z_t)$$

其中，表征组件使用编码器 h_θ 将观测状态 s_t 映射到隐空间表示 z_t。隐空间组件 d_θ 基于当前隐状态 z_t 和动作 a_t 预测下一时间步的隐状态 z_{t+1}。奖励组件 R_θ 在隐空间中预测当前状态和动作的即时奖励 $\hat{r}_t$。动作价值预测组件 Q_θ 用于模拟当前隐状态和动作的长期回报 $\hat{q}_t$。策略组件 π_θ 为当前隐状态 z_t 采样最优动作 $\hat{a}_t$。

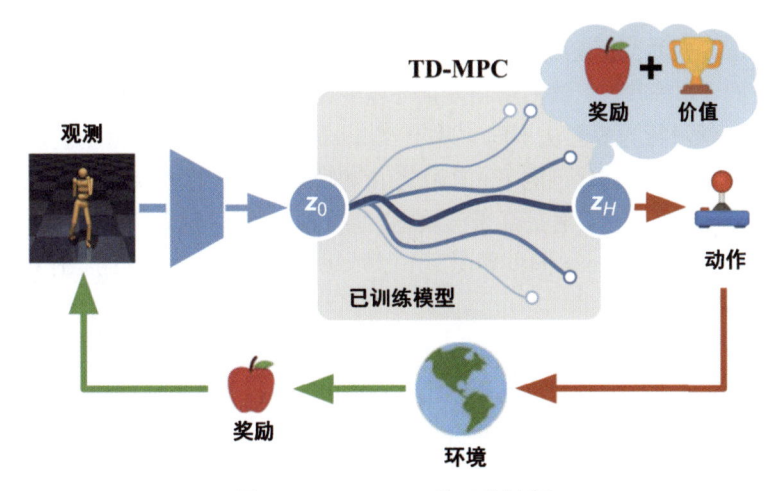

图 5.21　TD-MPC 的工作流程

3）隐式世界模型训练

TD-MPC 通过最小化以下目标函数来优化上述组件，进而完成隐式世界模型的训练。

$$\mathcal{J}(\theta; \Gamma) = \sum_{i=t}^{t+H} \lambda^{i-t} \mathcal{L}(\theta; \Gamma_i) \tag{5.24}$$

其中，

$$\begin{aligned}\mathcal{L}(\theta; \Gamma_i) = &\, c_1 \|R_\theta(z_i, a_i) - r_i\|_2^2 + \\ &\, c_2 \|Q_\theta(z_i, a_i) - (r_i + \gamma Q_{\theta^-}(z_{i+1}, \pi_\theta(z_{i+1})))\|_2^2 + \\ &\, c_3 \|d_\theta(z_i, a_i) - h_{\theta^-}(s_{i+1})\|_2^2 \end{aligned} \tag{5.25}$$

式中，第一项用于衡量即时奖励的一致性，$R_\theta(z_i, a_i)$ 为预测的奖励；r_i 为实际观测到的奖励；第二项用于衡量动作价值的一致性，γ 是折扣因子，Q_{θ^-} 是上一轮迭代后产生的动作价值网络；第三项用于衡量隐状态的一致性以保持隐状态预测的稳定，h_{θ^-} 是上一轮迭代后产生的编码器。

4）基于隐式世界模型的决策

在对隐式世界模型进行优化后，TD-MPC 最终通过最小化以下目标函数寻求最优策略

$$\mathcal{J}_\pi(\theta; \Gamma) = -\sum_{i=t}^{t+H} \lambda^{i-t} Q_\theta(z_i, \pi_\theta(\text{sg}(z_i))) \tag{5.26}$$

其中，折扣因子 λ^{i-t} 用于对未来的回报进行衰减，以确保模型更关注近期的奖励；Q_θ 表示经过隐式世界模型训练产生的动作价值网络，它估计了隐状态 z_i 和当前策略 π_θ 采样动作 $\pi_\theta(\text{sg}(z_i))$ 的长期回报；sg 表示使用"停止梯度"（Stop-gradient）操作以防止梯度传播到隐状态。

2. 基于 Transformer 的世界模型：TWM

基于 Transformer 的世界模型的核心思想是将轨迹和状态转化为令牌，并借助 Transformer 的序列预测能力推导未来状态。该模型在复杂环境中展现出强大的建模与规划能力。与直接从收集到的示范序列中学习行为的方法不同，基于 Transformer 的世界模型通过生成的方式在想象中学习动态环境，能够通过迭代预测下一个状态和奖励来生成新的虚拟轨迹，从而使其能够在潜在的未见过的新情境中应用，显著提高采样效率。接下来，我们将以 TWM（Transformer-based World Model，基于 Transformer 的世界模型）[149] 为例，讨论此类模型的工作机制。

1）世界模型架构

如图 5.22 所示，TWM 基于 Transformer-XL[150] 架构，相较于传统的 Transformer 架构，其显著优势在于能够处理更长的时间依赖性。在动态环境的模拟中，捕捉长时依赖性是至关重要的，原因在于许多决策过程都依赖历史状态和行为信息。借助 Transformer-XL，TWM 能够生成高度连续且连贯的状态序列，从而增强虚拟环境建模的真实性。这能够为强化学习模型提供更加多样化且可控的训练数据，进而提高对未来状态的预测能力，降低在复杂场景下出现策略失误的风险。

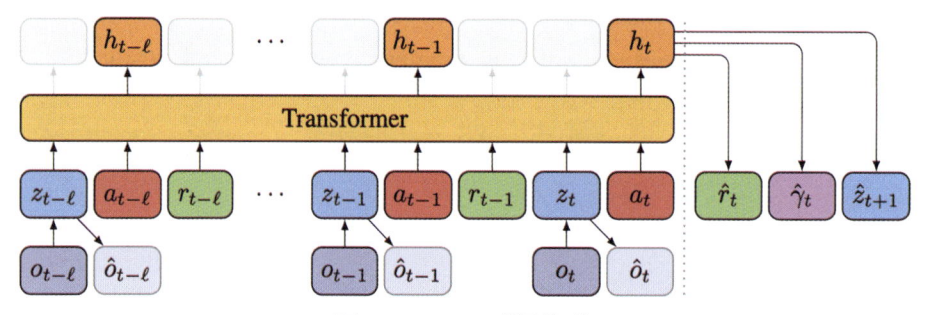

图 5.22 TWM 模型架构

2）世界模型基本组件

TWM 主要包含以下六个组件。

$$\text{观测编码组件：} \quad z_t \sim p_\phi(z_t \mid o_t)$$

观测解码组件： $\hat{o}_t \sim p_\phi(\hat{o}_t \mid z_t)$

聚合组件： $h_t = f_\psi(z_{t-\ell:t}, a_{t-\ell:t}, r_{t-\ell:t-1})$

奖励预测组件： $\hat{r}_t \sim p_\psi(\hat{r}_t \mid h_t)$

折扣因子组件： $\hat{\gamma}_t \sim p_\psi(\hat{\gamma}_t \mid h_t)$

隐状态预测组件： $\hat{z}_{t+1} \sim p_\psi(\hat{z}_{t+1} \mid h_t)$

观测编码组件根据观测 o_t 生成状态表征 z_t，p_ϕ 是参数化的概率分布，ϕ 为编码器的参数。观测解码组件从状态表征 z_t 重建观测 $\hat{o}_t$，也使用了参数化的概率分布 p_ϕ。聚合组件对过去 ℓ 个时间步对应的状态表征 z、动作 a 和奖励 r 进行聚合，生成聚合表征 h_t。奖励预测模块、折扣因子预测模块和隐状态预测模块基于聚合表征 h_t，生成当前时刻的奖励 $\hat{r}_t$、折扣因子 $\hat{\gamma}_t$ 及下一个状态表征 $\hat{z}_{t+1}$。

3）世界模型的训练

TWM 先通过最小化以下目标函数来优化世界模型的观测特性。

$$\mathcal{L}_\phi^{\text{Obs}} = \mathbb{E}\left[\sum_{t=1}^T -\ln p_\phi(o_t \mid z_t) - \alpha_1 H(p_\phi(z_t \mid o_t)) + \alpha_2 H(p_\phi(z_t \mid o_t), p_\psi(\hat{z}_t \mid h_{t-1}))\right] \quad (5.27)$$

式中，第一项用于评估状态表征 z_t 对观测 o_t 的解释能力，通过最大化对数似然来提高模型对观测的重构精度；第二项通过最大化信息熵，使模型能够从观测 o_t 中提取尽可能多的信息来构建状态表征；第三项通过最小化联合熵，使当前观测所对应的状态表征和前一步的状态预测结果保持一致；系数 α_1 和 α_2 用于调控各损失的影响力度。在此基础上，TWM 通过最小化如下目标函数来优化世界模型的动力学特性。

$$\mathcal{L}_\psi^{\text{Dyn}} = \mathbb{E}\left[\sum_{t=1}^T H(p_\phi(z_{t+1} \mid o_{t+1}), p_\psi(\hat{z}_{t+1} \mid h_t)) - \beta_1 \ln p_\psi(r_t \mid h_t) - \beta_2 \ln p_\psi(\gamma_t \mid h_t)\right] \quad (5.28)$$

式中各项分别对应于隐状态预测组件、奖励预测组件和折扣因子组件的优化。

4）基于世界模型的决策

在得到上述世界模型后，TWM 基于表演家—评论家（Advantage Actor-Critic，A2C）方法[151]训练决策模块。该模块包含两个独立的网络：带参数 θ 的表演家网络，用于在给定状态 $\hat{z}_t$ 时生成动作 a_t；带参数 ξ 的评论家网络，用于估计状态的价值 $v_\xi(\hat{z}_t)$。

5.4.3 基于显式表达的方案

1. 基于扩散模型的组合世界模型：RobodReamer

基于扩散模型的组合世界模型是一种将扩散模型的生成能力与组合性建模相结合的框架。其核心思想是将复杂的任务指令分解为基本组件（如动作和空间关系），利用扩散模型的逐步生成特性分别对这些组件进行建模和生成，最终通过组合，生成完整的任务计划。其优势在于生成质量高、训练稳定、支持多模态信息融合,并能自然泛化到未见过的任务组合,适用于机器人任务执行和复杂决策场景。

1)核心架构与组合式世界模型

RoboDreamer 的设计灵感来源于自然语言的组合性。自然语言的复杂性和多样性使直接处理完整的语言指令变得极具挑战性。为了克服这一难题,RoboDreamer 引入了一种文本解析器,将语言指令分解为动词短语和介词短语等基本单元。例如,对于指令"将水瓶放入底部抽屉",模型会将其分解为动作"放置水瓶"和空间关系"底部抽屉"。这种分解方式不仅简化了语言处理的复杂性,还使模型能够更精准地捕捉物体之间的空间关系。在对复杂语言指令进行分解后,RoboDreamer 采用如图 5.23 所示的扩散模型为每个语言组件学习独立的得分函数,从而将语言的组合性自然地映射到视频生成空间中。具体来说,模型的目标是将视频的生成过程表示为多个独立组件生成概率的乘积。例如,给定一个自然语言指令 L,模型将其分解为一系列语言组件 $\{l_i\}_{i=1}^{N}$;以各语言组件作为条件,扩散模型学习图像,生成概率 $p_\theta(\tau|l_i)$;最终,自然语言指令 L 条件下的视频生成概率 $p_\theta(\tau|L)$ 表现为上述基于各语言组件的图像生成概率的乘积,即

$$p_\theta(\tau|L) \propto \prod_{i=1:N} p_\theta(\tau|l_i)^{\frac{1}{N}} \tag{5.29}$$

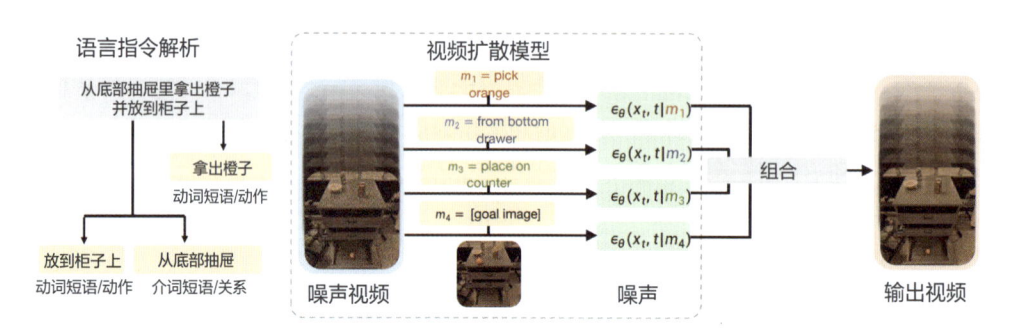

图 5.23 RoboDreamer 模型架构

这种组合生成的方式使模型能够自然地泛化到未见过的语言指令组合,只要每个分解后的组件在分布内,模型就能够生成对应的视频策略。

2)多模态组合能力

除了处理自然语言指令,RoboDreamer 还引入了多模态信息(如目标图像和草图)来增强任务执行的准确性。这些多模态信息不仅能提供更详细的空间信息,还能在自然语言指令存在模糊性时帮助澄清任务目标。例如,目标草图提供了一种直观且用户友好的方式,用于即时表达任务需求。

在多模态条件下,RoboDreamer 通过组合在各模态条件下的得分函数来生成最优的视频计划。例如,模型可以将视频生成的概率表示为

$$p_\theta(\tau \mid L, M) \propto \prod_{i=1}^{N} p_\theta(\tau \mid l_i)^{\frac{1}{N+K}} \prod_{i=1}^{K} p_\theta(\tau \mid m_i)^{\frac{1}{N+K}} \tag{5.30}$$

其中，L 和 l_i 表示语言指令，M 和 m_i 表示多模态信息。这种组合方式使模型能够在推理时动态调整模态数量和语言指令的复杂性，从而适应不同的任务需求。为了训练这种多模态组合模型，RoboDreamer 采用了混合训练目标。具体来说，模型通过随机选择一部分语言组件 l_{S_i} 和多模态组件 M_{S_j} 进行训练，使得分函数能够同时学习语言和多模态信息的特征。例如，训练目标可以表示为

$$\mathcal{L}_{\mathrm{MSE}} = \left\| \frac{1}{2M} \sum_i \epsilon(\tau_t, t \mid l_{S_i}) + \frac{1}{2M} \sum_j \epsilon(\tau_t, t \mid M_{S_j}) - \epsilon \right\|^2 \tag{5.31}$$

这种训练方式不仅提高了模型对多模态信息的处理能力，还使模型能够在推理时灵活组合语言和多模态条件，生成高质量的视频计划。

3）基于视频帧的智能体决策

生成的视频帧被输入一个反动力学模型（Inverse Dynamics Model, IDM）。该模型采用 ResNet18 作为骨干网络，后面接一个 MLP 层，能够从输入的相邻视频帧和当前状态中提取特征，并推断出实现从当前帧到下一帧所需的低级动作信号。具体来说，模型的输入包括两个连续的视频帧及当前机器人的状态，输出为对应的低级动作指令。反动力学模型的训练损失函数通常基于均方误差（MSE）进行设计。具体来说，损失函数的目标是最小化模型预测的动作（如关节扭矩或速度）与真实动作之间的差异。假设输入为当前状态 q、速度 $\dot{q}_t$ 和期望的加速度 $\ddot{q}_{d,t}$，模型输出为预测的控制信号，真实的目标扭矩为 τ_t，则损失函数可以表示为

$$L_{\mathrm{MSE}} = \sum_{t=1}^{T} \| f_\theta(q_t, \dot{q}_t, \ddot{q}_{d,t}) - \tau_t \|_2^2 \tag{5.32}$$

其中，f_θ 表示参数化的神经网络模型，T 是数据序列的长度。

第 6 章　视觉驱动的任务规划

视觉驱动的任务规划是具身智能体实现自主行动与复杂任务落地的关键能力，其核心目标在于通过视觉信息对动态环境进行实时解析与推理，从而生成可执行的任务序列，并在干扰或变化中持续调整策略，最终完成高阶目标。这一能力的本质是将视觉感知的时空细节（如物体状态、空间关系、运动趋势）转换为规划逻辑的输入，使智能体不仅能"看到"环境，更能"理解"任务场景的本质需求，并据此分解任务层级、优化行动路径。例如，在家庭服务中，从"整理桌面"的抽象指令到识别杂物、避让障碍物、分拣收纳的全流程，均依赖视觉驱动的实时任务拆解与调整。智能体需要理解"整理桌面"这一任务的含义，并结合当前桌面上的物品分布、种类和空间关系，推理出具体的整理步骤。从机械执行预设指令，到主动应对环境的不确定性，视觉驱动的任务规划正推动具身智能迈向真正的"眼脑手协同"，为机器与物理世界的深度交互奠定基础。

本章涵盖以下主要内容。

（1）**具身任务规划初探**：介绍具身任务规划的基本概念，重点区分高层规划与底层操控的差异，并简要划分基于大语言模型的规划方法。此外，介绍两种经典的基于大语言模型的规划方法：一是基于交互反馈的闭环规划方法，二是利用外部知识增强规划效果的方法。

（2）**面向复杂任务的规划与纠错**：介绍如何在复杂场景中结合底层操控模块来优化大模型的规划结果。此外，探讨如何更加高效地进行任务规划和重新规划，具体方法包括基于任务间的依赖关系分析任务失败的原因，并根据子任务在实际场景中的难易程度确定优先级。

（3）**基于空间智能的时空规划**：介绍如何通过建模物体位姿、避障距离与任务时序的关联性，构建安全高效的行动序列，并融合物理约束与任务需求，实现精准可解释的时空规划方案。

本章剖析基于大模型的具身任务规划技术，围绕任务拆解、动态纠错与时空协同等核心概念，帮助读者深入理解相关方案的设计理念与应用价值。

6.1　具身任务规划初探

具身任务规划侧重从高层视角解构任务逻辑、动态环境约束及多目标协同关系，致力于通过具身智能体与环境的动态交互，实现复杂、抽象任务的目标解析及子任务的生成。这一过程不仅要求智能体具备对任务内涵的深度理解能力，还需要综合考量具身智能体的当前状态与环境的不确定性，从而生成可执行的子任务序列并动态调整优先级。本节将从任务规划的基本概念入手，系统地探讨大模型驱动的任务解析框架、任务依赖关系的建模方法及优先级动态优化机制，旨在通过梳理这些关键技术与方法，为读者指明相关任务的实践路径。

6.1.1 任务规划的基本概念

具身智能体的核心能力体现在将抽象任务目标映射为可执行的物理动作序列上。这一过程既需要从全局视角解构任务逻辑、环境约束与多目标协同关系，也依赖对本体执行细节的精准操控。因此，厘清任务规划与操控在功能层级、技术边界及协同机制上的差异与关联，对构建具身智能体任务执行的系统化思考框架至关重要。

1. 高层规划 v.s. 底层操控

高层规划的输入包括用户提供的自然语言指令和具身智能体对环境的感知信息。经过模型对输入数据的分析和处理，系统生成了一系列子任务，这些子任务共同构成了最终的规划结果。近年来，基础模型（如大语言模型和视觉—语言模型）通过其内在的世界知识和推理能力，帮助具身智能体理解复杂任务、分解目标并生成合理的执行步骤。例如，当用户给出"整理桌子"这样的指令时，高层规划模块需要理解任务的具体含义，并将其分解为一系列子任务，如"拿起书本""将书本放到书架上"等。这一过程依赖模型对环境的感知能力、对任务的理解能力及逻辑推理能力。

高层规划的关键在于其**抽象性**和**灵活性**。它不需要关注具体的执行细节，而是专注于任务的逻辑结构和顺序。这种抽象性使高层规划能够处理复杂的、长周期的任务，尤其在动态和不确定的环境中。然而，高层规划的挑战在于如何将抽象的任务分解为可执行的步骤，并确保这些步骤在底层操控中能够被准确地执行。

底层操控与高层规划有重要的区别，其主要关注的是如何将高层规划生成的步骤转化为具体的具身智能体的动作。它涉及对智能体状态和环境的实时监控，并生成精确的执行参数，如机器人臂末端执行器的位置、关节的角度或移动的速度。

底层操控的核心在于**精确性**和**实时性**。它需要确保具身智能体能够准确地执行抽象任务被拆解之后生成的子任务指令，同时根据环境的变化进行动作的自适应调整。底层操控的挑战在于如何在高维、连续的动作空间中生成稳定且高效的控制策略。

2. 高层规划与底层操控协同

在具身智能体系统中，高层规划与底层操控虽然承担不同的职责，但二者紧密协作，共同促进系统的高效运行。高层规划负责对任务目标进行拆解并生成子任务序列，为任务提供全局指导；底层操控则专注于将子任务指令转化为具体的动作，确保每个细节都能精确实现。这种协同机制类似于人类大脑与小脑之间的协作：大脑负责高层次的规划和决策制定；小脑则执行精细的动作控制。同样，在智能体系统内，高层规划模块与底层操控模块的有效协作，使具身智能体在处理复杂任务时能够展现出更强的推理能力和更高的执行效率。

尤为重要的是，当底层操控出现失败或执行不精确的情况时，会触发高层规划的重新评估与调整。例如，当底层执行过程遇到意外障碍或出现操作失误时，反馈机制会将这些信息传递给高层规划模块，提示当前路径或子任务序列存在问题。此时，高层规划需依据新的信息重新分析任务环境，并据此调整原有的计划，以适应情况的变化。通过这一过程，系统不仅能有效应对突发状况，还能优化后续的任务执行流程，从而提高整体任务完成的成功率和效率。这种动态调整能力是具身智能体在面对不确定性和复杂性时保持高效运作的关键因素之一。它强调了在设计具身智能系统时，必须考虑多个层次之间的灵活互动和反馈循环的重要性，以确保系统能在不断变化的环境中持续优化其性能。这不仅提升了系统的适应性和鲁棒性，也为实现更智能的任务执行打下了坚实的基础。

3. 基于大模型的规划

任务规划一直是人工智能领域的核心研究课题之一。传统的规划问题主要关注如何在给定的初始状态和目标状态之间，通过一系列动作来实现目标。这些规划问题通常使用形式化的语言描述问题的结构和约束，如规划领域定义语言（Planning Domain Definition Language, PDDL）[152]。规划领域定义语言由两部分组成：领域定义和问题实例。领域定义定义了可能的动作和状态，如具身智能体可以采取的一系列行动。问题实例具体描述了初始状态和目标状态。规划算法可以根据这些定义生成解决方案。这种方法在许多领域取得了显著的成果，如机器人路径规划、任务调度等。

近年来，随着大模型（如大语言模型和视觉—语言模型）的出现，规划领域迎来了新的变革。大模型不仅能理解和生成自然语言文本，还能通过上下文学习和推理来解决复杂的任务。这为规划问题的解决提供了新的思路和方法。具体来说，**大模型的输入是一个用自然语言描述的高层次指令，输出则是一系列子任务的序列**。这些子任务可以进一步被下游的执行器分解成更具体的动作，从而实现从高层次指令到具体执行的转换。这种方法不仅能处理传统的规划问题，还能应对更加复杂、抽象的指令，以及动态、带有交互性的环境。根据模态的多样性，可以简单地将基于大模型的规划方法分为基于大语言模型的规划方法和基于视觉—语言模型的规划方法。

（1）**基于大语言模型的规划方法** 利用大语言模型的强大语言理解和生成能力，将高层次任务指令分解为具体的子任务和动作序列。这种方法的核心在于通过自然语言交互使大语言模型理解任务的复杂性和多样性，并生成相应的解决方案，目标是提高任务的可解释性和灵活性，同时减少对预定义结构的依赖，从而更好地适应零样本任务。在实践中，基于大语言模型的规划方法根据输出内容的不同，可以有多种表现形式。首先，大语言模型可以直接输出自然语言形式的规划步骤，这些步骤需要进一步转换为具身智能体可以执行的具体动作[26]。其次，大语言模型的输出可以是用结构化语言（如规划领域定义语言）描述的规划问题，标准的规划器可以将其解析并转换成可执行的代码语言。最后，大语言模型可以直接将自然语言指令分解为多个代码形式的步骤。典型的工作是"代码作为策略"（Code as Policies，CaP）[153]，其能够根据自然语言指令生成目标程序，并递归定义新的函数以泛化到新任务。

（2）**基于视觉—语言模型的规划方法** 结合了视觉信息和语言理解，以实现更准确和高效的规划。这种方法的目标是通过视觉输入（如图像或视频）增强大语言模型的理解能力，从而更好地处理与物理环境交互的任务。这种方法的核心在于将视觉特征与语言表示对齐，使模型能够更直观地理解和执行任务。一个典型的例子是处理任务"在客厅中找到并打开电视"，此时视觉—语言模型可以处理客厅的图像，识别电视的位置，并生成导航和操作的规划步骤。

从辅助信息的角度，可以将基于大模型的规划方法划分为交互式的动态规划方法和带有外部知识的规划方法。前者强调在动态环境中根据反馈进行适应与调整，通过与环境持续互动来获取实时信息，并据此不断调整和优化其规划策略。后者通过检索并加载外部知识或经验来增强大模型的规划能力。借助这些额外的信息资源，模型就能针对未曾遇到的任务，制定有效的行动计划。

（1）**交互式的动态规划方法**强调在规划过程中与环境或用户实时交互，以实现动态调整和优化。这种方法的目标是提高规划的适应性和灵活性，使具身智能体能够根据实时反馈调整规划策略，核心在于通过多轮交互，使模型能及时纠正错误并优化规划。其中的交互，既可以是在环境中获得的反馈，也可以是通过与用户交互获取的信息。例如，在任务"将物品从 A 点移动到 B 点"中，如果具身智能体在移动过程中遇到障碍物，就可以根据环境反馈调整路径，重新规划移动路线；在任务"找到并递给我蓝色的书"中，具身智能体可以通过与用户的交互，进一步确认书的位置和颜色，从而更准确地完成任务。

（2）**带有外部知识的规划方法**通过整合外部知识库或工具，提高了大模型的规划能力。这种方法的目标是解决大模型在特定领域知识理解不足或知识更新滞后的问题，从而提高规划的准确性和可靠性，核心在于利用外部知识库（如维基百科、垂域的知识数据库）或工具（如搜索引擎）验证和补充大模型生成的规划。例如，在任务"制作意大利面"中，大模型可以参考烹饪知识库生成详细的步骤，包括"准备意大利面、番茄酱和橄榄油""煮意大利面""炒番茄酱"等。对一些未曾遇到的任务，大模型也可以通过识别和分析相似的任务来提升当前任务规划的成功率。例如，在一个自动化仓储系统中，具身智能体面对一种新型货物，可以检索过去在处理类似形状或重量类别的货物时采用的方法，规划要使用的搬运工具、堆放位置及路径等。

接下来将重点介绍基于大语言模型的规划方法。尽管大语言模型在提供强大的任务规划能力方面表现出色，但由于缺乏对物理世界的直接感知，其生成的规划方案可能无法完全契合具体的环境需求。例如，在执行"制作某种食物"的任务时，虽然大语言模型能够制定逻辑上合理的步骤，但这些步骤未必适用于特定的实际场景。因此，有必要设计具体的方法来弥补这一不足，使具身智能体能够在实际环境中充当大语言模型的"手"和"眼睛"。这意味着具身智能体需要通过实时感知及与环境的交互让大语言模型的规划"落地"，确保一系列子任务既符合语义逻辑，又能在真实世界中高效执行。

6.1.2 基于技能库的增量式规划

当前，大语言模型经过大量的网络文本训练，已经能够生成复杂的文本内容、回答各种问题，并参与广泛主题的对话。这体现了大语言模型在编码世界语义知识方面的卓越能力，为执行基于自然语言的指令提供了巨大的潜在价值。然而，这些模型缺乏在真实世界中的实际操作经验，无法直接观察或评估其给出的规划建议对物理过程的影响，因此其在特定具身环境中的决策效能受限。例如，在清理洒落液体的任务中，尽管大语言模型可以提出使用吸尘器等工具的合理建议，但如果现场没有合适的工具或智能体无法实施这些操作，则这些建议可能不适用。因此，**如何使大语言模型的规划更加贴合实际任务需求**，成为具身任务规划中需要优先解决的问题。

SayCan[154] 是一种基于技能库的增量式任务规划方案。通过 SayCan，一系列预训练的技能被用来增强大语言模型，使其能够为特定场景下的执行提供指导，确保所提出的规划结果既可行又符合环境上下文的要求。SayCan 首次展示了将低级技能与大语言模型结合的可能性，由大语言模型提供执行复杂指令的知识，技能相关的价值函数则将这些知识与特定物理环境连接起来。这种方法极大地提升了具身智能体在现实环境中执行多步骤任务的有效性和适应性。

1. 基本思想

SayCan 框架通过将大语言模型与强化学习方法结合，实现了机器人对复杂任务的动态规划和执行。该框架的核心在于任务分解和技能动态选择机制，使具身智能体能够根据任务目标和当前环境实时调整执行策略。具体来说，具身智能体先接收来自用户的自然语言指令。这些指令通常是抽象的任务描述。例如，"我把饮料弄洒了，可以帮助我吗"这类指令可能有歧义，具身智能体需要结合具体环境进行任务规划和执行（如图 6.1 所示）。为了应对复杂的指令，SayCan 框架维护了一个面向具身智能体的技能库，其中包含具身智能体日常操作所需的所有基本技能，如"寻找一个海绵块""前往垃圾桶"等。这些技能通常以简洁、具体的语言描述，构成了具身智能体完成任务的基础。在实际推理过程中，针对接收到的抽象任务描述，SayCan 框架会利用大语言模型和强化学习方法对技能库中的所有技能进行双重评分，即任务约束评分和环境约束评分。其中，任务约束评分由大语言模型提供，评估每个技能对任务完成的贡献率；环境约束评分由强化学习中的价值函数决定，评估在当前环境下成功执行该技能的概率。最终，框架会选择综合评分最高的技能作为具身智能体当前状态下将要执行的动作。通过这种方式，SayCan 框架根据当前的具体情景，渐进式地对任务指令进行拆解和规划，以确保任务顺利完成。

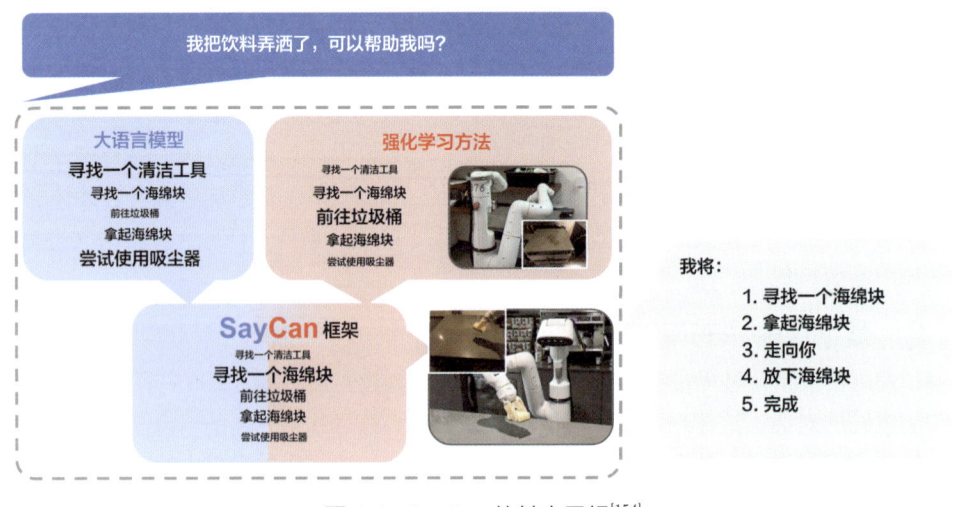

图 6.1 SayCan 的基本思想[154]

2. 增量式的任务规划策略

SayCan 采用增量式任务规划策略，逐步生成并执行子任务序列，而不是一次性规划完整的任务执行方案。具体来说，具身智能体在执行一个子任务后，会实时感知环境的变化，并基于更新后的状态信息评估下一步的最优技能选择。如图 6.1 所示，SayCan 框架在完成技能执行后，获取具身智能体的当前观测作为环境，并反馈至由强化学习预先训练的技能库中，然后重复这一操作，最终生成："寻找一个海绵块"→"拿起海绵块"→"走向你"→"放下海绵块"→"完成"这一技能序列。这种逐步推理的方式使具身智能体能够灵活应对环境的不确定性。例如，当遇到障碍物或任务目标发生变化时，具身智能体可以动态调整执行策略，而不会受预先设定的固定执行流程的限制。

3. 任务约束评分和环境约束评分

SayCan 采用大语言模型对自然语言任务指令进行理解，并基于此评估不同技能与任务的匹配程度。大语言模型首先为技能库中的所有技能评分，以衡量每个技能在当前任务语境下的合理性和相关性，即所谓的"任务基础评分"。这一评分反映了任务指令与技能描述之间的关联程度，并确保选定的技能在语义层面符合任务目标。如图 6.2 所示，具身智能体接收的任务为"你应该怎样做才能将苹果放到桌子上"，此时，SayCan 会利用大语言模型为技能库中与"苹果"和"桌子"有关的技能分配较高的分数（如 −6、−4），为其他技能分配较低的分数（如 −20、−30）。需要注意的是，如前文所述，技能通常以简洁、具体的语言描述，因此可以通过多种方法计算其与任务匹配的概率，并进一步将其转化为评分。

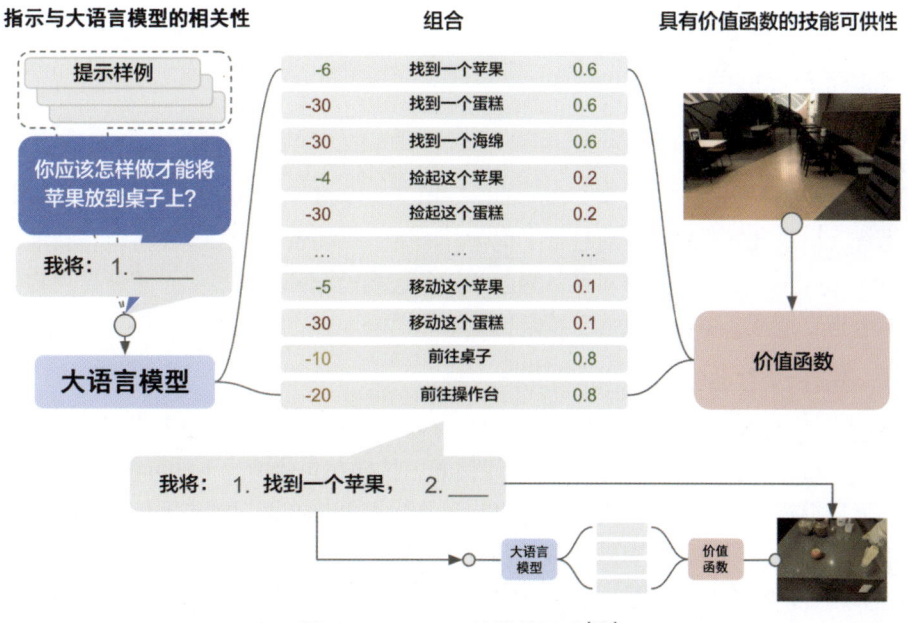

图 6.2 SayCan 的技能评分[154]

在实践中，仅凭语言模型的任务理解并不足以保证技能的可执行性，原因在于具身智能体在实际环境中的操作还受限于物理条件和感知信息。此时，SayCan 框架进一步引入环境约束评分，用于评估技能在当前环境状态下的可行性。环境约束评分主要依赖一个赋能函数。该函数类似于强化学习中的价值函数，能够根据当前具身智能体的观测及所处的状态对某个技能成功执行的概率进行估计。例如，图 6.2 右侧所示的观测，在具身智能体的视野中并没有可操作的物体，此时其自身的移动技能（如"前往桌子""前往操作台"等）和对物体的搜寻技能（如"找到一个苹果""找到一个蛋糕"等）的执行成功率较高，而对物体的操作技能（如"捡起这个苹果""移动这个蛋糕"）的可行性相对较低。SayCan 框架通过整合任务约束评分与环境约束评分，在任务规划阶段同时考量语义合理性和物理可行性，从而显著增强了具身智能体在执行复杂任务时的适应性和操作效能，确保了大语言模型给出的任务规划方案既符合逻辑，又切实可行。

4. 优化目标

SayCan 框架需要同时考虑大语言模型对技能选择的概率估计及强化学习对技能物理可行性的评估，即给定一个高层任务指令 i，SayCan 框架需要选择一个在任务约束评分和环境约束评分上均表现最优的技能 π^* 来执行。在具体实现中，给定一个技能 $\pi \in \Pi$，其语言描述为 ℓ_π，对应的价值函数为 $p(c_\pi \mid s, \ell_\pi)$，即在状态 s 下技能 ℓ_π 成功完成的概率。因此，可以构建一个价值函数空间 $\{p(c_\pi \mid s, \ell_\pi)\}_{\pi \in \Pi}$ 来覆盖所有技能。基于此，在某一步，最终技能的选择可以表示为

$$\pi^* = \arg\max_{\pi \in \Pi} p(c_\pi|s,\ell_\pi)p(\ell_\pi|i) \tag{6.1}$$

其中，$p(\ell_\pi|i)$ 由大语言模型给出，表示技能 π 在指令 i 下的相关性概率；$p(c_\pi|s,\ell_\pi)$ 由价值函数估计。某个技能一旦被选择，将由对应的执行器操控具身智能体执行。然后，重复执行这个过程，直到选择终止标记（如"完成"）为止。

5. 现实中的技能设置

为了执行大语言模型规划子任务，SayCan 采用了一套多样化且适用于移动操作机器人的操作与导航系统。该系统针对厨房环境进行了优化，围绕这一场景设计了 551 种具体技能。这些技能横跨 7 个主要类别，涉及 17 种对象，涵盖的任务包括捡起和放置物品、重新排列物体、开关抽屉、导航至指定地点、将物品放置于特定位置等。

6.1.3 基于交互反馈的闭环规划

尽管 SayCan[154] 解决了让大语言模型的规划有效"落地"的问题，但其规划过程仍存在显著的局限性。SayCan 依赖预训练的价值函数来评估某一技能在具体情景下的可行性，然而，这种方法缺乏对环境反馈进行实时处理的能力。这将导致具身智能体在面对动态环境变化或遇到具体技能执行失败的情况时，难以做出有效的调整和重新规划。例如，在某个子任务未能成功执行的情况下，SayCan 无法自动识别问题并采取相应的补救措施，这极大地限制了它在复杂任务中的适应性和鲁棒性。

基于此，Inner Monologue[155] 方法引入了将环境反馈实时整合到大语言模型规划过程中的理念，构建了一个闭环交互系统。这种机制类似于人类解决问题时的"内心独白"，通过持续接收和处理来自环境的反馈信息，模型能够动态地调整其规划策略，从而更加灵活和有效地应对复杂多变的环境。

1. 闭环规划流程

图 6.3 展示了 Inner Monologue 方法在具身智能体规划与交互时的详细流程。这个流程开始于人类用户向具身智能体提出任务指令，如要求具身智能体从桌子上取饮料。具身智能体接收指令后，首先利用预训练的大语言模型生成初步的规划，如"移动到桌子旁边"。在执行子任务的过程中，具身智能体利用场景描述器识别环境中的物体，如识别出桌子上有可乐、水和巧克力棒。这些信息被反馈给大语言模型，帮助其理解当前环境状态。接下来，具身智能体尝试执行子任务，如"拿起可乐"。每个子任务的执行结果都会通过成功检测器进行评估，以确定动作是否成功执行：如果动作成功，成功检测器会向大语言模型发送正面反馈；如果失败，则发送负面反馈。例如，如果具身智能体成功拿起了可乐，成功检测器会确认子任务成功，具身智能体随后会执行"把可乐拿给你"的动作。

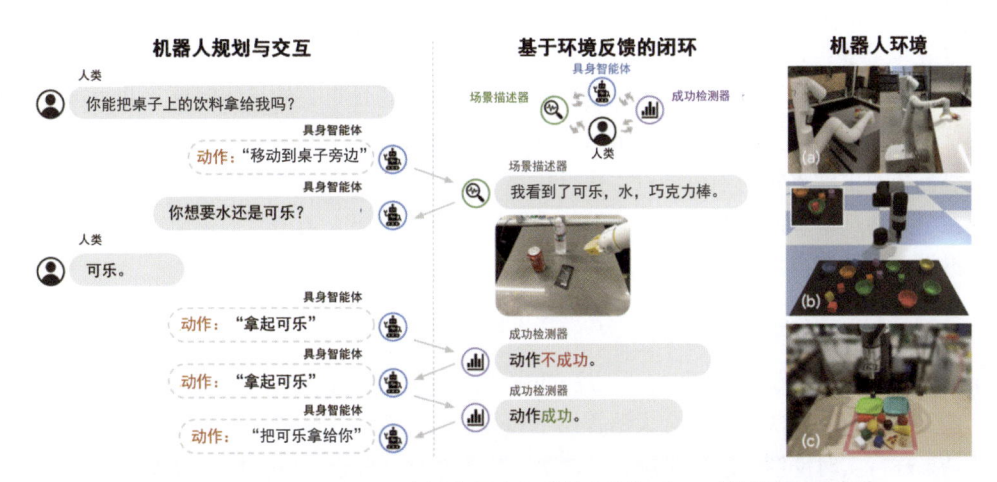

图 6.3　Inner Monologue 方法在具身智能体规划与交互时的详细流程[155]

在整个过程中，大语言模型不断地接收来自场景描述器和成功检测器的反馈，形成一个"内心独白"，使具身智能体能够根据环境的实时变化调整自身行为。如果遇到失败的情况，如具身智能体未能成功拿起可乐，系统就会利用这些反馈信息重新规划动作，可能包括再次尝试拿起可乐或采取其他补救措施。此外，Inner Monologue 方法能够处理更复杂的交互，如在人类用户改变主意时，具身智能体能够根据新的指令调整自身计划。例如，用户最初要求拿可乐，但随后改变主意，要求拿水，具身智能体能够理解这一变化并相应地调整其子任务的规划。

2. 核心组件

Inner Monologue 方法的关键在于建立一个闭环反馈系统，使模型能够依据环境的实时反馈动态调整规划策略。该实时反馈机制主要由三部分组成：成功检测器、被动场景描述及主动场景描述。接下来分别详细介绍这三个反馈机制的具体内容及其实施方式。

（1）**成功检测器**用于评估具身智能体对子任务的执行是否实现了预期目标。它通过特定任务的完成信息（如采用二元分类的方式）判断机器人执行的子任务或具体技能是否达到目的。在模拟环境中，成功检测器能够依据模拟提供的准确状态进行操作；在现实应用中，则需要利用实际的成功与失败案例来训练该检测器。成功检测器以语言形式输出评估结果，即成功与否的反馈信息。这种方式使大语言模型能够理解动作执行的结果，并据此进行下一步的规划或调整。

（2）**被动场景描述**提供了一种自动化的环境反馈机制，无须大语言模型主动发起提示或查询，即可将这些反馈信息整合到大语言模型的输入中。这种反馈机制涵盖了所有能够自动提供并集成到大语言模型提示中的环境感知信息源，而无须大语言模型进行任何主动请求或查询。一个典型的例子是物体识别：通过将从场景中识别出来的物体转化为文本描述，帮助大语言模型理解当前环境的状态。被动场景描述依赖面向不同任务的感知模型（如语义分类模型或基于语言引导的场景描述模型等）实现。

（3）**主动场景描述**是指大语言模型主动发起对场景信息的查询，并获得反馈信息的过程。与被动场景描述不同，这种方法允许大语言模型直接提出与场景有关的具体问题，并通过人类或预训练模型（如视觉问答模型）获取答案。这种方式使大语言模型能够接收针对开放式问题的非结构化回答，从而主动收集与当前场景、执行任务或用户偏好有关的重要信息。实现主动场景描述的关键在于具备理解和回应开放式问题的能力，因此可能需要人类参与提供反馈或依赖先进的感知模型提供更大的支持。

3. Inner Monologue 方法与 SayCan 方法的对比

Inner Monologue 方法与 SayCan 方法的主要区别在于处理环境反馈的方式和实时交互能力不同。虽然 SayCan 方法能够结合大语言模型和经过预训练的技能执行各类子任务，但缺乏对动作执行结果进行实时反馈处理的机制，这限制了它在面对失败或环境变化时的适应性。相比之下，Inner Monologue 方法通过整合场景描述器和成功检测器等感知模型，实现了对环境反馈的即时响应和利用，在动态环境中展示了更高的鲁棒性和适应性。

实验结果进一步展示了这两种方法的差异。在无干扰的标准环境下，SayCan 方法表现良好。然而，引入人为干扰后，即在子任务执行期间添加对抗性干扰导致所选择的技能失败，SayCan 方法的成功率几乎降至 0，其主要原因是它没有设计明确的重新规划方案来应对这种情况。相反，由于 Inner Monologue 方法能够根据环境反馈调用适当的恢复模式，所以在面对对抗性干扰时，其性能显著优于 SayCan 方法。

6.2 面向复杂任务的规划与纠错

在具身智能的规划任务中，实时发现错误、精准定位问题并动态重新规划是具身智能体应对物理环境动态性与不确定性的核心能力。面对突发障碍与任务失败，若缺乏高效的纠错机制，则僵化的预设规划可能导致任务失效、资源浪费甚至造成安全隐患。本节将探讨一系列面向复杂任务规划的技术策略。首先，基于跨任务知识迁移，通过检索相似任务提升大模型对未见过的任务的泛化规划能力。其次，在任务执行受阻时，结合大模型生成的丰富的任务描述，精准定位问题。最后，当多个子任务具备并行执行条件时，利用优先级评估体系筛选子任务，以优化全局效率。本节内容旨在启发读者思考：面对复杂的物理环境，如何设计策略使大语言模型实现更稳健、更自主与更有效的任务规划。

6.2.1 任务检索增强与重新规划

配备了大语言模型的具身智能体在任务的规划能力上展现出巨大的潜力，然而，相关方法在复杂环境下依然存在泛化能力不足等问题。例如，尽管 SayCan[154] 需要假设能够预先枚举所有可以使用的技能，但是在部分可观察的环境中，这一假设很容易被打破，在一定程度上限制了具身智能体在复杂环境中的泛化能力。与 SayCan 不同，LLM-Planner[26] 使用大语言模型直接生成任务规划，而不是对可允许的技能进行排序，从而避免了对环境的先验知识需求，同时，通过检索相似任务生成提示词，用于提升大模型对未见过的任务的规划能力。LLM-Planner 还能根据当前环境中的观察结果进行任务的重新规划，从而生成更符合实际的规划结果。

1. 整体架构

LLM-Planner 的模型框架如图 6.4 所示。LLM-Planner 采用分层规划的方式确保复杂任务的规划与执行。在实践中，LLM-Planner 由高层规划器和低层规划器组成。高层规划器利用大语言模型将自然语言指令（如"加热土豆"）解析为高层目标序列，如"导航到土豆处 → 拿起土豆 → 导航到微波炉处 → 加热土豆"。低层规划器则将每个子目标转换为具体动作（如移动、抓取）。高层规划给定后，低层规划将独立于原始的自然语言指令，每个子任务将被转换成经典的对象定位和导航问题（对应于找寻子目标）或者简单地针对某个对象执行具体的操作（对应于与子目标交互）。在这里，低层规划器可以使用大量仿真数据进行训练。

当 $t = 0$ 时，对给定的自然语言指令，LLM-Planner 直接提示大语言模型生成高层规划。虽然这类规划乍一看比较合理，但往往缺乏与具身智能体所处环境的关联。鉴于此，LLM-Planner 引入了一种重新规划算法，用于在实际环境中对初始的规划进行适应性调整。当具身智能体执行初始的高层规划时，如果需要很多步骤才能完成当前子任务或者进行了多次失败尝试，重新规划算法就会动态地再次提示大语言模型基于已经完成的子任务重新进行高层规划，同时，将迄今为止在环境中感知到的对象列表添加到提示中，作为当前环境的简单但有效的描述。例如，当 $t = 5$ 时，具身智能体花费了很长的时间寻找土豆，于是它重新提示大语言模型，并载入在环境中观察到的冰箱；LLM-Planner 生成一个新的高层规划，指示具身智能体在冰箱里寻找土豆。通过引入这种从环境中获取反馈的方式，LLM-Planner 在环境和大语言模型之间创建了一个闭环，使大语言模型能够动态调整生成的高层规划以适应环境。

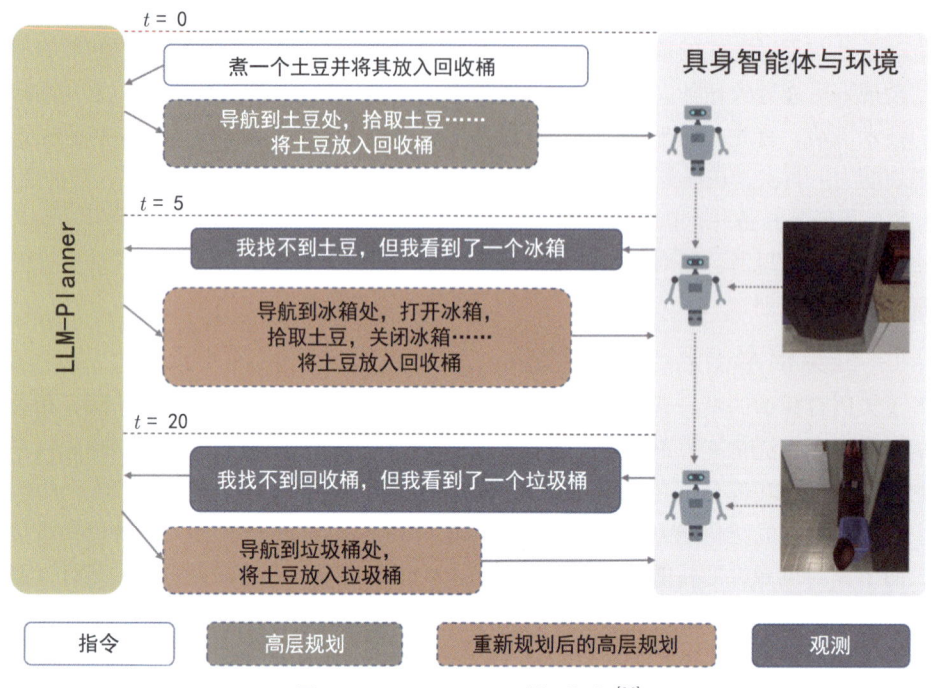

图 6.4　LLM-Planner 模型框架[26]

2. 提示词设计与上下文示例检索

为了将大语言模型用作高层次规划器，首先要设计合适的提示词，引导大语言模型生成高层次的规划。鉴于大语言模型的特性，这一过程不需要对模型的参数进行微调，只需要给出配对的任务指令和高层规划结果，大语言模型就能模仿提示词的形式，针对具体任务生成对应的高层规划。在实践中，提示通常以对任务的直观解释和允许的高层动作列表开始，然后用 kNN 检索器从训练数据中获取一系列上下文示例，帮助大语言模型更好地理解任务。例如，当前任务是"煮一个土豆"，但是检索到的上下文示例可能并不包含完成任务的具体规划，这时如果检索到"煮一个鸡蛋"的规划方案，也会对"煮一个土豆"这样的任务有正向的帮助。为了有效地检索上下文示例，LLM-Planner 使用了一个冻结的 BERT 模型[156] 来评估每个训练示例与当前测试示例的相似性。示例的相似性基于其所对应的 BERT 嵌入表达之间的欧氏距离来表示。对每个测试示例，将从少量的配对训练示例中检索出 K 个最相似的示例（K 是超参数）。在测试阶段，把具体的任务指令及检索到的上下文示例输入大语言模型，模型就会根据提示词生成高层规划结果。接下来，对上述描述给出一个具体的提示词示例。

具体的任务指令

任务描述：将加热后的鸡蛋放入水槽。

允许的动作：导航到某处、拿起对象、放置对象、打开对象、关闭对象、打开设备、关闭设备、切片对象。

检索到的示例 1

任务描述：将土豆放入冰箱。

完整的子任务规划：导航到冰箱处，打开冰箱门，拿起土豆，将土豆放入冰箱，关闭冰箱门。

检索到的示例 2

任务描述：加热一片面包。

子任务规划：导航到冰箱处，打开冰箱门，拿起面包，关闭冰箱门，导航到微波炉处，打开微波炉门，将面包放入微波炉，关闭微波炉门，打开微波炉电源，关闭微波炉电源，打开微波炉门，拿起面包，关闭微波炉门。

已完成的子任务：导航到冰箱处，打开冰箱门。

观察到的对象：冰箱、微波炉、水槽。

根据上述提示词，大语言模型可以生成高层的子任务规划，如：拿起鸡蛋，关闭冰箱门，导航到微波炉处，打开微波炉门，将鸡蛋放入微波炉，关闭微波炉门，打开微波炉电源，关闭微波炉电源，打开微波炉门，拿起鸡蛋，关闭微波炉门，导航到水槽处，将鸡蛋放入水槽。

3. 任务重新规划

如果将 LLM-Planner 作为静态高层次规划器使用，则仅能在任务启动时生成高层次规划。这样的策略虽然在很多任务中能取得较明显的性能提升，但由于缺乏对现实物理环境的适应能力，可能导致最终规划结果与实际环境不匹配，如选择错误的对象或生成无法实现的计划（如图 6.4 所示）。针对此类情况，了解当前环境中存在的对象信息对于获得有效的规划结果至关重要。例如，若现实环境中有冰箱，则大语言模型会基于自身的常识性知识（如食物通常储存在冰箱中）生成子任务，指示具身智能体到冰箱中寻找土豆。鉴于此，通过将从环境中观察到的对象列表添加到提示词中，可以有效增强大语言模型对具体环境的适应性。

在实践中，重新规划算法将在以下两种情况下被触发。

- 具身智能体无法执行某个动作。
- 经过固定的时间步，子任务依旧无法完成。

一旦重新规划算法被触发，LLM-Planner 将根据观察到的场景上下文信息，以及已经完成的子任务，生成新的后续高层次规划。具身智能体通过执行新规划，摆脱原规划可能失败的风险。

4. 任务的最终执行

为了让具身智能体在真实环境中执行任务，LLM-Planner 提出了低层规划，即将高层规划中的每个子任务转换为具身智能体的一个具体的动作序列。例如，"导航到冰箱"可以被分解为一系列导航动作，"拿起鸡蛋"可以被分解为多个具体的抓取动作。为了实现上述目标，LLM-Planner 需要与预训练的导航模型或抓取模型配合，结合具体的导航目标或抓取目标来调用上述模型。在实践中，具身智能体根据低层规划器生成的动作序列在环境中执行任务。在子任务执行过程中，具身智能体会持续感知环境并将信息反馈给 LLM-Planner，从而在必要时根据所感知的场景信息对高层规划进行调整。

6.2.2 多任务依赖关系与优先级判定

基于大语言模型的规划方法（如 LLM-Planner）通常采用分层执行架构。在这种架构中，大语言模型负责将复杂任务拆解为多个子任务，并生成相应的规划。随后，这些子任务由一系列控制器具体执行。这种架构在具身智能领域的许多任务中已经取得了显著优势。接下来，我们将讨论更具挑战性的场景。在这些场景中，LLM-Planner 的性能受到了很多限制，主要体现在以下两个方面。

（1）**长期任务的复杂性**：长期任务通常需要准确的、多步骤的推理，且子任务之间往往存在严格的依赖关系。在这种情况下，如何更有效地规划子任务及其执行顺序，仍然是一个值得深入研究的问题。

（2）**子任务的可行性评估**：大多数基于大语言模型的任务规划方法在处理可以并行执行的多个子任务时，并未充分考虑当前具身智能体实现这些子任务的难易程度。因此，可能存在生成的计划效率低下，甚至在某些情况下不可行的问题。

为了解决上述问题，研究人员提出了 DEPS[157] 方法。该方法不仅能识别子任务之间的依赖关系，还能根据当前具身智能体的状态和环境条件，动态调整子任务的执行顺序，从而生成更加高效且可行的规划方案。

1. 开放世界中的复杂任务

DEPS（Describe, Explain, Plan and Select）是"描述、解释、规划和选择"框架的简称，旨在解决开放世界环境中的复杂和长期任务。这里的"开放世界"一词源自游戏领域，强调智能体能够在多样化的环境中自由导航并自主完成开放式任务。为了验证具身智能体在开放世界中解决问题的能力，DEPS 主要采用《我的世界》（Minecraft）[158] 游戏仿真器进行实验。《我的世界》是一款自由探索类游戏，没有固定目标，因此可以在其仿真器中设置各种类型的任务，以推动具身规划算法的设计。如图 6.5 所示，在《我的世界》中，高级任务的完成依赖一系列复杂的低级子任务的顺序执行，且完成任务的路径具有多样性。以获取钻石为例，至少需要按正确顺序完成 13 个子任务才能获得钻石。与传统的具身智能任务（如将某个物体搬运到特定位置）相比，这类任务具有更高的复杂性和灵活性，对规划算法的有效性提出了更大的挑战。

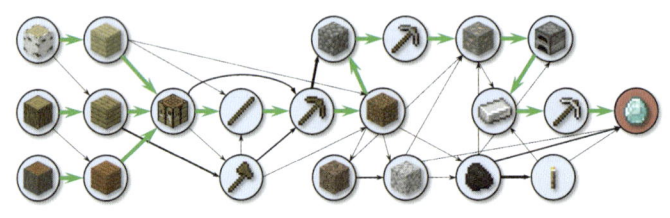

图 6.5 《我的世界》中的高级任务依赖一系列复杂的低级子任务的顺序执行[157]

2. 整体框架

DEPS 的整体框架如图 6.6 所示，它主要由一个由事件触发的描述器（视觉—语言模型）、一个作为解释器和规划器的大语言模型、一个基于预测范围的目标选择器和一个目标条件控制器组成。在实践中，大语言模型作为具身智能体的规划器，借助其自身知识进行任务规划以完成任务。给定一个目标命令（如"挖取钻石"），作为任务 T。基于大语言模型的规划器将这个高级任务分解成一系列子任务目标 $\{g_1, g_2, \cdots, g_K\}$，作为初始计划 P_0，这些子任务目标是以自然语言的形式存在的，如"挖取橡木"等。随后，通过目标条件策略 $\pi(a|s,g)$ 调用控制器，依次执行所规划的子任务，其中 a 表示具身智能体的动作，s 表示当前 a 的状态，g 表示具体的子任务目标。基于前面的讨论，此时大语言模型提供的初始规划通常存在错误，可能导致控制器执行失败。如图 6.6 所示，仅使用木制镐无法完成"挖取钻石"这一目标。当任务失败时，描述器会将当前状态 s_t 和最近目标的执行结果总结为文本 d_t 并发送给基于大语言模型的规划器。规划器首先尝试通过自我解释定位前一个计划 P_{t-1} 中的错误，如"挖取钻石需要使用铁镐"，然后根据解释重新规划当前任务 T，并生成一个修订计划 P_t。在这个过程中，大语言模型除了扮演规划器的角色，还被当作解释器使用。整个过程可以通过以下公式表述。

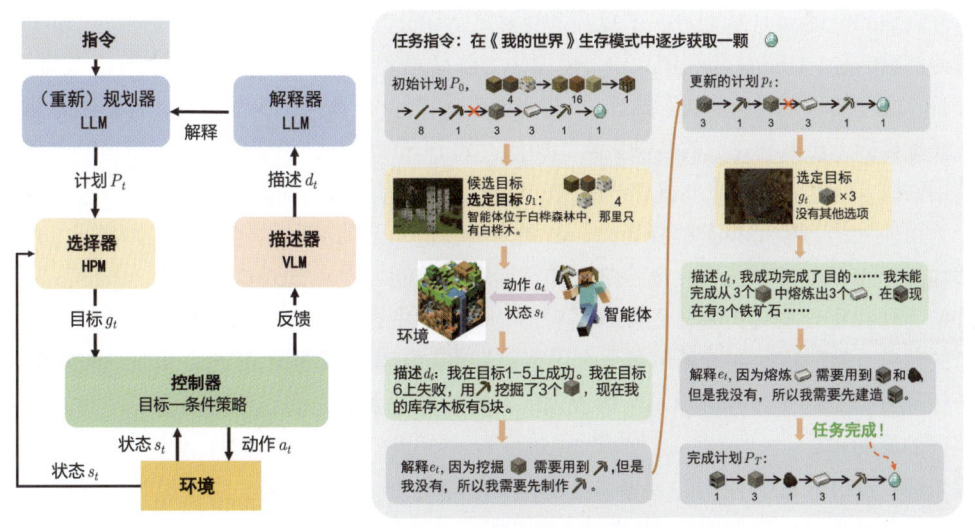

$$
\begin{aligned}
\text{描述：} & \quad d_t = f_{\text{VLM}}(s_{t-1}) \\
\text{解释：} & \quad e_t = f_{\text{LLM}}(d_t) \\
\text{提示：} & \quad p_t = \text{CONCAT}(p_{t-1}, d_t, e_t) \\
\text{计划：} & \quad P_t = f_{\text{LLM}}(p_t) \\
\text{目标：} & \quad g_t \sim f_{\text{HPM}}(P_t, s_{t-1}) \\
\text{动作：} & \quad a_t \sim \pi(a_t|s_{t-1}, g_t)
\end{aligned}
\tag{6.2}
$$

图 6.6　DEPS 的整体框架示意图[157]

DEPS 将不断迭代更新计划 P_t，直到任务完成。f_{VLM} 表示描述器模型，f_{LLM} 表示作为解释器和规划器的大语言模型，f_{HPM} 表示选择器模型，π 表示控制器的目标条件策略。在实践中，为了过滤低效的计划，选择器被训练用于预测在给定当前状态 s_t 的情况下，实现一组并行目标中每个目标所需的剩余时间步。当生成的计划包含替代路线时，选择器利用这些信息选择一个合适的当前目标 g_t。例如，若根据地图信息，选择器预测的目标"相思树"比"橡树"更接近其自身本体，则选择器会以砍伐"相思树"作为当前目标 g_t。

3. 通过描述、解释和规划生成可执行计划

鉴于长期任务的有效规划需满足一系列复杂的前提条件，大语言模型在直接依据任务指令生成完善的计划方面面临巨大挑战，如仅依赖初始规划执行时出现失败的情况。为应对此类难题，现有策略[155] 引入了反馈机制（如成功检测器提供的反馈），以反映每一步骤执行的实际成效。然而，仅通知大语言模型某个子任务是否已完成，通常不足以纠正其规划中的潜在错误。为了进一步提升大语言模型的规划能力，除了将完成状态作为反馈信息，还需要提供更详尽、更具指导意义的信息，以便模型根据反馈调整规划方案，优化后续步骤的执行。

DEPS 框架中的"描述、解释和规划"代表了一种更为精细且交互性更强的规划方法，旨在生成既具高度可执行性又易于理解的任务规划方案。首先，DEPS 通过将提示重写为基于自然语言的对话格式来促进信息的有效交流，使大语言模型能够更好地接收和处理后续反馈的信息。针对每个生成的计划 P，DEPS 不仅明确了任务实现的先决条件（如任务间的依赖关系），还详细说明了预计达成的效果。这种结构化的方法不仅大幅增强了任务规划的透明度和可解释性，也有助于在执行遇到阻碍时迅速定位并分析错误原因。此外，描述器负责收集智能体在任务执行期间产生的各种反馈数据。这些反馈可能涵盖多模态信息，包括但不限于观察到的生物群落环境、GPS 坐标、指南针方向等。如图 6.6 所示，最终 DEPS 能够将这类非结构化的原始数据转化为结构化的语言描述，并形成事件级别的描述 d_t，从而进一步提升系统对复杂任务的处理能力和适应性。

值得注意的是，DEPS 还利用大语言模型作为解释器来分析并解释先前计划 P_{t-1} 失败的原因。具体而言，通过细致分析当前状态描述 d_t 与实现当前目标 g_t 所需的先决条件，解释器能够识别出导致子任务目标无法顺利完成的各项因素。例如，如图 6.6 所示，子任务失败可能是完成当前目标需要使用铁镐，但此工具尚未准备就绪所致；当前目标要求使用 3 块木板，而实际可用的木板数量不足。为了使大语言模型具备解释能力，需要为其提供一定的演示示例作为提示信息，从而使模型能够通过思维链的推理过程，逐步学习并掌握解释的能力[55]。通过这种方式，大语言模型不仅能够理解为何特定计划会失败，还能根据对前一个计划中存在的具体问题的深入解析，重新承担规划者的角色。基于这些明确的解释，大语言模型将制定新的任务计划 P_t，从而更有效地达成设定的子任务目标。这一过程确保了后续规划能有针对性地解决之前出现的问题，进而提高了整体任务执行的成功率。

提示词：DEPS 框架使用的规划器提示词（使用类 Python 代码）用于说明子任务所需的先决条件，以及要达到的预期效果。

```
craft_wooden_axe(initial_inventory={})
```

步骤 1：挖取 3 根原木

```
mine(obj={"log": 3}, tool=None)
```

步骤 2：用 3 根原木制作 12 块木板

```
craft(obj={"planks": 12}, materials={"log": 3}, tool=None)
```

步骤 3：用 2 块木板制作 4 根木棍

```
craft(obj={"stick": 4}, materials={"planks": 2}, tool=None)
```

步骤 4：用 4 块木板制作 1 个工作台

```
craft(obj={"crafting_table": 1}, materials= {"planks": 4}, tool=None)
```

步骤 5：在工作台上，用 3 块木板和 2 根木棍制作 1 把木制斧头

```
craft(obj={"wooden_axe": 1}, materials={"planks": 3, "stick": 2}, tool="crafting_table")
```

返回

```
"wooden_axe"
```

4. 基于范围预测生成高效的计划

在实际应用中，由于任务间存在复杂的依赖关系，所以完成一项任务通常有多种可行的规划路径。尽管这些规划方案在理论上都是可行的，但在特定情境下执行时，大多数方案往往效率低下。例如，如图 6.6 所示，获取木材的任务可以通过砍伐橡树、桦树或相思树实现。然而，在平原生物群落这种特定环境中，仅有橡树是可获得的资源。因此，为了确保高效完成任务，规划器需要选择砍伐橡树，而不是让具身智能体前往其他可能存在不同树木的生物群落（这会显著降低任务完成的效率）。这种策略在现实场景中同样重要。以救援机器人为例，在执行救援任务时，机器人可能需要根据所处环境就地取材来完成某些子任务，从而提高救援速度及整体任务执行的效率和成功率。通过这种方式，具身智能体不仅能充分利用周围的可用资源，还能有效应对现场可能出现的各种不可预知的挑战。这种方法强调在任务规划过程中考虑具体环境条件的重要性，以达到资源利用与任务执行效率的最佳平衡点。

另外，计划 P_t 中的一些目标之间并不存在严格的顺序依赖关系，即目标 g_i 和 g_j 共享先决条件，这意味着两个目标可以以任意顺序执行。选择不同的执行序列（路径）可能会影响计划 P_t

的整体执行效率。具体来说，如图 6.7 所示，由于一个目标可能在物理距离上比另一个目标更接近具身智能体，所以优先执行距离更近的目标可能会获得更高的执行效率，即始终优先选择距离具身智能体更近的目标执行，从而在不牺牲任务完成质量的前提下，生成更高效的执行计划。特别是在有限的时间或资源约束下，这种方法有助于提升任务最终的成功率。

| 目标：3块肉
候选技能：杀掉羊或牛或猪
选择：杀掉羊
解释：先遇到羊 | 目标：2根原木
候选技能：砍伐橡树或桦树或金合欢树
选择：砍伐金合欢树
解释：只有金合欢树的草原生态群系 | 目标：1块煤炭与1块铁矿石
候选技能：挖掘煤炭与铁矿石
选择：挖掘铁矿石
解释：先遇到铁矿石 | 目标：夜间生存
候选技能：在床上睡觉或向下挖掘
选择：在床上睡觉
解释：村庄里有床 |

图 6.7　利用选择器进行子任务优先级判断[157]

为了提升任务规划的效率和成功率，DEPS 引入了一种选择机制。该机制旨在从一系列可能的路径中甄选最优选项作为最终规划方案。具体而言，DEPS 采用一种状态感知的选择器，用于在给定计划 P_t 中识别出距离当前状态最近的子任务 g_t 并将其设定为下一个要完成的目标。此选择基于对当前状态 s_t 和计划 P_t 的分析，预测目标分布 $p(g_t|s_t,P_t)$，其中 g_t 属于集合 G_t，而集合 G_t 包含计划 P_t 中所有当前可行的子任务。在实现层面，一个直观的方案是使用视觉—语言模型（如 CLIP[19] 来评估当前环境状态和子任务描述文本之间的语义相似度，并以此指导选择过程。然而，这种方法存在局限性：由于视觉—语言模型缺乏对物理障碍或挑战的理解，仅依赖语义相似度不足以准确衡量实现特定目标的实际难度。例如，当橡树在具身智能体前方时，"砍树"这一目标与"橡树"在语义层面高度匹配，但如果实际的情景是需要跨越峡谷才能到达前方的橡树，那么"砍伐橡树"这一子任务在实际操作中的效率可能会大打折扣（图 6.7 给出了更多类似的例子）。

为了解决上述问题，DEPS 进一步在其选择机制中引入了一个范围预测策略。该策略整合了实际任务执行的经验，根据目标的效率和可行性对其进行精准排序。定义子任务 g 的范围 $h_t(g) := T_g - t$，表示从当前时间步开始到完成子任务 g 所需的剩余时间步，T_g 是完成目标 g 所需的总时间。这一度量标准精确地反映了在当前状态下达成特定目标的速度。同时，DEPS 框架引入了一个神经网络 μ 来估计上述范围，即通过对离线轨迹中的熵损失 $-\log \mu(h_t(g)|s_t,g)$ 进行最小化来训练该网络，h_t 表示完成目标 g 的真实范围。目标分布表示如下。

$$f(g_t|s_t,P_t) = \frac{\exp(-\mu(g_t,s_t))}{\sum_{g \in G_t} \exp(-\mu(g,s_t))} \tag{6.3}$$

DEPS 使用目标敏感的卷积神经网络作为选择器的骨干网络[159]。通过这种方式，不仅能提升预估各目标所需时间的准确性，还能有效提高整个规划过程的效率和可靠性，从而确保具身智能体在动态环境中给出更好的任务规划方案。

5. 对现实任务的意义

尽管 DEPS 主要在《我的世界》中验证其算法的有效性，但它对现实世界中的具身智能任务同样有重要的启示意义。首先，该方法涉及复杂子任务的分解和多步骤推理，这对于具身智能体执行复杂长序列任务而言至关重要。例如，家用移动机器人在组装家具时，需依次完成拆包、分类零件、按序组装的任务，这与在《我的世界》中为获取钻石而进行挖矿和工具制作的过程相似。其次，通过引入反馈机制，动态调整计划，使具身智能体能够在面对环境变化和不可预测的情况时更灵活地调整策略。最后，基于范围预测的选择器能够优化任务的执行顺序并提高效率，这对资源有限的环境或追求高效率的具身智能体而言尤为关键。例如，在清理房间时，家用移动机器人需要先识别垃圾的位置，再决定最有效的清理顺序，以减少重复移动，提升整体工作效率，这与在游戏中选择最优路径以获取资源的策略类似。综上所述，DEPS 不仅具有在仿真开放世界环境中进行有效规划的能力，也为解决现实世界中具身智能体面临的挑战提供了宝贵的思路。

6.3 基于空间智能的时空规划

近年来，随着具身智能相关技术的快速发展，复杂的空间和时间约束已成为具身智能体操作任务面临的重要挑战。如何有效表示这些约束并实时规划具身智能体操控的轨迹，仍然是一个亟待解决的问题。现有的方法通常依赖手工设计的约束或大量任务特定的数据，这使系统在面对多样化任务和开放环境时缺乏适应性，难以提供普适性和扩展性支持。同时，传统的具身智能体操作任务常常依赖预定义的原子任务，如抓取、推动等，而这些原子任务的获取通常需要大量的数据和手工设计，限制了系统的泛化能力和灵活性。

为了突破这些局限，许多研究团队开始探索如何借助大语言模型中的知识规划具身智能体的轨迹，以避免过度依赖预定义的运动原语。通过结合空间智能与时空约束，具身智能体能够实时感知和理解任务中的空间关系，动态调整其行为以适应环境变化，从而有效规避传统方法对先验知识或手动设计约束的依赖。这种方法提升了系统在开放环境中的灵活性和适应性，并能够更高效地寻找全局轨迹，确保任务顺利完成。本节将从空间智能及其表示方法和时空约束规划两个角度，结合 ReKep[160] 和 VoxPoser[15] 这两个新颖的框架，探讨应对这些挑战的策略。

6.3.1 空间智能的基本概念

空间智能（Spatial Intelligence）是指智能体在空间环境中感知、理解、推理并有效地进行行为规划和决策的能力。在具身智能体执行任务的过程中，空间智能可帮助具身智能体理解和操作复杂的空间布局，识别物体之间的空间关系，并基于这些关系做出适应性规划，实现任务场景中的关键空间关系建模，得出最优执行轨道。例如，具身智能体需要通过空间智能来识别物体的形状、大小、位置及它们之间的相对运动，从而实现精确的抓取、推动或其他操作。注意，此处的"规划"并非局限于对复杂任务的拆解，也涵盖在复杂时空条件下对一些原子任务的分阶段处理。

1. 空间关系的理解与表达

随着具身智能体所面临任务的复杂性增加（如多物体交互、动态环境变化及非刚性物体处理等），具身智能体在具体任务的执行过程中，不仅要关注空间位置和形状，还要应对时间约束和环境变化。若缺乏空间理解能力，具身智能体将难以实时适应新环境并精准执行任务。因此，提升具身智能体在开放和动态环境中的空间智能，对提高其自主性、效率和灵活性至关重要。当前，空间智能的研究处于起步阶段，其首要挑战在于如何理解和表示环境中的空间关系。

（1）**理解空间关系**。如何灵活地捕捉进而理解复杂的空间关系是当前空间智能需要解决的关键问题。传统方法通常过于简单，难以应对多物体交互、形变及动态环境变化等复杂情况。例如，在抓取任务中，物体的形状和位置可能随时变化，这要求具身智能体能够准确感知并迅速调整；在动态环境中，实时感知和适应物体的移动变化也很重要。如果无法有效处理复杂的空间关系，具身智能体将很难完成任务，甚至可能导致操作失误。

（2）**表示空间关系**。如何将复杂的空间关系高效地转化为具身智能体可以理解和操作的形式，是另一个亟待解决的问题。在具身智能体的操控中，除了感知和理解空间关系，还需要将其转换为可执行的决策和动作。这意味着表示方法不仅要精确，还要便于快速计算和调整。传统方法依赖手工设计的约束或特定任务的数据模型，需要针对每项任务重新定义空间关系，导致通用性和可扩展性不足、在未知场景中表现不佳。数据驱动的方法虽然能从大数据中学习，但随着对象和任务数量的增长，数据的收集成为瓶颈，限制了模型的泛化能力，导致其在多变环境中适应性和鲁棒性不足。因此，寻找一种灵活、通用的空间关系表示方法，使具身智能体能在各种任务和环境中展现良好的适应性，也是发展空间智能的关键。

2. 空间关系表示法

空间关系的表示对后续对空间的理解、任务的规划及执行都有重要的意义。现阶段，很多空间关系的表示法是和任务规划方案的设计紧密相连的，接下来将结合 ReKep[160] 和 VoxPoser[15] 这两种新的方法简要介绍其所使用的空间关系表示法。

（1）**关键点空间表示法**是 ReKep[160] 提出的一种基于关键点空间约束的表示方法。该方法首先借助视觉模型在场景中识别出对完成任务至关重要的点（如物体的把手、杯子的边缘等），然后利用大语言模型将这些关键点之间的约束关系转化为一系列数学规则（以 Python 函数的形式表示）。通过这些规则，具身智能体能明确知晓在任务执行过程中上述关键点之间应保持的空间关系，如两个点之间的距离、一个点相对于另一个点的方向等。这使具身智能体能更合理地规划完成任务的路径，从而提升任务执行的效率与准确性。

（2）**三维值图空间表示法**是 VoxPoser[15] 提出的一种基于三维体素的空间关系建模方法。该方法通过将操作空间离散化为网格并为每个单元赋予特定数值（如功能可见性、约束强度等），量化表达物体的空间属性及操作目标。例如，抽屉把手区域被赋予高奖励值（吸引机器人操作），花瓶周围被标记为高成本区域（需要避开）。这种映射依赖大语言模型的常识推理能力，而无须预定义规则或使用大量训练数据。该方法通过实时解析自然语言指令并动态生成三维值图，使具身智能体灵活适应开放环境中的复杂任务需求，显著提升了任务执行的适应性。

6.3.2 基于时空限制的规划

时空限制是指在具身智能体执行操控任务时面临的涉及空间和时间维度的约束条件。在实际应用中，具身智能体的操作通常由多个阶段组成，每个阶段具有不同的时空约束，而这些约束是相互关联的。具体而言，空间约束主要涉及具身智能体与目标物体及环境之间的相对位置关系和运动界限，时间约束则关注任务执行的时间序列、时效性需求等内容。在复杂的动态环境中，特别是在处理多物体交互、非刚性物体操作及应对环境变化等情境中，这些时空限制对具身智能体是否能有效完成任务有直接影响。因此，在考虑时空限制的前提下，对操控过程的不同阶段进行合理规划并生成最优轨迹，对确保具身智能体成功且高效地适应多样化任务至关重要；通过精确规划各阶段的任务，可以显著提升具身智能体在复杂和动态环境中的操作效率和成功率。

1. 基于关键点约束的时空规划方法：ReKep

具身智能体的操控经常涉及与环境中物体的复杂交互，这通常可以在空间域和时间域中表示为对应的约束条件。试想，在向一个杯子倒茶的任务中，具身智能体必须握住杯子的把手，保持杯子直立运输，对齐壶嘴与目标容器，以正确的角度倾斜杯子倒茶。在这里，约束不仅体现在中间的子目标（如对齐壶嘴）上，还体现在操控杯子的过程中（如在运输过程中需要保持杯子直立），它们共同决定了具身智能体在环境中运动需要遵守的空间、时间及其组合的要求。在当前的技术水平下，如何表示这些约束，依然没有相对统一的技术方案。同时，鉴于当前具身智能向实用化发展的趋势，对上述约束的表达方式也提出了更高的要求，包括：具有广泛的适用性，能够适应复杂的多阶段任务并自动适应新任务；具有可扩展性，通过利用先进的基础模型实现高度自动化，避免手动设定约束；具有实时可优化性，确保可以通过现有求解器高效实时地进行优化，以生成复杂的操作行为。为了达成上述目标，ReKep[160] 提供了一种更为自动化、灵活和高效的解决方案，以支持复杂任务中实时约束的生成，以及在此之上的任务规划。

1）整体框架

ReKep 方法的整体框架如图 6.8 所示。当给定带有深度信息的图像时（RGB-D 观测），ReKep 首先调用 DINOv2[136]（当前最优的视觉大模型之一），抽取场景中有意义区域的候选关键点。例如，在倒茶任务中，ReKep 首先定义茶壶把手、壶嘴和杯口等关键点；然后，将这些候选的关键点与任务指令（以自然语言的形式呈现）一起输入视觉—语言模型，生成一系列 ReKep 约束，如夹爪和茶壶把手之间的空间位置关系等；接着，将这些约束转化为 Python 程序，并通过程序指定在任务的不同阶段这些关键点应该满足的关系，以及两个阶段之间的过渡过程应该满足的约束；最后，使用约束优化求解器生成面向末端执行器的密集动作序列。通过上述描述不难发现，ReKep 方法的整个流程不涉及任何额外的训练过程或特定的任务数据。

2）基于关键点约束的表示法

ReKep 方法的核心在于它提出了一种基于关键点约束的表示法，并利用该表示法刻画了任务不同阶段需要满足的约束条件。给定关键点 $k_i \in \mathbb{R}^3$，其指代的是场景表面的一个三维点，其坐标依赖任务语义和环境（如茶壶把手上的抓取点、壶嘴等）。一个具体的 ReKep 实例表示为一个函数 $f: \mathbb{R}^{K \times 3} \to \mathbb{R}$，它将一组关键点 $\boldsymbol{k}$ 映射为一个成本值，$f(\boldsymbol{k}) \leqslant 0$ 表示约束被满足。在实践中，f 被直接实现为一个 Python 函数。在实际应用中，一个任务通常被分解成多个阶段，且每个阶段会有不同的空间约束。假设一个任务可以被分解成 N 个阶段，可以使用 ReKep 为每个阶段 $i \in \{1, 2, \cdots, N\}$ 指定两组约束：一组子目标约束 $C_{\text{sub-goal}}^i = \{f_{\text{sub-goal},1}^i(\boldsymbol{k}), f_{\text{sub-goal},2}^i(\boldsymbol{k}), \cdots, f_{\text{sub-goal},n}^i(\boldsymbol{k})\}$ 和一组路径约束 $C_{\text{path}}^i = \{f_{\text{path},1}^i(\boldsymbol{k}), f_{\text{path},2}^i(\boldsymbol{k}), \cdots, f_{\text{path},m}^i(\boldsymbol{k})\}$。其中，$f_{\text{sub-goal}}^i$ 编码了在阶段 i 结束时需要达成的关键点关系，f_{path}^i 编码了阶段 i 内的所有状态都需要满足的关键点关系。

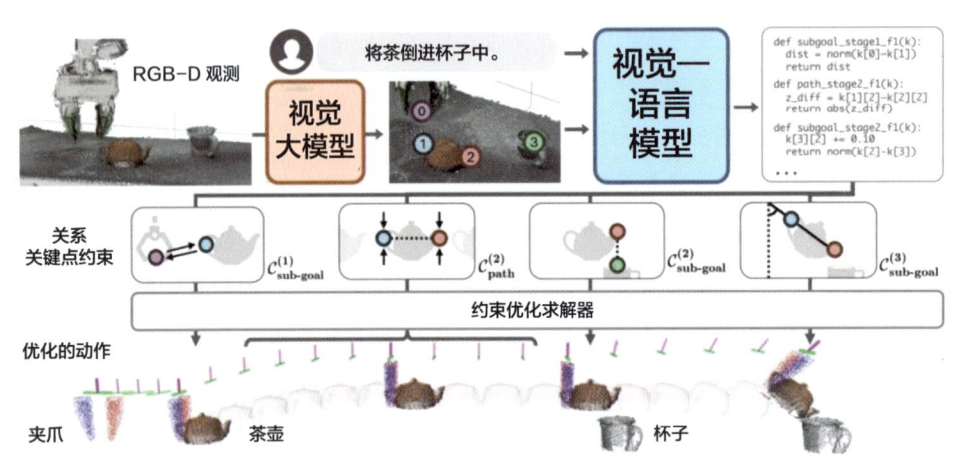

图 6.8　ReKep 方法整体框架示例[160]

如图 6.8 所示，倒茶任务包含三个阶段：抓取、对齐和倒水。阶段 1 的子目标约束指定将末端执行器拉向茶壶把手。阶段 2 的子目标约束指定茶壶壶嘴需要位于杯子开口的正上方。此外，阶段 2 的路径约束确保在运输过程中茶壶保持直立以避免溢出。阶段 3 的子目标约束指定期望的倒水角度。通过这种方式，ReKep 能够捕捉任务中的复杂时空依赖关系，并为机器人提供明确的动作指导。

3）优化方法

使用 ReKep 作为约束表示工具，规划操控过程其实就是优化求解符合所有约束的轨迹，即将操作任务表示为涉及 $C_{\text{sub-goal}}^i$ 和 C_{path}^i 的约束优化问题。

为了获得优化结果，ReKep 采用了分阶段优化的方式。首先，通过求解子目标问题获得当前阶段的子目标 e_{g_i}，确保其满足子目标约束 $C_{\text{sub-goal}}^{(i)}$。子目标优化问题可以表示为

$$\underset{e_{g_i}}{\arg\min}\ \lambda_{\text{sub-goal}}^{(i)}(e_{g_i}) \quad \text{s.t.} \quad f(\boldsymbol{k}_{g_i}) \leqslant 0, \quad \forall f \in C_{\text{sub-goal}}^i$$

其中，$\lambda_{\text{sub-goal}}^i$ 是子目标优化的辅助代价函数，表示碰撞避免、可达性等在执行过程中需要被控制的成本。也就是说，上述目标尝试找到满足 $C_{\text{sub-goal}}^i$ 的子目标，同时最小化辅助成本。接着，通

过求解路径问题生成轨迹 $e_{t:g_i}$，从当前末端执行器姿态 e_t 到达子目标 e_{g_i}，确保路径约束 C_{path}^i 在所有状态下都得到满足。路径优化问题可以表示为

$$\underset{e_{t:g_i},g_i}{\arg\min}\; \lambda_{\text{path}}^i(e_{t:g_i}) \quad \text{s.t.} \quad f(\boldsymbol{k}_{\hat{t}}) \leqslant 0, \quad \forall f \in C_{\text{path}}^i, \quad \hat{t} = t, \cdots, g_i$$

其中，λ_{path}^i 涵盖需要被控制的成本，如场景碰撞规避、可达性、路径长度、解的一致性等。此处，如果与子目标 e_{g_i} 的距离小于 ϵ，则进入下个阶段 $i+1$。

在具体实践中，系统还要具备跨阶段重新规划的能力，特别是在检测到前一阶段的某个子目标约束不再适用时，如在执行倒茶任务的过程中杯子从夹持器中脱落。具体来说，在每个阶段，系统将检查当前路径 C_{path}^i 是否存在违反约束的情况；一旦发现此类情况存在，系统就会回溯至最近满足条件 C_{path}^j 的阶段 j。

4）现实任务效果

ReKep 在多阶段任务中展现了强大的能力，能够通过时空约束规划实现复杂的操作。如图 6.9 所示，以折叠衣物任务为例，ReKep 通过关键点约束指导机器人抓取衣物的不同部位（如袖子、领口），并将其折叠到指定位置。通过可视化结果可以看出，ReKep 通过与空间约束结合，可以规划出精确的轨迹，确保每个阶段的子目标和路径约束得到满足，逐步完成复杂的多阶段任务。这种基于时空约束的规划方法不仅适用于单臂机器人，还能扩展到双臂协作任务（如折叠大件衣物）中，展示了其在开放世界中的广泛适用性。

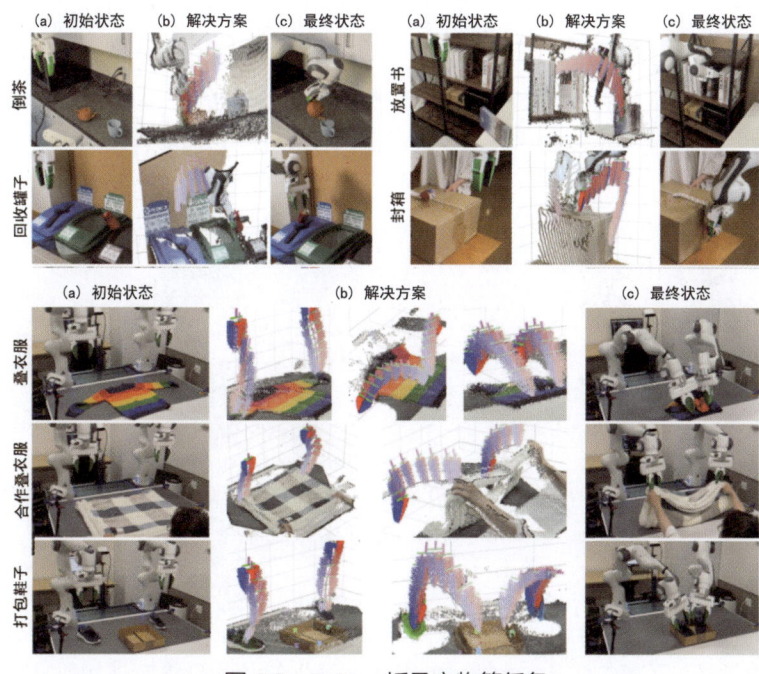

图 6.9 ReKep 折叠衣物等任务

2. 基于三维值图的时空规划方法：VoxPoser

在传统的具身智能体操控规划中，通常需要对一些列基本技能进行预定义，如抓取、推动等。这些技能不仅需要手动设计和标注，也限制了系统的灵活性与通用性。在前面两节中，我们探讨了基于大语言模型的规划方法。虽然大语言模型在高层次任务规划中展现了巨大的潜力，但在实践中，它们的空间规划能力仍显不足，难以直接产生针对空间约束的细粒度规划结果。此外，虽然现有的视觉—语言模型在视觉推理方面表现出色，但它们往往无法精确地将语言指令转化为具身智能体的操作控制指令。同时，现有规划方法通常不能以实时频率生成具身智能体的规划轨迹，这使它们在面对动态环境时显得力不从心，缺乏必要的即时响应能力。因此，如何实现语言与视觉的深度融合，并根据环境的动态变化给出实时的操控规划，成为 VoxPoser[15] 需要解决的核心问题。

1）基本流程

如图 6.10 所示，VoxPoser 方法利用视觉—语言模型和大语言模型处理输入信息。其中，视觉—语言模型处理带有深度信息的图像数据，大语言模型处理自然语言指令。三维值图的生成过程依赖大语言模型和视觉—语言模型的协同工作。给定一个自由形式的语言指令（如"打开抽屉并避开花瓶"），大语言模型通过推理生成 Python 代码。该代码与视觉—语言模型交互，借助视觉—语言模型的感知能力获取环境中物体的空间几何信息（如抽屉把手和花瓶的位置），并生成三维值图。三维值图是一种在具身智能体观测空间中的密集体素网格，能够捕捉任务中的关键信息，如物体的可操作区域和避障区域。三维值图包括功能性图和约束性图，提供关于环境的详细信息，如物体的位置、可操作性和限制条件。在三维值图中，不同的位置有相应的值。基于三维值图，VoxPoser 可以进行路径规划，指导具身智能体完成特定任务，如在避免碰撞的同时移动到指定位置。VoxPoser 不仅能在静态环境中生成精确的操控轨迹，还能在动态环境中实时调整，以适应复杂的环境变化和外部扰动。

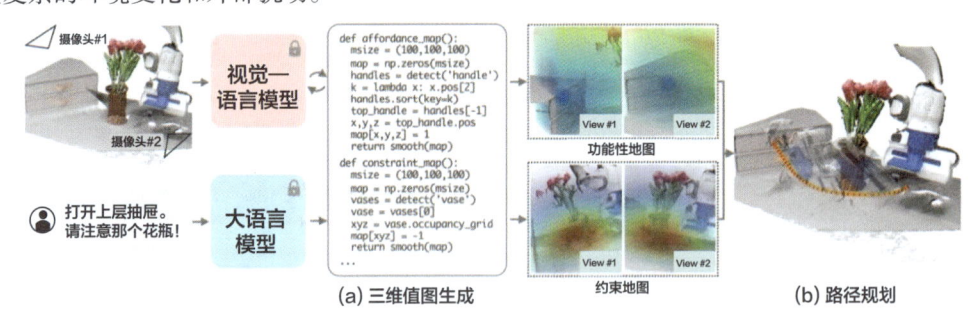

图 6.10 VoxPoser 的基本流程[15]

2）轨迹规划问题表述

VoxPoser 方法考虑一个由自然语言指令 L 给出的操控问题（如"打开顶柜抽屉"）。不同于直接将复杂任务规划成一系列子任务，此处 VoxPoser 规划的是各阶段应该如何具体操控（如"抓住抽屉把手""拉开抽屉"），即给出对应阶段具身智能体的运动轨迹 τ_i^r。该轨迹可以表示成一系列有关末端执行器的点，在每个点上应该有到达该点时末端执行器的位姿、速度和夹爪状态等。给定第 i 个阶段 ℓ_i，最优的轨迹规划结果可以表示为

$$\min_{\tau_i^r}\{F_{\text{task}}(T_i, \ell_i) + F_{\text{control}}(\tau_i^r)\} \quad \text{s.t.} \quad \mathcal{C}(T_i)$$

其中，T_i 表示环境信息随着操控的进行而产生的变化，$\tau_i^r \subseteq T_i$ 表示具身智能体的轨迹；F_{task} 用于衡量 T_i 在多大程度上完成了指令 ℓ_i；F_{control} 用于指定需要控制的成本；$\mathcal{C}(T_i)$ 表示一些有关运动学的约束，这些约束可以通过基于物理的或基于学习的环境模型进行计算。通过为每个阶段 ℓ_i 求解这个优化问题，获得具身智能体在当前阶段的轨迹；通过组合这些轨迹，完成整个任务。

3）基于三维值图的求解

通过上述公式不难发现，若要求解整个轨迹规划的结果，要先对 F_{task} 进行计算。为此，VoxPoser 引入了一种基于体素的三维值图 $V \in \mathbb{R}^{w \times h \times d}$ 作为空间信息的基本表示，并通过该图指导场景中"感兴趣实体"（如机器人末端执行器、物体或物体部件）的运动。如图 6.10 所示，考虑任务"打开上层抽屉"及其第一个阶段"抓住上层抽屉把手"（由大语言模型推断），"感兴趣实体"是具身智能体的末端执行器，三维值图应该反映对抽屉把手的吸引力。如果进一步引入指令"小心花瓶"，则三维值图还需要反映对花瓶的排斥力。此处将"感兴趣的实体"记为 e，将其轨迹记为 τ^e。面向子阶段 ℓ_i 的三维值图，F_{task} 可以通过累加"感兴趣的实体" e 在 V_i 中"穿行"的值做近似计算，具体表示为 $F_{\text{task}} = -\sum_{j=1}^{|\tau_i^e|} V(p_j^e)$，其中 $p_j^e \in \mathbb{N}^3$ 表示 e 在第 j 步的位置坐标值。

在实际应用中，VoxPoser 的一个重要步骤就是通过提示大语言模型并执行代码获得一个基于体素的三维值图 $V_i^t = \text{VoxPoser}(o_t, \ell_i)$。其中，$o_t$ 为 t 时刻的 RGB-D 的观测值，ℓ_i 表示当前子阶段。此外，鉴于 V 通常是稀疏的图，可以通过平滑操作使体素图密集化，进而获得更平滑的规划轨迹。

4）性能分析

如图 6.11 所示，通过系统地对比分析动态错误、感知错误和规范错误三个关键指标，可以分别从"动态模型预测精度""感知模块的环境信息提取能力""任务规范和约束生成的准确性"三个维度对 VoxPoser 的性能进行详细评估。实验结果表明，相较于 U-Net + MP 和 LLM + Prim. 两种基线方法，VoxPoser 在这三个关键指标上的表现均显著领先。

尤其值得注意的是，在减少规范错误方面，VoxPoser 的表现十分突出，这表明 VoxPoser 在生成任务规范和约束时具有更高的准确性，也展示了其在面对复杂任务要求时的鲁棒性。尤其在动态环境中，VoxPoser 能够实时调整轨迹，以应对环境变化，确保任务顺利完成。同时，动态错误少表明 VoxPoser 能够更精准地预测具身智能体与环境之间的交互，尤其在处理复杂任务时，其适应性更强。感知错误少，反映了 VoxPoser 通过结合视觉—语言模型和大语言模型，在提取和理解环境信息方面的能力得到了显著提升，从而有效降低了感知误差。

图 6.12 给出了真实环境中的三维值图。其中，第一行展示了当"感兴趣实体"是对象或部件时，三维值图如何引导这些实体到达目标位置。第二行和第三行展示了"感兴趣实体"具身智能体末端执行器的任务场景，第三行的任务涉及两个子任务场景。可以看出，面对一系列日常操作，

VoxPoser 能够以较高的平均成功率有效合成日常操作任务的机器人轨迹。由于其快速重新规划的能力，系统对外部干扰也表现出很强的鲁棒性。例如，在目标或障碍物发生移动的情况下，或者在机器人关闭抽屉后再次将其拉开等情形下，系统依然具有良好的性能。VoxPoser 还能处理复杂的多步骤任务，如"从烤面包机中取出面包，放在木盘上"。VoxPoser 通过将任务分解为多个子任务，并在每个子任务中应用时空约束规划，确保整个任务顺利完成。

图 6.11　VoxPoser 的性能

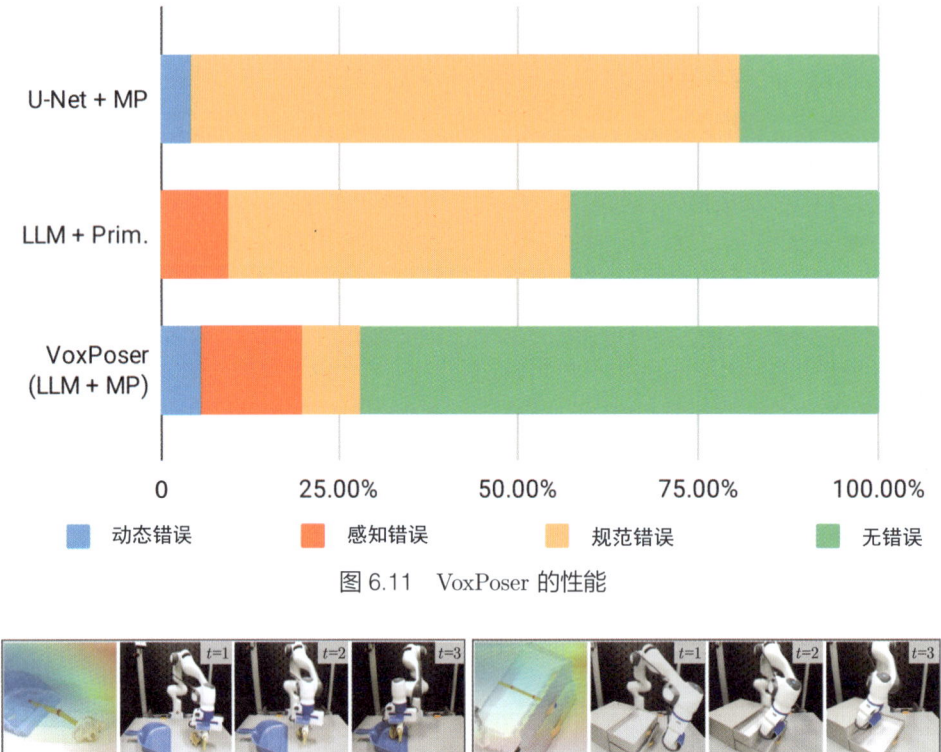

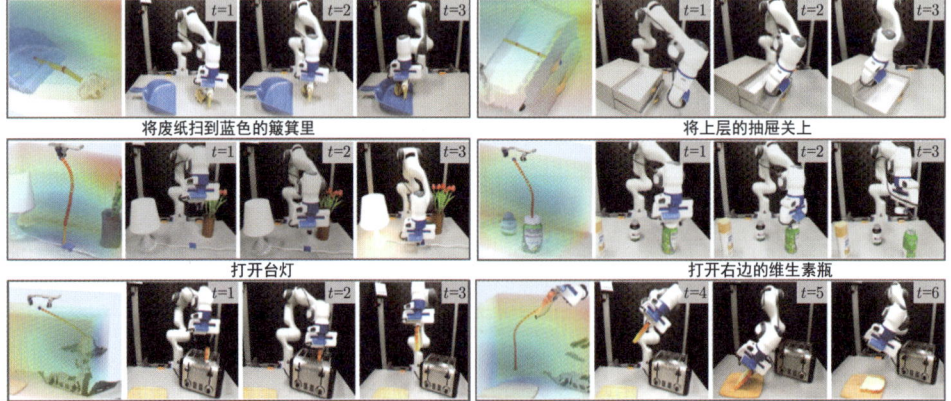

图 6.12　真实环境中的三维值图[15]

第 7 章　多智能体交互

多智能体交互是具身智能中的一个核心概念，它涉及多个自主智能体之间的协调与合作，以完成复杂任务。在多智能体系统（Multi-Agent System，MAS）中，每个智能体都可以基于自身对环境的感知及与其他智能体共享或传递的信息进行行动和决策。智能体之间的交互既可以是合作性的，也可以是竞争性的，需要复杂的算法来管理通信、任务分配和决策过程。多智能体系统在真实世界中的应用至关重要。例如，在机器人团队、自动驾驶车辆和协作机器人等场景中，动态交互是高效完成任务的关键。

本章将探讨以下主题。

（1）**多智能体系统概述**：介绍多智能体系统的基本原理，包括智能体行为、多智能体的基本定义，以及常见的智能体与真实世界的交互方式。

（2）**多智能体通信**：讨论多智能体之间不同的通信内容和通信范式，包括基于显式通信和隐式通信的通信内容表示，以及基于管理者—追随者和角色扮演的通信的基本范式。

（3）**多智能体协作**：探讨多智能体的协作过程，包括对系统任务进行高阶的任务分解和分配，以及低阶的行为决策规划，介绍基于预训练大语言模型的规划方法，以及基于世界模型的规划方法。

本章通过对多智能体交互基本框架的系统性梳理，旨在为读者奠定相关概念的基础认知。该领域技术发展迅速，技术方案与应用场景持续迭代更新，因此，本章内容聚焦前沿技术，力求为读者提供一个兼具基础性与时效性的视角。

7.1　多智能体系统概述

多智能体系统是指由多个自主智能体组成的系统。这些智能体能够相互协作或竞争，协同完成特定任务。每个智能体在系统中可以独立感知环境、进行决策并执行行动，而它们的整体行为通常通过交互和协调来实现系统的全局目标。相比于单智能体，多智能体系统的关键特性包括分布性、自主性、互动性和灵活性。

（1）**分布性**：多智能体系统中的智能体通常分布在不同的物理位置或逻辑空间中。每个智能体仅能感知其局部环境，没有对全局状态的完整认知。这种分布性使多智能体系统适合解决大规模、分布式的问题，如网络管理、交通控制等。分布性提高了系统的容错能力，即使某些智能体失效，系统整体仍可继续运行，同时能利用分布式计算资源提升效率。

（2）**自主性**：每个智能体能够独立感知、决策和执行任务，无须外部直接干预。自主性包括环境感知、计划生成、动作选择等能力。自主性使智能体能够快速响应环境变化，减少集中控制的瓶颈、降低复杂性。同时，智能体可以根据其目标和优先级调整行为，适应动态环境。

（3）**互动性**：智能体之间通过通信机制进行交互，包括信息共享、任务分配和协作等。交互方式可以是直接通信（消息传递），也可以是间接通信（如通过环境标记）。互动形式通常包括合作、竞争和协调。通过互动，多智能体系统可以更高效地分配资源和完成任务，同时具备适应动态环境的能力。

（4）**灵活性**：多智能体系统能适应动态变化的环境或任务需求，包括智能体数量的变化、新任务的引入或意外事件的发生。多智能体系统可以通过智能体的加入、退出或重组，调整其结构或策略。灵活性赋予多智能体系统更强的适应性和鲁棒性，在复杂、多变的环境中具有显著优势。例如，在机器人团队中，可动态调整分工以应对实时需求。

基于上述特性，多智能体系统可以通过任务分解和分配，使多智能体协作完成复杂任务或单一智能体无法高效完成的问题，同时有效提高效率。多智能体系统在日常实践中有着广泛的应用，包括以下几个重要场景。

（1）**机器人团队合作**：在制造、物流、救援等任务中，多个机器人能够通过分工合作提高效率。例如，在自动化仓库中，机器人团队能够分配不同的货物搬运任务，优化整体工作流程。

（2）**世界模拟**：多个智能体扮演不同的角色，模拟世界模型并进行社会模拟、经济模拟、疾病传播模拟等。

（3）**自主车辆协作**：在智能交通系统中，多辆自主车辆可以通过信息共享和协作实现安全高效的交通流动。车与车之间的通信和协作，有助于优化路径规划、避免碰撞并提高整体交通系统的效率。

多智能体系统的优势在于能通过智能体之间的协作与通信解决复杂、动态的任务。这使多智能体系统在具身智能领域具有重要的应用价值，并为未来更多场景的自动化和智能化提供新的可能性。

7.1.1 多智能体系统的基本组件

多智能体系统是由多个彼此独立、能感知环境并进行自主决策的智能体组成的系统。其一般遵循如下工作流程：给定目标任务，多智能体系统首先根据传感器数据和功能参数进行适当的任务分解和分配；然后，每个智能体根据分配的任务进行自主决策，执行任务并与其他智能体及环境进行通信交互，根据环境反馈及时更新决策，从而高效、准确地完成任务。多智能体系统的基本组件主要包括智能体、智能体交互、智能体执行、任务分解和分配、智能体学习和多智能体评测。

（1）**智能体**：智能体是指能够在特定环境中感知信息、分析问题并采取行动以实现目标的系统或实体。智能体的核心能力通常包括决策思维、工具使用和记忆能力。**决策思维**：智能体能够将复杂任务分解为多个子任务，逐步分析和解决每个部分的问题，同时结合以往的经验，优化决策过程。这种能力使智能体在面对复杂问题时更具自主性，效率也更高。**工具使用**：智能体可以利用外部资源或工具完成任务，如操作设备、查阅数据或与其他系统交互，从而扩大其功能范围并适应动态环境。**记忆能力**：智能体能够存储和检索信息，拥有短期记忆（处理当前任务所需的信息）和长期记忆（保存历史信息供后续使用）。这种记忆能力可帮助智能体保持任务的连续性并支持长期学习和改进。例如，一辆自动驾驶汽车就是一个智能体，它通过传感器感知周围环境的信息（如车道、行人和障碍物），利用决策思维规划安全的驾驶路线，调用车辆控制系统（工具使用）完成转向、加速和刹车等操作，根据行驶记录和实时路况（记忆能力）优化驾驶策略，最终将乘客安全送达目的地。

（2）**任务分解和分配**：任务分解是指将复杂的全局任务拆分成较小的子任务，以便智能体独立或协作完成，通常可以依据时间、空间、功能及优先级对任务进行分解。任务分配是指根据分解的子任务将其分配给合适的智能体，确保系统的整体效率和目标实现。任务分配主要包括集中式、分布式和分层式分配机制。

（3）**多智能体组织形式**：多智能体组织形式随着多智能体系统和智能体功能的不同而不同，主要分为中心化、去中心化、分层和共享信息池等，其设计的核心目的是提升多智能体交互的稳定性和效率。根据多智能体功能是否相同，多智能体系统可以分为同质和异质组织形式；根据各智能体的子任务是否相同，多智能体系统可以分为合作和竞争多智能体系统。

（4）**多智能体通信**：多智能体系统的通信内容根据智能体之间交互形式的不同可以分为隐式通信和显式通信。前者将智能体的传感器输入和自身状态通过编码形成隐式的向量进行信息传递。基于显式通信的智能体系统可以传递自然语言，增强系统的稳定性和可解释性，同时为人机交互打下基础。根据角色功能及相互作用的不同，多智能体通信范式有典型的管理者—追随者模式、角色扮演模式和点对点模式。管理者—追随者模式利用管理者进行任务和其他子智能体的分配和管理。在角色扮演模式下，每个智能体都有独特的角色、作用和功能。在点对点模式下，所有智能体之间都可以采用分布式、自适应的通信规范。

7.1.2 多智能体系统的组织形式

多智能体系统的组织形式是指智能体如何结构化组织和交互的方式。这些组织形式影响系统的协调效率、任务分配及对动态环境的适应能力。如图 7.1 所示为常见的多智能体组织形式。

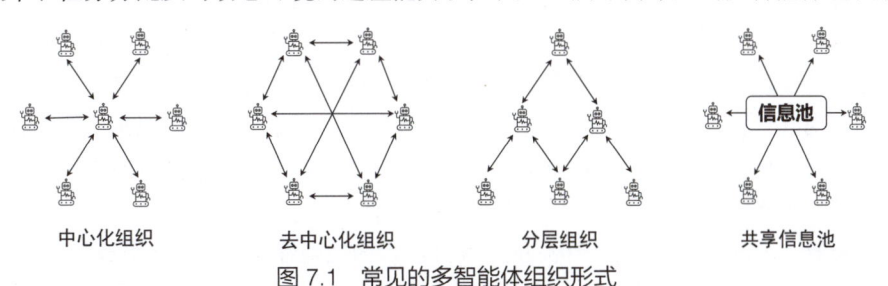

图 7.1 常见的多智能体组织形式

（1）**中心化组织**：在中心化组织中，系统内存在一个中心节点或控制器，负责全局信息的收集、任务分配和决策制定。智能体主要执行中心节点分配的任务，缺乏自主性。中心化组织适合小规模、结构化的任务场景，如工业自动化流水线。其优点在于全局视图清晰、决策效率高，但存在单点故障问题、可扩展性较差。

（2）**去中心化组织**：去中心化组织没有中心节点，所有智能体通过对等通信进行协作和任务协调。每个智能体根据本地信息和与邻近智能体的交互自主决策。去中心化组织容错性强，能适应动态环境，但缺乏全局视图，可能导致较高的通信和协调开销。其典型应用场景包括无人机编队和灾害救援机器人系统。

（3）**分层组织**：分层组织将系统划分为多个层级，上层智能体负责全局规划和任务分配，下层智能体执行具体任务，层级职责明确，适合复杂任务的分配和管理。分层组织结合了全局优化与局部自主性的优点，但通信延迟和层级依赖可能导致协调成本较高。其典型应用包括智能交通系统和物流调度系统。

（4）**共享信息池**：在共享信息池组织中，所有智能体通过共享的数据池（如云端或数据库）获取最新信息。每个智能体利用共享的信息池进行独立决策并执行任务。这种形式有利于高效地交换信息，但对信息池的实时性和安全性有较高要求，如多台协作的工业机器人通过共享数据库更新任务进度和状态信息。

1. 同质和异质多智能体系统

如图 7.2（左）所示，根据多智能体功能的不同，多智能体系统的组织形式可以分为同质和异质两种。

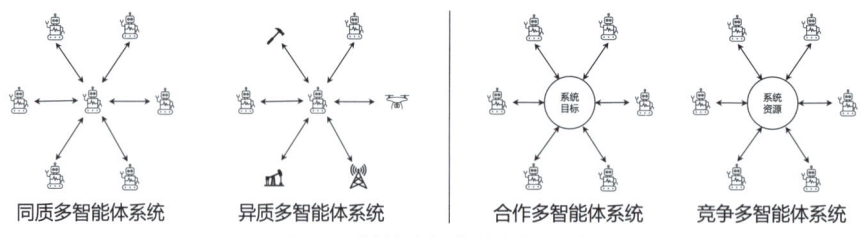

图 7.2 其他多智能体组织形式

同质多智能体系统由一组功能、能力和行为规则完全相同的智能体组成，所有智能体具有相同的硬件配置、计算能力和任务执行方式。在同质多智能体系统中，智能体可以互换，不区分角色，同时，任务可以在智能体之间灵活分配，智能体之间的协作协议和通信方式较为简单，智能体的设计和实现成本较低，具备高可扩展性、高灵活性和低成本的优势。但是，同质多智能体系统功能相对单一，整体能力有限，难以完成多样化的任务。典型的同质多智能体系统应用包括无人机编队巡逻、群体机器人清扫、分布式传感器网络等。

异质多智能体系统由一组功能异构、能力互补且行为规则各异的智能体组成。在该系统中，各智能体通常在硬件配置、任务执行能力和计算能力上存在差异，能根据自身能力承担特定角色或任务。相比于同质多智能体系统，异质多智能体系统尽管在任务分配方面需要考虑智能体的特性和限制，协作更复杂、成本更高，设计时需明确不同智能体的能力边界和协同机制，但仍具有一些优点，如较强的多任务执行能力、较高的资源利用能力和更强的适应性，不同的智能体可以根据特性分工，高效地处理复杂环境下的多样化复杂任务。典型的异质多智能体系统应用包括搜救任务（空中无人机搜索+地面机器人运输）、智能交通系统（交通灯控制+自动驾驶车辆协调）和工业自动化（装配机器人+运输机器人）等。

2. 合作和竞争多智能体系统

如图 7.2（右）所示，在多智能体系统中，各智能体的子任务不同，可以分为合作和竞争两种组织形式。

在合作多智能体系统中，所有智能体具有共同的目标，相互协作完成任务，智能体之间通过共享信息、协调行为或分工合作，实现系统整体性能的优化。智能体以实现全局目标为核心，通过通信机制共享感知数据、状态信息和任务进展。根据不同的个体能力或角色，智能体合理分工，避免了资源浪费和重复劳动。合作多智能体系统通过合理分工提升效率，通过协作在优化系统整体性能的同时补偿失效智能体的功能，但存在通信开销较大、协调较为复杂的缺点，同时，依赖中心节点的合作多智能体系统，存在单点失效的风险。典型的合作多智能体系统应用有多机器人搬运、灾害救援和无人机编队等。

在竞争多智能体系统中，智能体各自追求自身目标，可能因资源有限或目标冲突而相互竞争，智能体之间以博弈或对抗的形式进行交互，最终达到一种平衡状态。在该系统中，每个智能体基于自身目标独立决策，具有较强的独立性，但智能体的个体目标之间可能存在一定程度的冲突。同时，智能体可能争夺资源、任务或行动空间，因此其整体性能受到了限制。竞争式多智能体系统灵活性较高、通信需求较低且有很好的环境自适应性，但系统效率整体较低。典型的竞争式多智能体应用包括智能交通系统、电子商务和游戏对抗等。

7.1.3 多智能体系统任务执行

多智能体系统执行任务时通常涉及多个智能体在特定环境中协同完成复杂任务的过程。

如图 7.3 所示，每个智能体首先通过感知模块获取环境信息（如视觉、语言输入等），将自身配置、系统目标和环境状态送入任务规划、分解和分配模块，根据任务目标将其分解成合适的子任务，并分配给合适的智能体执行。在执行子任务时，智能体根据其知识库和记忆模块进行决策，根据与外部环境的反馈机制优化学习智能体执行过程，并通过通信机制交换信息，实时调整行动策略以适应环境的变化。最后，根据智能体系统任务的完成情况和执行过程的高效性和安全性对该系统进行评测。

具体地，记智能体集合为 $\{R^{(1)}, R^{(2)}, \cdots, R^{(N)}\}$。其中，$N$ 为智能体数量，所有智能体动作空间为 $\mathcal{A}$，每个智能体可以从中选取一个动作执行，第 n 个智能体的状态用 s^n 表示。给定一条指令 L。该指令包含主要的目标信息，但通常缺少实现目标的具体操作细节信息。多智能体系统希望分析指令意图，利用外部信息、环境感知信息及常识信息等补全指令中的具体操作，对任一时刻 t 进行详细的任务规划并分解可以执行的子任务序列 $\mathcal{T}_t = \{\tau_t^{(1)}, \tau_t^{(2)}, \cdots, \tau_t^{(M)}\}$，其中 $\tau_t^{(M)}$ 为特定子任务。之后，子任务就可以根据多智能体系统中每个智能体的位置和功能进行合理的任务分配，得到每个智能体所执行的任务序列 $\mathcal{V}_t = \{v_t^{(1)}, v_t^{(2)}, \cdots, v_t^{(N)}\}$。任务分解和分配过程可以表示为

$$\mathcal{T}_t = \epsilon(P, \boldsymbol{s}_t) \tag{7.1}$$

$$\mathcal{V}_t = \eta(\mathcal{T}_t, \boldsymbol{s}_t) \tag{7.2}$$

其中，$\boldsymbol{s}_t = \{\boldsymbol{s}_t^1, \boldsymbol{s}_t^2, \cdots, \boldsymbol{s}_t^N\}$ 为所有智能体的状态信息。确认每个智能体在时刻 t 的子任务后，可以利用动作模型生成每个智能体的具体动作 a_t^n。

$$a_t^n = \phi(\boldsymbol{s}_t, a_{t-1}^n, v_t^n, o_t) \tag{7.3}$$

其中，$\phi(\cdot)$ 为动作模型，o_t 为时刻 t 的感知数据。

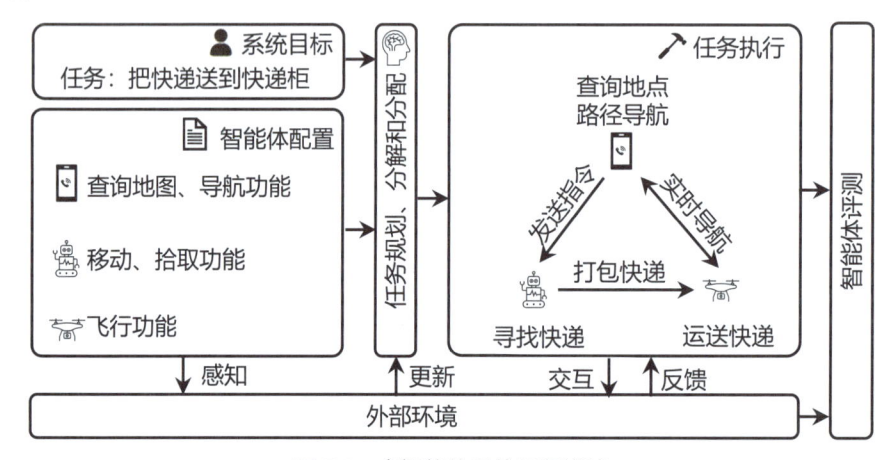

图 7.3　多智能体系统任务描述

通过跟踪智能体的交互日志，可以分析每个智能体的通信、决策和执行效果，并对任务分配的准确性、通信延迟、成功率、任务完成时间、任务完成准确性、输出一致性、吞吐量、故障恢复时间及公平性指数进行评测，以衡量多智能体系统的稳定性和高效性。此外，多智能体系统的评测应考虑其在不同规模下的可扩展性、鲁棒性和适应性，以及与其他系统的互操作性。通过这些评测方法和指标，可以全面评估多智能体系统的性能，并指导其优化和改进。

7.2　多智能体通信

多智能体系统的通信方案在整个系统运行过程中扮演着至关重要的角色，是智能体之间协作的纽带，也是实现系统整体目标的核心机制。通过通信，智能体能够共享环境信息，协调彼此的行为，共同应对复杂的任务和环境变化。通信不仅提高了系统的效率和灵活性，还使多个智能体能够以分布式的方式完成任务，从而降低对中心化控制的依赖。因此，多智能体通信是实现集体智能的重要基础，也是多智能体系统设计和研究中的关键课题。本节主要探讨多智能体通信的基本组成部分，包括智能体间通信的内容表示和通信的基础范式等。

7.2.1 通信的内容表示

在多智能体系统中，通信的内容表示是决定系统适应性和协作能力的关键因素。智能体之间的通信表示既可以是隐式的，也可以是显式的，其范围涵盖从简单的状态传递到复杂的语义交流。通过向量形式的隐式通信，智能体能够共享位置、速度、方向等状态信息或视觉特征信息，从而实现默契的协作，而无须进行显式的信息交换。这种通信方式依赖环境中的直接感知和状态传递，使智能体能够在无须明确沟通的情况下协调行动。相比之下，显式通信的语义性更明确。在这种模式下，自然语言常被作为重要的交流媒介，智能体通过文字或语音实现高层次的语义协作。然而，这种通信方式面临着语言歧义带来的挑战。从隐式状态传递到显式语义交流，多样化的通信内容共同构建了多智能体系统强大的交互能力，使其能够适应复杂环境并实现高效的协作。

1. 基于隐式向量传递信息

随着人工智能、机器学习和深度学习的发展，越来越多的多智能体系统开始关注如何在智能体之间实现高效的信息交流。隐式向量传递（Implicit Vector Communication）作为一种新兴的交流方式，已经在自然语言处理、图像识别、推荐系统等领域取得了显著成果[161-163]。通过这种方式，智能体可以在没有直接语言或显式信息传递的情况下进行信息交换，从而提高系统的效率和灵活性[164-165]。

隐式向量传递信息的通信模式受深度学习和自然语言处理的启发，尤其是 Word2Vec[166]、BERT[51] 等词向量模型，在语言理解中有成功的应用。20 世纪 90 年代，多智能体系统的研究主要集中在显式信息传递策略上，如基于协议的通信和基于信号的交换。在这一时期，智能体之间的交流方式相对原始，主要依赖预定义的规则和协议实现[167-168]。然而，随着深度学习的快速发展，特别是无监督学习方法的突破，研究者开始探索如何通过隐式向量表示来优化信息交流[51, 166]。例如，Word2Vec 通过将词映射到低维向量空间来捕捉词之间的关系，这一方法在文本处理领域得到了广泛应用。进一步，许多工作[164-165]将强化学习与多智能体系统结合，利用自编码器、生成对抗网络等实现智能体之间的隐式信息交流[164-165]。这种方法使多智能体系统能在不依赖显式信息传递的情况下，基于共享的潜在空间进行协作与竞争。现代多智能体系统通过研究多种嵌入技术（如深度神经网络、图神经网络、变分自编码器等），进一步探索了如何借助嵌入向量或潜在空间（Latent Space）的表示，使智能体能在更为隐蔽的空间中交换信息，进而提升系统的性能与适应性。

如图 7.4(a) 所示，基于隐式向量传递信息的主要工作流程包含以下几个步骤。

（1）**环境感知**：每个智能体被赋予一个初步的状态表示。这一状态可以通过感知外界环境或从其他智能体处获取初步信息，如基于传感器数据或历史决策等获取信息。

（2）**向量化表达**：每个智能体将其感知的环境或自身状态嵌入一个低维的隐式向量空间。这些向量通常代表智能体的知识、意图或策略，并通过神经网络或其他嵌入技术学习得到。

（3）**隐式交流**：通过交换隐式向量实现状态、感知和决策信息的通信，或者在没有直接信息交换的情况下，通过观察其他智能体的行为或共享隐空间间接获取信息。

（4）**联合决策**：每个智能体根据接收的隐式向量信息（来自其他智能体的嵌入向量）更新其决策模型，最终做出对系统全局最优的决策。

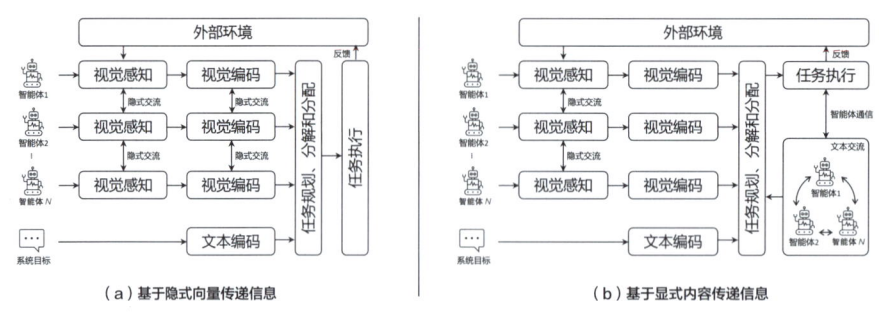

图 7.4　多智能体系统不同的通信内容表示

2. 基于显示内容传递信息

与隐式通信相比，显式通信以更加明确的方式传递信息，如通过自然语言进行交流。无论是任务需求、资源分配，还是环境的关键变化，智能体都能通过显式通信快速达成一致。这种通信方式不仅显著提高了系统的整体协作效率，也为复杂语义表达的实现及与人类的自然交互奠定了重要基础。

在早期的多智能体系统中，智能体之间的信息交换主要依赖符号和信号。最初的多智能体系统采用较为简单的通信机制，如信号传递和状态共享等[165, 169]。这些方式主要基于预定义的规则和协议，虽然能实现基本的信息传递，但缺乏灵活性，内容也不够丰富。此外，这些信息可能是显式的信号状态信息或隐式的特征向量，而解码过程往往会降低通信效率，同时削弱系统的可解释性。近年来，随着深度学习技术的突破，尤其是其在自然语言处理领域（如 BERT、GPT 等模型）的应用，智能体能够在更高的层次上理解和生成文本。基于深度学习的语义理解和生成技术使智能体能更好地捕捉上下文信息，从而做出更精准的决策[2, 54, 170]。这使显式文本传递信息成为多智能体系统中一种可行且高效的通信方式。如今，随着多模态学习与强化学习的融合，智能体不再局限于通过文本传递信息，而是能结合视觉、听觉等多种感知通道进行交互[138, 171-172]。这种多模态的通信方式使智能体能以更自然的方式进行信息传递，同时显著增强了系统的灵活性与适应性。

如图 7.4(b) 所示，与隐式向量通信相比，显式通信在智能体交互过程中引入了基于自然语言的显式交流过程。首先，显式文本提供了更加简洁且易于理解的通信方式。智能体可以通过文本传达复杂的信息、意图或任务，从而减少误解、降低信息丢失的风险。其次，显式通信能够提高智能体之间的协作效率。文本交流为智能体提供了更高效的协作手段，使其在任务分配、信息共享和决策调整中能更好地协调行动，从而实现集体目标。此外，显式通信提高了系统的灵活性与适应性，使智能体能根据不同的任务需求灵活地生成信息，并快速适应环境的变化。由于文本是基于语言的，所以智能体能通过语言适应不同的任务场景，从而提升系统的可扩展性。最后，显式通信能够轻松扩展至人机交互应用。显式文本不仅适用于智能体之间的通信，还能实现高效的人机交互。用户通过自然语言文本与系统进行沟通，能够更直观地理解系统状态并进行操作，从而显著提升用户体验。

3. 人机交互

人机交互是多智能体系统的重要研究方向，其意义不言而喻。多智能体系统的核心在于智能体之间的协作，而人类作为系统工作的重要参与者，与智能体的高效协作是实现复杂任务、提升系统效能的关键。通过人机交互，系统不仅能获取人类的高层次指令和专业知识，还能让人类实时参与任务的执行，从而增强系统的灵活性与适应性[173-175]。此外，人机交互为智能体系统的透明性、可控性提供了支持，使人类可以理解智能体的决策逻辑，从而提升对系统的信任度和接受度。无论是在灾难救援、智慧城市管理中，还是在未来的智能社会中，人机交互都是多智能体系统实现高效协作和安全运行的核心桥梁，也是推动技术与人类社会深度融合的重要力量。

与基于显式内容传递信息的通信方式相比，基于人机交互的多智能体系统能够在决策和执行阶段与人类实时交互。例如，人类可以随时调整系统目标、修改某一智能体的子任务、动态配置多智能体系统（如增加或删除智能体），或者直接与智能体进行交互协作，从而提升系统的稳定性和运行效率。

早期的多智能体系统研究聚焦单一智能体与人类之间的交互，其交互方式主要基于命令式输入和输出。由于技术限制，当时的人机交互主要依赖命令行界面（CLI）和早期的图形用户界面（GUI）[176-179]。随着人工智能和机器学习技术的快速发展，多智能体系统的研究逐渐转向通过自然语言处理、计算机视觉、音频识别及动作捕捉等更为人性化的方式进行交互。在这一阶段，系统逐步引入行为识别、文本分析和语音识别等技术，使人机交互变得更加自然和直观[180-182]。以 CoELA 为例，这是一个典型的基于大语言模型构建的人机交互多智能体系统，其设计目标是通过模块化架构实现高效的任务规划、通信和执行，同时引入人类干预机制以提升任务完成率和系统稳定性。CoELA 的核心设计在于其通信模块。该模块利用大语言模型生成自然语言对话，并根据任务需求动态决定是否与其他智能体或人类进行交互。通过与人类的实时交互，CoELA 在任务效率、信任度和适应性方面取得了显著提升。首先，它能够通过自然语言与人类进行高效沟通，增强了人类对其行为的理解与信任；其次，任务完成效率大幅提高；最后，它能够根据人类反馈灵活地调整任务计划和行为策略，展现出更强的适应性，从而优化人机协作的整体效果。

7.2.2 通信的基础范式

在多智能体系统中，不同的通信范式反映了智能体之间交互方式的多样性和适应性。无论是通过管理者—追随者模式实现高效的集中式决策，还是通过角色扮演构建灵活的分工协作体系，不同的范式在各自的应用场景中发挥了独特的优势。它们不仅为智能体在不同任务中的高效协作提供支持，还为系统的弹性和鲁棒性提供保障。这些范式的合理设计与运用，是提升多智能体系统智能化水平和应对复杂挑战的关键。

1. 管理者—追随者模式

多智能体系统的研究开始于 20 世纪末。随着人工智能和分布式计算的兴起，研究者们开始探索如何通过多个智能体的协作来解决复杂问题。管理者—追随者模式作为一种简单的协调架构被提出，旨在简化智能体之间的交互[183-184]，通过明确的角色分工和任务分配实现高效的任务执行。随着人工智能技术的进步，这一模式逐渐应用于实际场景，如机器人团队协作和分布式任务调度等[185-187]。这一阶段重点关注如何提升管理者的决策效率和追随者的执行能力。近年来，随着物联网、云计算和大数据技术的快速发展，管理者—追随者模式在智能交通、物流配送、网络安全等领域得到了广泛应用。

如图 7.5(a) 所示，基于管理者—追随者模式的多智能体系统主要包含以下模块。

（1）**任务分解与分配模块**：管理者智能体（Manager Agent）接收系统的整体任务目标，并将其分解为多个子任务。这些子任务根据复杂度、优先级和资源需求被分配给不同的追随者智能体（Follower Agent）。

（2）**任务执行模块**：追随者智能体接受任务后，根据自身的功能和能力执行任务。它们可能需要与其他追随者智能体协作，或者独立完成任务。在此过程中，管理者智能体应提供必要的支持和资源。

（3）**信息反馈与监控模块**：追随者智能体在执行任务的过程中，会定期向管理者智能体反馈任务进度、遇到的问题及资源使用情况。管理者智能体根据这些信息进行监控和调整，确保任务按计划进行。

（4）**动态调整模块**：如果任务执行过程中出现意外情况（如资源不足、任务优先级变化等），管理者智能体会根据实时反馈动态调整任务分配和执行策略。这种灵活性使系统能够适应复杂多变的环境。

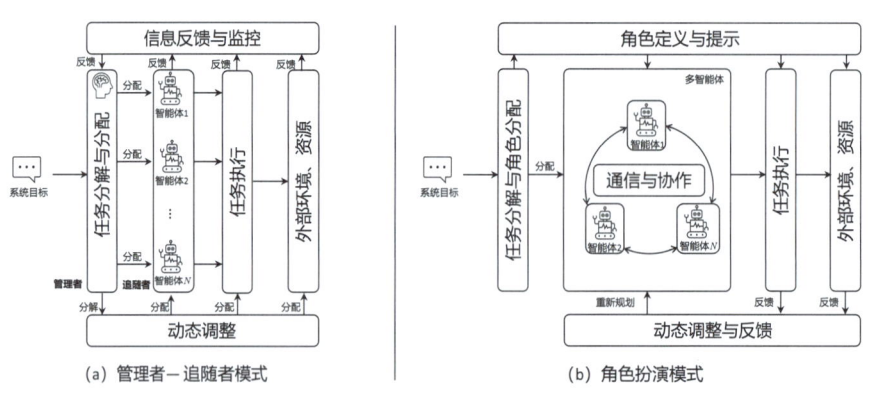

图 7.5 多智能体系统不同通信内容

在实际应用中，多智能体系统通常会训练一个强大的管理者智能体用于精确的任务分解与分配，并实时监控追随者的状态，以确保任务的高效准确执行。同时，强大的管理者智能体能通过增加或删除追随者的方式，动态调整系统结构，以适应不同的环境和任务需求。

2. 角色扮演模式

早期的基于角色扮演的多智能体系统研究主要集中于理论基础和初步应用探索。在这一阶段，多智能体系统主要用于模拟生物群体行为（如鸟群飞行、鱼群游动），以及实现简单的机器人协作[188-190]。随着人工智能技术的快速发展，多智能体系统逐渐被应用于更为复杂的任务场景，如机器人编队、传感器网络和智能交通系统[191-193]。这一时期的研究重点在于通过优化深度网络提升系统的鲁棒性和适应性。近年来，随着大语言模型和强化学习技术的进步，相关模式在工业自动化、智能电网、智能营销等领域得到了广泛应用[194-197]，在复杂任务中的表现也得到了显著提升。

典型的基于角色扮演模式的多智能体系统如图 7.5(b) 所示。这种模式通常不依赖强大的管理者智能体，而是通过智能体之间的自主协作完成任务，其核心流程主要包括以下四步。

（1）**角色定义与提示**：在任务开始前，系统根据任务需求为每个智能体分配特定角色。这些角色明确了智能体的职责、能力及协作方式。

（2）**任务分解与角色分配**：复杂任务被分解为多个子任务，每个子任务根据其特点分配给具备相应能力的智能体。智能体根据自身角色独立处理子任务。

（3）**通信与协作**：智能体之间通过通信机制（如消息传递、共享状态等）进行信息交换，实时更新任务进度和环境变化。智能体根据角色定义自主协作，无须中央管理者的直接干预。

（4）**动态调整与反馈**：在任务执行过程中，智能体根据实时反馈动态、任务需求和环境变化自主切换角色或调整行为。

与管理者—追随者模型相比，基于角色扮演的多智能体系统具有显著优势。首先，该模式具有更高的灵活性与动态适应性。角色扮演模式允许每个智能体根据任务需求动态调整自身角色，而非固定为管理者或追随者。这种灵活性使系统能更好地适应复杂多变的任务环境。例如，当任务需求发生变化时，智能体可以快速切换角色以满足新的需求。其次，角色扮演模式通过明确的角色定义减少了任务分配过程中的通信开销。每个智能体可以根据自身角色独立完成任务，同时通过协作高效地完成复杂任务。这种协作方式显著提升了任务执行效率，尤其是在需要多个智能体协同工作的场景中。最后，角色扮演模式增强了系统的容错能力。由于每个智能体都具备独立完成任务的能力，所以，即使某个智能体出现故障，其他智能体仍可继续执行任务。这种分布式协作方式有效降低了单点故障对系统的影响。

7.3 多智能体协作

在多智能体协作中，多个智能体通过通信、协调与分工共同完成复杂任务，其核心目标是实现高效的任务分解、协同规划和动态适应。近年来，大语言模型在驱动单个智能体进行任务规划与执行方面展现出了强大的能力，一个自然的想法就是探索基于大语言模型的多智能体协作。然而，面对长期任务的复杂性、具身智能体本体之间的异构性、大语言模型上下文窗口的有限性等问题，直接将大语言模型作用于多智能体任务依然面临诸多挑战。本节将集中介绍基于预训练大模型的方法，以及基于世界模型的方法，以应对复杂情景下多个具身智能体的协作问题。

7.3.1 基于预训练大模型的方法

1. 基于大语言模型的方法初探：RoCo

尽管多个具身智能体通过自主协同完成复杂任务，能够大幅提升生产生活中任务的执行效率，但这一过程仍面临诸多挑战。首先，为了有效地分配和协调每个具身智能体的工作，模型需要对任务有深入的理解，并要兼顾每个具身智能体本体的特性，如工作范围、负载能力及能源限制，进而给出合理、高效的任务分解和分配方案。这种能力评估和任务分配的复杂性是多智能体协作的核心问题之一，但当前还没有成熟的解决方案。多个具身智能体如何在动态环境中实时共享信息并调整策略依旧是一个开放问题。其次，对多智能体系统中的具身智能体进行统一的运动规划也是十分具有挑战的问题。随着机器人数量的增加，配置空间指数级增大，寻找无碰撞的运动路径变得极其困难，特别是当环境密集且处于高动态变化时，此类困难尤为突出。最后，早期的多具身智能体系统（如多机械臂系统）需要针对具体任务进行设计。这样做虽然能优化特定场景下的性能，但牺牲了系统的泛化能力。由于大部分任务结构是预定义的，所以这些系统难以适应新场景或任务的变化，其在实际应用中的灵活性和可扩展性也受到了限制。为了讨论上述问题的解决方案，本节将介绍 RoCo[198] 这一基于大语言模型实现多具身智能体高效协作的方法。

1）整体流程

图 7.6 给出了 RoCo 方法的基本流程。给定一个存在多个具身智能体的任务执行环境，系统首先为每个具身智能体分配一个大语言模型。该模型根据具身智能体本体的特性进行响应，并严格遵循其在多智能体系统中扮演的角色（如"我是 Alice，我能够到达……"）。随后，多个具身智能体之间将进行**对话式任务协调**。这个过程的核心目的是通过对话让多个具身智能体交流信息，并针对任务策略进行讨论。同时，这种显式的通信方式具有很高的可解释性，便于人类进行监督与执行过程的回溯。多个智能体的对话以每个智能体的**子任务计划生成**为完结标志（如"拿起物体"）。同时，系统为具身智能体提供一系列的环境验证和反馈（如逆运动学失败或碰撞），直到提出一个有效的计划。最后，在任务执行层面，利用大语言模型进行**关节空间运动规划**。经过验证的子任务计划将为每个具身智能体生成目标配置。这些配置被传递给一个集中的运动规划器，该规划器将为每个具身智能体输出轨迹。

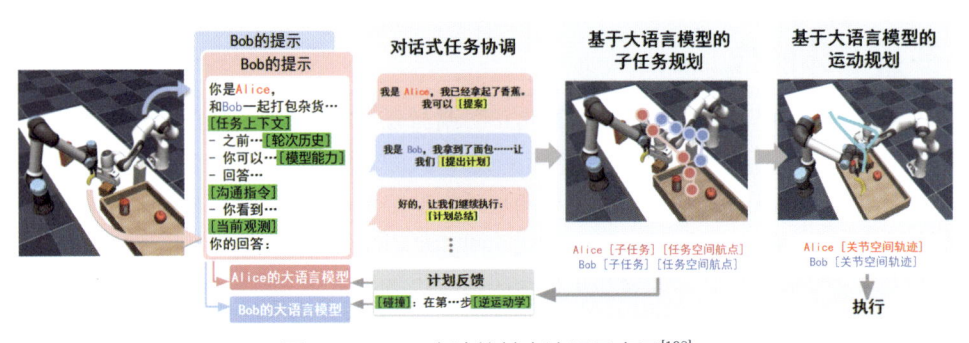

图 7.6 RoCo 方法的基本流程示意图[198]

2）基于大语言模型的多轮对话

多个进行任务协作的具身智能体，其观测范围和能力边界通常存在较大的差异。此时，如果具身智能体之间缺乏沟通，则难以实现有效的协调。RoCo 引入了大语言模型以促进智能体之间的通信。具体而言，RoCo 会为每个具身智能体分配一个大语言模型，用于实现基于自然语言的通信。该代理根据具身智能体所持有的独特信息作出响应，并严格遵循其预设角色进行对话。针对上述具身智能体，RoCo 的提示词采用了统一的结构，并根据每个具身智能体的本体差异调整具体的内容。提示词的核心组成部分包括以下六个方面的内容。

（1）**任务上下文**：描述任务的整体目标。

（2）**轮次历史**：记录前几轮的对话和执行的动作。

（3）**模型能力**：描述具身智能体的可用技能和约束条件。

（4）**沟通指令**：如何响应其他具身智能体，并以适当格式输出。

（5）**当前观测**：每个具身智能体的具体状态，以及在当前对话中其他具身智能体的先前响应。

（6）**计划反馈（可选）**：前一个子任务计划失败的原因。

在实践中，为了确保对话的有效推进，每个具身智能体在提示词的"沟通指令"字段选择以下两种方式之一来结束其回应：指示其智能体继续讨论；总结每个智能体的行动并提出最终行动建议。值得注意的是，只有在当前对话轮次中所有智能体均至少完成一次回应后，方可执行上述操作。这种设计旨在平衡具身智能体之间的自由讨论与提高任务推进效率，通过限制交流次数确保在有限的时间内形成明确的子任务计划。

3）基于大语言模型的子任务规划

在一轮对话即将结束时，最后一个发言的具身智能体总结出一个"子任务计划"，每个具身智能体都会获得一个具体的子任务（如"拿起物体"），并在任务空间中生成一系列三维航点路径。为了保证子任务在真实场景中能够被有效执行，每个子任务计划会先进行一系列检查，通过检查后才会进入执行阶段；如果任何一项检查失败，则反馈将被附加到每个具身智能体的提示中，并开始新一轮对话。RoCo 涉及一系列检查内容，要求系统按照顺序处理，且每项检查都基于前一项检查已经通过的假设进行。主要的检查项目如下。

（1）**文本解析**：确保计划遵循所需格式，并包含所有必需的关键字段。

（2）**任务约束**：检查每个动作是否符合针对任务和具身智能体本体的约束。

（3）**逆运动学检查**：检查每个具身智能体的目标姿态是否可以通过逆运动学实现。只有该检查通过，才可以根据起始点和目标点直接驱动具身智能体本体（如机械臂）运动。

（4）**碰撞检查**：检查通过逆运动学解算的具身智能体本体的设置是否会导致碰撞。

（5）**有效航点（可选）**：如果任务需要路径规划，则每个中间航点必须是逆运动学可解的、无碰撞的，并且所有步骤应均匀分布。

如果上述检查未通过，则具身智能体被允许通过"交流讨论"，并重新进行规划与检查。如果达到最大尝试次数，则结束当前轮次，不执行任何动作，并开始下一轮次的对话。如果任务未能在有限轮次内完成，则该任务被视为失败。

4）基于大语言模型的运动规划

在子任务计划通过所有验证后，RoCo 将子任务规划结果与逆运动学相结合，为所有具身智能体生成联合目标配置。在需要的情况下（如移动距离较长），系统还会为任务空间航点路径的每一步生成中间目标配置。这些目标配置随后被传递至面向具身智能体本体的路径规划器。该规划器负责对所有具身智能体本体的运动轨迹进行联合规划，并为每个具身智能体本体生成具体的执行轨迹。完成上述步骤后，系统将任务推进至下一轮次的子任务规划。

5）测试基准简介

为了验证 RoCo 方法在多具身智能体协同任务上的有效性，RoCoBench 作为一个新的测试基准被提出。RoCoBench 包含六个多机器人协作任务，均用于桌面操作场景。这些任务涉及一些常见物体，并涵盖一系列需要不同具身智能体本体通信和协调行为的协作场景。由于篇幅限制，关于基准测试的详细内容，请读者参考 RoCo[198] 的附录。此处总结了 RoCoBench 在定义任务时使用的关键属性，如表 7.1 所示。

表 7.1 RoCoBench 在定义任务时使用的关键属性

任务名称	任务分解（并行/顺序）	观测空间	工作空间重叠程度
打扫地面	并行	不对称	中
打装杂货	并行	共享	中
移动绳子	并行	不对称	高
整理橱柜	顺序	不对称	高
制作三明治	顺序	共享	低
排序方块	顺序	共享	低

其中，每一项的具体解释如下。

（1）**任务分解**：任务的可分解性及其执行顺序的确定是任务规划的关键环节。在 RoCoBench 中，根据其内在逻辑，任务可分为顺序性任务和并行性任务两类。具体而言，顺序性任务要求子任务必须按照特定顺序执行。例如，在"制作三明治"任务中，食材的堆叠必须遵循正确的顺序以确保任务顺利完成。与此相反，并行性任务允许子任务以任意顺序或同时执行。例如，在"打包杂货"任务中，物品放入箱子的顺序不受限制，各子任务可以独立完成。这种分类方式不仅体现了任务结构的多样性，也为任务规划提供了灵活的优化空间。

（2）**观测空间**：环境信息的获取方式在具身智能体协作中扮演着重要的角色。在 RoCoBench 中，任务设计根据信息共享程度的不同分为两类：一类任务为具身智能体提供任务工作空间的共享观测，使其能够同时获取相同的环境信息；另一类任务采用非对称的信息设置，具身智能体无法直接获取完整的环境信息，而需要通过相互询问与通信来交换知识，以弥补信息的不对称性。这种设计不仅体现了任务环境的多样性，也强调了具身智能体协作中信息共享与通信机制的重要性。

（3）**工作空间重叠程度**：具身智能体之间的空间接近程度是影响任务执行复杂度的重要因素。

RoCoBench 将每个任务中具身智能体之间的接近程度划分为低、中、高三个等级。具身智能体之间的接近程度越高，具身智能体本体之间的空间重叠区域越大，对协调的要求就越严格。这种划分方式不仅有助于评估任务的复杂性，也为评估具身智能体之间协作策略设计的优劣提供了重要的依据。

2. 基于大语言模型的可扩展多智能体协作：SRC

如前文所述，RoCo 方法[198] 涉及的系统通常仅包含两到三个具身智能体，因此，系统可以为每个具身智能体分配一个大语言模型，并让模型进行多轮的协作对话。然而，将这种方法扩展到更多具身智能体本体和更长期的任务上则是一项十分具有挑战性的工作。首先，随着具身智能体数量的增加，需要的协调动作和动作的相互依赖性呈指数级增长，这使模型的推理过程变得更加复杂。其次，提供给每个大语言模型的上下文信息不仅包括当前对话轮次中其他大语言模型的响应，还包括之前轮次的对话、具身智能体的动作和状态的历史信息。因此，增加具身智能体的数量会显著增加提示词的长度，致使令牌的数量急剧增加。在很多时候，这种增加将使令牌数量迅速达到大语言模型所支持的上限，造成信息加载困难，大语言模型的推理时间将随之大幅延长。再者，由于输入令牌的长度过长，当前任务的重要信息可能会在较长的提示词中被稀释，导致针对当前情境的规划结果的有效性降低。基于大型语言模型的可扩展多智能体协作方法 SRC[199] 尝试解决拓展到更多智能体的挑战，通过探索不同的通信框架分析如何将大语言模型嵌入多智能体系统，从而提高其可扩展性和任务规划的成功率。

1）基本流程和对话提示词

与 RoCo 方法的整体流程类似，在 SRC 方法中，给定任务目标和当前环境状态的本文描述，大语言模型就会根据预先设定的通信框架进行对话，生成具身智能体需要执行的初始动作集合。在执行之前，这些动作集合会通过外部一个基于规则的验证器进行检查，以确保输出格式正确且使用的动作可用。一旦发现错误，验证器会提供反馈，以便进行修正。确认动作集合正确无误后，具身智能体会在环境中执行这些动作，从而产生新的环境状态。值得注意的是，在上述流程中，如何设定通信框架将影响整个系统中具身智能体协作的效率，进而影响其可扩展性。

在 SRC 方法中，每个大语言模型将使用相同的提示词结构，但是具体的内容取决于其所代表的具身智能体的具体形态与功能。与 RoCo 方法类似，提示词和核心内容包括任务上下文、轮次历史、环境观测、智能体当前状态、计划反馈（可选）等。

2）子任务计划的通信框架

如图 7.7 所示，SRC 提供了如下四种基于大语言模型的多智能体规划框架。其中，两种混合多智能体系统框架 HMAS-1 和 HMAS-2，分别是 DMAS 和 CMAS 的变体。

（1）**去中心化多智能体系统框架**（DMAS）：如图 7.7(a) 所示，每个具身智能体被分配了一个大语言模型，与另一个具身智能体以轮询的方式进行对话。由于需要保存对话的历史，所以提示词的长度会随着对话轮次的增加而增长。RoCo 就采用了这种通信方式。

（2）**集中式多智能体系统框架**（CMAS）：如图 7.7(c) 所示，该方法仅使用一个大语言模型作为中央规划器，负责在每次规划迭代中为每个具身智能体分配动作。

（3）**混合多智能体系统框架 1**（HMAS-1）：如图 7.7(b) 所示，一个中央大语言模型规划器在当前迭代轮次中规划出一组初始动作。这些动作被提供给每个具身智能体的大语言模型，这些具身智能体的大语言模型按照 DMAS 模式进行交流。

（4）**混合多智能体系统框架 2**（HMAS-2）：如图 7.7(d) 所示，一个中央大语言模型规划器为每个具身智能体生成一组初始动作，就像在 CMAS 中一样。同时，每个具身智能体都被分配一个本地的大语言模型，用于检查其分配的动作并向中央规划器提供反馈。如果本地的大语言模型不同意其分配的动作，那么中央的大语言模型将重新规划。这个过程会重复进行，直到每个具身智能体的的大语言模型同意其分配的动作。

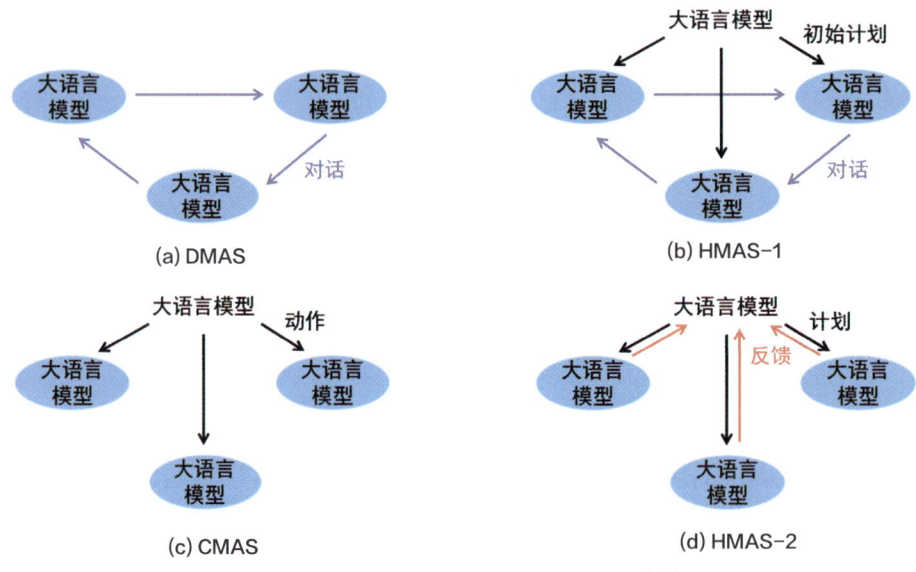

图 7.7　多智能体协作中的不同通信框架[199]

需要注意的是，在 HMAS-1 和 HMAS-2 中，只有需要采取行动的具身智能体才会参与对话，从而缩短了对话的持续时间和提示词的整体长度。

3）通信框架性能比较

为了验证不同规划框架在任务中的执行能力，研究人员使用 SRC 方法在多个具身智能体协作任务中进行实验，比较了四种框架在不同任务环境下的成功率与用于表示提示词内容的令牌消耗情况，实验结果分别如表 7.2 和表 7.3 所示。在这些实验场景中，BoxNet1 和 BoxNet2 任务所使用的具身智能体的本体是机械臂，要求机械臂在网格环境中将彩色箱子移动到指定位置。其中，BoxNet2 增加了只能通过特定角落移动箱子的限制，提升了任务的复杂性。Warehouse 任务模拟仓库环境，具身智能体的本体是移动机器人。移动机器人需要沿预定路径将箱子搬运至目标区域。在 BoxLift 任务中，移动机器人需要协作抬起不同重量的箱子。

表 7.2 成功率实验结果

框架	BoxNet1	BoxNet2	Warehouse	BoxLift
DMAS	25.0%	0	0	52.5%
HMAS-1	52.5%	7.5%	5.0%	67.5%
CMAS	75.0%	27.5%	15.0%	90.0%
HMAS-2	**82.5%**	**57.5%**	**62.5%**	**100.0%**

表 7.3 令牌消耗实验结果（单位：个）

框架	BoxNet1	BoxNet2	Warehouse	BoxLift
DMAS	48.56	50.12	49.87	47.92
HMAS-1	13.80	14.35	13.92	13.55
CMAS	4.09	4.78	4.50	3.95
HMAS-2	9.00	9.23	9.15	8.87

实验结果表明，不同框架在任务执行能力上存在显著差异。DMAS 的每个具身智能体需独立推理，导致令牌消耗量最大且成功率最低，难以扩展至复杂任务。CMAS 通过集中式规划减少了令牌用量，但在 BoxNet2 和 Warehouse 任务中的成功率较低，显示出在高依赖性任务中的局限性。相比之下，HMAS-1 和 HMAS-2 结合了去中心化和集中式框架的优势，在降低令牌消耗量的同时提升了任务成功率。其中，HMAS-2 性能最佳，在 BoxLift 任务中成功率为 100%，且整体表现优于其他通信框架，证明了其在多智能体协作任务中的高效性和可扩展性。

4）历史信息管理与令牌长度限制

在基于大语言模型的规划任务中，完整存储对话、环境状态及动作历史会使令牌长度迅速增加，从而影响模型的计算效率。因此，SRC 采用 gpt-4-0613（8192 个令牌的限制）和 gpt-3.5-turbo-0613（4097 个令牌的限制）作为大语言模型，并通过滑动上下文窗口管理历史信息，使输入模型的信息是最近的操作记录，同时确保提示词长度（包括模型响应）不超过 3500 个令牌的阈值。

此外，为了进一步优化历史信息的使用方式，SRC 尝试使用三种历史存储策略，并分析它们对任务成功率和令牌用量的影响。这三种策略分别为：无历史信息；仅存储状态—动作对，不包含对话；记录完整历史。如表 7.4 所示，不同的历史信息使用方式对最终任务的性能有着显著的影响。具体地，无历史信息的方案在 BoxNet2 和 Warehouse 任务上的成功率较低，分别为 27.5% 和 45.0%，显示出历史信息对大语言模型规划的重要性；记录完整历史的方案虽然在部分任务上成功率有所提升，但令牌的消耗量较大，且在 BoxNet1 任务中的成功率（75.0%）低于仅存储状态—动作对的方案（82.5%），其原因可能是较长的对话记录导致关键信息被稀释；状态—动作对的存储方案在成功率和令牌使用量上实现了平衡，被视为较优的方案。

表 7.4　不同的历史信息使用方式对任务性能的影响

历史信息策略	任务成功率			平均令牌数（单位：个）		
	BoxNet1	BoxNet2	Warehouse	BoxNet1	BoxNet2	Warehouse
无历史信息	77.5%	27.5%	45.0%	4.18	3.89	9.98
仅存储状态—动作对	**82.5%**	**57.5%**	**62.5%**	9.00	5.22	9.21
记录完整历史	75.0%	32.5%	52.5%	8.95	3.16	10.56

7.3.2　基于世界模型的方法

世界模型通过学习环境的状态转移关系，能够有效模拟和预测环境的变化，从而为智能体提供对环境的深度理解、精准预测和高效规划能力。然而，当从单智能体场景转向多智能体合作时，问题的复杂性显著增加。在多智能体环境中，需要在任意数量的智能体动作的条件下模拟世界动态，而这些动作往往只能基于局部的、以自我为中心的视觉观察进行规划。这不仅对智能体的感知和决策能力提出了更高的要求，也为多智能体系统的构建带来了新的挑战。

基于组合式世界模型的多智能体合作框架：COMBO

近年来，大型生成模型在语言、图像和视频生成等领域取得了显著进展。这些模型不仅能生成高质量的内容，还具备预测场景未来状态的能力，因此成为构建世界模型的有力工具。然而，在多智能体协作场景中，当每个智能体都无法感知全局环境时，如何准确地模拟整体环境的动态变化，仍然是一个极具挑战性的问题。为了解决这一问题，COMBO（Compositional wOrld Model-based emBOdied multi-agent planning）[200] 提出了一种创新的解决方案，它先利用组合式生成模型完成部分可观测情况下的整体场景状态估计，再结合视觉—语言模型实现高效的多智能体规划。

1）组合式视频扩散模型

组合式视频扩散模型的核心在于将多个智能体的联合动作分解为自然可组合的独立动作单元，并通过组合这些单元生成视频，从而准确地模拟各智能体行为对世界状态的影响。如图 7.8 所示，组合式世界模型先将复杂的联合动作分解为每个智能体可独立执行的动作单元。例如，对于联合动作"Alice 拿起棕绿色的块，Bob 拿起蓝棕色的块，Charlie 等待，David 拿起青黑色的块"，模型将其分解为"Alice 拿起棕绿色的块""Bob 拿起蓝棕色的块"等独立动作单元，每个动作单元将被分别编码并作为条件输入视频生成扩散模型。随后，视频扩散模型将这些独立动作单元组合起来，生成反映各智能体行为的连贯视频序列。这一过程不仅考虑了每个具身智能体的动作，还通过组合这些动作单元模拟了多个具身智能体协同行为对整体环境状态的影响。在具体实践中，视频扩散模型学习在有文本提示的条件下建模视频的分布为

$$P_\theta(x|\boldsymbol{a}) = P(x|a_1, a_2, \ldots, a_n) \propto P_\theta(x) \prod_{i=1}^{n} \frac{P_\theta(x|a_i)}{P_\theta(x)} \tag{7.4}$$

其中，a 对应于 n 个智能体的联合动作 $a = (a_1, a_2, \ldots, a_n) \in A = A_1 \times A_2 \times \cdots \times A_n$。在实践中，$a$ 将以文本提示的形式呈现。这些动作可以自然地分解为 n 个组件 $a_1, a_2, \ldots, a_n$，分别对应于每个智能体的动作。从式 (7.4) 中可以看出，准确建模 $P(x|a_i)$ 是建模 $P(x|a)$ 的基础，其对最终的组合式生成能力有很大的影响。因此，COMBO 采用了一种**面向智能体的损失缩放技术**来辅助扩散模型训练。具体地，模型根据每个具身智能体在图像中的可达区域设置损失系数矩阵 $C \in \mathbb{R}^{n \times H \times W}$ 来监督模型，使其更多地关注相关像素。

$$L_{\text{MSE}} = \sum_{i=1}^{n} C_i \cdot \|\epsilon_\theta(x, t|a_i) - \epsilon\|^2 \tag{7.5}$$

其中，C_i 表示第 i 个智能体的系数矩阵。

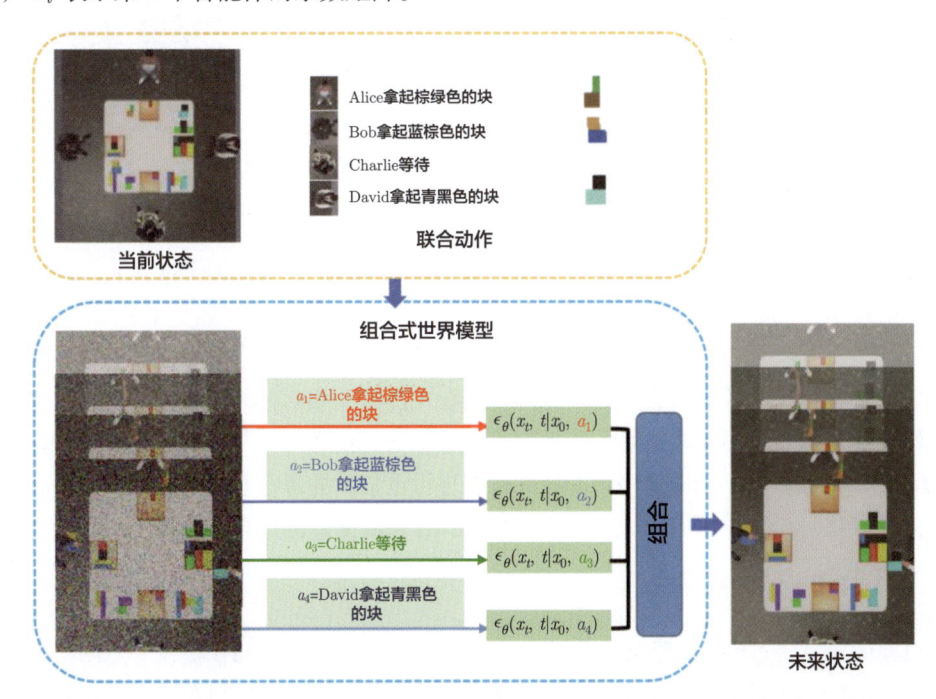

图 7.8　组合式世界模型的基础框架[200]

2）基于视觉—语言模型的多智能体规划

在获得整体环境的状态估计后，COMBO 进一步利用视觉—语言模型构建三个关键的规划模块，以支持多智能体的高效协同，具体包括：**动作提议器**（Action Proposer），提出可能的动作；**意图追踪器**（Intent Tracker），推断其他智能体的意图；**结果评估器**（Outcome Evaluator），评估可能出现的不同结果。如图 7.9 所示，COMBO 首先利用视频扩散模型，根据每个智能体当前观测的部分环境信息生成关于整体环境状态的视频序列；然后，根据该视频序列，动作提议器推理当前具身智能体可能执行的动作，如"将黑色面包放在砧板上""将黑色面包放在盘子上"；接下来，意图追踪器推理其他具身智能体可能执行的动作，如"Bob 可能会将汉堡底部放在盘子上"；

最终，结合结果评估器的评估结果，输出合理的多具身智能体联合动作。

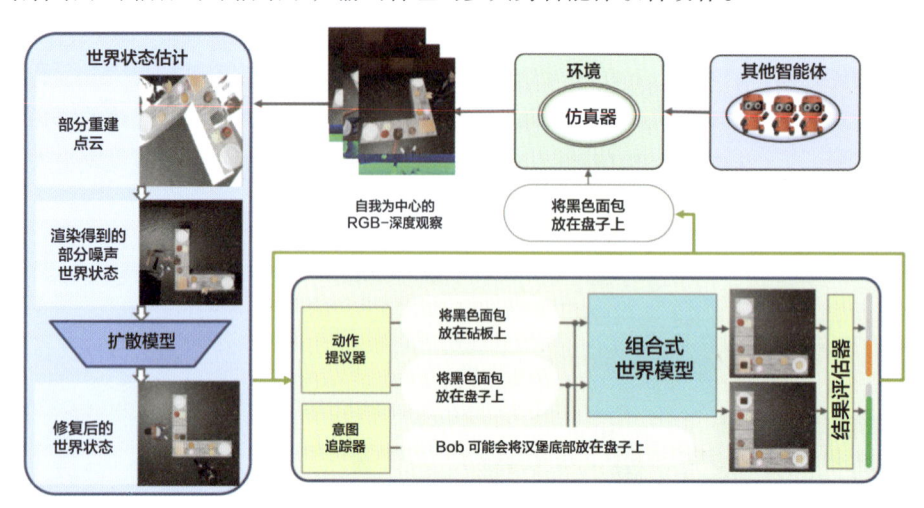

图 7.9　基于组合式世界模型的多智能体规划[200]

下面简述三个规划模块的具体作用。

（1）**动作提议器**：给定估计的整体世界状态 s_i 和长期目标 G 作为上下文信息，动作提议器在潜在动作空间 A_i 中搜索，提出多个可能的动作 $a_{i,1}, a_{i,2}, \ldots, a_{i,P} = \mathrm{AP}(s_i, G)$。

（2）**意图追踪器**：通过分析历史观察结果和任务目标，推断其他具身智能体的潜在意图。具体为，将最后 k 步估计的环境状态与任务目标一并输入视觉—语言模型，以查询其他具身智能体的可能动作 $a_{-i} = \mathrm{IT}(s_i, G)$，其中 a_{-i} 表示除第 i 个具身智能体外的具身智能体的潜在动作。

（3）**结果评估器**：对不同动作序列的最终状态进行评估，为每个状态分配启发式分数。该模块是通过微调视觉—语言模型实现的，能根据对象状态和任务目标计算评分，从而指导树搜索过程，提高规划效率。

3）带树搜索的规划过程

在获取整体环境状态的估计结果，并结合视觉—语言模型生成的动作提议、意图推断和结果评估后，COMBO 框架通过一个基于树搜索的规划过程，将这些模块有机整合，从而实现高效的多智能体协同规划。该规划过程的核心在于利用动态搜索与剪枝技术，从可能的动作序列中筛选最优解，以确保长期任务目标的实现。具体而言，规划过程以当前估计的全局环境状态为起点，通过动作提议器生成多个可能的动作选项，同时利用意图追踪器预测其他具身智能体的潜在行为。随后，组合式视频扩散模型对执行动作后的环境状态变化进行模拟，结果评估器对模拟生成的状态进行评分。在每一步规划中，系统都会保留评分最高的若干计划分支，并在每个分支上进一步探索多个动作提议，从而在有限的搜索深度内逐步优化动作序列。通过这种动态调整与迭代优化的方式，COMBO 框架能够在复杂的多智能体环境中实现高效的协同规划，适应环境的变化，并确保策略的有效性。

第 8 章　仿真平台入门

8.1　Isaac Sim 概述

仿真平台是具身智能研究中不可或缺的工具，它提供了安全、可控、低成本的测试环境，使智能体能够在虚拟环境中交互、学习和执行任务；加速技术发展并支持算法研究和模型训练，使智能体在实际应用中展现出更强的智能与适应性。尽管真实环境中的物理交互和动态变化不可替代，但在物理世界中部署具身智能模型成本高昂且面临诸多挑战，这就使仿真平台尤为重要。具体而言，仿真平台可模拟危险场景以保障实验安全，具备高可扩展性，支持多种环境下的复杂任务测试，允许快速原型设计，帮助研究人员低成本、快速迭代优化算法。此外，仿真平台提供受控虚拟环境，便于数据采集和评估，并通过标准化基准公平地比较不同算法的效果。

在众多仿真平台中，NVIDIA Isaac Sim 受到了广泛关注。作为 NVIDIA Omniverse 生态的一部分，Isaac Sim 利用 Omniverse 强大的协作和可扩展功能，实现了高保真物理仿真和实时光线追踪。它包含丰富的机器人模型库，支持深度学习并兼容主流开发框架，便于研究人员构建、训练和测试智能体模型。依托 Omniverse 协作平台，Isaac Sim 使团队能够实时共享与协作，加速智能体开发过程，并提升其在实际应用中的表现和适应性。

本章旨在帮助读者了解 Isaac Sim 与 Omniverse 平台，梳理涉及的基本概念及二者之间的关系，使读者对 Isaac Sim 具备整体的认知。8.1.1 节概述 Omniverse 平台的整体框架，简要说明其关键目标和代表性功能。8.1.2 节重点介绍 NVIDIA Isaac Sim 的核心架构和功能，展示其在具身智能领域的关键应用。8.1.3 节详细描述 Isaac Sim 的主要工作流程，包括不同操作模式的应用场景与流程步骤，帮助读者深入理解 Isaac Sim 的开发方式及其与 Omniverse 平台的协作机制。

8.1.1　NVIDIA Omniverse 平台介绍

NVIDIA Omniverse 是一个集成了 API、SDK 和服务的平台，能帮助开发者将通用场景描述（Universal Scene Description，USD）和 NVIDIA RTX 渲染技术引入现有的软件工具和仿真工作流程，从而构建 AI 系统。Omniverse 平台具备强大的功能和独特的优势，它集成了高保真渲染、精确的物理仿真和多用户协作支持，允许来自各领域的开发者在统一的虚拟环境中实时编辑和交互。Omniverse 为具身智能研究提供了一个高度真实的仿真平台，使研究人员能够在虚拟环境中精确模拟机器人与物理世界的互动，加速算法优化、控制策略的验证与多机器人协作的研究。此外，Omniverse 支持 GPU 加速的渲染和物理计算，使开发者能够快速迭代、即时验证和优化设计，从而显著提高开发效率。

如图 8.1 所示，Omniverse 平台的整体架构包含 Nucleus、Connect、Kit、Simulation 和 RTX Renderer 五大核心组件。在 Isaac Sim 机器人仿真中，它们均起到重要作用。

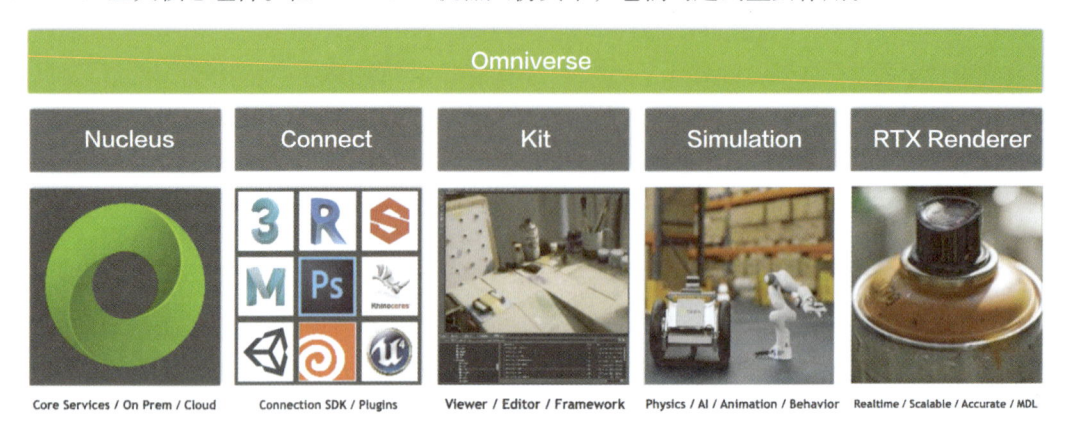

图 8.1 Omniverse 平台的整体架构

（1）**Nucleus**：Nucleus 是 Omniverse 平台的共享数据库，负责存储和管理场景、模型、材质等资源，是多用户实时协作的核心。在 Isaac Sim 中，Nucleus 提供了大量预设的机器人模型，以便开发人员快速构建和测试仿真场景，而无须从头创建复杂的机器人结构。

（2）**Connect**：Connect 组件主要用于将外部应用程序、工具或仿真系统与 Omniverse 平台进行连接和集成。通过 Connect 组件，开发者可以将不同的软件和服务（如 CAD 工具、3D 建模软件、仿真引擎等）与 Omniverse 的虚拟环境无缝对接，实现数据和场景的共享与同步，从而促进跨平台协作和集成。

（3）**Kit**：Kit 是 Omniverse 的开发框架，提供了构建自定义应用的工具和接口。它支持 Python 和 C++ 的开发，使开发者能够根据需求扩展和定制仿真环境。Isaac Sim 基于 Kit 构建，利用 Kit 的灵活性，为开发者提供了一个高度可定制的平台，使其能够实现复杂的机器人仿真任务。

（4）**Simulation**：Simulation 组件基于 PhysX 引擎构建，负责 Omniverse 中的物理仿真，包括碰撞检测、动力学模拟等。在 Isaac Sim 中，Simulation 组件用于构建精确的物理环境，模拟真实世界中的物体交互和动力学效果，从而为机器人仿真提供可靠的物理基础。

（5）**RTX Renderer**：RTX Renderer 是 Omniverse 的高保真渲染引擎，基于 NVIDIA 的 RTX 光线追踪技术，可以实时生成逼真的图像。这一渲染功能使 Isaac Sim 能够在仿真过程中提供精细的视觉效果，实现逼真的机器人仿真场景，并为机器人感知和计算机视觉等任务提供高质量的图像输入。

8.1.2　NVIDIA Isaac Sim 及其组件介绍

Isaac Sim 是构建在 Omniverse 平台之上的一个专业机器人仿真应用，作为 Omniverse 生态系统的重要组成部分，旨在简化和加速机器人系统的开发、测试、训练和部署过程。依托 Omniverse 的高性能图形渲染、物理仿真和协作功能，Isaac Sim 为开发者提供了一个高度集成的平台，可以在虚拟环境中设计、训练、部署与测试自主机器人控制系统。

Isaac Sim 的主要功能包括高保真物理仿真、传感器仿真、多传感器实时渲染和大规模数据生成，支持开发者在仿真环境中完成机器人研究、自动化系统设计、人工智能训练等。借助 Omniverse 平台的通用场景描述格式和 Nucleus 共享数据库，Isaac Sim 能够实现数据和场景的实时共享与同步，支持团队协作和跨应用程序的无缝集成。

Isaac Sim 包含多个重要组件，以支持从初始设计到训练和实际部署的完整开发流程。该平台的架构经过精心设计，包含多个关键工具和接口，涵盖对物理仿真、数据生成、机器学习的支持及与实际机器人操作系统的连接等功能。图 8.2 展示了 Isaac Sim 的完整架构。以下是其中一部分在开发过程中经常使用的核心组件。

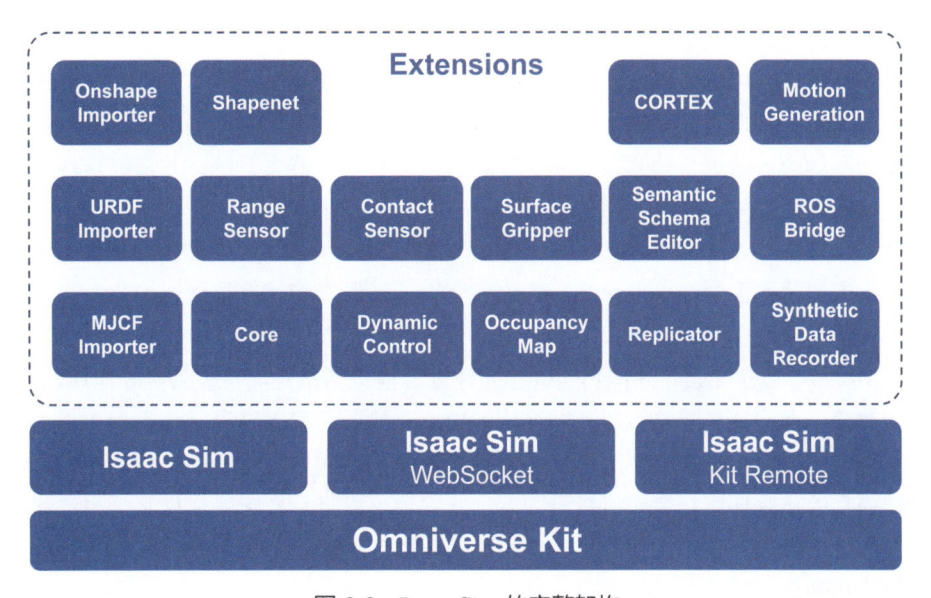

图 8.2　Isaac Sim 的完整架构

（1）**Core API**：NVIDIA Omniverse Kit 是 Isaac Sim 应用的基础，但由于其学习曲线陡峭，操作步骤烦琐，直接与 Omniverse Kit 交互对开发者来说存在一定难度。为简化这一过程，Isaac Sim 提供了专为机器人应用设计的 Core API。这些 API 对 Kit 的操作进行了高度抽象，将多步操作合并为单一指令，从而减少了开发中的重复性任务。Core API 的功能涵盖机器人加载与管理、场景控制、传感器仿真和物理参数调整等，使开发者能够快速上手并专注于机器人应用的核心逻辑。

（2）**Isaac Lab**：Isaac Lab 是基于 Isaac Sim 构建的轻量化机器人学习模块，为机器人学习提供了统一的开源框架，旨在简化强化学习、基于演示的学习和运动规划等任务中的常见工作流程。作为 Isaac Sim 生态的重要组成部分，Isaac Lab 集成了 GPU 加速的高性能物理引擎，并继承了 Isaac Gym 的许多优势，支持高帧率的仿真。虽然 Isaac Lab 包含一些预设环境、传感器和任务，但其核心目标是提供一个开源、统一且易用的用于开发和测试定制环境和机器人学习算法的接口。

（3）**Replicator**：Replicator 是 Isaac Sim 内置的仿真数据合成模块，专门用于生成高质量的合成数据集。它能够在仿真环境中模拟多种传感器数据，从而满足机器人视觉系统的训练需求。Replicator 减少了对实际数据的依赖，加速了机器人感知功能的开发，是 Isaac Sim 中支持计算机视觉和感知系统的关键组件。

（4）**ROS 接口**：在 Isaac Sim 中，ROS 接口充当连接虚拟仿真环境与 ROS（机器人操作系统）的桥梁，从而在虚拟环境中测试和验证机器人控制、传感器数据处理等 ROS 功能。通过 ROS 接口，Isaac Sim 与 ROS 系统可以进行数据交互，实现虚拟机器人与真实系统的无缝集成与双向通信，为机器人开发、测试与部署提供有效的仿真支持。

8.1.3 使用 Isaac Sim 进行机器人开发

基于 Omniverse，可以实现从设计到部署的端到端机器人开发流程。本节介绍各核心模块在这一流程中的作用，并概述从模型训练、仿真、构建到部署的全流程。通过 Omniverse，开发者可以生成高精度的合成数据、构建数字孪生环境、优化自主机器人系统，并最终实现机器人群组的智能部署与管理。这一集成化、系统化的解决方案显著加速了智能机器人在实际场景中的应用。在此流程中，Isaac Sim 扮演着关键角色，负责高保真仿真、机器人控制和传感器数据生成。通过 Omniverse 提供的协作平台和 Isaac Sim 的仿真模块，开发者能够系统化地构建、调试和优化机器人应用，实现高效的全流程开发。

如图 8.3 所示，基于 Isaac 的端到端机器人开发流程包括从几何建模到实际应用的完整过程。首先是**几何建模**，即设计和建模机器人的结构和形态；然后是**导入资源**，将模型和相关数据导入 Omniverse 平台，以便在仿真中使用；接下来是**场景设置**，通过配置场景环境、物理属性和光照条件来创建逼真的仿真环境；完成场景设置后，开发者可以进行**数字孪生交互**，测试和验证机器人的行为与性能；最后，整个流程的目标是**实现具体的应用场景需求**，在实际部署前对机器人的功能进行优化和确认。

在 Isaac Sim 中进行开发，主要有三种工作流：**GUI（图形用户界面）工作流**、**扩展（Extensions）工作流**和独立 **Python 脚本（Standalone Python）工作流**。以下是每种工作流的关键特性和推荐使用场景概述。

1）GUI 工作流

（1）**主要功能**：通过图形用户界面进行交互，适合可视化地进行场景设置、模型导入、仿真参数调整及实时观察仿真结果。Isaac Sim 的 GUI 界面提供了与 Omniverse USD Composer 相同的功能，包括轻松组装、照明、模拟和渲染场景。通过这些工具，用户可以快速构建虚拟环境。

（2）**推荐场景**：虚拟世界的构建、机器人组装及物理特性的检查。

2）扩展工作流

（1）**主要功能**：扩展是 Omniverse Kit 应用的核心模块，作为独立的应用模块构建，可以通过扩展管理器安装，跨 Omniverse 应用程序共享和使用。Isaac Sim 中所有的工具都是以扩展形式开发的。

（2）**推荐场景**：当用户需要在不同的 Omniverse 应用中使用相同的工具或模块时，可以通过可扩展的方式进行安装和共享，从而提升开发效率。

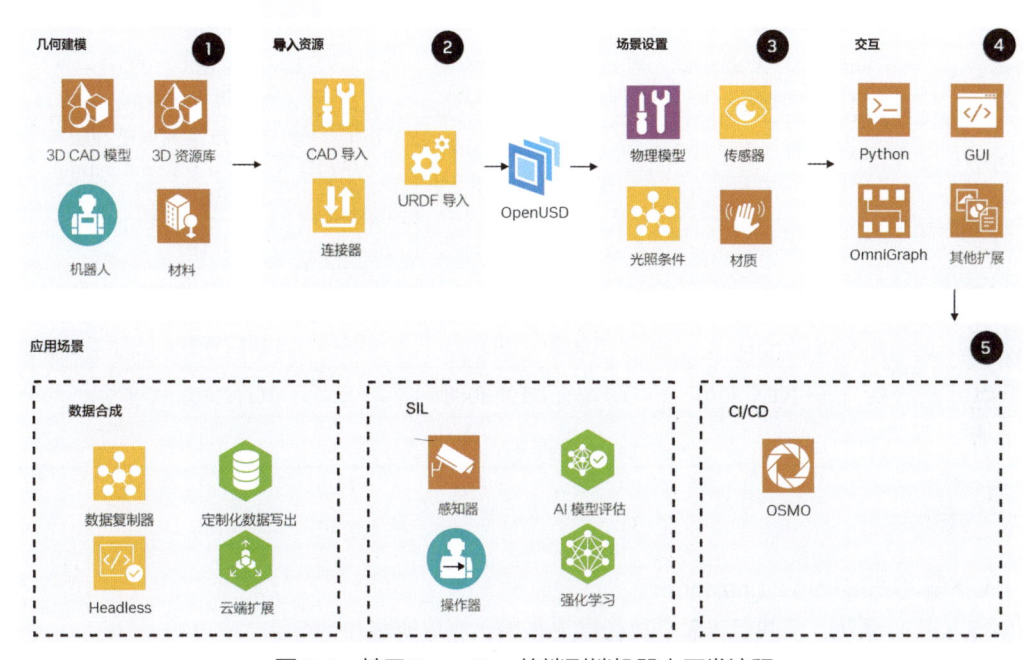

图 8.3　基于 Isaac Sim 的端到端机器人开发流程

3）独立 Python 脚本工作流

（1）**主要功能**：允许开发者直接使用 Python 脚本控制 Isaac Sim 而无须启动 GUI，可以批量处理任务并加快开发速度。此工作流支持应用程序异步运行，使扩展应用可以在不阻塞渲染和物理步进的情况下与 USD 阶段交互，还支持热重载，用户可以在不关闭 Isaac Sim 的情况下查看代码更改效果。

（2）**推荐场景**：适合需要高效调试和开发的场景。通过 Python 脚本手动控制渲染和物理步进，确保在特定命令完成后才进行下一步操作。这种控制也易于实现复杂场景的调试及反复修改。

通过这些工作流，Isaac Sim 可以灵活满足从简单操作到复杂开发的不同需求，让开发者在 Omniverse 的协作平台上高效地进行机器人仿真与应用的构建。

8.2　Isaac Sim 与 Isaac Lab 的安装指南

8.2.1　Isaac Sim 的安装流程

1. 硬件要求

运行 Isaac Sim 之前，请检查系统是否符合相应的软硬件要求。提前进行兼容性验证，不仅能够确保安装过程更加顺畅，还可以有效规避潜在的性能瓶颈或配置问题。表 8.1 汇总了官方文档中列出的硬件要求,以供参考。

表 8.1　Isaac Sim 安装的硬件要求

	最低要求	稳定版本	理想版本
操作系统	Ubuntu 20.04/22.04 Windows 10/11	Ubuntu 20.04/22.04 Windows 10/11	Ubuntu 20.04/22.04 Windows 10/11
CPU	Intel Core i7(第 7 代) AMD Ryzen 5	Intel Core i7(第 9 代) AMD Ryzen 7	Intel Core i9(X 系列或更高版本) AMD Ryzen 9(Threadripper 或更高版本)
核心数	4	8	16
RAM	32GB	64GB	64GB
存储器	50GB SSD	500GB SSD	1TB NVMe SSD
GPU	GeForce RTX 3070	GeForce RTX 4080	RTX Ada 6000
显存	8GB	16GB	48GB

2. 下载与安装

1)下载 Omniverse Launcher

对于 Linux 系统,下载后,需要执行以下步骤,完成安装和运行。

- 打开终端,输入以下命令为安装文件赋予执行权限。

```
sudo chmod +x omniverse-launcher-linux.AppImage
```

- 赋予权限后,双击 omniverse-launcher-linux.AppImage 文件,即可开始安装 Omniverse Launcher。

在这里,应确保安装了 NVIDIA Omniverse 所必需的组件 Nucleus 和 Cache。这些组件是运行 Omniverse 应用(包括 Isaac Sim)的必要依赖。

2)通过 Omniverse Launcher 安装 Isaac Sim

- 启动 Omniverse Launcher 后,切换到顶部菜单的 EXCHANGE 标签页(如图 8.4 所示)。在搜索栏中输入"isaac sim",找到可用的 Isaac Sim 版本并单击 Install 按钮。安装过程可能需要一些时间,请耐心等待。
- 进入 Omniverse Launcher 的 LIBRARY 标签页(如图 8.5 所示),在侧边栏中选择 Isaac Sim 选项。单击 LAUNCH 按钮,启动 Isaac Sim 的应用选择器(App Selector)。

3)使用 Isaac Sim App Selector

Isaac Sim App Selector 是一个小型窗口化应用程序(如图 8.6 所示),可帮助用户以不同模式运行 Isaac Sim。通过 Omniverse Launcher 启动 Isaac Sim,默认会进入 App Selector 界面。在 App Selector 界面中,单击 START 按钮即可启动 Isaac Sim 的主应用程序。

图 8.4　Isaac Launcher 的 EXCHANGE 标签页

图 8.5　Isaac Launcher 的 LIBRARY 标签页

4）首次运行注意事项

首次启动 Isaac Sim 时，可能需要较长时间进行初始化。这是因为系统需要预热 Shader 缓存，同时将 Isaac Sim 的所有资源存储到默认路径 /NVIDIA/Assets/Isaac/4.2 下。请耐心等待初始化过程完成，以确保后续运行流畅。若出现资源缺失或缓存加载失败的情况，请检查 Nucleus 和 Cache 的安装是否完整，并确保系统满足运行所需的硬件和软件条件。

8.2.2　Isaac Lab 的安装流程

1. 复制 Isaac Lab 仓库

将 Isaac Lab 仓库复制到工作目录下。执行以下命令：

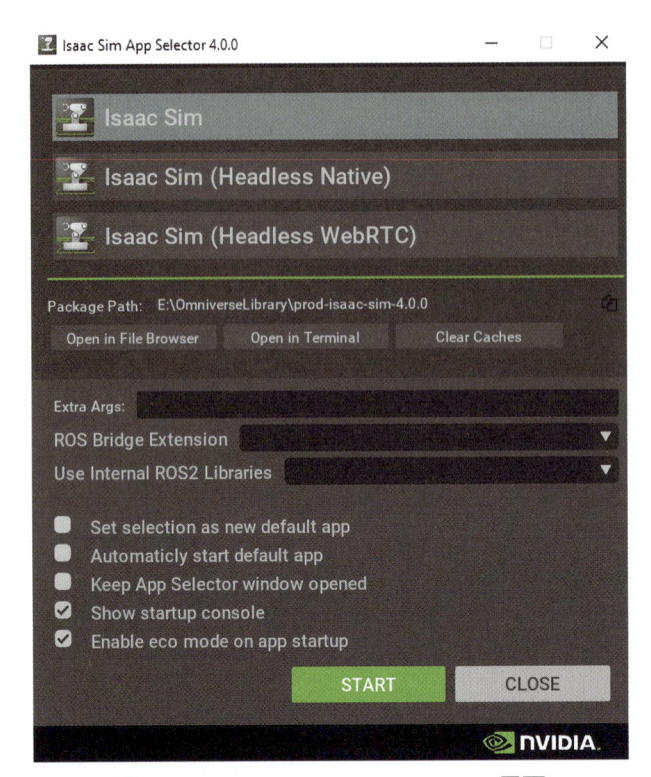

图 8.6　Isaac Launcher App Selector 界面

```
git clone git@github.com:isaac-sim/IsaacLab.git
```

该命令会将 Isaac Lab 的所有源码复制到当前目录下的一个名为 IsaacLab 的文件夹中。

2. 创建 Isaac Sim 的符号链接

为了方便索引 Isaac Sim 提供的 Python 模块及扩展功能，需要在复制的 Isaac Lab 目录下设置一个指向 Isaac Sim 根目录的符号链接，具体步骤如下。

（1）进入复制后的仓库目录。

```
cd IsaacLab
```

（2）创建符号链接，将安装的 Isaac Sim 根目录链接到 _isaac_sim 文件夹。假设 Isaac Sim 安装在 /home/nvidia/.local/share/ov/pkg/isaac-sim-4.2.0 目录下，可执行以下命令。

```
ln -s /home/nvidia/.local/share/ov/pkg/isaac-sim-4.2.0 _isaac_sim _isaac_sim
```

命令执行后，_isaac_sim 将指向 Isaac Sim 的根目录，方便仓库内的模块和扩展查找路径。

3. 安装必要依赖项

如果使用 Linux 操作系统，需要安装额外的系统依赖。这些依赖是支持 robomimic 模块所必需的，而该模块在 Windows 系统中不可用。执行以下命令安装依赖。

```
sudo apt install cmake build-essential
```

4. 安装 Isaac Lab 扩展

进入 IsaacLab 仓库，运行 isaaclab.sh 脚本，该脚本会遍历 source/extensions 目录下的所有扩展，并使用 pip 的 -editable 模式安装它们。

运行以下命令。

```
./isaaclab.sh --install
```

此操作会自动安装所有 Isaac Lab 的扩展模块和依赖。

5. 验证安装是否成功

安装后，可以通过以下步骤验证 Isaac Lab 是否正确安装。执行 isaaclab.sh 测试脚本，在仓库根目录下运行以下命令。

```
./isaaclab.sh -p source/standalone/tutorials/00_sim/create_empty.py
```

上述命令用于启动模拟器，并显示一个包含黑色地面的窗口。若窗口成功显示，则说明安装已正确完成。此时，Isaac Lab 的安装已完成，我们可以开始使用它运行机器人仿真任务了。

8.2.3 资产加载失败问题与解决方案

在使用 Isaac Sim 时，资产加载失败是一个常见的问题，其主要原因是 Isaac Sim 中的资产存储在 Nucleus 服务器中，而这些资产需要通过网络从远程服务器下载。然而，用户经常面临连接不畅或下载失败的情况，导致资产无法正常加载，这些问题可能使软件在加载场景、模型或纹理时出现长时间的卡顿甚至直接报错。为了解决 Nucleus 服务器资产加载失败的问题，可以将需要的资产直接下载到本地，并将资产的调用路径修改为本地存储路径。通过这种方式，可以绕过网络连接限制的障碍，确保资产能够顺利加载，从而改善 Isaac Sim 的使用体验，并保证工作流的稳定性和效率。详细的解决步骤如下。

（1）在 Omniverse Launcher 的 Exchange 栏中搜索并安装 Nucleus Navigator，其下载速度快且更稳定。

（2）启动 Nucleus Navigator 并找到路径 omniverse://localhost/Library/NVIDIA/Assets/Isaac/4.2/，将需要的资产下载到本地。

（3）修改文件 Isaac Sim 安装路径 /kit/data/Kit/Isaac-Sim/4.2/user.config.json 中的 default 配置，将其指向本地资产存储路径。具体修改内容如下。

```
{
    "persistent": {
        "isaac": {
            "asset_root": {
                "default": "< 本地资产存储路径>"
            }
        }
    }
}
```

8.3 掌握 Core API：构建机械臂仿真环境实战指南

在本节中，我们将以一个简单的机械臂抓取任务为例，逐步讲解如何利用 Isaac Sim 的 Core API 进行机器人仿真和控制。本节内容旨在帮助读者快速熟悉 Isaac Sim 的核心功能和编程接口。通过这个例子，读者将了解 Isaac Sim 的完整开发流程，包括如何通过任务类定义仿真环境（如资源导入、场景搭建和任务观察），以及如何设计控制器以实现机械臂的控制逻辑与操作路径。最后，读者将学习如何选择工作模式，将定义的任务与控制器整合到仿真工作流中，完成任务。通过这一过程，读者不仅能掌握高效搭建任务环境和编写控制器的方法，还能理解不同开发模式的特点及其应用场景，为完成复杂的仿真任务积累经验。

8.3.1 开发模式选择与介绍

在 Isaac Sim 中，不同的开发需求与不同的交互模式对应，以更高效地完成机器人仿真工作流。使用 Python 脚本时，有两种主要的模式可供选择：Extension 模式和 Standalone 模式。Extension 模式依托交互式界面，适用于需要实时反馈和可视化调试的场景。这种模式能够快速构建和验证任务逻辑，以便动态调整和优化仿真参数。相比之下，Standalone 模式直接调用 Isaac Sim 的 Core API，不依赖界面交互，具备更高的灵活性和效率，更适合自动化测试和大规模批量仿真任务。在实际开发过程中，这两种模式可以根据需求灵活搭配。例如，在任务构建初期，可以使用 Extension 模式快速验证任务逻辑；逻辑成熟后，切换到 Standalone 模式进行高效的脚本化执行。通过这种方式，可以高效整合任务环境的定义与控制器设计，逐步实现完整的机器人仿真工作流。

无论选择哪种模式，开发流程的核心都是基于 Core API 完成任务的定义与控制器的设计，并通过所选模式将这些模块整合到最终的仿真工作流中，以灵活地适应不同的开发目标。下面分别介绍 Extension 模式和 Standalone 模式的代码框架及实现逻辑，随后通过构建一个简单的场景演示如何实现二者。这不仅有助于理解 Isaac Sim 开发模式的基本工作原理，也为后续任务和控制器的设计提供了验证的基础。在这一过程中，读者将学习如何搭建初始场景，向场景中导入物体，并获取物体的状态与信息。

1. Extension 开发模式介绍与示例解析

在本节中，我们将以 Isaac Sim 提供的 Hello World 示例为基础，讲解如何使用 Isaac Sim 的 Core API 以 Extension 模式进行开发。Extension 开发一般通过 Python 代码实现。BaseSample 类是专为机器人扩展设计的通用模板。该模板提供了一个标准化框架，便于快速搭建任务环境并实现自定义功能。Extension 开发的核心内容包括**加载和启动扩展**、**定义任务逻辑**，以及**集成用户界面与任务逻辑**，从而实现高效的开发流程。

接下来将详细讨论如何加载并运行 Hello World 示例，如何使用 BaseSample 类构建扩展，以及如何向场景中添加物体并通过回调函数进行实时监控。通过这些内容，读者将掌握在 Isaac Sim 中开发扩展的基本流程，特别是如何管理场景元素和优化仿真任务。这一教学示例旨在帮助读者理解物体添加与控制的基本操作，以及如何通过实时反馈调试仿真环境。

1）Hello World 示例的加载与运行

（1）在 Isaac Sim 中，首先通过单击顶部菜单栏中的 Isaac Examples → Hello World 加载示例扩展，确认 Hello World 示例窗口已经出现在工作区中。接着，单击 Open Source Code 按钮，在 Visual Studio Code 中打开示例源代码，或者单击 Open Containing Folder 按钮，打开示例文件所在目录。该目录应包含以下 3 个文件。

- hello_world.py：负责实现应用程序的逻辑部分。
- hello_world_extension.py：用于定义应用程序的 UI 元素并将其与逻辑部分关联。
- __init__.py：用于标识一个 Python 模块。

（2）单击 LOAD 按钮，加载示例中的场景，即 Isaac Sim 中的 World。如果当前舞台中已有内容，则单击 File → New From Stage Template → Empty，创建一个新舞台，并选择 Don't Save，放弃保存当前舞台。然后，再次单击 LOAD 按钮，重新加载场景。

（3）打开 hello_world.py 文件并按下 Ctrl+S 快捷键，将触发热加载。需要注意的是，因为扩展被重新加载，所以扩展的菜单可能会从工作区消失。此时，重新打开扩展的菜单，并单击 LOAD 按钮，再次加载场景。

2）BaseSample 类核心方法介绍

在开发基于 BaseSample 类的扩展时，有几个核心方法需要在子类中实现。这些方法定义了任务的生命周期和逻辑框架，开发者可以通过创建一个继承 BaseSample 类的新类重写这些方法，完成自定义任务。

- setup_scene 用于设置场景中的所有内容，包括加载物体、机器人模型、任务逻辑及初始化相关配置。它是扩展任务开发的核心，用于确保场景中的所有资源和任务在仿真开始时准备就绪，如将任务模块与场景关联或配置物理环境参数。
- setup_post_load 在首次加载场景并完成一次重置后调用，用于初始化与任务有关的私有变量和状态。开发者可以在此方法中添加回调函数，从而在物理引擎中实现定制的任务逻辑或周期性任务处理。它的主要功能是确保任务在加载后进入一致的初始状态，为后续的控制逻辑提供稳定的基础环境。
- setup_pre_reset 在单击 Reset 按钮且场景重置之前执行，主要用于清理任务逻辑和场景状态。例如，移除物理引擎的回调函数，重置控制器的状态，确保旧的任务逻辑不会影响新的仿真运行。
- setup_post_reset 在单击 Reset 按钮并完成场景重置后调用，确保重置后的任务和场景进入一致性状态。它常用于初始化依赖新场景状态的变量或逻辑，如重新设置目标位置或重新激活控制器。
- world_cleanup 在扩展关闭或重新加载时调用，用于清理扩展中的所有资源、回调和状态，确保不会有残留逻辑影响下一次的扩展运行。它的主要目的是为热重载等功能提供安全的资源管理机制。

3）向场景中添加物体

在 Hello World 的基础上，在场景中添加一个动态方块，并通过回调函数实时监控其位置。这一过程主要分为两步：在 setup_scene 方法中定义方块并将其添加到场景中；在 setup_post_load 方法中通过物理引擎的回调函数实现位置监控。打开 hello_world.py，做出以下修改。

（1）**继承 BaseSample 类**。在进行扩展开发时，通常会继承 BaseSample 类，以利用其提供的模板框架。继承该类后，可以重写其方法，实现自定义的场景设置和回调逻辑。下面是一个简单的继承示例。

```python
class HelloWorld(BaseSample):
    def __init__(self) -> None:
        super().__init__()
        return
```

上述代码继承了 BaseSample 类，并在 __init__ 方法中调用了父类的构造函数。通过重写 setup_scene、setup_post_load 等方法，开发者可以灵活地自定义场景和扩展逻辑。

（2）**修改 setup_scene 方法**。在自定义扩展中，setup_scene 方法用于设置场景的内容。在该方法中，我们可以通过调用不同的 API 来添加物理元素和自定义对象。以下是一个修改后的示例，展示了如何在场景中添加默认地面和一个动态方块。

```python
def setup_scene(self):
    world = self.get_world()
    world.scene.add_default_ground_plane()
    fancy_cube = world.scene.add(
        DynamicCuboid(
            prim_path="/World/random_cube",
            name="fancy_cube",
            position=np.array([0, 0, 1.0]),
            scale=np.array([0.5015, 0.5015, 0.5015]),
            color=np.array([0, 0, 1.0]),
```

```
        )
    )
    return
```

该方法的主要功能包括调用 add_default_ground_plane 在场景中添加默认地面，为后续的物理模拟提供基础，以及使用 DynamicCuboid 创建一个动态方块 fancy_cube 并通过 world.scene.add() 将其添加到场景中。方块的初始位置、缩放比例和颜色都在此方法中指定。在此过程中，还设置了方块的 prim_path，它是每个场景元素在场景图中的唯一标识路径。Prim Path 类似于文件系统中的路径，用于在场景中引用、组织和操作对象或资源。

（3）**定义 print_cube_info 回调函数**。回调函数（Callback Function）是指作为参数传递给其他函数，并在某个特定时刻由系统或程序自动调用的函数。在物理仿真中，回调函数常用于在特定时间内获取仿真状态或执行特定操作。在这里，print_cube_info 是一个注册的物理回调函数，用于实时获取方块的状态，其定义如下。

```python
def print_cube_info(self, step_size):
    position, orientation = self._cube.get_world_pose()
    linear_velocity = self._cube.get_linear_velocity()
    # will be shown on terminal
    print("Cube position is : " + str(position))
    print("Cube's orientation is : " + str(orientation))
    print("Cube's linear velocity is : " + str(linear_velocity))
```

该函数通过调用 get_world_pose 方法获取方块的位置和姿态，通过 get_linear_velocity 方法获取方块的线性速度，并将这些信息打印到终端。

（4）**修改 setup_post_load 方法**。在场景首次加载后，setup_post_load 方法会被调用，执行一些初始化操作和注册回调函数。以下是对该部分代码进行的修改。

```python
async def setup_post_load(self):
    self._world = self.get_world()
    self._cube = self._world.scene.get_object("fancy_cube")
    self._world.add_physics_callback("sim_step", callback_fn=self.print_cube_info)
        #callback names have to be unique
    return
```

该部分代码首先通过调用 get_world 方法获取当前世界对象，并通过 get_object 方法获取之前在 setup_scene 中添加的动态方块 fancy_cube。这两个对象是后续操作的基础，提供了对场景和物体的引用。然后，使用 add_physics_callback 方法注册此前定义的回调函数 print_cube_info。该回调函数在每次物理引擎更新时被触发，以帮助开发者实时监控方块的物理状态。

关于注册回调函数的参数，add_physics_callback 方法接收两个主要参数。第一个参数是 callback_name，即回调函数的名称。在这里使用"sim_step"标识回调函数，并确保该名称在整个仿真中是唯一的。如果多个回调函数使用相同的名称，可能会导致冲突。第二个参数是 callback_fn，即回调函数本身。在这里传入的是 self。print_cube_info 将在物理仿真步长更新时执行。

结合以上的代码修改与运行方式，我们可以在 GUI 中重新加载 Hello World 示例并启动物理仿真。单击 LOAD 按钮，场景中的方块会被加载并开始执行物理引擎。在仿真运行时，回调函数 print_cube_info 定期被触发，实时监控方块的位置、位姿和线性速度。这些信息会在终端输出，帮助开发者查看方块的状态变化。

在界面上，用户可以通过 Extension 模式实时查看和调试场景中的对象状态，方块 fancy_cube 的位置和物理属性会随着仿真步长的更新而变化。通过这种方式，开发者可以快速构建和验证任务逻辑，同时进行动态调整和优化。Extension 开发方式提供了一个交互式的环境，适用于需要实时反馈和可视化调试的场景，让开发过程更加灵活、高效，尤其在仿真初期可以帮助开发者快速识别和修正潜在问题。

2. Standalone 开发模式介绍与示例解析

在本节中，我们将介绍如何使用 Isaac Sim 的 Standalone 开发模式创建简单的仿真场景，并通过 Python 脚本控制仿真过程。与 Extension 模式不同，Standalone 模式不依赖 Isaac Sim 的图形用户界面，所有操作都直接通过代码实现，提供了更强的灵活性和控制力。虽然它的核心与 Extension 开发模式相似，但 Standalone 模式将逻辑和功能实现完全通过脚本完成，适合自动化任务、批量仿真和强化学习等应用。Standalone 开发的实现通常可以分为两部分：初始化场景与仿真循环的控制。接下来，我们结合代码对该开发模式进行简单的介绍。

1）初始化与场景设置

在 Standalone 模式下，所有场景设置和仿真控制都通过脚本直接管理，而不依赖 Isaac Sim 的 GUI。首先，需要启动仿真应用，这通常是通过 SimulationApp 类完成的。通过该类，开发者可以设置是否启用图形界面（通过 headless 参数控制）。接下来，通过代码创建一个 World 实例，以管理场景中的物体和资源。

```
# Launch Isaac Sim before any other imports
# Default first two lines in any standalone application
from isaacsim import SimulationApp
simulation_app = SimulationApp("headless": False)  # We can also run as headless.

from omni.isaac.core import World
from omni.isaac.core.objects import DynamicCuboid
import numpy as np

# Create a World instance to manage the scene
world = World()

# Add a default ground plane to the scene
world.scene.add_default_ground_plane()

# Add a dynamic cube to the scene at a specific position, scale, and color
fancy_cube = world.scene.add(
```

```
DynamicCuboid(
    prim_path="/World/random_cube",  # Unique path for the cube in the scene hierarchy
    name="fancy_cube",  # Name of the cube
    position=np.array([0, 0, 1.0]),  # Position of the cube (x, y, z)
    scale=np.array([0.5015, 0.5015, 0.5015]),  # Scale of the cube
    color=np.array([0, 0, 1.0]),  # Color of the cube (RGB)
))

# Reset the world to initialize physics and other resources correctly
world.reset()
```

在这段代码中，首先启动 SimulationApp 应用并初始化仿真环境。接下来，创建了一个场景实例来管理场景，通过 add_default_ground_plane 方法添加了一个默认的地面，通过 DynamicCuboid 类添加了一个动态的立方体。最后，调用 world.reset() 确保物理引擎和场景的物理属性被正确地初始化。

2）仿真执行与关闭

初始化完毕，将进入仿真循环。在这个阶段，我们可以实时获取场景中物体的状态，如位置、朝向和线性速度等，并将这些信息输出到终端。与 Extension 开发模式相比，此时需要手动实现仿真循环并定义每一次循环的逻辑。在这里，我们实现与第一部分的 print_cube_info 相同的功能，代码如下。

```
# Run the simulation for 500 steps
for i in range(500):
    # Get the cube's world pose and linear velocity
    position, orientation = fancy_cube.get_world_pose()  # Cube's position and orientation
    linear_velocity = fancy_cube.get_linear_velocity()  # Cube's linear velocity
    
    # Print the cube's status (position, orientation, velocity) to the terminal
    print("Cube position is : " + str(position))
    print("Cube's orientation is : " + str(orientation))
    print("Cube's linear velocity is : " + str(linear_velocity))
    
    # Step the simulation (physics and rendering are run in sync)
    world.step(render=True)  # Execute one physics step and one rendering step

# After the simulation, close Isaac Sim to release resources
simulation_app.close()  # Close the simulation and free resources
```

每次循环结束后，通过调用 world.step (render=True) 执行一个仿真步骤。这一步不仅会更新物体的物理状态，还会进行图形渲染，以确保每个仿真时间步都有对应的可视化效果。如果不需要渲染图形，则可以将 render 参数设置为 False，此时仿真只会进行物理计算，而不会显示图形界面。在完成所有仿真步骤后，我们调用 simulation_app.close() 关闭仿真应用并释放资源。

我们已经完成了以 Standalone 开发模式的两个主要步骤：初始化场景及仿真循环的控制。通过这种开发模式，开发者可以完全通过 Python 脚本控制仿真环境，从而实现更加灵活和复杂的仿真任务。

8.3.2 使用 Task 类模块化仿真

在 Isaac Sim 中，Task 类提供了一种模块化的方式，用于组织场景的创建、信息检索及指标计算。通过继承 BaseTask 类，可以将复杂任务的逻辑分离，使代码结构更清晰，同时便于实现扩展性和复用性。在本节中，我们首先介绍 Task 类需要实现的核心内容，随后以机械臂抓取方块并分类堆叠的任务为例，讲解具体的实现细节。

1. Task 类核心内容

在创建自定义任务时，需要通过继承 BaseTask 类来组织任务逻辑。我们可以通过修改定义以下函数实现一个任务的不同模块。

（1）**场景初始化**（set_up_scene）：负责定义任务的初始场景，包括加载资源（如机械臂、方块、地面等）和配置物理参数。

（2）**定义观察量**（get_observations）：提供任务执行过程中需要的观测信息，如机械臂的位置、方块的状态等，以便控制器或算法使用。

（3）**计算指标**（calculate_metrics）：定义任务完成的评估标准，如抓取方块的成功率、分类的准确性等。

（4）**任务重置**（reset）：在任务开始前或需要重置时，清理场景并重新设置初始状态。

这些模块分别负责任务的初始设置、任务执行中的状态跟踪、任务完成的评估标准及任务的重置操作。通过清晰的职责划分，可以确保任务的高效组织和实现。

此外，Isaac Sim 提供了许多预定义的 Task 类，这些类为常见任务提供了基础实现，可以作为自定义任务的扩展基础。例如，PickPlace 类可作为机械臂抓取的基础任务，FollowTarget 类可用于追踪任务等。在这些基础类的基础上，用户可以根据具体需求进行修改和扩展，而无须从头开始实现每个模块。这种设计不仅提高了开发效率，还保证了任务结构的一致性和可靠性。在实现自定义任务时，可以先熟悉和利用已有的 Task 类，进而更专注于任务逻辑和功能的创新。

2. 机械臂抓取与分类任务代码实现与解析

在这一部分，我们以机械臂抓取方块并将其分类堆叠的任务为例，结合详细的代码，展示 Task 类的具体实现方式。任务逻辑分为继承与类初始化、场景初始化、观测量定义及参数管理四部分，以下是具体的代码解析。

1）继承与类初始化

SceneSetup 类继承自 BaseTask，主要用于初始化任务场景。它设置了方块的数量、大小、颜色和位置，以及目标方块的位置和朝向，并准备了机器人和摄像头对象供后续使用。这部分代码为任务的场景搭建提供了基础框架，其代码实现如下：

```
class SceneSetup(BaseTask):
    def __init__(
        self,
        name="Scene Setup",
```

```python
        cube_num=8,
        cube_size=None,
) -> None:
    super().__init__(name, offset=None)
    self._robot = None
    self._cubes = []
    self._cube_positions = []
    self._cube_colors = []
    self._cube_num = cube_num
    self._cube_size = cube_size
    if self._cube_size is None:
        self._cube_size = np.array([0.0515, 0.0515, 0.0515]) / get_stage_units()
    self._target_position = np.array([[0.2, -0.2, 0.0],   # Red
                                      [0.4, -0.2, 0.0],   # Green
                                      [0.6, -0.2, 0.0]])  # Blue
    self._target_orientation = np.array([1.0, 0.0, 0.0, 0.0])

    return
```

2）场景初始化

在 Isaac Sim 中，场景初始化的主要任务是为仿真环境构建一个与具体任务对应的场景，包括添加物理地面、设置目标物体、初始化机器人等，以确保仿真环境正确地反映任务需求，并为后续的任务执行提供合适的起始条件。以下是场景初始化的代码实现。

```python
def set_up_scene(self, scene: Scene) -> None:
    super().set_up_scene(scene)
    scene.add_default_ground_plane()
    print("finished adding ground plane")

    for i in range(self._cube_num):
        cube_position, cube_orientation, cube_color = self.add_random_cube()

        cube_prim_path = find_unique_string_name(
            initial_name="/World/Cube", is_unique_fn=lambda x: not is_prim_path_valid(x)
        )
        cube_name = find_unique_string_name(
            initial_name="cube", is_unique_fn=lambda x: not self.scene.object_exists(x)
        )
        self._cubes.append(
            scene.add(
                DynamicCuboid(
                    name=cube_name,
                    position=cube_position,
                    orientation=cube_orientation,
                    prim_path=cube_prim_path,
                    scale=self._cube_size,
                    size=1.0,
                    color=cube_color,
                )
            )
        )
        self._task_objects[self._cubes[-1].name] = self._cubes[-1]
```

```
        self._robot = scene.add(Franka(name="franka", prim_path="/World/Franka",
        usd_path=franka_usd_path))

        self._task_objects[self._robot.name] = self._robot

        print("finished adding cubes and robot")

        return

    def add_random_cube(self):
        while True:
            position = np.random.uniform(0.1, 0.5, 3)
            position /= get_stage_units()

            if all(np.linalg.norm(position - pos) >= 2 * self._cube_size[0] for pos in
            self._cube_positions):
                orientation = None
                self._cube_positions.append(position)
                rand_color_idx = np.random.choice(len(rgb_colors))
                cube_color = rgb_colors[rand_color_idx]
                self._cube_colors.append(rand_color_idx)

                return position, orientation, cube_color
```

在场景初始化过程中，我们为仿真任务构建了一个包含基本元素的环境，以确保任务顺利执行。具体步骤如下。

（1）**添加默认地面**：通过调用 add_default_ground_plane 方法添加默认地面，提供物理支持，确保动态对象在仿真中稳定运行。

（2）**随机生成目标方块**：使用 add_random_cube 方法生成位置、颜色和方向随机的方块，通过唯一标识符为每个方块分配 prim_path 和名称，最后将这些方块添加到场景中。

（3）**添加机器人**：通过 Franka 类加载 Franka Panda 机械臂，设置路径为 /World/Franka，以便后续控制与任务执行。

（4）**随机生成方块位置的逻辑**：在 add_random_cube 方法中，生成随机位置和颜色的方块，并确保其不与已有方块重叠。

3）观测量定义

在 Isaac Sim 中，观测（Observation）是控制器可以获取的任务状态信息集合，它限定了控制器在决策过程中能够使用的数据范围。控制器根据观测信息（如末端执行器位置与目标方块位置）计算执行的动作，如规划抓取路径、调整关节角度。方块的颜色信息定义了分类堆叠的目标位置，目标位置则提供了路径规划的具体参数。这种结构化的观测数据明确了控制器的输入范围，使其在任务执行中基于指定信息完成精确操作和动态调整。具体的观测量定义代码实现如下。

```
    def get_observations(self):
        joints_state = self._robot.get_joints_state()
        end_effector_position, _ = self._robot.end_effector.get_local_pose()
        observations = {
            self._robot.name: {
```

```
            "joint_positions": joints_state.positions,
            "end_effector_position": end_effector_position,
        }
    }

    for i in range(self._cube_num):
        cube_position, cube_orientation = self._cubes[i].get_local_pose()
        observations[self._cubes[i].name] = {
            "position": cube_position,
            "orientation": cube_orientation,
            "size": self._cube_size,
            "color": self._cube_colors[i]
        }

    observations["target_position"] = self._target_position

    return observations
```

在 get_observations 函数中，通过 get_joints_state 函数获取机器人关节的当前位置和速度，并使用 end_effector.get_local_pose 函数获取末端执行器的位置。这些信息描述了机械臂的运动状态，是控制机器人执行任务的关键数据。此外，遍历场景中的方块对象，调用 get_local_pose 函数获取每个方块的当前位置和方向，同时记录其大小和颜色信息作为分类和堆叠的基础。目标位置 _target_position 函数也包含在观测中，用于指示方块堆叠的具体位置。通过整合这些数据，观测定义了控制器在任务中能够使用的所有关键信息，作为后续控制器设计的重要依据。

4）参数管理

在 Task 类中，还需要定义管理任务逻辑与参数的函数。这些函数主要负责在任务的不同阶段管理机器人和场景的状态并提供与任务有关的固定参数，以确保任务逻辑的稳定性和一致性，并进一步将任务模块化。在本节的例子中，相关的函数定义代码实现如下。

```
def post_reset(self) -> None:
    from omni.isaac.manipulators.grippers.parallel_gripper import ParallelGripper

    if isinstance(self._robot.gripper, ParallelGripper):
        self._robot.gripper.set_joint_positions
        (self._robot.gripper.joint_opened_positions)
    return

def get_params(self):
    params = dict()
    params['robot_name'] = "value": self._robot.name, "modifiable": False

    return params
```

post_reset 函数在任务重置后被调用，用于将机器人复位。如果检测到机械臂的末端执行器为平行夹爪（ParallelGripper）类型，函数就会通过调用 set_joint_positions 函数将夹爪设置为完全张开状态（joint_opened_positions），为抓取操作做准备。get_params 函数负责提供与任务有关的固定参数，通过返回一个包含 value 和 modifiable 属性的字典，使外部代码可以安全地访问任务参数。除了管理功能，cleanup 函数在任务清除或扩展关闭时被调用，以确保后续任务加载时没有状态留存。

8.3.3 使用控制器控制机器人

控制器是机器人任务的核心模块，负责将观测信息转化为具体的动作指令。在设计控制器时，可以按照功能划分不同的层级，从低级（Low-Level）到高级（High-Level）逐步分解任务逻辑。例如，低级控制器负责执行具体的运动控制（如关节动作、路径规划），高级控制器则结合任务目标与场景状态，生成任务级别的动作指令。

本任务的控制器结合了这两种层级设计：将观测信息作为输入，高级控制器处理抓取顺序和目标放置逻辑，将抓取与放置的位姿交给低级的路径规划模块进行具体执行。接下来，我们将通过代码详细介绍如何实现一个控制器，完成上述抓取与放置任务的操作。

1. 初始化与引入路径规划模块

在 Isaac Sim 中，对控制器的编写，初始化阶段通常包括定义控制器的基本框架、加载必要的模块，以及设置任务所需的初始参数和对象。例如，控制器会引入路径规划模块来计算机器人运动轨迹，并初始化机器人、抓取工具和任务目标等组件。以下是控制器初始化部分的代码实现。

```
class TestController(BaseController):
def __init__(
        self,
        name: str,
        gripper: ParallelGripper,
        articulation: Articulation,
        picking_order_cube_names: typing.List[str],
        robot_observation_name: str,
) -> None:
    super().__init__(name)
    self._pick_place_controller = PickPlaceController(
                            name="pick_place_controller",
                            gripper=gripper,
                            robot_articulation=articulation,
                            )
    self._picking_order_cube_names = picking_order_cube_names
    self._robot_observation_name = robot_observation_name
    self._current_cube = 0
    self._current_height = [0.0] * 3
    self.reset()
```

初始化部分通过继承 BaseController 类定义了控制器的基础框架，并引入 Isaac Sim 提供的 PickPlaceController 模块用于路径规划。PickPlaceController 是一个预定义的抓取与放置控制器，通过指定抓取点和放置点计算机器人从抓取到放置的运动轨迹，采用 RMP Flow 方法在动态环境中生成平滑且高效的路径。此外，初始化定义了抓取顺序 _picking_order_cube_names 和目标位置高度 _current_height，为任务逻辑提供支持。

2. 定义控制器的主体：forward 方法

在设计控制器时，forward 方法通常用于根据当前的观测信息生成机械臂的目标动作，并输出一个 ArticulationAction 实例。这个方法需要遵循一定的规则：首先，通过处理观测信息获取当前任务的状态；然后，基于状态信息生成相应的动作指令，控制机器人完成抓取、放置等任务操作。forward 方法的实现应保证任务的顺序性和连续性，并根据任务的需求动态更新目标位置、路径规划和控制器状态。

以下是本场景任务中 forward 方法的代码实现。

```python
def forward(
    self,
    observations: dict,
    end_effector_orientation: typing.Optional[np.ndarray] = None,
    end_effector_offset: typing.Optional[np.ndarray] = None,
) -> ArticulationAction:
    if self._current_cube >= len(self._picking_order_cube_names):
        target_joint_positions = [None] * observations[self._robot_observation_name]
        ["joint_positions"].shape[0]
        return ArticulationAction(joint_positions=target_joint_positions)

    color_idx = observations[self._picking_order_cube_names[self._current_cube]]["color"]
    placing_position = observations["target_position"][color_idx]
    placing_position[2] = self._current_height[color_idx] + observations[self._picking_
    order_cube_names[self._current_cube]]['size'][2]/2

    actions = self._pick_place_controller.forward(
        picking_position=observations[self._picking_order_cube_names[self._
        current_cube]]['position'],
        placing_position=placing_position,
        current_joint_positions=observations[self._robot_observation_name]["joint_positions"],
        end_effector_orientation=end_effector_orientation,
        end_effector_offset=end_effector_offset,
    )

    if self._pick_place_controller.is_done():
        print("Done with cube", self._current_cube)
        self._current_height[color_idx] += observations[self._picking_order_cube_names
        [self._current_cube]]['size'][2]
        self._pick_place_controller.reset()
        self._current_cube += 1
    return actions
```

在以上代码中，首先判断当前方块的抓取任务是否完成。如果所有方块都已处理，则返回空的关节动作，停止机械臂运动。接着，从观测信息中提取当前抓取方块的位置信息和颜色索引，通过颜色索引确定目标堆叠位置，结合方块的高度计算目标放置位置。然后，调用 PickPlaceController 类的 forward 方法，利用抓取位置、放置位置和当前关节状态信息进行路径规划，生成从当前状态到目标状态的动作。路径规划完成后，更新目标位置的高度，重置路径规划器，并将任务切换到下一个方块。最终，forward 方法返回路径规划生成的 ArticulationAction 实例，实现对机械臂动作的精准控制。通过这一逻辑，控制器能够高效执行抓取与放置任务，并确保每一步操作的连续性和正确性。

8.3.4 使用 Standalone 模式运行仿真

在 Standalone 模式下，仿真运行代码整合了之前定义的 Task 和 Controller，并通过一个主循环完成抓取与堆叠任务。以下代码展示了如何在 Standalone 模式中引入 Task 和 Controller，并利用它们完成仿真任务。

```
my_world = World(stage_units_in_meters=1.0)
my_task = SceneSetup()
my_world.add_task(my_task)
my_world.reset()

robot_name = my_task.get_params()["robot_name"]["value"]
my_franka = my_world.scene.get_object(robot_name)

my_controller = TestController(
    name="staking_controller",
    gripper=my_franka.gripper,
    articulation=my_franka,
    picking_order_cube_names=my_task.get_cube_names(),
    robot_observation_name=robot_name,
)

articulation_controller = my_franka.get_articulation_controller()

reset_needed = False
while simulation_app.is_running():
    my_world.step(render=True)
    if my_world.is_stopped() and not reset_needed:
        reset_needed = True
    if my_world.is_playing():
        if reset_needed:
            my_world.reset()
            my_controller.reset()
            reset_needed = False
        observations = my_task.get_observations()
        actions = my_controller.forward(observations=observations)
        articulation_controller.apply_action(actions)

simulation_app.close()
```

代码首先初始化 World 示例和 Task 类。其中，Task 类使用之前定义的 SceneSetup 类进行场景的构建，并通过 add_task 将任务添加到 World 示例中。随后，调用 get_params 获取机械臂的名称，并从场景中获取对应的机械臂对象 my_franka。接着，初始化控制器 TestController，将任务中的方块名称和机器人观测信息作为参数传入，并为机械臂绑定路径规划逻辑。为了控制机械臂动作，还要通过 get_articulation_controller 获取机械臂的关节控制器。

在主循环中，代码控制仿真逐帧运行（my_world.step），并在每次仿真时通过 Task 类获取观测信息（get_observations），并传递给 Controller 类的 forward 方法，以生成动作指令。随后，通过机械臂的关节控制器（apply_action）将这些指令应用到仿真中。循环还会监测仿真状态，当仿真暂停时调用 reset 方法重置任务和控制器，确保任务能够从初始条件重新执行。

通过这种结构化的实现，Standalone 模式下的仿真运行流程明确，将任务与控制逻辑分离，并通过统一的接口整合任务观测、路径规划和机器人控制。最终，仿真完成了机械臂抓取与堆叠任务。图 8.7 展示了任务执行结果。

图 8.7　任务执行结果

8.4　Isaac Sim 仿真与开发进阶

8.4.1　场景构建进阶：添加相机传感器

在本节中，我们将进一步扩展 Isaac Sim 的 Franka 机械臂应用，通过添加相机并配置相关参数增强其感知能力。首先，使用 Isaac Sim 提供的 API 将相机附加到机械臂上，确保相机的位置和视角能够与机械臂的动作变化同步。接着，配置相机的内参（如焦距、主点等）及其他相关参数，以适应不同的应用场景。通过在 GUI 中显示相机视角，我们可以实时查看机械臂操作的视觉效果，方便调试和验证相机的配置是否正确。最后，确保相机输出的图像能够与机械臂的动作数据结合，为后续的视觉感知任务提供必要的数据支持。

在 Isaac Sim 中，相机通过在 USD 场景文件中添加 camera prim 创建，并通过 camera 类管理其参数（如焦距、光圈、视距等）。在 GUI 中，用户可以通过 Create → Camera 创建相机，并调整其视场和位置。此外，视口可以切换为新建的相机视角并进行渲染。在 Python 脚本中，camera 类（位于 omni.isaac.sensor 扩展）可用于控制相机捕捉行为并获取渲染数据。

在 8.3 节的基础上，我们对已定义的 Task 和 Franka 机械臂进行修改，在场景中添加一个相机并设置其属性。

1. 修改 USD 文件

在 Isaac Sim 资产库中，Franka 的场景模型包括 franka.usd 与 franka_alt_finger.usd。前者的夹爪上没有 Realsense 相机模型；后者虽然包含相机，但其夹爪的碰撞属性存在问题。因此，我们需要将 franka_alt_finger.usd 中的相机模块作为独立的 USD 资产导出，并将其安装到 franka.usd 的相应位置。

这一过程可以通过 GUI 较为方便、直观地实现。首先，打开 franka_alt_fingers.usd 文件，在右侧的树状视图中找到 panda-panda_hand-geometry-realsense 路径，选中该路径并保存单独的 USD 文件。然后，打开 franka.usd，导入刚才保存的 Realsense 相机模型，并将其 X-form 移动到 panda_hand-geometry 路径下。接着，分别设置相机的 orient 和 translation 为 (0, 0, −90) 和 (0, 0, 0)。这样一来，就成功地将 Realsense 相机模块添加到 Franka 机械臂上。最后，将整体场景另存为 franka_with_camera.usd。

在这里，X-form（Transformation）是一个用于定位和旋转模型的属性，它允许我们在三维空间中调整物体的位置、旋转角度及缩放比例。

2. 通过 Python 脚本设置相机

在完成 USD 场景中相机模块的导入与位置设置后，通过 Python 脚本进一步配置相机的相关参数。这些参数包括焦距、光圈、视距等，这些设置将直接影响相机的成像效果。通过 Python 脚本，我们可以更加灵活和自动化地控制相机的行为，以适应不同的任务需求。以下代码定义了相机初始化函数，在 Task 类的 set_up_scene 方法中调用该函数。

```python
def set_realsense_camera(self):
    if self._realsense_camera is not None:
        return
    self._realsense_camera = Camera(
        prim_path="/World/Franka/panda_hand/geometry/realsense/realsense/realsense_camera",
    )
    self._realsense_camera.initialize()
    # self._realsense_camera.set_focal_length(5)
    self._realsense_camera.set_clipping_range(0.01, 10.0)

    width, height = 1920, 1200
    camera_matrix = [[458.8, 0.0, 957.8], [0.0, 456.7, 589.5], [0.0, 0.0, 1.0]]

    # Camera sensor size and optical path parameters. These parameters are not the part of the
    # OpenCV camera model, but they are nessesary to simulate the depth of field effect.
    #
    # To disable the depth of field effect, set the f_stop to 0.0. This is useful for debugging.
    pixel_size = 3  # in microns, 3 microns is common
    f_stop = 1.8  # f-number, the ratio of the lens focal length to the diameter
    # of the entrance pupil
    focus_distance = 0.6  # in meters, the distance from the camera to the object plane
    diagonal_fov = 140  # in degrees, the diagonal field of view to be rendered

    ((fx, _, cx), (_, fy, cy), (_, _, _)) = camera_matrix
    horizontal_aperture = pixel_size * 1e-3 * width
    vertical_aperture = pixel_size * 1e-3 * height
    focal_length_x = fx * pixel_size * 1e-3
    focal_length_y = fy * pixel_size * 1e-3
    focal_length = (focal_length_x + focal_length_y) / 2  # in mm

    # Set the camera parameters, note the unit conversion between Isaac Sim sensor and Kit
    self._realsense_camera.set_focal_length(focal_length / 10.0)
    self._realsense_camera.set_focus_distance(focus_distance)
    self._realsense_camera.set_lens_aperture(f_stop * 100.0)
    self._realsense_camera.set_horizontal_aperture(horizontal_aperture / 10.0)
    self._realsense_camera.set_vertical_aperture(vertical_aperture / 10.0)
```

该部分代码首先使用 camera 类创建了一个相机实例，它会检查传入的 Prim 路径是否已经存在一个相机实例。如果该路径上没有现成的相机，camera 类会自动创建一个相机，并将其附加到指定路径。随后，该函数将传统标定工具（如 OpenCV、ROS）提供的相机标定参数（如内参矩阵和畸变系数）转换为 Isaac Sim 所需的物理单位。Isaac Sim 使用物理单位表示相机传感器的尺寸和焦距，因此，通过该函数可以将传统标定工具中的相机参数（如焦距、传感器尺寸等）转化为适用于 Isaac Sim 仿真环境的单位，以确保仿真中的相机与现实中的相机表现一致。

将上述函数添加到 8.3 节的 Task 类代码中，并在 set_up_scene 函数结尾处添加 self.set_realsense_camera()。再次通过 Standalone 模式运行该任务，并在 GUI 中切换视角，即可得到如图 8.8 所示的相机视角。

图 8.8　机械臂夹爪相机视角

8.4.2　使用 Isaac Replicator 实现仿真数据生成

Isaac Replicator 是 NVIDIA 提供的一套专为机器人学和自动驾驶领域设计的合成数据生成工具。它通过与 Isaac Sim 仿真平台集成，生成高质量的传感器数据（如相机图像、深度数据等），并提供语义标注、数据可视化和记录等功能。相较于传统的数据收集方式，Isaac Replicator 的优势在于能够生成高质量且多样化的合成数据，弥补了现实世界数据的不足，同时，通过域随机化增强数据的多样性，提升了模型的泛化能力。通过此平台，用户能更高效、更低成本地生成大规模的标注数据，加速模型的训练和部署。

如图 8.9 所示，使用 Isaac Replicator 生成数据主要分为四个步骤：场景创建、域随机化、数据标注及数据生成与输出。

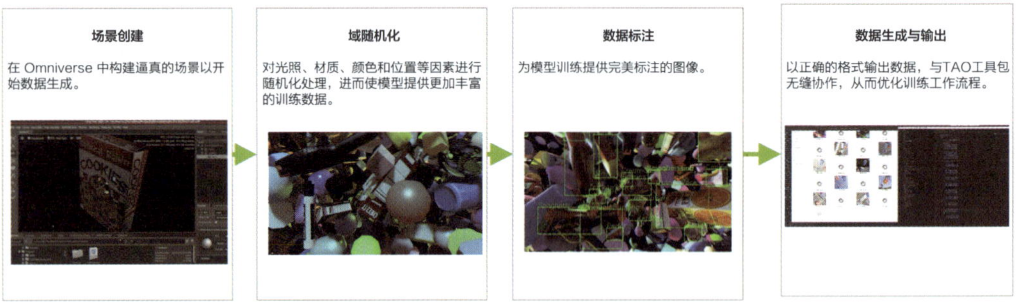

场景创建	域随机化	数据标注	数据生成与输出
在 Omniverse 中构建逼真的场景以开始数据生成。	对光照、材质、颜色和位置等因素进行随机化处理，进而使模型提供更加丰富的训练数据。	为模型训练提供完美标注的图像。	以正确的格式输出数据，与TAO工具包无缝协作，从而优化训练工作流程。

图 8.9　Isaac Replicator 的使用流程

本节将以一个示例代码为基础，介绍如何通过一种基于数据集的方式实现仿真数据的生成。代码示例的路径为 {Isaac Sim 安装路径}/standalone_examples/replicator/pose_generation/pose_generation.py，结构片段如下。

```python
class RandomScenario(torch.utils.data.IterableDataset):
    def __init__(self, ...):   # 初始化设置参数
        # 初始化合成数据生成的各类资源和配置

    def _handle_exit(self, *args, **kwargs):   # 处理退出信号
        # 处理用户中断（如按下 Ctrl+C 快捷键）时的清理操作

    def _setup_world(self):   # 设置世界环境
        # 设置仿真环境中的相机、光源、物体及碰撞箱等

    def _setup_camera(self):   # 设置摄像机
        # 配置相机的位置、焦距、视距等参数

    def _setup_collision_box(self):   # 设置碰撞箱
        # 设置虚拟环境中的碰撞箱，并保证其在相机视距内

    def _setup_distractors(self, collision_box):   # 设置干扰物
        # 配置用于训练的目标物体及干扰物的随机化生成

    def _setup_train_objects(self):   # 设置训练物体
        # 配置将要被训练的目标物体，包括其外观、质量等属性

    def _setup_randomizers(self):   # 设置随机化器
        # 设置与数据增强相关的随机化参数，如光源、材质、运动等

    def _setup_dome_randomizers(self):   # 设置环境的随机化
        # 配置光照和背景的随机化

    def randomize_movement_in_view(self, prim):   # 随机化物体的运动
        # 随机移动物体并保持其在相机视距内

    def __iter__(self):   # 数据集迭代器
        # 返回数据集的迭代器，用于按需生成数据

    def __next__(self):   # 获取下一帧数据
        # 生成下一帧数据，并返回生成的图像和标注
```

1. 场景创建

在生成合成数据时，场景的设置与初始化是整个流程的基础。场景创建（Scene Creation）的目标是为后续的数据生成构建一个稳定、可控的虚拟环境。这部分需要完成的内容主要包括以下几点。

（1）**相机设置**：在场景中添加相机并进行配置（如相机的位置、位姿、焦距、视距等参数），确保场景中的物体能够被正确捕捉。

（2）**物理环境初始化**：设置场景中的物理属性（如重力、碰撞检测等），为仿真中的物体交互提供支持。

（3）**物体添加**：将目标物体和干扰物体添加到场景中，指定它们的位置、大小、材质等属性。干扰物体是指用于增强场景复杂性的非目标物体，目标物体是指用于训练的核心部分。

（4）**随机化配置**：为场景中的光照、物体属性、材质等设置随机化参数，用于增强数据集的多样性。

（5）**资源加载与更新**：在场景初始化后，需要加载所有物体的材质、几何信息，确保所有元素已准备好参与数据生成。

代码通过调用多个函数，完成了场景创建所需的部分，具体逻辑如下。

（1）**世界设置和相机初始化**：在 _setup_world 函数中，首先调用 _setup_camera 方法创建并配置相机。相机的位置和参数（如焦距、水平光圈等）通过配置文件中的数据进行初始化，以确保场景中的物体能够被正确捕捉。然后，启用实时光线追踪渲染模式，为后续的渲染操作提供高质量的图像。

（2）**设置物理环境**：通过将重力设置为零，允许场景中的干扰物体漂浮。此外，创建一个碰撞盒（Collision Box），确保干扰物体的生成位置处于相机视距范围内。碰撞盒的位置和尺寸根据相机的视场角和配置文件中的参数动态计算。

（3）**添加物体**：调用 _setup_distractors 和 _setup_train_objects 方法，分别添加干扰物体和目标物体。

- **干扰物体**：将 DOME 和 MESH 两个数据集中的物体添加到场景中，并根据配置文件指定的参数（如比例、质量等）进行初始化。
- **目标物体**：将 YCB-Videos 数据集中的物体导入场景，并为每个目标物体添加语义标注（如类别名称），为后续的数据生成提供标注信息。

（4）**随机化设置**：调用 _setup_randomizers，配置域随机化。详细内容将在后面介绍。

（5）**更新与资源加载**：通过调用 kit.app.update，确保所有物体的材质和几何信息被正确加载，并完成场景中所有资源的注册。

（6）**数据写入工具初始化**：根据用户指定的格式（如 PoseWriter 或 YCBVideoWriter），将生成数据转换成目标格式。详细内容将在后面介绍。

（7）**预览生成图像**：调用 rep.orchestrator，预览 Replicator 图表，查看场景的效果，确保设置正确。

2. 域随机化

在完成场景初始化后，进行域随机化（Domain Randomization）是一个重要的步骤，其目的是通过对场景中的环境、物体属性及传感器参数进行随机化，增强数据集的多样性，从而提高模型的泛化能力。这部分主要包括以下内容。

（1）**光照随机化**：通过随机化光源的颜色、强度、位置等属性，模拟多样化的光照条件。

（2）**材质随机化**：改变物体的材质属性（如金属度、粗糙度、颜色等），增强场景中物体的外观多样性。

（3）**背景随机化**：引入多样化的背景纹理（如天空、草原等），模拟不同环境下的场景。

（4）**物体位置随机化**：动态调整物体的位置和位姿，确保物体能够在不同的视角和距离下被观测。

在示例中，代码具体实现了以下功能域逻辑。

（1）**光照随机化**。

- randomize_sphere_lights 函数用于生成球形光源，并随机化其颜色、强度、位置和大小。光源的位置均匀分布在三维空间中，其颜色在 RGB 空间中随机选择，强度和大小也在一定范围内随机分布。
- randomize_domelight 函数用于设置穹顶光源（Dome Light），并随机化其纹理和旋转角度。穹顶光源通过选择不同的 HDR 纹理文件，模拟不同的环境背景光照条件。

（2）**材质随机化**。randomize_colors 函数对场景中的物体材质进行随机化。通过对材质属性中的金属度（metallic）、粗糙度（roughness）及漫反射颜色（diffuse）变量进行随机实现。

（3）**背景随机化**：在 _setup_dome_randomizers 中，通过为穹顶光源加载随机纹理并旋转光源方向，生成不同的背景环境。这种方法可以模拟真实世界中不同的天气、光线条件和时间场景。

（4）**物体位置随机化**：randomize_movement_in_view 函数通过动态调整物体的位置和旋转角度，确保物体保持在相机视距范围内。随机化的位置信息根据相机的视场角（Field of View，FoV）及预设的最小和最大距离生成，物体的旋转角度在配置的范围内随机分布。

（5）**随机化注册与触发**：通过 rep.randomizer.register 将上述随机化函数注册到 Replicator 系统中，并通过帧触发器（rep.trigger.on_frame）在每一帧执行这些随机化操作。

3. 数据标注

数据标注是合成数据集的重要组成部分。Isaac Replicator 提供了强大的标注功能，在生成图像或其他传感器数据的同时，可以自动生成相应的多种标注，包括但不限于位姿、二维/三维边界框、语义分割、实例分割、深度图、点云信息与物体材质属性等。

结合代码，实现数据标注生成主要包含以下内容。

（1）**物体语义标注**：在 _setup_train_objects 方法中，代码加载了场景中用于训练的目标物体，并将它们放置在指定的位置。同时，调用 add_update_semantics 方法为物体添加类别标签。

（2）**初始化 Writer 类**：在 _setup_world 方法中，代码初始化了标注数据的 Writer 类（如 PoseWriter 或 YCBVideoWriter）。这些工具会将物体的标注数据与生成的图像同步输出。YCBVideoWriter 继承了 Writer 类，它通过配置各类标注生成器（如 pose、bounding_box_2d_tight 等）控制输出的内容，并使用 write 方法在每帧生成数据时将这些标注同步保存到指定目录中。

4. 数据生成与输出

数据生成与输出是生成合成数据的最后一步，其主要任务是将场景的渲染结果和标注数据按照预设的格式输出到指定目录下，为后续的模型训练提供支持。

在 Isaac Replicator 中，rep.orchestrator 负责任务调度，包括场景的模拟、渲染及标注生成。

在 __next__ 方法中，通过调用 rep.orchestrator.step(rt_subframes=4)，触发 Replicator 的数据生成流程。该步骤推进场景的时间线，并协调渲染与标注生成。绑定到渲染物体的 Writer 类会在每帧生成后自动提取当前帧的标注数据，并调用其 write 方法将数据保存到指定的输出目录中。

结合以上内容，在命令行中运行如下指令，实现 YCB-Videos 数据集的生成。

```
{Isaac Sim 安装路径}/python.sh {Isaac Sim 安装路径}/standalone_examples/replicator/pose_generation/pose_generation.py --writer ycbvideo
```

生成的 RGB 图像和深度图示例如图 8.10 所示。此外，生成的数据还包括以下文件和目录，均符合 YCB-Videos 数据集的标准输出格式。

图 8.10 基于 Isaac Replicator 合成的 YCB-Videos 数据

- 0000000-box.txt：包含当前帧中每个目标物体的二维边界框信息。
- 0000000-color.png：当前帧的 RGB 渲染结果，显示场景的彩色图像。
- 0000000-depth.png：当前帧的深度图，记录每个像素点到相机的深度值，用于三维空间的重建和位姿估计。
- 0000000-label.png：语义分割图，提供场景中物体的像素级类别标注。不同的类别在图中用不同的值表示。
- 0000000-meta.mat：包含当前帧的元信息，包括物体的类别索引（cls_indexes）、相机的内参矩阵（intrinsic_matrix）和物体的 6D 位姿等。
- models/point.xyz：存储场景中物体的三维模型。

这些文件和目录构成了每一帧生成数据的完整集合，涵盖从视觉到几何的多层次信息。通过这种格式，YCB-Videos 数据集的生成结果可直接用于目标检测、语义分割、位姿估计等任务，为后续开发提供了高质量的合成数据支持。

8.4.3　Isaac Sim 与 ROS 结合进行仿真开发

ROS 是机器人开发中的主流开源框架，为开发者提供了一整套模块化工具，用于连接传感器、执行器和控制算法。随着 ROS 的迭代更新，ROS 2 在实时通信和分布式节点发现等方面表现突出，在复杂机器人系统中的应用愈加广泛。Isaac Sim 内置了对 ROS 的支持，通过桥接工具，开发者可以轻松实现 Isaac Sim 仿真数据与 ROS 的交互，进而实现 Isaac Sim 和 ROS 的联合仿真。

在使用 Isaac Sim 和 ROS 进行联合仿真时，首先需要理解 ROS 的不同版本在设计思路上的差异。ROS 1 采用集中式架构，所有的节点都依赖 roscore 和 rosmaster 进行通信管理，其核心是通过可靠的 TCP/IP 协议实现消息的交换。ROS 2 引入了基于 DDS/RTPS 的分布式通信架构，这种方式不仅支持更高的实时性，还允许多个逻辑网络共享同一物理网络。ROS 2 通过 Domain ID 控制逻辑网络中的消息流动，只有具有相同 Domain ID 的节点才能进行消息传递，这种机制大幅提高了系统的灵活性和安全性。

Isaac Sim 主要通过 OmniGraph 提供了一种模块化的桥接方式，为 ROS 提供支持。OmniGraph 是 Isaac Sim 连接各模块的核心工具，其设计理念是为复杂的仿真场景提供灵活性和模块化支持，允许开发者以图形化的方式构建数据流和控制流。通过与 Omniverse 平台的深度集成，OmniGraph 支持 Python、C++ 和 CUDA 的节点开发，能够在单一图形中组织复杂的仿真逻辑。开发者可以通过以下两种方式配置 ROS 的桥接。

（1）直接通过 OmniGraph 的图形化界面添加 ROS 相关的节点。打开 OmniGraph Editor（Window → Visual Scripting），搜索与 ROS 相关的节点（如 ROS 2 Publish Transform Tree Node、ROS 2 Subscribe Twist Node 等），实现桥接。

（2）通过 Python 脚本在仿真启动时动态生成所需的桥接节点。这种灵活的配置方式，使 Isaac Sim 可以适配不同的仿真场景和 ROS 应用需求。以下是一个示例。

```
1 from omni.isaac.kit import SimulationApp
2 simulation_app = SimulationApp({"headless": False})
3 import omni.isaac.core
4 from omni.isaac.ros2_bridge import add_ros2_bridge
5 add_ros2_bridge()
```

接下来，我们以 ROS 2 为例，列出机器人仿真中常用的节点。

（1）**时间同步节点**：时间同步是联合仿真的基础，它通过 Isaac Read Simulation Time Node 获取仿真中的时间戳，并通过 ROS 2 Publish Clock Node 将其发布为 ROS 2 的 Clock 话题。这一机制确保了 ROS 网络中的所有消息都与仿真环境保持时间一致性，从而避免了时间错位导致的数据失效问题。

（2）**坐标变换节点**：坐标变换（TF）是机器人仿真中的关键环节。在 Isaac Sim 中，可以通过 ROS 2 Publish Transform Tree Node 动态发布 TF 树中的坐标关系。对于一些虚拟的参考坐标系（如 odom），需要使用 Isaac Compute Odometry Node 和 ROS 2 Publish Raw Transform Tree Node 创建与其相关的坐标变换。这种设计确保了在仿真场景中，即使某些坐标系没有物理对应物，也能实现相应的坐标计算。

（3）**机器人控制节点**：提供了对移动底盘和多关节机械臂的支持。例如，移动底盘的控制可以通过 ROS 2 Subscribe Twist Node 订阅速度指令，并结合差分控制器节点（Differential Controller Node）和关节控制器节点（Articulation Controller Node）实现差速驱动的仿真。此外，多关节机械臂的控制通过关节状态的发布和订阅节点实现，开发者可以根据具体的仿真需求，灵活配置关节命名和话题名称。

（4）**传感器数据发布节点**：包括激光雷达（LiDAR）、相机和 IMU 等。激光雷达数据的仿真通过 Isaac Read Lidar Beams Node 完成，其生成的点云数据可以通过 ROS 2 Publish Laser Scan 节点发布为 ROS 2 的 scan 话题。相机数据的仿真更加复杂，需要结合视口配置节点（Isaac Create Viewport Node）和相机助手节点（ROS 2 CameraHelper Node）完成。相机助手节点不仅能将相机数据发布为多种格式（如 RGB、深度图、点云等），还可以自动生成后处理图形，将渲染结果与 ROS 2 的话题系统连接起来。

接下来，将给出一个关于机械臂运动规划的案例，展示如何通过 Isaac Sim 和 ROS 进行联合仿真。本案例主要利用 Moveit 2 对图 8.11 所示的 Franka Emika Panda 机械臂进行运动规划。

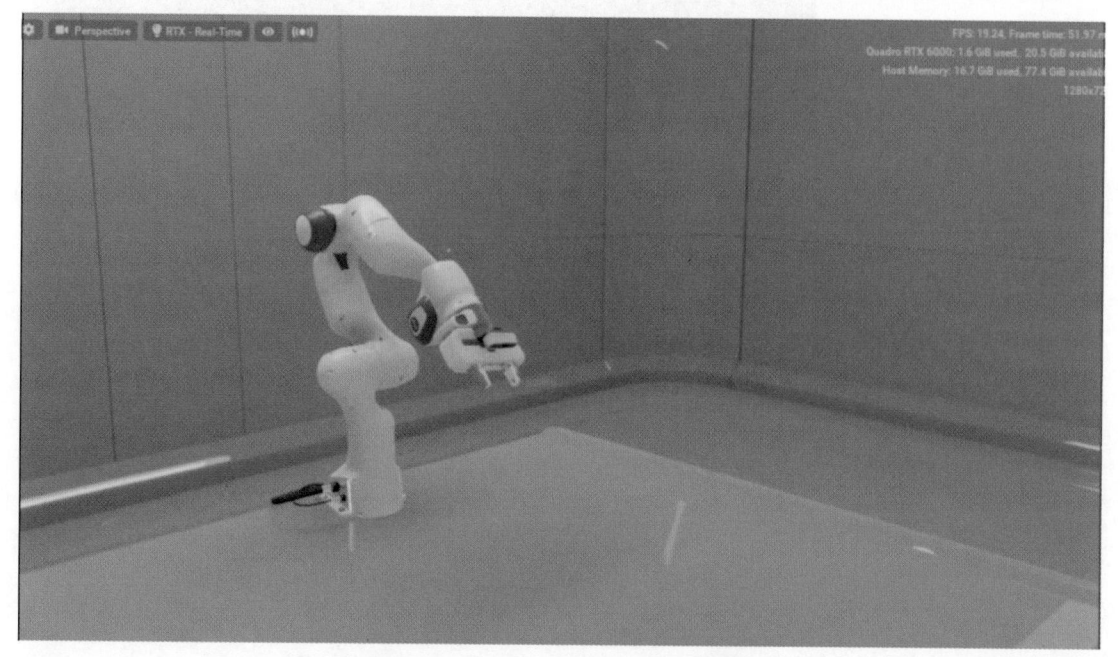

图 8.11　Franka Emika Panda 机械臂

运行以下程序，启动 ROS 2 相关节点，并自动弹出 rviz 可视化工具（如图 8.12 所示）以展示各 ROS 2 节点发布的数据，如机器人的位姿、传感器信息等。可以看出，rviz 生成的机械臂的状态与 Moveit 2 中的机械臂状态一致。

```
1  source /opt/ros/foxy/setup.bash
2  source ~/.local/share/ov/pkg/isaac_sim-2022.1.0/ros2_workspace/install/setup.bash
3  ros2 launch isaac_moveit franka_isaac_execution.launch.py
4  ros2 run tf2_tools view_frames.py
```

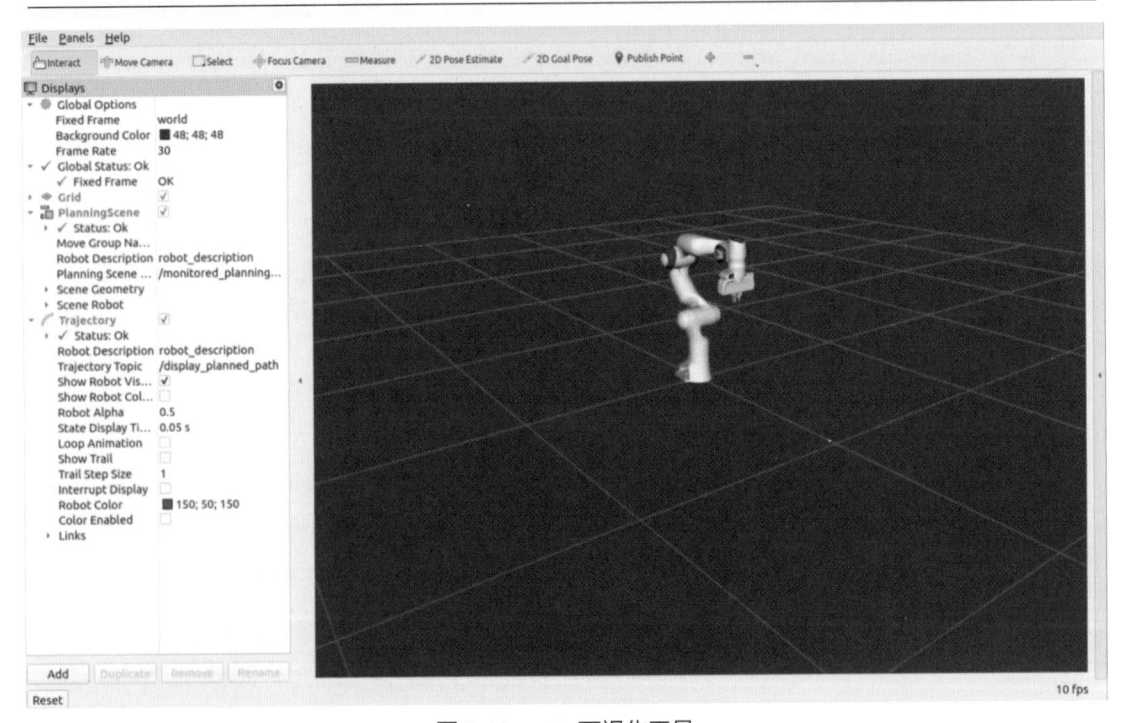

图 8.12　rviz 可视化工具

rviz 包含多种插件，如 Motion Planning。本例首先加载该插件，实现机械臂的逆运动学解算。如图 8.13 所示，单击 rviz 界面左下角的 Add 按钮，选择并加载 Motion Planning 插件。接下来，指定机械臂运动的目标状态，具体操作为：设置 Planning Group 为 panda_arm_hand，设置 Start State 为〈Current〉，设置 Goal State 为〈Random value〉，然后单击 Plan 按钮。此时，即可看到随机设置的机械臂运动的目标状态。最后，单击 Execute 按钮，Motion Planning 插件自动进行逆运动学计算，实现给定机械臂的运动控制。

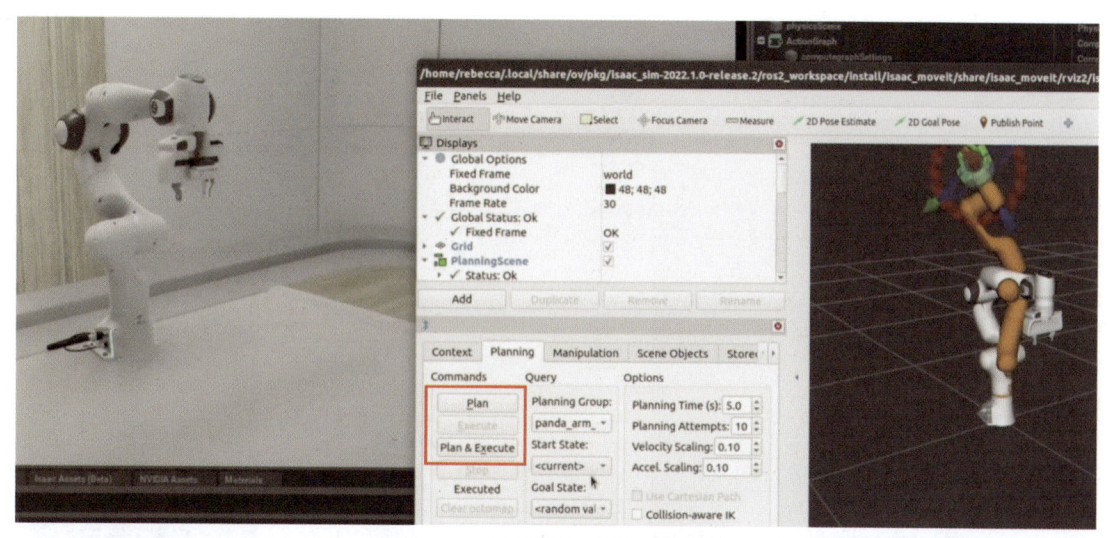

图 8.13　机械臂运动的目标状态

机械臂运动过程的中间状态如图 8.14 所示，最终状态如图 8.15 所示。

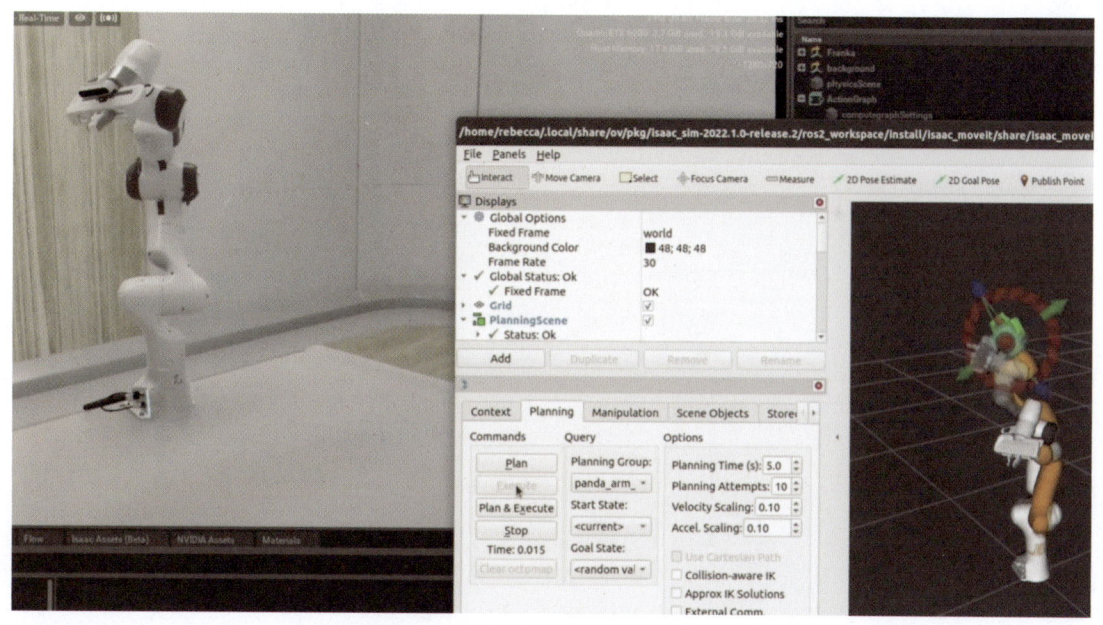

图 8.14　机械臂运动过程的中间状态

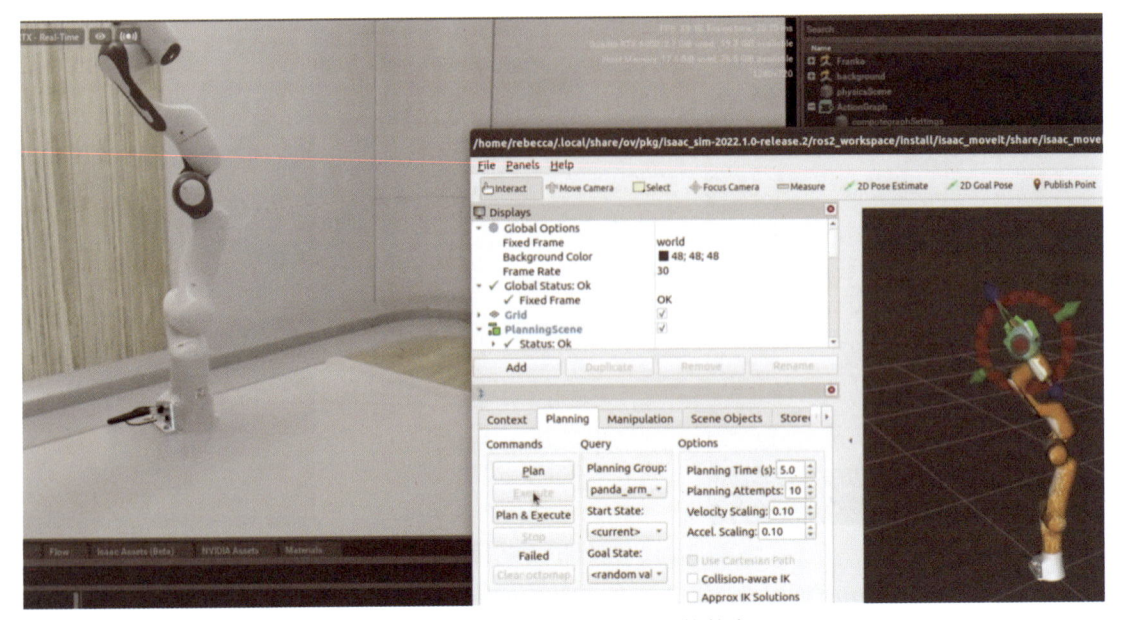

图 8.15　机械臂运动过程的最终状态

参 考 文 献

[1] 刘云浩. 具身智能 [M]. 北京: 中信出版集团, 2025.

[2] RADFORD A, NARASIMHAN K, SALIMANS T, et al. Improving language understanding by generative pre-training[J]. 2018.

[3] GUO D, YANG D, ZHANG H, et al. Deepseek-r1: Incentivizing reasoning capability in llms via reinforcement learning[J]. arXiv preprint arXiv:2501.12948, 2025.

[4] LIU H, LI C, WU Q, et al. Visual instruction tuning[J]. Advances in Neural Information Processing Systems, 2023(36): 34892–34916.

[5] RUBENSTEIN P K, ASAWAROENGCHAI C, NGUYEN D D, et al. Audiopalm: A large language model that can speak and listen[J]. arXiv preprint arXiv:2306.12925, 2023.

[6] YANG F, FENG C, CHEN Z, et al. Binding touch to everything: Learning unified multimodal tactile representations[C]//Proceedings of the IEEE/CVF Conference on Computer Vision and Pattern Recognition. [S.l.: s.n.], 2024: 26340–26353.

[7] ZHAN J, DAI J, YE J, et al. Anygpt: Unified multimodal llm with discrete sequence modeling[J]. arXiv preprint arXiv:2402.12226, 2024.

[8] TURING A M. Computing machinery and intelligence[M]. [S.l.]: NetherLands: Springer, 2009.

[9] RUMELHART D E, HINTON G E, WILLIAMS R J. Learning representations by back-propagating errors[J]. Nature, 1986(323): 533–536.

[10] BROOKS R A. Elephants don't play chess[J]. Robotics and Autonomous Systems, 1990(6): 3–15.

[11] ANGLE C. Genghis, a six legged autonomous walking robot[D]. [S.l.]: Cambridge: MIT Press, Massachusetts Institute of Technology, 1989.

[12] KRIZHEVSKY A, SUTSKEVER I, HINTON G E. Imagenet classification with deep convolutional neural networks[J]. Advances in Neural Information Processing Systems, 2012(25): 1097–1105.

[13] MNIH V, KAVUKCUOGLU K, SILVER D, et al. Playing atari with deep reinforcement learning[J]. arXiv preprint arXiv:1312.5602, 2013.

[14] SILVER D, HUANG A, MADDISON C J, et al. Mastering the game of go with deep neural networks and tree search[J]. Nature, 2016(529): 484–489.

[15] HUANG W, WANG C, ZHANG R, et al. Voxposer: Composable 3d value maps for robotic manipulation with language models[J]. arXiv preprint arXiv:2307.05973, 2023.

[16] DRIESS D, XIA F, SAJJADI M S, et al. Palm-e: An embodied multimodal language model[J]. arXiv preprint arXiv:2303.03378, 2023.

[17] JIANG Y, GUPTA A, ZHANG Z, et al. Vima: General robot manipulation with multimodal prompts[J]. arXiv preprint arXiv:2210.03094, 2022(2): 6.

[18] NATHAN M J. Disembodied ai and the limits to machine understanding of students' embodied interactions[J]. Frontiers in Artificial Intelligence, 2023(6): 1148227.

[19] RADFORD A, KIM J W, HALLACY C, et al. Learning transferable visual models from natural language supervision[C]//International Conference on Machine Learning. [S.l.]: PMLR, 2021: 8748–8763.

[20] WEI L, XIE L, ZHOU W, et al. Mvp: Multimodality-guided visual pre-training[C]//European Conference on Computer Vision. [S.l.]: Springer, 2022: 337–353.

[21] NAIR S, RAJESWARAN A, KUMAR V, et al. R3m: A universal visual representation for robot manipulation[J]. arXiv preprint arXiv:2203.12601, 2022.

[22] ZHEN H, QIU X, CHEN P, et al. 3d-vla: A 3d vision-language-action generative world model[J]. arXiv preprint arXiv:2403.09631, 2024.

[23] CAI W, HUANG S, CHENG G, et al. Bridging zero-shot object navigation and foundation models through pixel-guided navigation skill[C]//2024 IEEE International Conference on Robotics and Automation. [S.l.]: IEEE, 2024: 5228–5234.

[24] TOYER S, THIÉBAUX S, TREVIZAN F, et al. Asnets: Deep learning for generalised planning[J]. Journal of Artificial Intelligence Research, 2020(68): 1–68.

[25] ARORA A, FIORINO H, PELLIER D, et al. A review of learning planning action models[J]. The Knowledge Engineering Review, 2018(33): 20.

[26] SONG C H, WU J, WASHINGTON C, et al. Llm-planner: Few-shot grounded planning for embodied agents with large language models[C]//Proceedings of the IEEE/CVF International Conference on Computer Vision. [S.l.: s.n.], 2023: 2998–3009.

[27] CHEN J, YU C, ZHOU X, et al. Emos: Embodiment-aware heterogeneous multi-robot operating system with llm agents[J]. arXiv preprint arXiv:2410.22662, 2024.

[28] HUANG W, XIA F, XIAO T, et al. Inner monologue: Embodied reasoning through planning with language models[J]. arXiv preprint arXiv:2207.05608, 2022.

[29] CHEBOTAR Y, VUONG Q, HAUSMAN K, et al. Q-transformer: Scalable offline reinforcement learning via autoregressive q-functions[C]//Conference on Robot Learning. [S.l.]: PMLR, 2023: 3909–3928.

[30] MA Y J, LIANG W, WANG G, et al. Eureka: Human-level reward design via coding large language models[J]. arXiv preprint arXiv:2310.12931, 2023.

[31] WANG Y J, ZHANG B, CHEN J, et al. Prompt a robot to walk with large language models[J]. arXiv preprint arXiv:2309.09969, 2023.

[32] BROHAN A, BROWN N, CARBAJAL J, et al. Rt-2: Vision-language-action models transfer web knowledge to robotic control[J]. arXiv preprint arXiv:2307.15818, 2023.

[33] BROHAN A, BROWN N, CARBAJAL J, et al. Rt-1: Robotics transformer for real-world control at scale[J]. arXiv preprint arXiv:2212.06817, 2022.

[34] MILDENHALL B, SRINIVASAN P, TANCIK M, et al. Nerf: Representing scenes as neural radiance fields for view synthesis[C]//European Conference on Computer Vision. [S.l.: s.n.], 2020.

[35] 杨继珩. 三维视觉新范式：深度解析 NeRF 与 3DGS[M]. 北京：电子工业出版社, 2024.

[36] KERBL B, KOPANAS G, LEIMKÜHLER T, et al. 3d gaussian splatting for real-time radiance field rendering.[J]. ACM Trans. Graph., 2023(42) Issue 4, Article No.:139: 1–14.

[37] PFEIFER R, SCHEIER C. Understanding intelligence[M]. [S.l.]: Cambridge, Massachusetts: MIT press, 2001.

[38] SNAVELY N, SEITZ S M, SZELISKI R. Modeling the world from internet photo collections[J]. International Journal of Computer Vision, 2008(80): 189–210.

[39] SCHONBERGER J L, FRAHM J M. Structure-from-motion revisited[C]//Proceedings of the IEEE Conference on Computer Vision and Pattern Recognition. [S.l.: s.n.], 2016: 4104–4113.

[40] ZHAO S. Mathematical foundations of reinforcement learning[M]. [S.l.]: 2E. Beijing: Tsinghua University Press and Springer Nature, 2024.

[41] RUMMERY G A, NIRANJAN M. On-line q-learning using connectionist systems: CUED/F-INFENG/TR 166[R]. [S.l.]: University of Cambridge, 1994.

[42] WATKINS C J C H. Learning from delayed rewards[D]. [S.l.]: King's College, Cambridge, 1989.

[43] MNIH V, KAVUKCUOGLU K, SILVER D, et al. Human-level control through deep reinforcement learning[J]. Nature, 2015(518): 529–533.

[44] WILLIAMS R J. Simple statistical gradient-following algorithms for connectionist reinforcement learning[J]. Machine Learning, 1992(8): 229–256.

[45] KONDA V R, TSITSIKLIS J N. Actor-critic algorithms[J]. Advances in Neural Information Processing Systems, 1999(12): 1008–1014.

[46] MICHIE D, CHAMBERS S. Boxes: An experiment in adaptive control[C]//Machine Intelligence: [S.l.: s.n.], 1968(2): 137–152.

[47] NG A Y, RUSSELL S J. Algorithms for inverse reinforcement learning[C]//Proceedings of the Seventeenth International Conference on Machine Learning. [S.l.]: Morgan Kaufmann Publishers Inc., 2000: 663–670.

[48] HO J, ERMON S. Generative adversarial imitation learning[C]//Advances in Neural Information Processing Systems: [S.l.: s.n.], 2016(29): 4565–4573.

[49] GOODFELLOW I, POUGET-ABADIE J, MIRZA M, et al. Generative adversarial nets[C]//Advances in Neural Information Processing Systems: [S.l.: s.n.], 2014(27): 2672–2680.

[50] VASWANI A. Attention is all you need[J]. Advances in Neural Information Processing Systems, 2017.

[51] DEVLIN J. Bert: Pre-training of deep bidirectional transformers for language understanding[J]. arXiv preprint arXiv:1810.04805, 2018.

[52] RADFORD A, WU J, CHILD R, et al. Language models are unsupervised multitask learners[J]. OpenAI blog, 2019(1): 9.

[53] BROWN T B. Language models are few-shot learners[J]. arXiv preprint arXiv:2005.14165, 2020.

[54] TOUVRON H, LAVRIL T, IZACARD G, et al. Llama: Open and efficient foundation language models[J]. arXiv preprint arXiv:2302.13971, 2023.

[55] WEI J, WANG X, SCHUURMANS D, et al. Chain-of-thought prompting elicits reasoning in large language models[J]. Advances in Neural Information Processing Systems, 2022(35): 24824–24837.

[56] CHRISTIANO P F, LEIKE J, BROWN T, et al. Deep reinforcement learning from human preferences[J]. arXiv preprint arXiv:1706.03741, 2017.

[57] BOMMASANI R, HUDSON D A, ADELI E, et al. On the opportunities and risks of foundation models[J]. arXiv preprint arXiv:2108.07258, 2021.

[58] DOSOVITSKIY A. An image is worth 16x16 words: Transformers for image recognition at scale[J]. arXiv preprint arXiv:2010.11929, 2020.

[59] DENG J, DONG W, SOCHER R, et al. Imagenet: A large-scale hierarchical image database[C]// 2009 IEEE Conference on Computer Vision and Pattern Recognition. [S.l.]: IEEE, 2009: 248–255.

[60] SUN C, SHRIVASTAVA A, SINGH S, et al. Revisiting unreasonable effectiveness of data in deep learning era[C]//Proceedings of the IEEE International Conference on Computer Vision. [S.l.: s.n.], 2017: 843–852.

[61] THOMEE B, SHAMMA D A, FRIEDLAND G, et al. Yfcc100m: The new data in multimedia research[J]. Communications of the ACM, 2016(59): 64–73.

[62] KIRILLOV A, MINTUN E, RAVI N, et al. Segment anything[C]//Proceedings of the IEEE/CVF International Conference on Computer Vision. [S.l.: s.n.], 2023: 4015–4026.

[63] 刘阳, 林倞. 多模态大模型：新一代人工智能技术范式 [M]. 北京: 电子工业出版社, 2024.

[64] RAVI N, GABEUR V, HU Y T, et al. Sam 2: Segment anything in images and videos[J]. arXiv preprint arXiv:2408.00714, 2024.

[65] QI C R, SU H, MO K, et al. Pointnet: Deep learning on point sets for 3d classification and segmentation[C]//Proceedings of the IEEE Conference on Computer Vision and Pattern Recognition. [S.l.: s.n.], 2017: 652–660.

[66] QI C R, YI L, SU H, et al. Pointnet++: Deep hierarchical feature learning on point sets in a metric space[J]. Advances in Neural Information Processing Systems, 2017(30): 5099–5608.

[67] ZHOU Y, TUZEL O. Voxelnet: End-to-end learning for point cloud based 3d object detection[C]// Proceedings of the IEEE Conference on Computer Vision and Pattern Recognition. [S.l.: s.n.], 2018: 4490–4499.

[68] MISRA I, GIRDHAR R, JOULIN A. An end-to-end transformer model for 3d object detection[C]// Proceedings of the IEEE/CVF International Conference on Computer Vision. [S.l.: s.n.], 2021: 2906–2917.

[69] CARION N, MASSA F, SYNNAEVE G, et al. End-to-end object detection with transformers[C]// European Conference on Computer Vision. [S.l.]: Springer, 2020: 213–229.

[70] QI C R, LIU W, WU C, et al. Frustum pointnets for 3d object detection from rgb-d data[C]// Proceedings of the IEEE Conference on Computer Vision and Pattern Recognition. [S.l.: s.n.], 2018: 918–927.

[71] LAI X, CHEN Y, LU F, et al. Spherical transformer for lidar-based 3d recognition[C]//Proceedings of the IEEE/CVF Conference on Computer Vision and Pattern Recognition. [S.l.: s.n.], 2023: 17545–17555.

[72] CHEN D Z, CHANG A X, NIESSNER M. Scanrefer: 3d object localization in rgb-d scans using natural language[C]//European Conference on Computer Vision. [S.l.]: Springer, 2020: 202–221.

[73] YANG Z, ZHANG S, WANG L, et al. Sat: 2d semantics assisted training for 3d visual grounding[C]//Proceedings of the IEEE/CVF International Conference on Computer Vision. [S.l.: s.n.], 2021: 1856–1866.

[74] HUANG S, CHEN Y, JIA J, et al. Multi-view transformer for 3d visual grounding[C]//Proceedings of the IEEE/CVF Conference on Computer Vision and Pattern Recognition. [S.l.: s.n.], 2022: 15524–15533.

[75] ABDELRAHMAN E, AYMAN M, AHMED M, et al. Cot3dref: Chain-of-thoughts data-efficient 3d visual grounding[J]. arXiv preprint arXiv:2310.06214, 2023.

[76] XIANG Y, SCHMIDT T, NARAYANAN V, et al. Posecnn: A convolutional neural network for 6d object pose estimation in cluttered scenes[J]. arXiv preprint arXiv:1711.00199, 2017.

[77] ZHOU J, CHEN K, XU L, et al. Deep fusion transformer network with weighted vector-wise keypoints voting for robust 6d object pose estimation[C]//Proceedings of the IEEE/CVF International Conference on Computer Vision. [S.l.: s.n.], 2023: 13967–13977.

[78] WANG H, SRIDHAR S, HUANG J, et al. Normalized object coordinate space for category-level 6d object pose and size estimation[C]//Proceedings of the IEEE/CVF Conference on Computer Vision and Pattern Recognition. [S.l.: s.n.], 2019: 2642–2651.

[79] LI X, WANG H, YI L, et al. Category-level articulated object pose estimation[C]//Proceedings of the IEEE/CVF conference on Computer Vision and Pattern Recognition. [S.l.: s.n.], 2020: 3706–3715.

[80] LIN J, LIU L, LU D, et al. Sam-6d: Segment anything model meets zero-shot 6d object pose estimation[C]//Proceedings of the IEEE/CVF Conference on Computer Vision and Pattern Recognition. [S.l.: s.n.], 2024: 27906–27916.

[81] DO T T, NGUYEN A, REID I. Affordancenet: An end-to-end deep learning approach for object affordance detection[C]//2018 IEEE International Conference on Robotics and Automation. [S.l.]: IEEE, 2018: 5882–5889.

[82] HE K, GKIOXARI G, DOLLÁR P, et al. Mask r-cnn[C]//Proceedings of the IEEE International Conference on Computer Vision. [S.l.: s.n.], 2017: 2961–2969.

[83] BAHL S, MENDONCA R, CHEN L, et al. Affordances from human videos as a versatile representation for robotics[C]//Proceedings of the IEEE/CVF Conference on Computer Vision and Pattern Recognition. [S.l.: s.n.], 2023: 13778–13790.

[84] JU Y, HU K, ZHANG G, et al. Robo-abc: Affordance generalization beyond categories via semantic correspondence for robot manipulation[J]. arXiv preprint arXiv:2401.07487, 2024.

[85] FANG H S, WANG C, FANG H, et al. Anygrasp: Robust and efficient grasp perception in spatial and temporal domains[J]. IEEE Transactions on Robotics, 2023.

[86] MO K, GUIBAS L J, MUKADAM M, et al. Where2act: From pixels to actions for articulated 3d objects[C]//Proceedings of the IEEE/CVF International Conference on Computer Vision. [S.l.: s.n.], 2021: 6813–6823.

[87] JOHNSON M K, ADELSON E H. Retrographic sensing for the measurement of surface texture and shape[C]//IEEE Conference on Computer Vision and Pattern Recognition. [S.l.]: IEEE, 2009: 1070–1077.

[88] AZULAY O, CURTIS N, SOKOLOVSKY R, et al. Allsight: A low-cost and high-resolution round tactile sensor with zero-shot learning capability[J]. IEEE Robotics and Automation Letters, 2024(9): 483–490.

[89] LAMBETA M, CHOU P W, TIAN S, et al. Digit: A novel design for a low-cost compact high-resolution tactile sensor with application to in-hand manipulation[C]//2020 IEEE/RSJ International Conference on Intelligent Robots and Systems. [S.l.]: IEEE, 2020: 6400–6407.

[90] INNOVATIONS X. Xela uskin: High-resolution tactile sensors for robotic manipulation[J]. Technical Documentation, 2024.

[91] CALANDRA R, OWENS A, JAYARAMAN D, et al. More than a feeling: Learning to grasp and reconstruct objects from vision and touch[C]//2018 IEEE/RSJ International Conference on Intelligent Robots and Systems. [S.l.]: IEEE, 2018: 1–8.

[92] CALANDRA R, OWENS A, UPADHYAYA M, et al. The feeling of success: Does touch sensing help predict grasp outcomes?[J]. arXiv preprint arXiv:1710.05512, 2017.

[93] HU X, VENKATESH A, ZHENG G, et al. Learning to detect slip through tactile measures of the contact force field and its entropy[J]. arXiv preprint arXiv:2303.00935, 2023.

[94] ALLEN P K, ROBERTS K S. Haptic task primitives for dexterous robot hands[C]//IEEE International Conference on Robotics and Automation. [S.l.]: IEEE, 1989: 1906–1911.

[95] GUO H, PU X, CHEN J, et al. A highly sensitive, self-powered triboelectric auditory sensor for social robotics and hearing aids[J]. Science Robotics, 2018(3): eaat2516.

[96] HINTON G, DENG L, YU D, et al. Deep neural networks for acoustic modeling in speech recognition: The shared views of four research groups[J]. IEEE Signal Processing Magazine, 2012(29): 82–97.

[97] HANNUN A, CASE C, CASPER J, et al. Deep speech: Scaling up end-to-end speech recognition. arxiv 2014[J]. arXiv preprint arXiv:1412.5567, 2014.

[98] GRAVES A, FERNÁNDEZ S, GOMEZ F, et al. Connectionist temporal classification: labelling unsegmented sequence data with recurrent neural networks[C]//Proceedings of the 23rd International Conference on Machine learning. [S.l.: s.n.], 2006: 369–376.

[99] CHAN W, JAITLY N, LE Q V, et al. Listen, attend and spell[J]. arXiv preprint arXiv:1508.01211, 2015.

[100] HERSHEY J R, CHEN Z, LE ROUX J, et al. Deep clustering: Discriminative embeddings for segmentation and separation[C]//IEEE International Conference on Acoustics, Speech and Signal Processing. [S.l.]: IEEE, 2016: 31–35.

[101] LUO Y, MESGARANI N. Tasnet: time-domain audio separation network for real-time, single-channel speech separation[C]//2018 IEEE International Conference on Acoustics, Speech and Signal Processing. [S.l.]: IEEE, 2018: 696–700.

[102] LIU Y, LIU L, ZHENG Y, et al. Embodied navigation[J]. SCIENCE CHINA Information Sciences, 2025(68): 141101:1–39.

[103] BENDAHMANE A, TLEMSANI R. Unknown area exploration for robots with energy constraints using a modified butterfly optimization algorithm[J]. Soft Computing, 2023(27): 3785–3804.

[104] PINK O. Visual map matching and localization using a global feature map[C]//2008 IEEE computer society conference on Computer Vision and Pattern Recognition Workshops. [S.l.]: IEEE, 2008: 1–7.

[105] ALDIBAJA M, YANASE R, KIM T H, et al. Accurate elevation maps based graph-slam framework for autonomous driving[C]//IEEE Intelligent Vehicles Symposium. [S.l.: s.n.], 2019: 1254–1261.

[106] BLANCO J L, FERNÁNDEZ-MADRIGAL J A, GONZALEZ J. Toward a unified bayesian approach to hybrid metric–topological slam[J]. IEEE Transactions on Robotics, 2008(24): 259–270.

[107] ZHU F, ZHU Y, LEE V, et al. Deep learning for embodied vision navigation: A survey[J]. arXiv preprint arXiv:2108.04097, 2021.

[108] 高翔, 张涛, 刘毅, 等. 视觉 SLAM 十四讲：从理论到实践 [M]. 北京: 电子工业出版社, 2017.

[109] HIRSCHMULLER H. Stereo processing by semiglobal matching and mutual information[J]. IEEE Transactions on Pattern Analysis and Machine Intelligence, 2007(30): 328–341.

[110] BARNES C, SHECHTMAN E, FINKELSTEIN A, et al. Patchmatch: A randomized correspondence algorithm for structural image editing[J]. ACM Trans. Graph., 2009(28): 24.

[111] TEED Z, DENG J. Droid-slam: Deep visual slam for monocular, stereo, and rgb-d cameras[J]. Advances in Neural Information Processing Systems, 2021(34): 16558–16569.

[112] SUCAR E, LIU S, ORTIZ J, et al. Imap: Implicit mapping and positioning in real-time[C]// Proceedings of the IEEE/CVF International Conference on Computer Vision. [S.l.: s.n.], 2021: 6229–6238.

[113] MATSUKI H, MURAI R, KELLY P H, et al. Gaussian splatting slam[C]//Proceedings of the IEEE/CVF Conference on Computer Vision and Pattern Recognition. [S.l.: s.n.], 2024: 18039–18048.

[114] WANG Y, TIAN Y, CHEN J, et al. A survey of visual slam in dynamic environment: the evolution from geometric to semantic approaches[J]. IEEE Transactions on Instrumentation and Measurement, 2024(73): 1–21.

[115] BESCOS B, FÁCIL J M, CIVERA J, et al. Dynaslam: Tracking, mapping, and inpainting in dynamic scenes[J]. IEEE Robotics and Automation Letters, 2018(3): 4076–4083.

[116] ZHANG H, UCHIYAMA H, ONO S, et al. Motslam: Mot-assisted monocular dynamic slam using single-view depth estimation[C]//2022 IEEE/RSJ International Conference on Intelligent Robots and Systems. [S.l.]: IEEE, 2022: 4865–4872.

[117] ANDERSON P, WU Q, TENEY D, et al. Vision-and-language navigation: Interpreting visually-grounded navigation instructions in real environments[C]//Proceedings of the IEEE Conference on Computer Vision and Pattern Recognition. [S.l.: s.n.], 2018: 3674–3683.

[118] WANG H, WANG W, LIANG W, et al. Structured scene memory for vision-language navigation[C]//Proceedings of the IEEE/CVF conference on Computer Vision and Pattern Recognition. [S.l.: s.n.], 2021: 8455–8464.

[119] QIAO Y, QI Y, YU Z, et al. March in chat: Interactive prompting for remote embodied referring expression[C]//Proceedings of the IEEE/CVF International Conference on Computer Vision. [S.l.: s.n.], 2023: 15758–15767.

[120] DAS A, DATTA S, GKIOXARI G, et al. Embodied question answering[C]//Proceedings of the IEEE Conference on Computer Vision and Pattern Recognition. [S.l.: s.n.], 2018: 1–10.

[121] THOMASON J, MURRAY M, CAKMAK M, et al. Vision-and-dialog navigation[C]//Conference on Robot Learning. [S.l.]: PMLR, 2020: 394–406.

[122] ZHU Y, ZHU F, ZHAN Z, et al. Vision-dialog navigation by exploring cross-modal memory[C]//Proceedings of the IEEE/CVF conference on Computer Vision and Pattern Recognition. [S.l.: s.n.], 2020: 10730–10739.

[123] LIU B, ZHU Y, GAO C, et al. Libero: Benchmarking knowledge transfer for lifelong robot learning[J]. Advances in Neural Information Processing Systems, 2024(36): 44776–44791.

[124] MEES O, HERMANN L, ROSETE-BEAS E, et al. Calvin: A benchmark for language-conditioned policy learning for long-horizon robot manipulation tasks[J]. IEEE Robotics and Automation Letters, 2022(7): 7327–7334.

[125] EBERT F, YANG Y, SCHMECKPEPER K, et al. Bridge data: Boosting generalization of robotic skills with cross-domain datasets[J]. arXiv preprint arXiv:2109.13396, 2021.

[126] WALKE H R, BLACK K, ZHAO T Z, et al. Bridgedata v2: A dataset for robot learning at scale[C]//Conference on Robot Learning. [S.l.]: PMLR, 2023: 1723–1736.

[127] FANG H S, FANG H, TANG Z, et al. Rh20t: A comprehensive robotic dataset for learning diverse skills in one-shot[C]//2024 IEEE International Conference on Robotics and Automation. [S.l.]: IEEE, 2024: 653–660.

[128] ZHAO T Z, KUMAR V, LEVINE S, et al. Learning fine-grained bimanual manipulation with low-cost hardware[J]. arXiv preprint arXiv:2304.13705, 2023.

[129] CHI C, XU Z, FENG S, et al. Diffusion policy: Visuomotor policy learning via action diffusion[J]. The International Journal of Robotics Research, 2023: DOI:10.1177/02783649241273668.

[130] PEREZ E, STRUB F, DE VRIES H, et al. Film: Visual reasoning with a general conditioning layer[C]//Proceedings of the AAAI conference on Artificial Intelligence: [S.l.: s.n.], 2018(32).

[131] ZE Y, ZHANG G, ZHANG K, et al. 3d diffusion policy: Generalizable visuomotor policy learning via simple 3d representations[C]//ICRA 2024 Workshop on 3D Visual Representations for Robot Manipulation. [S.l.: s.n.], 2024.

[132] CHEN X, DJOLONGA J, PADLEWSKI P, et al. Pali-x: On scaling up a multilingual vision and language model[J]. arXiv preprint arXiv:2305.18565, 2023.

[133] KIM M J, PERTSCH K, KARAMCHETI S, et al. Openvla: An open-source vision-language-action model[J]. arXiv preprint arXiv:2406.09246, 2024.

[134] O'NEILL A, REHMAN A, GUPTA A, et al. Open x-embodiment: Robotic learning datasets and rt-x models[J]. arXiv preprint arXiv:2310.08864, 2023.

[135] ZHAI X, MUSTAFA B, KOLESNIKOV A, et al. Sigmoid loss for language image pre-training[C]// Proceedings of the IEEE/CVF International Conference on Computer Vision. [S.l.: s.n.], 2023: 11975–11986.

[136] OQUAB M, DARCET T, MOUTAKANNI T, et al. Dinov2: Learning robust visual features without supervision[J]. arXiv preprint arXiv:2304.07193, 2023.

[137] HUDSON D A, MANNING C D. Gqa: A new dataset for real-world visual reasoning and compositional question answering[C]//Proceedings of the IEEE/CVF conference on Computer Vision and Pattern Recognition. [S.l.: s.n.], 2019: 6700–6709.

[138] LIU H, LI C, WU Q, et al. Visual instruction tuning[J]. Advances in Neural Information Processing Systems, 2024(36).

[139] SHARMA P, DING N, GOODMAN S, et al. Conceptual captions: A cleaned, hypernymed, image alt-text dataset for automatic image captioning[C]//Proceedings of the 56th Annual Meeting of the Association for Computational Linguistics. [S.l.: s.n.], 2018: 2556–2565.

[140] SCHUHMANN C, VENCU R, BEAUMONT R, et al. Laion-400m: Open dataset of clip-filtered 400 million image-text pairs[J]. arXiv preprint arXiv:2111.02114, 2021.

[141] SIDOROV O, HU R, ROHRBACH M, et al. Textcaps: a dataset for image captioning with reading comprehension[C]//European Conference on Computer Vision. [S.l.]: Springer, 2020: 742–758.

[142] TEAM O M, GHOSH D, WALKE H, et al. Octo: An open-source generalist robot policy[J]. arXiv preprint arXiv:2405.12213, 2024.

[143] BLACK K, BROWN N, DRIESS D, et al. pi_0: A vision-language-action flow model for general robot control[J]. arXiv preprint arXiv:2410.24164, 2024.

[144] LIPMAN Y, CHEN R T, BEN-HAMU H, et al. Flow matching for generative modeling[J]. arXiv preprint arXiv:2210.02747, 2022.

[145] LIU Q. Rectified flow: A marginal preserving approach to optimal transport[J]. arXiv preprint arXiv:2209.14577, 2022.

[146] BEYER L, STEINER A, PINTO A S, et al. Paligemma: A versatile 3b vlm for transfer[J]. arXiv preprint arXiv:2407.07726, 2024.

[147] KHAZATSKY A, PERTSCH K, NAIR S, et al. Droid: A large-scale in-the-wild robot manipulation dataset[J]. arXiv preprint arXiv:2403.12945, 2024.

[148] HANSEN N, WANG X, SU H. Temporal difference learning for model predictive control[J]. arXiv preprint arXiv:2203.04955, 2022.

[149] ROBINE J, HÖFTMANN M, UELWER T, et al. Transformer-based world models are happy with 100k interactions[J]. arXiv preprint arXiv:2303.07109, 2023.

[150] DAI Z. Transformer-xl: Attentive language models beyond a fixed-length context[J]. arXiv preprint arXiv:1901.02860, 2019.

[151] MNIH V. Asynchronous methods for deep reinforcement learning[J]. arXiv preprint arXiv:1602.01783, 2016.

[152] AERONAUTIQUES C, HOWE A, KNOBLOCK C, et al. Pddl| the planning domain definition language[J]. Technical Report, Tech. Rep., 1998.

[153] LIANG J, HUANG W, XIA F, et al. Code as policies: Language model programs for embodied control[C]//IEEE International Conference on Robotics and Automation. [S.l.]: IEEE, 2023: 9493–9500.

[154] AHN M, BROHAN A, BROWN N, et al. Do as i can, not as i say: Grounding language in robotic affordances[J]. arXiv preprint arXiv:2204.01691, 2022.

[155] HUANG W, XIA F, XIAO T, et al. Inner monologue: Embodied reasoning through planning with language models[J]. arXiv preprint arXiv:2207.05608, 2022.

[156] ALAPARTHI S, MISHRA M. Bidirectional encoder representations from transformers (bert): A sentiment analysis odyssey[J]. arXiv preprint arXiv:2007.01127, 2020.

[157] WANG Z, CAI S, CHEN G, et al. Describe, explain, plan and select: Interactive planning with large language models enables open-world multi-task agents[J]. arXiv preprint arXiv:2302.01560, 2023.

[158] FAN L, WANG G, JIANG Y, et al. Minedojo: Building open-ended embodied agents with internet-scale knowledge[J]. Advances in Neural Information Processing Systems, 2022(35): 18343–18362.

[159] CAI S, WANG Z, MA X, et al. Open-world multi-task control through goal-aware representation learning and adaptive horizon prediction[C]//Proceedings of the IEEE/CVF Conference on Computer Vision and Pattern Recognition. [S.l.: s.n.], 2023: 13734–13744.

[160] HUANG W, WANG C, LI Y, et al. Rekep: Spatio-temporal reasoning of relational keypoint constraints for robotic manipulation[J]. arXiv preprint arXiv:2409.01652, 2024.

[161] GROVER P, SAHAI A. Implicit and explicit communication in decentralized control[C]//48th Annual Allerton Conference on Communication, Control, and Computing (Allerton). [S.l.]: IEEE, 2010: 278–285.

[162] LIAN J, ZHOU X, ZHANG F, et al. Xdeepfm: Combining explicit and implicit feature interactions for recommender systems[C]//Proceedings of the 24th ACM SIGKDD International Conference on Knowledge Discovery & Data mining. [S.l.: s.n.], 2018: 1754–1763.

[163] LI Y, SONG M, et al. Recommender system using implicit social information[J]. IEICE Transaction on Information and Systems, 2015(98): 346–354.

[164] WANG H, CHEN B, ZHANG T, et al. Learning to construct implicit communication channel[J]. arXiv preprint arXiv:2411.01553, 2024.

[165] TIAN Z, ZOU S, DAVIES I, et al. Learning to communicate implicitly by actions[C]//Proceedings of the AAAI Conference on Artificial Intelligence: [S.l.: s.n.], 2020(34): 7261–7268.

[166] MIKOLOV T. Efficient estimation of word representations in vector space[J]. arXiv preprint arXiv:1301.3781, 2013.

[167] LIU K, JI Z. Dynamic event-triggered consensus of general linear multi-agent systems with adaptive strategy[J]. IEEE Transactions on Circuits and Systems II: Express Briefs, 2022(69): 3440–3444.

[168] TERRY J K, GRAMMEL N, SON S, et al. Revisiting parameter sharing in multi-agent deep reinforcement learning[J]. arXiv preprint arXiv:2005.13625, 2020.

[169] GUAN C, CHEN F, YUAN L, et al. Efficient multi-agent communication via self-supervised information aggregation[J]. Advances in Neural Information Processing Systems, 2022(35): 1020–1033.

[170] CHOWDHERY A, NARANG S, DEVLIN J, et al. Palm: Scaling language modeling with pathways[J]. arXiv preprint arXiv:2204.02311, 2023(24): 1–113.

[171] CHEN Z, WU J, WANG W, et al. Internvl: Scaling up vision foundation models and aligning for generic visual-linguistic tasks[C]//Proceedings of the IEEE/CVF Conference on Computer Vision and Pattern Recognition. [S.l.: s.n.], 2024: 24185–24198.

[172] BAI J, BAI S, CHU Y, et al. Qwen technical report[J]. arXiv preprint arXiv:2309.16609, 2023.

[173] WANG Z J, CHOI D, XU S, et al. Putting humans in the natural language processing loop: A survey[J]. arXiv preprint arXiv:2103.04044, 2021.

[174] FISCHER K A. Reflective linguistic programming (rlp): A stepping stone in socially-aware agi (socialagi)[J]. arXiv preprint arXiv:2305.12647, 2023.

[175] PANDYA R, ZHAO M, LIU C, et al. Multi-agent strategy explanations for human-robot collaboration[C]//IEEE International Conference on Robotics and Automation. [S.l.]: IEEE, 2024: 17351–17357.

[176] SARKER S, GREEN H N, YASAR M S, et al. Cohrt: A collaboration system for human-robot teamwork[J]. arXiv preprint arXiv:2410.08504, 2024.

[177] MIZUCHI Y, IWAMI K, INAMURA T. Vr and gui based human-robot interaction behavior collection for modeling the subjective evaluation of the interaction quality[C]//2022 IEEE/SICE International Symposium on System Integration. [S.l.]: IEEE, 2022: 375–382.

[178] SHAIKH M T, GOODRICH M A, YI D. Adverb palette: Gui-based support for human interaction in multi-objective path-planning[C]//11th ACM/IEEE International Conference on Human-Robot Interaction. [S.l.]: IEEE, 2016: 515–516.

[179] SONG C S, KIM Y K. The role of the human-robot interaction in consumers' acceptance of humanoid retail service robots[J]. Journal of Business Research, 2022(146): 489–503.

[180] DEUERLEIN C, LANGER M, SESSNER J, et al. Human-robot-interaction using cloud-based speech recognition systems[J]. Procedia Cirp, 2021(97): 130–135.

[181] SHERIDAN T B. Human–robot interaction: status and challenges[J]. Human Factors, 2016(58): 525–532.

[182] ZHANG C, CHEN J, LI J, et al. Large language models for human-robot interaction: A review[J]. Biomimetic Intelligence and Robotics, 2023(3): 100–131.

[183] OLFATI-SABER R, MURRAY R M. Consensus problems in networks of agents with switching topology and time-delays[J]. IEEE Transactions on Automatic Control, 2004(49): 1520–1533.

[184] WOLPERT D H, TUMER K. An introduction to collective intelligence[J]. arXiv preprint cs/9908014, 1999.

[185] ZHANG J, ZHANG H, SUN S, et al. Leader-follower consensus control for linear multi-agent systems by fully distributed edge-event-triggered adaptive strategies[J]. Information Sciences, 2021(555): 314–338.

[186] LI Z, DUAN Z, HUANG L. Leader-follower consensus of multi-agent systems[C]//American Control Conference. [S.l.]: IEEE, 2009: 3256–3261.

[187] GÓMEZ N, PEÑA N, RINCÓN S, et al. Leader-follower behavior in multi-agent systems for search and rescue based on pso approach[C]//SoutheastCon 2022. [S.l.]: IEEE, 2022: 413–420.

[188] KENNEDY J. Swarm intelligence[M]//Handbook of nature-inspired and innovative computing: integrating classical models with emerging technologies. [S.l.]: Springer, 2006: 187–219.

[189] DORIGO M, BIRATTARI M, STUTZLE T. Ant colony optimization[J]. IEEE Computational Intelligence Magazine, 2007(1): 28–39.

[190] KENNEDY J, EBERHART R. Particle swarm optimization[C]//Proceedings of ICNN '95- international Conference on Neural Networks: [S.l.]: IEEE, 1995(4): 1942–1948.

[191] RIGAKI M, LUKÁŠ O, CATANIA C A, et al. Out of the cage: How stochastic parrots win in cyber security environments[J]. arXiv preprint arXiv:2308.12086, 2023.

[192] ZENG J, HU J, ZHANG Y. Adaptive traffic signal control with deep recurrent q-learning[C]//2018 IEEE Intelligent Vehicles Symposium. [S.l.]: IEEE, 2018: 1215–1220.

[193] CHU T, WANG J, CODECÀ L, et al. Multi-agent deep reinforcement learning for large-scale traffic signal control[J]. IEEE Transactions on Intelligent Transportation Systems, 2019(21): 1086–1095.

[194] KILKKI O, KANGASRÄÄSIÖ A, NIKKILÄ R, et al. Agent-based modeling and simulation of a smart grid: A case study of communication effects on frequency control[J]. Engineering Applications of Artificial Intelligence, 2014(33): 91–98.

[195] MERABET G H, ESSAAIDI M, TALEI H, et al. Applications of multi-agent systems in smart grids: A survey[C]//International Conference on Multimedia Computing and Systems. [S.l.]: IEEE, 2014: 1088–1094.

[196] SHEN W, NORRIE D H. Agent-based systems for intelligent manufacturing: a state-of-the-art survey[J]. Knowledge and Information Systems, 1999(1): 129–156.

[197] LI Y, YU Y, LI H, et al. Tradinggpt: Multi-agent system with layered memory and distinct characters for enhanced financial trading performance[J]. arXiv preprint arXiv:2309.03736, 2023.

[198] MANDI Z, JAIN S, SONG S. Roco: Dialectic multi-robot collaboration with large language models[C]//2024 IEEE International Conference on Robotics and Automation. [S.l.]: IEEE, 2024: 286–299.

[199] CHEN Y, ARKIN J, ZHANG Y, et al. Scalable multi-robot collaboration with large language models: Centralized or decentralized systems?[C]//2024 IEEE International Conference on Robotics and Automation. [S.l.]: IEEE, 2024: 4311–4317.

[200] ZHANG H, WANG Z, LYU Q, et al. Combo: Compositional world models for embodied multi-agent cooperation[J]. arXiv preprint arXiv:2404.10775, 2024.